고속도로의 탄생
빅로드
THE BIG ROADS

THE BIG ROADS: the untold story of the engineers,
visionaries, and trailblazers who created the american superhighways
Copyright © 2011 by Earl Swift
All rights reserved

Korean translation copyright © 2019 by GLAM BOOKS
Korean translation rights arranged with David Black Literary Agency
through EYA (Eric Yang Agency)

이 책의 한국어판 저작권은 EYA(EEric Yang Agency) 통한
David Black Literary Agency사와의 독점계약으로
한국어 판권을 글램북스가 소유합니다.
저작권법에 의하여 한국 내에서 보호를 받는 저작물이므로
무단전재와 복제를 금합니다.

고 속 도 로 는 인 간 의 삶 을 어 떻 게 바 꾸 었 는 가

고 속 도 로 의 탄 생

빅로드

THE BIG ROADS

INTERSTATE

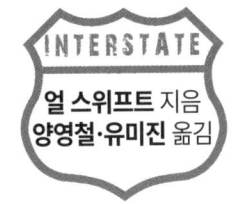

얼 스위프트 지음
양영철·유미진 옮김

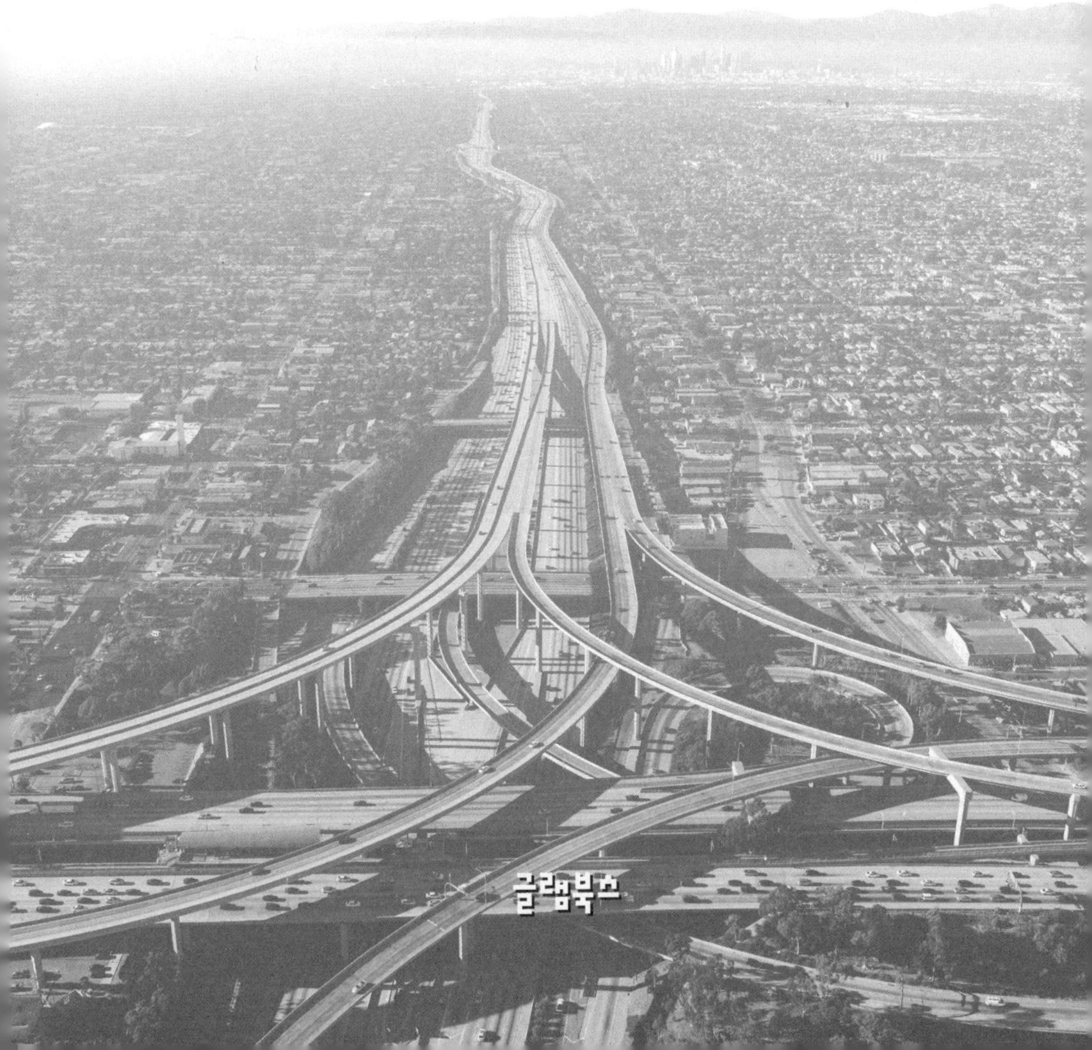

글램북스

들어가면서

　자동차 여행을 안 한지 꽤 오래 된 것 같다. 음악을 빵빵하게 틀어놓고 운전석에 편히 앉아 정처 없이 시골길을 달리며 자유를 만끽한 게 몇 년 전인지 모르겠다. 도로에 길들여지고 타이어 소리에 익숙해지는 느낌, 뜨거운 여름이 불어대는 휘파람 속에서 콧노래를 흥얼거리는 즐거움, 간간히 지나가는 트럭의 쿵쿵대는 소리. 아이스박스 하나만 챙기면 충분하다. 가는 길에 어떻게든 끼니를 해결하면 되니까….
　언제 또 이렇게 훌쩍 떠날 수 있을지 몰라 일정을 길게 잡고 서부로 가기로 마음먹었다.
　수 천 개의 도시, 드넓게 펼쳐진 논밭과 사막, 그리고 바람이 많이 부는 고원을 지나 태평양이 시작되는 서부 끝까지 가보고 싶었다. 나는 딸에게 창문을 열고 시골길을 달리자고 했다. 여름 도로의 아스팔트 냄새를 맡고 싶고 옥수수 잎이 바람에 바스락 거리는 소리를 듣고 싶고 목장의 소들에게 인사도 하고 싶어서였다. 천천히 달리며 눈앞에 펼쳐지는 광경을 즐기고 싶었다. 하루에 서너 시간 정도만 이동하면서, 가는 곳마다 모든 것을 세세히 관찰하고 기억에 담으면서 즐기고 싶었다. 세부적인 계획은 세우지 않았다. 배가 고프거나 피곤하거나 신기한 게 보이면 멈추자는 게 다였다.

일단 뉴욕에서 출발해 구(舊) 링컨 고속도로에 오른 다음 12개 주를 마치 리본처럼 구불구불 지나 샌프란시스코San Francisco에 도착한다. 그러고는 캘리포니아의 해안을 돌아 로스앤젤레스를 거쳐 사막을 지나 다시 집으로 향할 예정이었다. 이렇게 하면 알래스카 Alaska를 제외한 미국전체를 한 바퀴 돌게 된다.

"우리 둘이 한 달 동안 자동차여행 하는 거 정말 재미있을 것 같지 않니?"라고 나는 딸에게 물었다.

"뭐, 아빠가 그렇게 말한다면야. 근데 친구랑 같이 가면 안돼요?"라는 대답이 돌아왔다.

그리하여 47세 싱글파파가 6학년짜리 소녀 둘을 데리고 크라이슬러 미니밴을 대여해 여행길에 오르게 되었다. 트렁크는 텐트, 침낭, 동물인형, 그리고 아이들이 한 시간이 멀다하고 갈아입을 옷들로 가득 찼다.

우리는 펜실베이니아Pennsylvania의 남부에서 링컨 고속도로에 올랐다. 얼마 후, 9·11테러 당시 유나이티드 항공 제트기가 추락했던 장소 주변에서 조용히 묵념하고 있는 오토바이 운전자 그룹을 보게 되었다. 우리도 그들처럼 묵념의 시간을 가진 후 다시 길을 떠났다. 그런데 벅스타운Buckstown에서 갑자기 뇌우가 몰려와 그날 저녁은 할 수 없이 리고니어Ligonier의 시내에서 독립기념일 공연을 보며 보냈다.

계속해서 링컨 고속도로를 타고 피츠버그까지 달렸다. 자동차 부품가게, 러브호텔, 세차장과 낡은 볼링장을 지나며 시커먼 디젤 연기 속을 천천히 운전해 갔다. 부사이러스Bucyrus와 어퍼 샌더스키 Upper Sandusky, 에이더Ada와 델포스Delphos를 지나는 링컨 고속도로의 좁은 길들을 적절히 이용하여 허물어져가는 공장들을 지나 오하이오Ohio 주로 들어섰다.

인디애나 주의 고속도로는 북쪽으로 굽어있어 미시건 행 기차 선로와 나란히 나있었다. 그러고는 사우스 벤드South Bend를 가로질렀는데 노트르담 경기장의 예수님 벽화 및 옛 스튜드베이커 사와 엎어지면 코 닿을 정도로 가까워졌다. 그 도로는 또한 시카고 Chicago를 스쳐 지났다. 시내의 풍경까지는 아니더라도 지나가는 차는 볼 수 있는 거리였다. 미시시피 강 유역에서 오마하Omaha까지는 옥수수 밭밖에 볼 수 없었다.

아이들은 옷, 과자, 인형 등을 사러 가자며 나를 졸라댔고 내가 거절하면 서로 쪽지를 주고받았다. 또한 여행 내내 자신들이 스웨덴 사람인 척 억양을 흉내 냈고 지루하다고 징징대기도 했다.

네브래스카Nebraska 주 서부의 대평원The Great Pains에서는 바퀴가 모래에 빠지는 일이 일어났다. 우리는 두 시간 동안 낑낑대며 차를 끌어내려는 승산 없는 싸움을 했다. 지나가던 마음씨 착한 동네 주민이 도와줬기 망정이지 정말 진땀을 뺀 날이었다. 그리고 몇 시간 후 아이스크림 가게에서 뭔가 이상하면서 험악해 보이는 남자를 마주쳤는데, 혹시 그 사람이 따라오나 싶어 한 시간동안 백미러에서 눈을 떼지 못했던 적도 있다. 우리는 노스 플레트North Platte에서 멈춰 버팔로 빌Buffalo Bill의 목장을 둘러보았고, 강한 바람에 흙먼지가 날리는 국가지정보호구역Government Preserve에서 야생마들과 친구가 되었다. 지나치게 용감해서 죽은 사람들의 묘지도 둘러봤다. 거기서 일주일 정도 서쪽으로 더 갔을 즈음 나는 백스트리트 보이즈의 노래를 다 외우게 되었고 그 도로에서 벗어나기로 결심했다.

링컨 고속도로는 30번 고속도로와 거의 노선을 같이했다. 중간중간 곡물창고나 급수탑 같은 장애물이 나오는데 그럴 때는 도로의 방향이 틀어지면서 좁아졌다. 도로명이 없을 때도 많다. 이런 도로들은 보통 도랑을 가로지르는데 그 주변에서는 오래된 픽업트럭과 녹슨 대형자동차들을 볼 수 있었다. 그렇게 지그재그로 난 길은 이름도 표시되어 있지 않은 동네의 중심지로 통한다. 아주 옛날에는 주요 고속도로가 이런 마을들을 지나도록 되어있었는데, 우체국과 철물점, 작은 식료품점, 위탁물가게, 그리고 오래전에 닫은 은행이 시내 중심가에 늘어선 모습의 마을들은 너무 비슷해서 볼 것도 없고 차의 속도만 늦출 뿐이었다. 그래서 우리는 더 넓고 직선으로 뻗은 신(新) 링컨 고속도로로 들어섰다. 대륙 분수령The Continental Divide쪽으로 향해가면서 서서히 모습을 드러내는 초원이 보였다. 주변 마을을 지나니 번화가에서 옮겨온 듯한 몇몇의 조그마한 가게와 식당이 행인들을 유혹하고 있었다.

가끔씩 우리는 평행으로 나있는 세 개의 고속도로 중 하나를 달리고 있다는 걸 알 수 있었다. 좁고 느린 구 링컨 고속도로가 우리 오른쪽으로 구불구불 나 있었고, 우리는 넓고 곧은 신(新) 링컨 고속도로를 달리고 있었다. 저 멀리 왼쪽에 보이는 매끄러운 4차선의 제80번 주간 고속도로 위를 달리는 세미 트레일러(Semitrailers; 대형화물자동차)는 교차로 정체나 느린 트랙터, 앞이 보이지 않는 진입로 등의 방해 하나 없이 질주하고 있었다.

제80번 주간 고속도로는 솟은 지형이 나타나기 전 아주 잠시 보였다. 햇빛으로 인해 앞 유리와 차체가 번쩍이는 자동차들이 뭔가 급한 일이라도 있는지 쌩쌩 달리고 있었는데 그에 비하면 우리는 뭔가 허약한 느림보 거북이 같다는 느낌이 들었다. 구 링컨 고속도로는 그냥 운전하는 느낌, 30번 고속도로는 여행가는 느낌이라면 제80번 주간 고속도로는 응급환자를 실은 구급차들만 있는 것 같았다.

30번 고속도로와 구 링컨 고속도로는 와이오밍Wyoming 주에서 주간 고속도로로 부터 멀어져 공룡화석이 나올법한 숲을 지나 메디신 보Medicine Bow가 있는 북쪽으로 향했다. 길가에는 다 무너져가는 주유소와 버려진 러브호텔들이 있었는데 문은 열리고 지붕은 찌그러진 채 널브러져 있었고 주차장에는 잡초가 허리까지 자라있었다. 그래도 한때는 중요한 역할을 했던 곳이었나 보다.

우리는 아스팔트길을 곡선으로 돌아 다시 남쪽으로 향했다. 나는 롤린스Rawlins의 외곽에서 두 가지 사실을 깨달았는데, 링컨 고속도로와 30번 고속도로가 거기에서 주간 고속도로와 다시 합쳐진다는 점과, 새 도로는 옛 도로 표면 위에 그대로 콘크리트를 깔았다는 점이었다. 집에서 떠나온 이후 처음으로 우리는 주간 고속도로의 경사로에 올랐다.

다음 몇 시간 동안은 매우 마음이 느긋해졌다. 시속 120킬로미터로 크루즈 컨트롤(Cruise Control, 자동 주행속도 유지 장치)을 설정하고 손가락 몇 개만 운전대에 올려놓았다. 도로의 포장상태는 매우 좋았다. 차선은 3.6미터 정도의 여유로운 넓이였고 표지판은 정확했으며 길가에는 넓은 공간이 확보되어 있었다. 전방 가시거리는 최소 800미터였고 그보다 훨씬 멀리까지 보이는 구간도 많았다. 기어를 낮춰야하는 구간은 없었고 가축을 몰고 다니는 사람도 없었으며 소떼도 없고 우리 방향으로 오는 차도 없었다.

3,200킬로미터를 일반 고속도로에서 운전하다보니 제80번 주간 고속도로는 매우 정돈된 느낌이고 안전하며 너무나도 달리기 쉬웠다. 우리는 캘리포니아에서 6일을 보내고 집으로 향했으며 대부분 제15번, 제40번, 제81번, 그리고 제64번 주간 고속도로를 이용했다. 조금 더 서둘렀더라면 서부에서 동부까지 5일 만에 달릴 수 있었을 것이다.

한 달간의 자동차여행 후 집으로 돌아와 내가 찍은 사진들을 보다가 놀라운 사실을 발견했다. 몇 백 장의 사진을 찍었는데 그중 주간 고속도로에서 찍은 사진은 몇 장 안 된다는 것이었다. 와이오밍 주에서는 롤린스의 서쪽에서 찍은 사진은 없었다. 애리조나 주에서도 그랜드캐니언The Grand Canyon을 제외하고는 한 장도 없었다. 뉴멕시코에서는 그랜츠Grants의 캠프장에서 찍은 사진 두 장이 있었으나 아칸소Arkansas 주, 테네시Tennessee 주, 노스캐롤라이나North

Carolina 주, 그리고 버지니아Virginia 주의 사진은 한 장도 없었다.

　게다가 내가 운전하면서 보았던 조그마한 마을 하나하나, 모든 흥미로웠던 장면들을 머릿속으로 떠올릴 수 있지만, 이것들이 전부 시골길을 달리면서 보았던 것이라는 사실이 흥미로웠다. 나는 일리노이 주의 프랭클린 그로브Franklin Grove, 아이오와 주의 클린턴Clinton에 있는 미시시피 강 위를 지나는 다리, 그리고 오하이오 주의 리마의 동쪽에서 본 퀼트로 만든 듯한 농장들을 세세히 기억한다. 아이오와 주의 네바다Nevada(이 도시의 진입로에는 '미국에서 스물여섯 번째로 멋진 소도시'라는 푯말이 붙어있었다)와 네브래스카 주의 코자드Cozad가 기억난다(여기에는 제100번째 자오선이 지나는 곳이라는 현수막이 크게 걸려있었다). 그리고 은빛과 푸른빛이 감도는 이른 아침, 『라이프Life』지에서 '미국에서 가장 외로운 도로'라 칭한 50번 고속도로를 타고 네바다 주의 오스틴Austin의 가장자리에 있는 산길을 따라 정상까지 올라갔던 것도 기억난다.

　특히 기억에 남는 일은 솔트레이크 사막The Great Salt Lake Desert을 지난 것인데 320킬로미터가 넘는 길이의 자갈길을 이틀에 걸쳐 가는 동안 반대편에서 오는 차를 딱 세 대 밖에 보지 못했다. 가는 내내 우리는 산 쑥Sagebrush과 반짝이는 소금덩어리들과 껑충거리는 영양과 으스스한 침묵에 둘러싸여 있었다. 아이들은 우리가 퓨마에게 잡아먹힐까봐 걱정했다.

　펜실베이니아 주의 더치Dutch 농가의 마당, 안개 낀 앨러게니 산The Allegheny, 끝없이 펼쳐진 녹색의 옥수수 밭, 이 모든 것이 아주 생생히 기억났다. 그러나 수천 킬로미터를 달린 고속도로에서 본

것은 두루뭉술하고 모호한 기억뿐이다. 뉴멕시코와 텍사스의 서부, 찌는 듯한 미시시피 저지대의 자세한 모습은 기억이 나지 않는다. 우리가 정말 리틀락Little Rock과 내쉬빌Nashville을 지나왔었나? 물론 지나온 것이 틀림없다. 그러나 이 두 장소에 관해 떠오르는 것은 아무것도 없었다. 극장에 앉아서 연극을 보듯이 우리는 미니밴의 앞유리를 통해 지나가는 장소들을 본 것이다. 거기에 있긴 했지만 그 장소들을 경험했다고 할 수는 없었다.

불평을 하려는 건 아니다. 처음 고속도로에 진입할 때부터 그렇게 될 줄 알고 있었다. 어떻게 보면 아주 당연한 것이었다. 적어도 그 도로는 아무런 사고나 극적인 사건 없이 우리를 무사히 목적지까지 데려다 주었다. 별 노력 없이 음식과 잠자리를 구할 수 있었고 집으로 돌아가는 최단거리를 제공해 주었다. 그리고 우리는 빠르게 집에 도착했다.

무려 7만6천 킬로미터의 길이와 최소 4차선을 갖춘 드와이트 아이젠하워 주간 고속도로 및 국가 방위 고속도로 시스템The Dwight D. Eisenhower System of Interstate and Defense Highway은 역사상 가장 훌륭한 공공사업이었다. 이집트의 피라미드, 파나마 운하 그리고 중국의 만리장성을 작아보이게 만들 정도니까 말이다. 이 공사를 위해 숲에 있는 나무가 베이고, 산이 편평해지고, 강에 다리가 놓이고, 터널이 뚫리고, 한 곳에 있던 것들이 다른 데로 옮겨졌다. 여기에 2천3백억 리터의 콘크리트가 쓰였는데 이것은 루이지애나 주의 초대형 경기장Louisiana Superdome을 64번 꽉 채울 수 있는 양이다.

그것은 한때 고르지 못하던 지역들을 매끄럽게 만들었고 사막과 습지, 방목장과 애팔래치아 골짜기를 1분에 1.6킬로미터의 속도로 달리게 해주었다. 볼티모어Baltimore 항구 아래쪽으로 8대의 차가 나란히 다닐 수 있게 해주고, 해수면 위 3.2킬로미터의 높이에서 로키산맥을 뚫고 지나갈 수 있게 해준다. 이 모든 것을 실행하기에 여기보다 안전한 도로는 미국 내 뿐만 아니라 세계적으로 찾아보기 힘들다.

이는 광활하고 경제를 굴리는 강력한 원동력이다. 이 도로로 인해 수백만 개의 일자리가 생겼고, 동부의 다른 대도시에 가는 속도로 다코타Dakota의 목장주인에게 물건을 배달할 수 있게 되었으며, 1,600킬로미터 떨어진 농장에서 온 신선한 야채를 저녁상에 올릴 수 있게 되었다.

물론 문제가 전혀 없는 것은 아니다. 너무 크고 들어가는 재료들이 비싸 이 도로를 유지보수하기엔 여간 어려운 일이 아니다. 이 도로는 새로운 연료의 원천을 발견하지 않는 한 사라지지 않을 교통수단에 대한 엄청난 투자를 상징했다. 러시아워 시간대에 교통정체를 완화할 목적으로 지어진 곳에도 정체는 엄청났다. 뿐만 아니라 도시들의 무분별한 팽창, 이웃한 지역들의 분할, 소도시 쇼핑지역의 붕괴, 모텔과 식당의 과잉 조성 등의 예상치 못한 문제들을 가져왔다는 비난을 받기도 했다.

마음에 들든 아니든, 아이젠하워가 대통령직에서 내려올 때 말했듯 이 도로는 미국의 얼굴을 바꾸어놓았다. 그것은 우리의 일상생활 속에 뿌리박혔고 현대의 미국을 바꿔놓았으며, 미국의 물리적

모습을 정의하고 있다. 그것은 미국의 상업과 문화의 출발점이며 지역과 지역을 묶어주었다. 미국 48개 주 모든 주요도시에 놓여 있으며, 우리의 언어 속에 파고들었고 우리의 시공간 개념을 통제하고 있으며 우리의 머릿속 지도에 자리 잡고 있다.

사실, 자동차에게 많은 신세를 지고 있는 미국에서 주간 고속도로는 매우 중심적인 역할을 하고 있다. 하지만 대부분의 사람들은 그 사실을 알지 못한다. 고속도로의 존재를 당연시 여기는 것이다. 현재 살고 있는 대부분의 사람들은 태어날 때부터 이 도로들이 있었다. 워싱턴DC에는 항상 벨트웨이Beltway가 있었고 로스엔젤레스에는 5번과 405번 고속도로가 있었으며, 애틀란타에는 게이트웨이 아치Gateway Arch가, 세인트루이스St. Louis에는 고속도로의 합류 지점이 항상 존재했다. 댈러스와 포트워스Fort Worth를 잇는 멋진 덤벨 모양의 고리가 없다는 것을 상상하기 어렵다. 롱아일랜드 도시 고속화도로Long island Expressway, 화이트스톤The White Stone, 브룩클린-퀸즈 도시 고속화도로Brooklyn-Queens Expressway가 없다는 것도 상상할 수 없다.

이것은 기술의 승리이다. 이 고속도로를 이용하는 것이 너무 정상적인 일이 되어버려서, 다른 길로 가는 것을 향수에 젖을 수 있는 시간, 도시의 일상으로부터의 탈출, 특이함, 또는 숨은 동기가 있는 여행이라는 표현들을 연상시키게 했다.

대부분의 미국인들이 어떻게 이 도로가 탄생하게 되었는지, 왜 이것이 생겨났는지, 이전에는 어땠는지 등을 잘 알지 못한다는 것이 그저 놀라울 따름이다. 일반적인 사람들은 이 시스템이 1950년

대의 산물이라고 착각하고 있다. 텔스타Telstar 통신위성, 너구리 털로 만든 모자, 소아마비 예방주사 등과 같은 시기에 만들어진 것으로 믿고 있다. 우리가 링컨 고속도로를 달릴 때 눈치 챘겠지만 그것은 잘못된 상식이다. 사람들은 주간 고속도로에 대해 너무 모른다. 우리가 생각하는 것만큼 최근에 지어진 게 아니다. 그 도로들은 더 오래된 도로망의 자손의 자손의 자손인 것이다.

현재 이 도로의 공식적인 이름을 본다면 아이젠하워 대통령과 그의 동료들이 만들었다고 생각하겠지만 그것은 사실이 아니다. 1956년 6월 아이젠하워가 도로의 예산을 통과시키는 법안을 승인했을 때 이 도로들은 이미 대부분의 형태를 갖추고 있었다. 도로의 노선은 이미 18년 전부터 구상되기 시작했고 설계도 이미 12년 전에 마친 상태였다. 사실 이 도로의 탄생에 있어 아이젠하워 대통령보다 프랭클린 루스벨트Franklin Roosevelt 대통령이 한 일이 더 많다. 또한 도로 시스템의 기원은 훨씬 더 오래전으로 거슬러 올라간다.

이 도로의 진정한 창시자는 기술에 정통한 관료들이었다. 그들이 속한 분야가 아니고서는 이름이 잘 알려지지 않은 사람들이다. 만약 이 도로의 이름이 도로 건설에 가장 공을 많이 세운 사람의 이름을 따서 지어졌더라면 토머스 맥도널드Thomas H. MacDonald 주간 및 국가 방위 고속도로가 될 것이다. 제2차 세계대전이 발발하기 전 토머스 맥도널드가 그의 동료들과 함께 이 도로망에 대한 생각을 품었고 건설을 제안했기 때문이다.

당신은 아마 토머스 맥도널드나 그의 조용하고 끈기 있는 후배인 프랭크 터너Frank Turner라는 이름을 들어본 적이 없을 것이다. 터너는 전쟁 전의 도로형태를 내리막 급경사로, 산을 뚫은 도로, 그리고 여러 층으로 이루어진 교차로로 해석해 지금 우리가 알고 있는 도로의 형태로 만든 인물이다. 다른 어떤 이들보다도 이 두 사람의 공로가 가장 컸다고 할 수 있다. 그들을 도운 자동차 제조업체 관련자들, 과학자들, 발명가들, 프리랜서 디자이너들, 미래학자들, 그리고 괴짜들도 있었다. 물론 반대자들도 있었다. 예술과 건축 비평가로 존경받는 루이스 멈포드Lewis Mumford는 처음에는 주간 고속도로에 대한 대중들의 흥미를 돋우었다. 하지만 나중에는 가장 엄격한 비평가가 되었다. 조용하고 가정적인 조 와일즈Joe Wiles는 볼티모어 시내를 뚫고 고속도로가 들어선다는 사실에 절망했다. 와일즈 뿐만 아니라 비슷한 운명에 놓인 다른 도시들의 수천 명의 시민들도 마찬가지였다. 그는 대형트럭들이 자신이 애써 지켜온 고향을 파괴하려하자 이에 대항해 싸우기도 했다. 결국 이 두 사람도 지금 우리가 이용하는 고속도로를 형성하는 데 일조했다.

   그러나 우리는 맥도널드보다 훨씬 전으로 돌아갈 필요가 있다. 자동차 시대가 어떻게 도래했는지, 대륙을 횡단하는 도로가 있긴 했는지, 그렇다면 어떤 형태였는지를 알아보아야한다. 마차가 교통의 전부였던 시대, 여기 자전거를 시작으로 주간 고속도로의 개막을 연 한 사람이 있다.

차례

들어가면서 **4**

●1부 **진흙 길에서 벗어나다**
1장. 도로의 개척자, 칼 피셔의 등장 **21**
2장. 링컨 고속도로 **51**
3장. 미국 고속도로의 아버지, 토머스 맥도널드 **82**

●2부 **점들을 선으로 연결하다**
4장. 연방고속도로법, 1921 **97**
5장. 이상적인 도로의 기준 **111**
6장. 도로명에서 도로 번호시스템으로 **127**
7장. 도시 없는 고속도로 **150**
8장. 유료도로와 무료도로 **171**
9장. 지역 간 고속도로에서 주간 고속도로로 **201**

3부 비뚤어진 직선과 고르지 못한 평지

10장. 클레이 위원회와 프랭크 터너 225
11장. 주간 및 국가 방위 고속도로 시스템 254
12장. 자동차 기술의 진화 280
13장. 루이스 멈포드와 로버트 모지즈 298
14장. 주간 고속도로, 삶의 방식을 바꾸다 315

4부 인간 장애물

15장. 고속도로 전쟁의 서막 335
16장. 도시 고속화도로 353
17장. 고속도로와 패스트푸드 371
18장. 볼티모어의 선택 390
19장. 고속도로의 안전 문제 417
20장. 환경보호주의와 고속도로 431
21장. 대중교통 수단의 미래 445
22장. 주간 고속도로의 명과 암 463

감사의 글 480
찾아보기 484

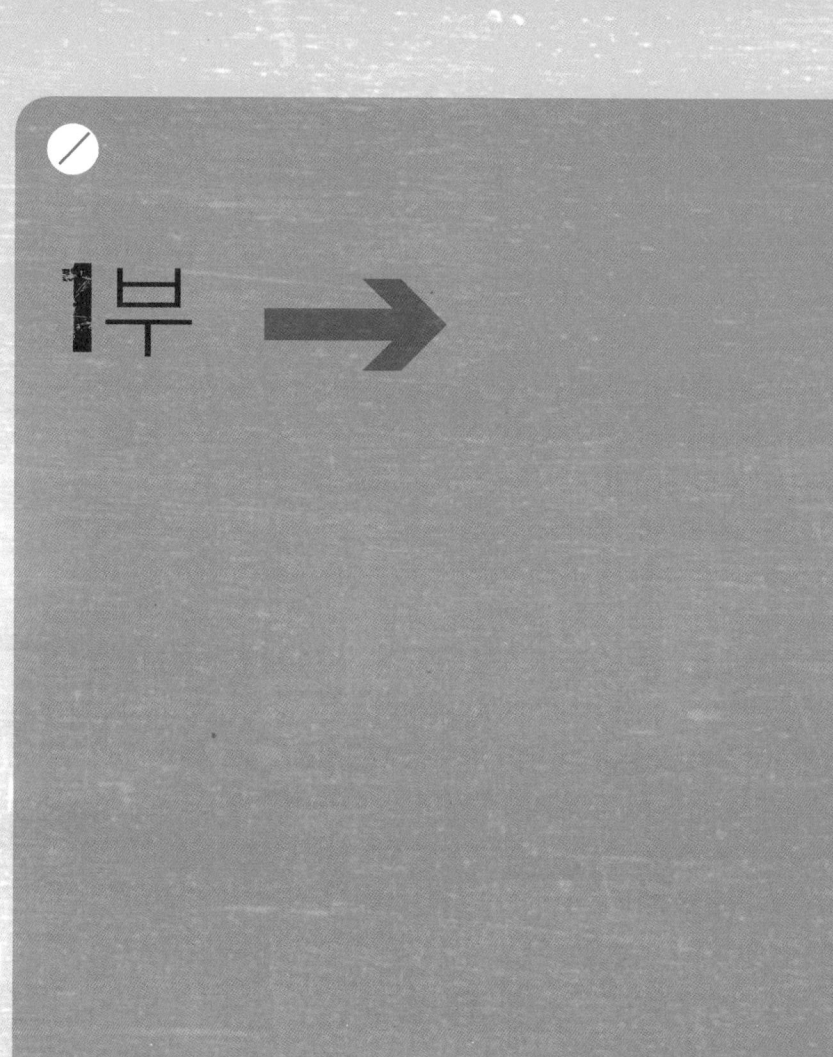

진흙 길에서 벗어나다

도로의 개척자,
칼 피셔의 등장

제1장

　모든 것은 진흙과 거름, 그리고 칼 그레이엄 피셔Carl Graham Fisher라는 이름으로부터 시작되었다. 오늘날 그의 이름은 미국의 아주 외진 몇 개의 도시를 제외하고는 전혀 알려져 있지 않다. 그런 곳에서조차 유명한 이름은 아니다. 그러나 백 년 전만 해도 그는 전국적으로 신문의 경제란과 스포츠난에 단골로 등장했고 제1차 세계대전 이전에는 잠시 유명세를 떨치기도 했다. 그는 원대한 계획을 가진 사람이었고, 그런 계획을 꿰뚫어 볼 줄 아는 식견을 가졌으며, 현재 미국 전역을 이어주는 주간(州間)고속도로Interstate Highway의 원형을 이룰 아이디어를 낸 장본인이었다. 오늘날 고속도로의 초기 모습으로 돌아가 보면 피셔가 주간 고속도로 계획을 밀어 붙이는 장면을 볼 수 있을 것이다. 이것은 드와이트 아이젠하워가 대통령이 되기 딱 40년 전 육군사관학교 생도였던 시절의 일이다.

　피셔는 1874년 인디애나 주 그린즈버그Greensburg에서 태어났다. 미국에 자동차가 들어오기 20년 전의 일이었다. 당시에는 기차가 다니는 지역들만 육상 이동이 가능했다. 그 시절의 인디애나 주 지도, 또는 다른 주의 지도들을 보라. 주요도시들로 모여드는 검은색 굵은 선들이 얽혀 있는 것을 볼 수 있을 것이다. 작은 동네들은 그 선 위에 조그마한 점으로 표시되어 있어 이웃동네와 구분 짓기 힘든 정도이고 고작 역 이름들 중 하나에 불과한 정도의 중요성밖에 지니지 못했다. 대부분의 오래된 지도에 도로는 단 하나도 나와 있지 않다.

사실 도로가 있긴 했으나 지금 우리가 생각하는 도로와는 거리가 멀었다. 그 당시 사람들은 도로를 가리켜 "이건 도로 축에도 못 끼인다. 여길 어떻게 지나다니라는 거냐? 노새도 못 다니겠다."라고 말 할 정도였으니 말이다. 특히 비가 자주 내리는 봄가을 철에는 흙길이 가축의 분뇨와 섞여 진득해졌다. 다른 곳들도 마찬가지였지만 인디애나 주민들은 그런 길을 따라 기차역까지 이동할 수밖에 없었고, 논밭에서 수확한 곡식을 곡물창고로 운반할 때도 다른 방도가 없었다. 더 멀리 이동할 때는 기차를 이용했다.

칼 피셔는 이런 시대에 시골 변호사이자 알코올 중독자인 아버지와 생활력이 강하고 단호한 어머니 사이에서 태어났다. 칼의 부모는 그가 어렸을 때 이혼했고 그의 어머니 아이다 피셔Ida Fisher는 세 아들을 데리고 65킬로미터나 떨어진 인디애나폴리스Indianapolis로 이주했다. 무한한 에너지의 소유자인 칼은 12세에 학교를 중퇴하고 돈벌이에 나섰다. 그는 총명했고 대화를 즐겼으며 타고난 장사꾼이었다. 절제력 또한 뛰어났던 그는 15세라는 어린 나이에 기차에서 신문, 책, 사탕과 초콜릿, 담배 등을 파는 일을 시작했다. 이

옥고 17세에는 당시로 치면 거액인 600달러를 모았고 그 돈으로 사업을 시작했다.

무슨 사업을 할지 결정하는 것은 쉬웠다. 당시 전국에 퍼져 있던 자전거 열풍에 피셔도 2년 정도 푹 빠져있었기 때문이다. 여느 주요 도시들과 마찬가지로 인디애나폴리스의 거리는 현대 비치 크루저의 전신인 '세이프티safety' 자전거들과, 커다란 앞바퀴와 조그마한 뒷바퀴에 안장이 1.5미터이고 상대적으로 위험한 '오디너리ordinary' 자전거들로 붐볐다. 피셔는 이 두 종류의 자전거를 수리하는 가게를 열었다.

그는 주로 오디너리 자전거를 타고 다니면서 자신의 사업을 홍보했다. 이로 인해 미친 사람이라는 평판을 얻기도 했다. 그는 운동을 잘했고 대담한 소년이었다. 줄타기에 능했으며 다른 아이들이 정면으로 달리는 것보다 그는 뒤돌아 달리는 것이 빨랐고 스피드에 관심이 많았다. 특히 브레이크 없이 손에 땀을 쥐게 할 정도의 무서운 속력으로 달리는 오디너리 자전거에 매료되어 있었다. 가파른 내리막길에서 자전거를 타는 최고의 방법은 양발로 핸들을 감싸고 타는 것인데 이렇게 하면 큰 앞바퀴가 장애물에 부딪혀 갑자기 날아가는 불상사가 발생할지라도 머리를 위로 향한 채 낙하할 수 있기 때문이다.

난시가 심해 앞이 제대로 보이지 않고 온몸이 상처투성이인 피셔는 병신이라고 놀림을 받기도 했지만 전혀 아랑곳하지 않았다. 자전거에 몸을 싣는 것만으로도 그에게는 스릴 그 자체였고 자전거 경주는 그야말로 헤어 나올 수 없는 마약과도 같은 것이었다. 얼마 지나지 않아 그는 바니 올드필드Barney Oldfield라는 이름의 속도광이 이끄는 자전거 투어에 동참해 중서부지역의 자전거 관련 박람회 등을 순회했다. 그리고 그의 가게는 날로 번창해 갔다.

그는 곧 판매 영업 쪽으로 눈을 돌리기 시작했다. 포프 톨레도 자전거Pope-Toledo bikes에 감명을 받은 그는 기차를 타고 그 자전거의 제조사로 찾아갔다. 그리고 사장인 앨버트 포프에게 대뜸 자신을 인디애나폴리스의 지역유통자로 써 달라고 요청했고 포프는 그에 동의했다. 그리하여 피셔는 트레일러 한 대 분량의 자전거를 원가에 넘겨받게 되었고 50대 정도는 공짜로 나눠줘도 될 만큼 충분한 수익을 보았다. 그는 친구에게 부탁해 1천 개의 풍선을 만들었다. 그리고 그 중 50개에 숫자가 적힌 종이를 붙여 날려 보낼 것인데 그것을 가게로 가져오는 사람에게 자전거 한 대를 무료로 주겠다는 신문광고를 냈다. 매우 효과적인 광고였다.

그날부터 인디애나 주 전역에서 포프 자전거의 판매가 치솟았다. 그것은 시작에 불과했다. 그는 건물 2층 높이쯤 되는 거대한 자전거를 만들어 타고 시내를 달렸고 사람들은 열광했다. 또한 그는 시내의 두 고층건물 사이에 밧줄을 연결해 그 위를 자전거로 달리겠다고 선언했고 실제로 12층 높이에서 이 말도 안 되는 약속을 지켰다.

이제 반쯤 연예인이 된 피셔는 자전거를 옥상에서 던질 것이라는 선포를 했다. 그리고 그 망가진 자전거를 가게로 끌고 오는 사람에게 새 자전거 한 대를 주겠다는 입소문을 퍼트렸다. 이번에는 경찰이 개입되었다. 자전거 투척 당일 아침, 건물 밖 곳곳에 감시 인원이 배치되었다. 그러나 경찰은 피셔의 적수가 되지 못했다. 그는 약속된 시간과 장소에서 자전거를 던지고 나서 비상구로 계단으로 내려와 사라져 버렸다. 경찰이 서둘러 그의 가게에 도착했을 때 전화 한통이 왔다. 자기는 이미 경찰서에 와있다는 피셔의 전화였다.

피셔는 초등학교 중퇴자치고 꽤 성공한 삶을 살고 있었다. 하지만 그것으로는 그의 성에 차지 않았다. 인디애나폴리스에서 가장 큰 쇼룸을 갖겠다는 원대한 목표를 가지고 그는 오하이오 주 콜럼버스Columbus에 있는 또 다른 큰 자전거 회사로 찾아갔다. 사장인 조지 얼랜드는 자신만만한 피셔가 마음에 들었고 5만 달러라는 거액을 지원해 주었다. 이윽고 피셔는 인디애나폴리스에서 가장 큰 자전거 가게를 차리게 되었다. 모든 브랜드의 자전거를 들여 놓았고 수리기사도 열 명 이상 고용했다. 피셔와 몇몇 친구들이 속해 있는 지그재그 자전거 동호회Zig-Zag Cycle Club 그리고 리그 오브 아메리칸 휠맨The League of American Wheelman 이라고 불리는 단체는 피셔의 가게를 모임장소로 이용했다. 그들의 대화는 종종 '자전거가 다니기에 적합한 도로의 필요성'이라는 주제로 흘러갔다.

1890년대 당시 포장도로라고 해봤자 자갈과 벽돌, 화강암으로 덮여있는 게 전부라 울퉁불퉁했고 수레와 마차로 가득했다. 도로 상태도 자전거의 페달을 밟기만 해도 삐걱대는 소리가 날 지경이었다. 중심가를 벗어나면 수레 한 대가 지나가기도 힘들 정도로 길이 좁아졌다. 인디애나폴리스 외곽은 비가 조금이라도 오는 날에는 진창으로 변했다. 하도 깊고 뻑뻑하게 돼버려서 걸어가던 농부의 장화가 벗겨지는 것은 예사였고 행인들은 길에서 나와 그냥 밭으로 걸어가는 쪽을 택할 정도였다. 어떤 때는 말이 옆구리까지 빠졌으며 마차는 바퀴가 빠져서 망가지기도 했다. 제법 튼튼한 길조차도 마차가 튀기고 지나가는 진흙 때문에 신발이 엉망이 되기 일쑤였다. 당시 미국의 회사원들은 진흙이 묻은 옷을 입고 다닐 수밖에 없었고 변호사나 의사, 목사님이라고 해도 다를 바 없었다.

도시고 시골이고 할 것 없이 말에 의존하던 시절이라 진흙 속에는 동물의 배설물도 섞여있었다. 몇 백 명 남짓 되는 인구에 수십 마리의 가축을 기르는 작은 마을들은 상황이 더 암울했다. 피셔가 사는 인디애나폴리스는 더 심했다. 자전거와 전기차가 다녔음에도 불구하고 인간 대 말의 비율이 14명 당 한 마리 꼴이었다. 캔자스시티는 7.4대 1의 비율을 자랑했다. 누군가는 보스턴의 비컨 힐 Beacon Hill에서 지독한 말 냄새가 났던 기억이 난다고 했다.

길을 건너는 것은 그다지 유쾌한 경험이 아니었다. 추산에 따르면 하루 동안 뉴욕의 거리에 말이 남기는 배설물이 1톤이 넘었고 소변은 20만 리터가 넘었다. 일 년으로 치면 365톤 이상이다. 니미츠Nimitz 항공모함 3대와 해군구축함 6대를 띄울 수 있을 정도의 양이다. 얼마나 더럽고 악취가 났겠는가. 파리는 또 얼마나 많았겠는가.

이러한 이유로 자전거 애호가들은 취미를 제대로 즐기지 못했다. 리그 오브 아메리칸 휠맨의 회원들은 어떻게든 방법을 강구해보기로 했다. 그들은 피셔가 가게를 연지 1년 후 《굿로드Good Roads》라는 제목의 잡지를 출간했는데 그것은 도로 개선을 위한 영향력 있는 대변인 역할을 하게 되었다. 잡지의 기사들은 널리 인기를 끌었고 자전거가 없는 사람들조차 회원으로 가입하기 시작했다. 정점에 올랐을 때의 회원 수는 10만2천 명을 넘어섰고 굿로드 운동은 정치인들이 무시하기 힘들 정도의 규모가 되었다.

그리고 자전거 애호가들에 요구에 의해 도로 건설이 큰 이슈로 떠오르게 된 것이다. 이것은 1983년 매사추세츠Massachusetts주의 치코피Chicopee에서 미국의 첫 자동차가 판매되기도 전의 일이다. 두레이 모터 왜건Duryea Motor Wagon이 출시하기 몇 달 전 의회는 농무부장관에게 도로를 조사해보고 개선방안을 강구하라는 지시를 내렸다.

그리하여 1893년 10월, 농무부장관이었던 스털링 모튼J. Sterling Morton은 국가도로조사국Office of Road Inquiry을 개설했고 로이 스톤 Roy Stone이라는 군 장군을 국장으로 임명했다. 그는 뉴욕 출신의 남북전쟁 참전용사이자 토목기사였고 굿로드 운동의 열렬한 옹호자였다. 그가 임명된 것은 한 로비스트가 국가정책을 밀어붙이다가 얼떨결에 일어난 일이었다. 요즘 같았으면 상상도 못하겠지만 19세기 미국에서는 제법 흔한 일이었다.

스톤은 미국이 문명국가들 중 도로 사정이 가장 형편없다는 결론을 내렸다. 게다가 국민들은 감당하기 힘들만큼 많은 세금을 내고 있는데 그에 반해 얻는 것이 아무것도 없어 더 힘든 상황이라고 말했다. 또한 도로 사정이 나빠 노동시간이 허비되고 농작물이 상하고 음식 값이 오르게 되면 돈을 들여 다시 도로를 개선하는 것보다 장기적으로 더 비싸지는 격이라고 주장했다. 저명한 잡지 편집자이자 평론가인 앨버트 쇼Albert Shaw도 "도로 개선 작업은 돈이 매우 많이 들어가는 일이라 우리 미국처럼 부자 나라가 아니고서는 꿈도 못 꾼다."라고 말하며 동조했다.

스톤은 미래의 수혜자들에게 비용의 일부분을 부담시키자며 일명 '최장기 대출'안을 내놓았다. 그러나 그는 이 제안을 밀어붙일 힘이 부족했다. 인력은 그를 포함해 두 명이었고 운영자금은 1만 달러에 불과했다. 하지만 우체국에서 지방 무료우편배달을 시작했을 때 그는 결정을 했다. 지방 무료우편배달이란 지나다닐 만한 길이 있는 곳은 무료로 우편을 배달해 주는 정책으로 시골의 농부들에게 큰 호응을 얻었다. 그때까지만 해도 도로 개선에 들어가는 세금은 자전거를 모는 도시 멋쟁이들에게나 도움이 되는 것이라고만 생각했던 사람들의 마음이 바뀌기 시작했다. 일 년 후 스톤은 '시범도로Object Lesson Road', 라는 프로그램을 시작해 작은 샛길들을 고쳐 나갔다. 이렇게 개선된 길에서 마차를 타보니 좌석이 덜 덜컹거렸고 사람들은 길이 매끄러워 졌다는 것을 느낄 수 있었다.

가게를 운영하고 홍보하기 바빴던 칼 피셔에게 이 모든 것은 작은 소음에 불과했다. 그는 1893년 대공황으로 시작된 불경기를 무사히 넘겼고 자전거 경주는 여전히 인기가 있었다. 1898년에 그의 친구 아서 뉴비Arthur Newby는 도시의 북쪽에 400미터짜리 경기장을 지어 2천 명의 좌석을 가득 채우곤 했다. 그즈음 피셔는 세이프티 자전거를 파는데 싫증을 느껴 마차와 자전거에 경량 가솔린 엔진을 단 새로운 모델에 관심을 쏟기 시작했다. 그는 오토바이를 수리해 자신이 타기도 하고 팔기도 했다. 데이튼Dayton에 있는 또 다른 인기 자전거 상점의 주인이 글라이더와 프로펠러를 실험하기 시작했을 때 피셔는 2.5마력의 프랑스산 삼륜 자동차 드 디옹 부통De Dion-Bouton을 구입했다. 그것은 인디애나폴리스의 첫 자동차로 알려져 있다.

피셔는 새 열풍의 중심에 서 있었다. 미국 전역의 자전거 제조사들과 마차 공장들이 증기나 전기 또는 작은 엔진을 이용한 자동 추진 장치를 실험하고 있던 때였다. 2년 후인 1900년 1월, 피셔와 그의 오랜 동료인 바니 올드필드Barney Oldfield는 뉴욕의 옛 매디슨 스퀘어 가든에서 열린 미국 최초 자동차 전시회에 가게 되었고 그 것은 그의 모든 것을 바꿔놓았다. 올드필드는 미국의 첫 번째 자동차 경주의 스타가 되었고 향후 25년을 이야기 할 때 결코 빼 놓을 수 없는 이름이 되었다. 당시 경찰이 속도위반 차량을 세우고 처음 묻는 말이 "당신이 바니 올드필드라도 되는 줄 아나보죠?"라고 했으니 말이다.

한편 피셔는 새로운 사업안을 가지고 인디애나폴리스로 돌아왔다. 그는 자전거 가게를 닫고 미국 최초의 자동차회사 중 하나인 피셔 오토컴퍼니Fisher Auto Company를 열었다.

칼 피셔는 뉴욕에서 고향으로 돌아올 때 그다지 큰 관심을 받지 못했다. 그 이유는 그가 뉴욕전시회에서 산 자동차를 타고 인디애나폴리스까지 운전해오는 대단한 업적을 남기려고 했다가 실패했기 때문이다. 그게 성공적이었더라면 그는 처음으로 장거리 운행을 성공시킨 사람들 중 한 명으로 각광을 받았을 것이다. 하지만 당시 자동차는 도시 부자들의 비싼 장난감 정도로 취급되고 있어 크게 인기가 없었을 뿐만 아니라 쉽게 고장이 나고 시끄러웠으며 비바람이 다 들어오는 오픈 형 구조였다. 여기에 열악한 도로사정도 한몫해 잠시 시골길 나들이에 오를라치면 타이어에 바람이 빠지거나 중간에 차가 멈추는 일이 허다했다. 운전보다 정비에 시간이 더

들기도 했고 아무리 좋은 조건에서도 속도를 내지는 못했다. 1898년에 세워진 최고기록이 겨우 시속 62킬로미터였고 대부분의 차들은 시속 16킬로미터를 넘기기도 어려웠다. 게다가 무겁고 쉽게 넘어지며, 한 번 넘어지면 일으켜 세우기도 힘들어 아주 위험했다. 게다가 어떤 안전장치도 없었다. 소음기도 없고 뒤로는 뜨거운 연기와 불꽃이 나왔다. 이는 주변의 말들을 놀라게 했고 보행자들을 위험에 빠트렸으며 청회색의 배기가스를 뿜어내었기 때문에 사람들은 그 근처에 가기를 두려워했다.

초기의 도시 운전자들은 이국적이고 영웅적인 분위기를 뿜어냈다. 그들은 늠름하고 용감하며 부유했다. 그러나 끝없이 멀리 떨어진 두 도시 간을 거구의 무쇠차량으로 달리기 위해서는 수시로 나는 고장과 사투를 벌여야했는데 그다지 멋진 경험은 아니었다. 그러니까 이것은 쥘 베른Jules Verne의 소설에나 나올법한 말도 안 되는 도전인 것이다. 사실 1903년 이전에 장거리 운전을 감행한 사람은 몇 명 안돼서 하나하나 다 나열 할 수 있을 정도이다.

1897년 클리블랜드의 자전거 판매상인 알렉산더 윈튼Alexander Winton은 자신이 제작한 자동차의 내구성을 뽐내기 위해 뉴욕까지 운전해 갔으나 오하이오의 주민들 이외에는 아무도 관심을 가져주지 않았다. 2년 후 그는 똑같은 경로로 다시 도전했는데 이번에는 《플레인 딜러Plain Dealer》지의 리포터와 동행했다. 이것은 30종 가량의 신문에 실리면서 프랑스어에서 온 오토모빌Automobile 이라는 단어를 유행시키는 데 한몫했다. 사람들은 뉴욕에서 열렬한 환호로 그 두 사람을 맞이했다.

1899년 여름, 존 디John D.와 루이스 히치콕 데이비스Louis Hitchcock Davis는 두리예 모터 왜건 사Duryea Motor Wagon Company에서 제조한 자동차를 타고 뉴욕에서 샌프란시스코까지의 여정에 도전했다. 그 기이하게 생긴 자동차는 출발한지 얼마 안 돼 고장이 났고 가는 도중 계속 문제가 발생했다. 3개월에 걸쳐 시카고에 도착한 그들은 급기야 손을 들고 말았다.

1901년 윈튼은 샌프란시스코 서부에서 뉴욕 동부로의 도전을 시도했으나 네바다 사막에서 차가 모래에 빠지는 바람에 포기해야 했다. 그해 10월, 자동차 제조자인 랜섬 올즈Ransom E. Olds는 젊은 드라이버인 로이 채핀Roy Chapin에게 올즈모빌Oldsmobile 사의 새 모델인 커브드 대시curved-dash 차량을 디트로이트에서 뉴욕까지 시험 운행해 달라고 의뢰했다. 그 여정은 일주일하고 반나절이나 소요되긴 했지만 올즈모빌 사가 미국의 자동차 대량생산 업체가 되는데 기여했다. 당시 장거리 운행기록은 이게 전부이다. 피셔와 같은 흥미를 가진 사람은 정말 소수였던 셈이다.

라이트 형제가 키티호크Kitty Hawk에서 첫 비행을 하기 5개월 전인 1903년 7월이 되어서야 진정한 대륙횡단이 가능해졌는데 그것도 많은 사람들의 호응을 얻지는 못했다. 버몬트Vermont주 벌링턴Burlington의 호레이쇼 넬슨 잭슨 박사Dr. Horatio Nelson Jackson는 50달러 내기에 이기기 위해 아주 기본적인 1902년 식 윈튼 자동차에 정비공인 시월 크로커를 조수석에 태우고 길을 떠났다. 그들은 북쪽으로 향해 오리곤Oregon 주를 지나고 시에라 네바다Sierra Nevada 산맥은 피해갔다. 제대로 된 길이 없는 아이다호Idaho와 와이오밍 주를 지나면서 그들은 불테리어 한 마리와 동행하게 되었다. 그 개에게 버드Bud라는 이름을 지어주고 눈에 흙먼지가 눈에 들어가는 것을 우려해 고글까지 씌어주었다. 가는 곳마다 버드는 인기를 끌었다.

네브래스카의 플래트 강The Platte River을 지날 때는 오리곤 주와 유타Utah 주를 먼저 운전해 갔던 선구자들이 남긴 길의 자취를 따라갔다. 가는 길에 차가 진흙탕에 빠져 도르래장치로 끌어 올려야 했던 일화도 있다. 미시시피 강의 동쪽은 비교적 운전하기 쉬운 편이었다. 그렇게 63일 후 그들은 뉴욕에 다다랐다. 그들의 성공은 '자동차가 장난감 이상의 것'이라는 인상을 심어주었고 본격적으로 자동차 시대가 도래했다는 것을 보여주었다.

2주 후, 패커드 사Packard의 한 차량이 캘리포니아에서 더 힘든 여정을 마치고 돌아왔을 때에는 자동차에 대한 관심이 증폭되었다. 드라이버인 톰 페치와 사진기자인 마리우스 크라룹은 네바다 주와 유타 주의 사막을 건너 콜로라도 주의 로키산맥을 지나왔다. 그로부터 몇 주 후, 세 번째 팀이 올즈모빌 사의 커브드 대시를 타고 동부에 도착했다. 이 여정을 찍은 사진에는 도로라고는 보이지 않고 바위투성이인데다가 구릉진 와이오밍 대초원에 산쑥이 가득한 모습이 포착되어 있다.

》》 》》 》》

그렇게 자동차에 대한 열기가 대단한 가운데 자동차 판매량이 치솟은 것은 놀랄 일이 아니었다. 1900년 미국에는 8천 대의 차량이 등록되었다. 1903년에 그 수는 네 배에 이르러 거의 3만3천 대가 되었고 다음 두 해 동안에는 그것의 두 배가 더 뛰었다. 별 노력

없이 차들이 마구 팔리자 피셔는 차량 유통업만 하는 것이 지겨워졌다. 그리하여 1900년대 초반에 그는 자전거 사업을 시작했을 때와 마찬가지로 올드필드와 아서 뉴비와 동행해 전국의 자동차 전시회를 순회하며 경주를 즐겼다.

그 시절 자동차 기술은 빠르게 발전하고 있었다. 조종 장치가 얇은 손잡이로 바뀌었고 연약해 보이는 증기자동차와 배터리자동차는 몸집이 더 크고 소리가 우람한 가솔린엔진 자동차들로 대체되었다. 피셔는 말과의 경주에 내기를 거는 것을 즐겼는데 자신의 차와 말 중에 먼저 1.6킬로미터를 달리는 쪽이 돈을 따는 것이었다. 그는 시민들에게 경주마를 고르게 했고 심지어 말이 400미터 정도 앞서서 출발할 수 있도록 해주었다. 처음에는 말이 상당히 앞서 나가는 듯 보였지만 마지막 순간에는 항상 피셔의 자동차가 따라잡아 이겼다. 그렇게 피셔는 내기 때마다 250달러를 땄다. 그런 식으로 한 시즌 동안 2만 달러를 벌어들였다는 이야기도 있다.

그는 자동차 경주에 자주 참가했다. 또한 앞쪽이 길고 좌석이 높으며 강력한 힘을 자랑하는 모호크Mohawk 차량을 타고 안전벨트도 매지 않은 채 바람을 가르며 질주하는 것을 즐겼다. 모호크는 매우 시끄럽고 윗부분이 무거웠으며 엄청난 기세를 느끼게 하는 차였기 때문에 일반인들은 쳐다보기도 무서워했다. 올드필드는 자동차 경주를 우주로 내던져지는 것에 비유했다. 그는 "실린더가 북소리마냥 고동치고 강풍은 무섭게 귓전을 지나간다. 휘몰아치는 흙먼지 사이를 뚫고 달릴 때 그 자동차는 마치 지각을 가진 존재의 모습을 띤 듯하다."라며 자동차 경주의 스릴을 묘사했다.

나쁜 시력에도 불구하고 피셔는 중서부지방과 오하이오 밸리

Ohio Valley 전역에 내기를 걸며 다녔다. 1903년 여름 올드필드는 1.6킬로미터를 1분 안에 주파하겠다는 꿈을 이루었고 피셔 또한 뒤지지 않았다. 그는 시속 88킬로미터를 기록했고, 시카고 외곽의 한 경주로에서 3.2킬로미터를 2분 2초 만에 달려 세계기록을 달성했다고 전해진다. 1904년에 《호스리스 에이지Horseless Age》지는 피셔를 가장 유명한 카레이서 중 한 명으로 손꼽았다.

그의 경주가 인상적인 것은 단지 속도가 빨라서만은 아니었다. 1903년 9월 9일경 피셔는 오하이오 주의 제인스빌Zanesville에서 열린 지역 자동차 경주에 참가했다. 그는 두 대의 모호크 차량을 들고 나왔는데 한 대는 자신이 직접 운전했고 나머지 한 대는 얼Earl이라는 사람이 몰았다. 이 얼이 인기 레이서인 얼 카이저Earl EKiser인지 피셔의 동생 얼인지는 확실치 않다고 한다. 그런데 경주 도중 이 두 차량들 중 한 대가 중심을 잃고 빙글빙글 회전하다 관객들이 있는 울타리를 들이 받는 사고가 일어났다. 이 사고로 한 명이 죽고 여러 명이 다쳤다. 물론 내기는 전부 취소되었다.

초기의 자동차 경주는 참자가나 구경꾼 모두에게 매우 위험한 모험이었다. 같은 날 미시건 주의 그로스포인트Grosse Point에서 바니 올드필드가 몰던 차량의 앞바퀴가 펑크나 경기장 밖으로 15미터를 날아가 지나가던 행인 위에 떨어져 사람이 죽는 일이 발생했다. 이 사고로 올드필드도 심한 열상을 입고 갈비뼈가 부러졌다. 3일 후 밀워키에서 열린 경주에 다시 참가한 올드필드는 부상의 고통을 참지 못해 경기 도중 의식을 잃었다. 그 결과 그의 대타로 참가한 카레이서는 미국 역사상 최초로 경주 도중 목숨을 잃은 사람이 되고 말았다.

한편 제인스빌에서 사고를 낸 사람이 피셔였는지 얼이었는지는 알 수 없었지만 피셔가 그에 대한 책임을 졌다. 몇 년이 흘러 피셔는 그 사고에 대한 질문을 받았는데 사고 후 2년간 죽어간 사람들이 너무 많아 정확히 몇 명의 관객이 목숨을 잃었는지는 잘 모르겠다고 진술했다.

그 후 피셔는 자동차 사업에 부정적인 영향을 줄까 우려하여 경주를 점점 줄여나갔다. 그는 평범한 사람은 아니었다. 인내심이 없고 쉽게 화를 내며 기분에 상관없이 욕을 내뱉기 일쑤였지만 하루에 18시간씩 일하면서 좋은 결과를 돌출해내는 사람임에는 분명했다. 패커드와 올즈모빌 그리고 레오Reo 등 자동차가 너무 잘 팔려 쇼룸 공간이 부족해지자 그는 번화가의 3층짜리 쇼룸으로 이전하게 되었다.

1904년, 발명가인 퍼시 에이버리Percy C. Avery는 마케팅에 조력자가 필요하다며 피셔에게 도움을 요청했다. 그때까지만 해도 자동차의 전조등은 마차시대와 별반 다를 게 없는 등불이나 촛불을 사용하고 있었기 때문에 차가 말의 속도보다 조금만 빨라지면 훅 꺼져버렸다. 운전은 낮에만 가능한 활동이었던 것이다. 그러나 에이버리에게는 아이디어가 있었다. 작은 통에 압축된 아세틸렌을 넣고 그것을 가스램프로 공급해 불을 밝히는 방식이었다. 여태껏 피셔가 본 것 중 가장 밝고 센 불빛이었다. 그해 9월, 그는 에이버리와 예전의 자전거 팀 동료인 제임스 앨리슨과 함께 프레스트 오 라이트Prest-O-Lite라고 알려진 응축 아세틸렌 회사Concentrated Acetylene Company를 만들고 최초의 자동차 전조등을 만들기 시작했다.

그것은 혁명이었다. 운전자는 밸브를 열어 가스를 공급하고 밸브를 닫아 불을 끄면 됐다. 또한 탱크가 비면 재충전을 하면 되었다. 1904년 패커드 사를 시작으로 많은 미국의 자동차 회사들이 프레스트 오 라이트의 전조등을 사용했다. 1905년과 1913년 사이에 찍힌 대부분의 고급자동차 사진에서는 발판 옆에 전조등 연료탱크를 볼 수 있다. 피셔와 앨리슨은 꿈꿔왔던 것 이상의 부를 얻었다. 하지만 가연성의 가스를 탱크에 주입하는 일은 그다지 안전한 작업은 아니었다.

1907년 8월, 프레스트 오 라이트의 몇몇 직원이 가스 폭발로 목숨을 잃을 뻔했다. 그해 12월에 또 다른 공장이 폭발해 한 명이 숨지고 세 명이 크게 부상을 당했다.

1908년에는 한 공장에서 네 번의 폭발이 있었는데 이로 인해 공장 옆 소방서가 무너졌고 인근 병원의 모든 창문이 다 깨지는 사고가 있었다. 인디애나폴리스 내에서만 이 정도였고 전국에 퍼져있는 피셔의 파트너들을 다 합치면 총 15개의 공장에서 폭발이 일어났다. 이렇게 프레스트 오 라이트가 주민들을 위험에 이르게 한 사실은 미디어의 주목을 끌 수밖에 없었다.

그럼에도 불구하고 그가 사업가로서의 명성을 이어간 것은 지칠 줄 모르는 그의 열정 덕분이었다. 1907년 그가 팔았던 차 중에서 그가 개인적으로 가장 좋아했던 모델은 크고 고급스러운 오하이오 산 스토다드 데이튼Stoddard-Dayton이었다. 자전거 가게를 운영했을 때처럼 피셔는 이 차를 시내의 한 건물 옥상에서 땅으로 밀어 떨어트려 보겠다고 했다. 차의 내구성을 보여주고 싶었던 것이다. 그는 차를 튼튼하게 재정비하고 충격을 완화시키기 위해 타이어의 바람도 좀 뺐다. 그렇다 해도 옥상에서 차를 밀어 바닥에 그대로 착지시키는 것은 운에 맡겨야 하는 일이었다. 정말 놀랍게도 그는 해냈다. 뿐만 아니라 그 차를 타고 퇴장하면서 마지막 피날레를 장식했다.

피셔가 펼친 최고의 하이라이트는 1908년 10월 30일에 일어났다. 그는 스토다드 데이튼 스포츠카를 거대한 풍선에 매달아 인디애나폴리스 상공을 떠다니다가 착지하면 그 차를 다시 몰고 오겠다는 약속을 했다. 사실은 풍선에 차를 매달기 전 무거운 엔진은 미리 빼 놓고 나중에 착지 장소로 같은 모델의 차를 불러 교묘히 바꿔치기 한 것이었다. 언론조차 진실을 몰랐던 모양이다. 이것으로 피셔는 대중의 인기를 한 몸에 받았다.

자동차들은 날이 갈수록 더 빠르고 정교해졌지만 그런 차들을 운행하기에 마땅한 도로가 없다는 것은 여전히 큰 문제였다. 미국의 주요 도로는 선사시대로부터 내려온 것이었다. 처음에는 동물들이 다니던 길을 원주민들이 사냥을 위해 사용하기 시작했고 후에 백인들이 정착하면서 마차가 다닐 수 있게 확장시킨 것이 전부였다. 세월이 흐르면서 큰 그루터기 같은 장애물은 없어졌지만 애초에 길의 개척자가 물소와 사슴들이다보니 대부분의 도로는 동물 수준에 그쳐있었다.

도로를 개선하는 일은 결코 쉬운 문제가 아니었다. 무거운 짐마차가 많이 다니는 중심가는 그럭저럭 도로가 포장되어있었다. 하지만 도로 포장에 쓰이는 돌은 너무 비싸 먼 시골지역까지 도로를 놓는 것은 무리였다. 도로 공사와 정비를 담당하는 것은 보통 지역 관할청이었는데 그들이 재량껏 쓸 수 있는 예산은 제한되어 있었고 시민들에게 세금을 그렇게 많이 부과할 수도 없는 노릇이었다.

비가 오면 여전히 시골지역은 진창으로 변했다. 그런데 이 문제는 1908년에 있었던 뉴욕-파리 자동차 경주New York to Paris Race로 인해 공식적으로 조명될 기회를 얻게 되었다. 프랑스 차 세 대, 독일 차 한 대, 이탈리아 차 한 대, 그리고 미국 차 한 대, 이렇게 여섯 대의 자동차가 2월 12일에 타임스퀘어에 모여 무려 3만5천 킬로미터라는 장거리 일주를 떠났다. 그들은 뉴욕에서 출발해 샌프란시스코로 운행해 간 다음 거기서 알래스카 주의 발데즈Valdez까지 배를 타고 항해한 후 제대로 된 길이라고는 없는 툰드라 지대를 지나 놈Nome에 도착할 계획이었다. 그리고 얼어붙은 베링해협을 운전해 시베리아로, 몽골로, 러시아로, 그리고 유럽의 다른 국가들을 거쳐 파리에 도착하려는 계획을 가지고 있었다.

이것은 오늘날의 호버크라프트Hovercraft로도 불가능한 계획인 점을 감안하면 1908년 당시의 육중한 자동차들로는 어림도 없었다. 3톤짜리 프로토스Protos를 몰고 온 독일 참가자는 40마력의 연약한 4기통 엔진으로 쩔쩔매며 앞으로 나아갔다. 독일의 차 보다 더 무거운 프랑스의 드 디옹De Dion은 30마력밖에 되지 않았다. 그러나 그들의 가장 큰 걱정거리는 기계적 결함이 아니었다. 25만 명 시민들의 환호 속에 뉴욕을 출발한 지 몇 시간도 채 지나지 않아 그들은 1.2미터의 눈더미를 만났고 그날 저녁 프랑스의 참가자 한 명이 기권했다. 눈더미를 지나니 진흙이 등장했고 서쪽으로 가면 갈수록 상황은 더 악화되는 듯 했다

19일째 되는 날에는 아이오와 주의 가파른 도로에서 한 대의 차

가 길을 물으려 잠시 멈췄다가 슥 미끄러져 작은 도랑에 빠져버렸다. 《뉴욕 타임스New York Times》지는 진흙범벅이 된 이 두 프랑스 사람이 '흑인 같았다'라는 제목의 기사를 1면에 실었고 그들은 도로가 이렇게 열악한 곳에서 절대 살고 싶지 않다는 말을 했다고 전했으며 차라리 알래스카의 도로가 나았다고 했다. 이틀 후 미국 운전자는 "동부의 사람들은 이런 도로가 있는지 상상도 못한다."는 말을 했다. 오마하에 도착한 그는 이렇게 최악의 도로에서 운전해 보기는 생전 처음이라며 경악을 금치 못했다.

운전자들이 자신의 위치를 정확히 모른다는 사실은 상황을 더 악화시켰다. 앞서 언급되었던 뉴저지New Jersey주 뉴어크Newark 출신의 미국 운전자 몽태그 로버츠Montague Roberts는 "아이오와 주에는 여행자들이 양말이나 차(茶)를 싸게 살 수 있는 잡화점이 어딘지 알려주는 표지판 몇 개 이외에는 아무런 도로 표지판도 없었다."라고 말했다. 잡화점의 방향만을 알 수 있을 뿐 자신이 시더 래피즈Cedar Rapids에 있는지 새크라멘토Sacramento에 있는 것인지는 전혀 알 수가 없었다.

중서부도 별반 나을게 없었다. 20세기 초 최고의 시골길이라고 해봤자 여전히 원시적인 것이었다. 가장 기본적인 개선책은 단순히 튀어나온 부분을 매끄럽게 하고 홈이 파인 곳을 메워 흙길을 편평하게 하는 것이었다. 다음 단계는 모래와 진흙을 섞어서 땅바닥에 까는 것이다. 이론상으로는 그렇게 하면 배수가 잘되고 차들도 견고하고 매끈한 땅에서 다닐 수 있다. 그래도 너무 무거운 물체가 많이 누르게 되면 망가질 수밖에 없다.

조금 더 나은 방법은 자갈길인데 강에서 가져온 돌이나 깨진 돌을 편평한 길 위에 까는 것이다. 마차가 다니기에 흙길 보다는 나았지만 자갈이 사방으로 흩어지지 않도록 자주 다시 모아 줘야 했고 얇은 타이어를 가진 자전거, 마차가 지나가거나 자동차가 고속으로 지나가면 다시 흙길이 되어버렸다.

가장 인기 있는 해결책은 머캐덤Macadam이었다. 이 방법이 개발된 것은 자동차가 나오기 80년 전의 일이다. 스코틀랜드의 도로 건설업자였던 존 루든 머캐덤John Loudon MacAdam은 자갈로 이루어진 도로 위를 사람이나 마차들이 지나다니면서 많은 불편함과 위험이 따르는 것을 보고 도로 포장 방법을 다양하게 연구하기 시작했다. 그래서 1816년 그가 맡았던 도로 건설 프로젝트에서 흙길을 단단하고 편평하게 손질한 후 미리 망치로 부숴둔 돌로 그 위 25센티미터 정도를 덮어 무거운 롤러로 한 번 더 눌러주었다. 그랬더니 뾰족하게 튀어나왔던 부분들이 함께 엮이면서 더 단단해졌다.

미국의 도로시공자들은 길을 편평하게 만든 다음 큼지막하게 부순 돌을 두껍게 올리고 롤러로 민 다음 그 위에 훨씬 잘게 부순 돌을 덮어 또 밀었다. 그러고 나서 돌가루를 뿌리고 표면에 물을 뿌린 다음 마지막으로 한 번 더 롤러로 눌러 정리해 주었다. 이렇게 해서 그들은 스코틀랜드의 방식에서 한걸음 더 나아갔다.

이 방식을 '물다짐 머캐덤Water-Bound Macadam'이라고 했다. 일반적인 교통량이 저속으로 다니기에는 좋은 길이었다. 어떤 도로는 흙먼지를 줄이기 위해 아스팔트로 얇게 한 번 덮어주었다. 얼마 지나지 않아 건설업자들은 아스팔트뿐만 아니라 석탄으로부터 유래된 타르도 돌을 고정시켜 줄 수 있다는 걸 깨달았고 굳이 흙먼지가 나지 않는 곳이라도 그것을 사용하기 시작했다. 역청 머캐덤 또는 타맥도로라 불리는 아스팔트길이 이렇게 하여 탄생하였다.

그 후 이래로 엔지니어를 제외한 사람들은 역청Bituminous이라는 단어는 사라지고 머캐덤은 아스팔트와 동의어가 되어버렸다. 사실 다른 여러 가지 동의어가 있는데 요즘 가장 흔하게 쓰이는 말은 아스팔트 콘크리트이고 이것은 플렉서블 콘크리트Flexible Concrete, 스크림쇼(Scrimshaw, 아스팔트 또는 타르에 부순 돌이나 자갈 등의 골재를 섞은 것) 등의 이름으로도 불린다.

최상의 도로 건설 재료이자 건설업자들의 총아는 포틀랜드 시멘트 콘크리트였는데 이도 여전히 도로 재료로서는 아직 시작에 불과했다. 몇몇 도시들이 작은 길에 이를 실험했고 프랑스에서 찬사가 들려오기 시작했다. 하지만 미국도로에서의 첫 테스트는 디트로이트 외곽에 있는 미시건의 웨인 카운티Wayne County에서 진행되고 있었다.

1909년이 끝날 무렵 미국에는 350만 킬로미터 이상의 도로가 있었는데 그중 8퍼센트에 해당되는 30만 킬로미터 정도만이 조금이나마 개선되었다. 그것의 절반 이상이 자갈도로였고 콘크리트가 깔린 곳은 14킬로미터에 불과했다.

칼 피셔는 다른 사람들 보다 한 발 앞서 최신 트랜드를 읽어내는 안목이 있었기 때문에 날이 갈수록 부유해졌다. 지금은 자동차 판매가 붐을 일으키고 있지만 그것 또한 오래 지속되지는 못할 것이라는 것은 명백했다. 궁극적으로는 미국의 도로사정이 개선되어야 하고 그때까지 지금의 자동차들이 열악한 도로에서도 잘 달릴 수 있도록 개선되지 않는 한 피셔의 사업은 완전한 잠재력을 도출시킬 수 없었다.

　250개가 넘는 미국의 자동차 제조사들은 매년 자동차의 안전성과 실용성을 향상해왔다. 그들의 제품은 더 견고해졌고 정지속도가 빨라졌으며 대형사고의 위험성을 줄여나갔다. 그러나 유럽의 자동차 회사들을 따라 잡으려면 아직 멀었다는 사실을 자동차 경주 때마다 느낄 수 있었다.

　한번은 피셔가 국제 자동차 경주 중에 아이디어를 얻었는데 미국에 자동차가 고속으로 달릴 수 있는 대형 성능시험장을 짓자는 것이었다. 그렇게 되면 새 자동차를 각자의 속도에 맞춰 시연해 볼 수 있다고 그는 말했다. 그것은 자동차의 안정성, 속도, 내구성 등을 시험해 볼 수 있는 좋은 방법이었다. 운전자를 위협하는 펜스가 없고 관람석도 제대로 된 8킬로미터 정도의 경기장을 만들고 경주에 필요한 비품과 주유소를 설치하게 되면 거기서 한 번만 경기를 해도 건설비용의 반은 회수할 수 있을 것이라며 그는 사람들을 설득했다. 또한 자동차의 중심지로서 디트로이트와 어깨를 나란히 하는 인디애나폴리스가 적합한 장소라고 주장했다.

　1908년 가을, 그는 도시의 북서쪽에 땅을 사들였고 이듬해 2월 친구 세 명과 함께 인디애나폴리스 모터 스피드웨이 컴퍼니 Indianapolis Motor Speedway Company라는 회사를 설립했다. 그의 동업자들은 제임스 앨리슨, 아서 뉴비, 그리고 프랭크 윌러Frank H. Wheeler였다. 아서 뉴비는 그와 함께 자전거와 자동차를 함께 타던 친구로 훗날 유명 자동차 브랜드를 만든 사람이었고, 프랭크 윌러는 카뷰레터를 만드는 회사의 사장이었다. 그 네 사람은 디자이너를 고용해 4킬로미터 정도의 직사각형 경기장을 설계하도록 했고 모서리

부분에는 가파른 제방을 쌓았다. 콘크리트나 벽돌은 너무 비싼 것 같아 찰흙위에 으깬 돌과 아스팔트를 깔아 트랙을 만들기로 했다.

처음에 그 계획은 많은 사람들의 웃음거리가 되었는데 그 이유는 관중들이 그 경기장에 가려면 마차를 타고 오랜 시간 이동해야 했기 때문이다. 그럼에도 불구하고 1909년 6월에 1만 2천여 명이 앉을 수 있는 경기장이 세워졌고 나무로 지어진 정비소, 관람 스탠드, 그리고 병원까지 갖추게 되었다.

드디어 7월 초에 경기장은 충분한 트랙이 되었다. 바니 올드필드가 시범으로 경기장을 한 바퀴 돌고나더니 땅이 고르게 정돈되어 있어 코너를 도는데 분당 3.2킬로미터로 안전하게 주파가능하다고 했다. 당시만 해도 아직 경기장의 표면을 완성하기도 전 단계라 그다지 단단하지도 않은 상태였다. 《뉴욕 타임스》지는 완성된 경기장을 '세계에서 가장 빠른 자동차 경주로'라 극찬했고 '대중들이 즐길 수 있는 최고의 자동차 경기장을 만드는데 비용을 아끼지 않았다.'는 호평을 아끼지 않았다. 그러나 안타깝게도 단단한 재료를 사용하지 않은 것은 잘못된 선택이었고 이는 모든 도로 건설업자들에게 경고로 다가왔다. 느린 바퀴로 달렸을 때 무사했다고 해도 빠른 고무 타이어 앞에서는 무용지물이었다. 주말에 선수들이 연습경기차 방문했을 때 문제의 첫 조짐이 보였다. 그들은 여기저기 흩어져 있는 돌에 대해 불평했다. 40명의 선수 중 6명만이 실제 경주에 참가했고 그중 두 명은 부상을 입었다. 그날 경기는 일찍 끝나고 말았다.

이제 3일간의 경기가 화려하게 시작되려고 한다. 제너럴 모터스 General Motors가 창업 초창기에 자신의 이름을 회사에 빌려준 프랑스인 루이스 쉐보레Louis Chevrolet와 올드필드를 포함한 선수들이 연습을 시작했을 때, 경기장 아스팔트의 부실한 접지력 때문에 아래의 자갈들과 분리되어 버렸다. 땅에는 깊은 홈이 파였고 타이어가 지나간 자리는 흙먼지와 자갈로 가득해졌다.

    1909년 8월 19일, 미국의 첫 고속 자동차 경주에서 트랙이 매우 위험해져버린 것이다. 표면이 뜯겼고 공중에는 파편이 날아다녔다. 402킬로미터 경주의 반쯤 왔을 때 쉐보레는 고글에 돌을 맞아 유리조각이 눈에 들어가는 바람에 병원신세를 져야했다. 몇 분 뒤 윌프레드 부르크Wilfred Bourque와 그의 정비공 해리 홀콤Harry Holcomb을 싣고 있던 자동차가 방향이 틀리면서 경기장을 벗어나 도랑에 박혀버렸다. 홀콤은 울타리로 내동댕이쳐져 머릿속이 다 보일 정도였고 부르케는 차 밑에 깔렸다고 《뉴욕 타임스》지는 전했다. 무려 1만 여명의 사람이 이 사고를 목격했는데 이 겁 없는 두 사람의 목숨을 앗아간 경주차가 경기장에서 치워지는 것을 본 여자들은 기절하고 남자들의 얼굴은 창백해졌다고 기사는 덧붙였다.

    애초에 자동차 경주를 인가했던 미국자동차협회American Automobile Association는 다음날까지 경기장이 정비되지 않으면 인가를 철회하겠다고 으름장을 놓았다. 피셔는 그렇게 하겠다고 했고 정말로 그 약속을 지켰다. 수많은 인부들과 노새들이 밤사이 경기장 표면의 편평하지 못한 부분을 메웠고 다음날인 금요일에는 훨씬 나은 모습이 되었다. 그러나 일은 그리 쉽게 풀리지 않았다. 경기의 마지막 날 찰스 머즈Charles Merz라는 한 청년의 차가 첫 번째 모서리를 돌다 오른쪽 앞바퀴가 펑크 나는 사고가 발생하고 만 것이다. 그가 타고 있던 육중한 내셔널National 자동차는 울타리를 넘어 경기장 밖으로 날아가 관중들 사이에 떨어졌다. '상황을 깨달았을 때는 이미 늦은 후였다. 사람들은 순식간에 공포에 질렸다.' 라고 《뉴욕 타임스》지는 보도했다. 사람들이 제정신을 찾았을 때 두 명의 관중과 그 차에 타고 있던 정비사가 숨진 채 발견되었다.

며칠 후, 지역 검시관은 부르케와 홀콤의 죽음이 피셔와 그의 파트너들의 탓이라고 하면서, 경기장 옆 도랑을 메워 큰 사고가 일어나더라도 살아남을 수 있을 정도의 수준으로 만들어 놓으라고 요구했다. 머즈의 사인(死因)은 인디애나폴리스 모터 스피드웨이 컴퍼니가 완성되지 않은 경기장에서 경주를 열었기 때문이라는 결론이 났다. 다른 도시들로부터 들려오는 비난은 더 심했다. 신시내티 오토모빌 클럽Cincinnati Automobile Club은 '그 경주는 매우 위험하고 자동차 발전에 부정적인 영향을 주었다.'는 내용의 성명서를 발표했다. 《뉴욕 타임스》지는 '자동차 경주는 쓸데없이 잔혹하기만 해서 야만인들이나 좋아할 만한 스포츠이다.'라고 맹렬히 비난했다.

피셔는 미국자동차협회가 자동차 경주에서 아주 손을 떼려고 한다는 소식을 듣게 되었다. 그는 경기장 전체를 4.5킬로그램짜리 벽돌로 포장하는데 공동 투자하도록 뉴비를 설득했고 각 신문에 "우리는 운전자와 관객들의 안전을 지키기 위해 경기장에 10만 달러 이상을 투자할 준비가 되어있습니다. 세계에서 가장 멋지고 안전한 경기장을 약속합니다. 자동차 경주 관계자분들은 가능한 한 빨리 인디애나폴리스로 돌아오시길 바랍니다." 라는 기사를 냈다.

인부들은 두 달 동안 320만 개의 벽돌을 깔았고 모퉁이에는 콘크리트 벽을 쌓아 테두리를 쳤다. 이렇게 브릭야드Brickyard라 불리는 경주코스가 탄생하게 되었다. 2년 후 봄, 제 1회 인디애나폴리스 500(Indianapolis 500, 인디애나폴리스에서 매년 열리는 500마일-약 805킬로미터- 코스의 자동차 경주)이 열렸고 8만 명의 관중이 몰려들었다. 선도차는 칼 피셔가 몰았다.

》》》

새 경기장이 열린 후 피셔는 여느 때와 같이 바빴다. 그는 제인 왓츠Jane Watts라는 십대의 열성 팬과 결혼했다. 몇 명의 파트너들과 함께 그는 엠파이어Empire라는 자동차회사를 설립했고 중급 정도 되는 모델을 두세 가지 만들었다. 또한 항공회사도 차렸는데 크게 성공하지는 못했다. 그는 또한 공장단지를 조성하기 위해 앨리슨, 윌러와 함께 인디애나폴리스의 북쪽에 큰 토지를 사들였다. 그러다가 또 한 번 프레스트 오 라이트의 비극을 겪게 되었다. 이 사건이 사고의 규모가 가장 컸다. 새 공장을 짓던 10명의 인부가 목숨을 잃은 것이다. 피셔는 크게 좌절했다.

인디애나폴리스와 그 주변 도로의 대부분은 여느 도시와 마찬가지로 울퉁불퉁한 흙길이었고 그 양쪽에는 깊고 잡초가 무성한 도랑이 있었다. 새 도로들은 단단하고 두껍게 포장되어 있었고 그 가장자리는 배수가 잘 되도록 경사져 있었다. 하지만 이런 도로들도 얼마 지나지 않아 바퀴자국으로 움푹 패고 말았다. 몇몇 고속도로들은 비가 오고나면 주변의 땅 소유주들이 통나무로 만든 장치를 마차에 싣고 와서 바퀴 자국이 난 부분을 밀어 평평하게 하는 작업을 했다. 도로를 새로 평평하게 하려면 삽을 이용해 양쪽에 있는 흙을 중간으로 모아서 눌러야 했다. 말의 도움을 받는 것은 드문 일이었다. 비교적 잘 시공되고 정비된 도로들조차도 100년 전에 측량된 것이라 구조가 엉망이었다. 이론적으로는 600킬로미터가 넘는 지역도로가 개선되었다고는 하지만 크게 눈에 띌 정도의 변화는 없었다. 도시의 중심가를 제외하고 그나마 현대식의 안전한 도로는 자동차 경기장으로 가는 길이 전부였고 그것도 피셔와 그의 파트너들이 지은 것이었다.

수년이 흐른 후 피셔는 매우 짧은 여정에도 장애물이 넘쳐났던 과거를 회상하며 말했다.

"세 사람이 인디애나폴리스로부터 14킬로미터를 운전해 갔습니다. 오는 길에 늦어져서 해가 져버렸는데 엎친 데 덮친 격으로 비까지 퍼붓기 시작했죠. 아시다시피 그 당시에는 자동차에 뚜껑이 없었잖습니까. 우리는 빗물에 흠뻑 젖고 말았습니다. 우리 세 사람은 기를 쓰고 왔던 길을 찾으려 애썼습니다. 그런데 중간에 세 갈래 길이 있는 겁니다. 주위는 칠흑같이 어두웠고 빛이라고는 찾아볼 수 없었습니다. 셋 중 누구도 어느 길로 왔었는지 기억하지 못했습니다. 어디를 지나왔었는지조차도 불확실했습니다.

그때 한 기둥을 발견했고, 전조등이 빗물에 반사된 모양을 보아 기둥에 표지판이 있다는 걸 알았습니다. 표지판은 너무 높아서 빛이 닿지 않았고 우리 중 누군가 이 빗속에 직접 기둥을 타고 올라가서 보는 수밖에 없었습니다.

누가 올라 갈 것인지를 두고 동전을 던졌는데 제가 지고 말았습니다. 반쯤 올라갔는데 성냥을 코트 주머니에 넣어두고 온 게 생각

났지 뭡니까. 다시 내려가는 수밖에 없었죠. 코트를 뒤져 성냥을 찾아 모자 속에 넣고 다시 기둥을 올라갔습니다. 그렇게 고생해서 올라간 끝에 성냥에 불을 붙였습니다. 바람에 성냥불이 꺼지기 전 필사적으로 읽으려 애썼습니다. 그것은 담배광고판이었습니다."

피셔의 차는 여전히 불티나게 팔리고 있었다. 자동차는 잡지의 주된 기삿거리가 되었고 노래가사에도 등장했으며 일요일 신문의 많은 분량을 차지하게 되었다. 초창기에 자동차를 거부했던 사람들도 이제는 구매자가 되었다. 특히 1908년, 정비가 쉽고 끈적끈적한 길도 잘 달리는 소형차를 포드Ford사에서 내 놓았을 때 자동차의 인기는 하늘을 찔렀다. 전기 시동장치가 나오고부터는 여자들도 차를 몰기 시작했는데 전국적으로 자동차 등록자 수는 1923년에 1백만 명에 달했고 2년 후 두 배가 되었으며 3년 만에 세 배, 4년 후에는 네 배로 뛰었다.

자동차는 사람들이 이전에 알지 못했던 자유를 약속했다. 마음대로 떠돌 수 있는 자유, 기차에 의존하지 않아도 되는 자유, 시간표에 구애 받지 않고 여행을 떠날 수 있는 자유, 그리고 말의 족쇄를 풀어줄 수 있는 자유. 말의 족쇄는 아주 무거워 속도를 내지 못한다. 서부영화에서 카우보이가 말을 타고 신나게 초원을 달리는 장면을 상상한다면 오산이다. 실제 말들은 한 번에 오래 달리지 못하고 자주 쉬어가면서 물과 먹이를 줘야 한다. 1912년의 가장 기본적인 사양을 갖춘 자동차도 장거리를 운행하는데 말보다는 빨랐다.

승용차에 이어 트럭이 나오기 시작했다. 1911년 한 해의 트럭 생산은 13,319대로 이전에 출시된 트럭을 다 합친 것보다 많았고 2

년 후에는 5만6천 대로 역시 이미 생산된 트럭의 총합을 넘어섰다. 이런 기하학적인 성장은 산업전반에 있어 큰 변화를 가져왔다. "트럭제조사들은 상업용 차량의 미래를 바꿔놓을 계획을 진행했고 이는 전 국민이 놀랄 정도의 규모를 자랑한다."라고 《뉴욕 타임스》지는 전했다.

말(馬)의 시대는 쇠퇴기로 접어들었다. 《타임스》지는 "미국의 첫 번째 자동차가 판매된 지 15년 만에, 그리고 처음으로 자동차를 이용해 대륙횡단을 한 지 10년 만에 자동차는 우리 삶의 모든 면을 바꿔 놓았다. 우리는 더 빨리 이동할 수 있게 되었고 우편물과 화물을 더 신속히 받아볼 수 있게 되었으며 물건의 매매가 더 확실해졌다. 사업상의 많은 난제가 해결되었고 비가 오나 눈이 오나 여행을 즐길 수 있게 되었다."라고 하며 경탄을 금치 못했다.

자동차는 놀랍게도 마차 대비 적은 비용 때문에 더 인기를 끌었다. 마차 가격은 자동차보다 저렴한 반면 말을 양육하는 데 많은 비용이 들었다. 마구간과 사료가 필요했고 말의 건강도 돌봐야 했다. 그 연간비용은 20억 달러에 달했고 이것은 미국 전역의 기찻길을 정비하는 액수와 맞먹을 정도였다. 보통 말 한 마리가 먹어치우는 풀의 양은 연간 6천 평이 넘었다. 그 땅이 인간을 위해 사용된다면 수백만 명을 먹여 살릴 수 있는 크기였다. 그리고 건강상의 문제도 제기되었다. "말로 인한 사망자 수가 전쟁으로 죽은 사람 수의 두 배 이상이 되었다. 도시에서 말을 제거하는 것이 회사와 인류와 건강에 도움이 된다."라고 자동차 옹호자들은 주장했다.

자동차의 발전에 따라 차츰 도시건 시골이건 할 것 없이 변화해 나갔다. 도로가에는 주유소가 넘쳐나게 되었다. 그러나 가장 중요한 하나의 문제점이 있었으니 그것은 바로 도로 그 자체였다. 《뉴욕 타임스》는 "국민들은 단단하고 매끄러우며 무엇보다도 형태가 오래 유지될 수 있는 도로를 원하고 있다."라고 보도했다.

피셔는 누구보다 절실했다. 그는 정부에서 그 숙제를 풀어줄 거라고 생각하지 않았다. 중앙정부가 한 일은 고작 드문드문 보여주기 식 도로를 건설한 것뿐이었다. 정작 중요한 도로 공사는 지방정부에서 처리해야 했는데 피셔의 눈에는 그들이 하는 일이 못마땅했다. 그는 한 친구에게 "도로가 잘게 부수어진 돌이나 콘크리트로 지어지는 것이 마땅한데 미국의 고속도로는 대부분이 정치로 지어진다."라는 내용의 편지를 썼다.

자동차 사업자들이 도로 건설에 나서는 수밖에 없었다. 상상력과 의지만 있다면 이루어 낼 수 있는 것이 무궁무진하다는 것을 모두에게 보여줘야 했다. 1912년 여름, 칼 피셔는 뉴욕과 캘리포니아를 거치며 12개 이상의 주를 지나는 주간 고속도로 건설 프로젝트에 착수했다. 진득거리지 않고 매끄러우며 비가와도 안전한, 이제껏 미국에서 보지 못했던 도로를, 미래를 위한 자동차 도로를 그는 구상하기 시작했다.

링컨 고속도로

제2장

 주간 고속도로를 원하는 것은 피셔뿐만이 아니었다. 그가 제안서를 쓰는 동안에 다른 사람들도 비슷한 뜻을 밝혔다. 그 해 초, 캔자스시티Kansas City에서 좋은 길을 옹호하는 사람들이 모여 내셔널 올드 트레일즈 로드 협회National Old Trails Road Association를 출범해 워싱턴에서 로스앤젤레스를 잇는 자동차 도로의 건설을 요구했다. 6월에 《사이언티픽 아메리칸Scientific American》지는 발명가인 프랜시스 젠킨스C. Francis Jenkins가 쓴 글을 실었는데 대륙횡단 고속도로의 건설은 미국서부의 경제발전에 도움이 될 것이라는 내용이었다.

 그러나 피셔에게는 남들과 다른 특징과 재능이 있었다. 그는 프레스트 오 라이트Prest-O-Lite Company 사를 운영하면서 자동차산업계의 큰손들과 친분이 있었다. 그들은 돈도 많고 지식도 풍부해 백악관 다음으로 큰 영향력을 행사하는 사람들이었다. 피셔는 또한 언론과도 관계가 좋았다. 걸어 다니는 유행어 제조기라 불리는 피셔

만큼 언론을 열광케 하는 인물도 드물었기 때문이다. 게다가 인디애나 주민들은 열정이 가득했다.

피셔는 앨리슨의 도움으로 고속도로에 들어갈 비용을 계산했고 자금을 모을 계획을 세웠다. 1912년 9월 6일 그는 헨리 포드에게 편지를 써 그의 연구결과를 알렸다. 새 고속도로는 기존의 도로를 그대로 따를 것이고 제대로 연결되어있지 않은 부분만 보충할거라는 내용이었다. 그렇게 연결된 도로를 증가하는 교통량에 따라 점점 더 넓히고 더 곧게 만들 것이며 더 아름답게 꾸밀 거라는 미래 계획도 포함되어 있었다.

또한 그들은 자동차 제조사에서 자재를 공급해주고 국민들이 실제 노동을 담당하는 것이 어떻겠냐고 제안했다. 자동차 제조업자들과 판매업자들이 자신의 총수익에서 일부(3년간 수익 중 1퍼센트의 삼분의 일 또는 5년간 수익의 1퍼센트의 오분의 일)를 떼어 1.6킬로미터 당 5천 달러의 자재구매 비용을 부담하고 자원봉사자들과 국가가 협조해 준다면 필요한 모든 작업이 해결될 수 있을 거라고 판단했다.

4일 후 피셔와 앨리슨은 50명 남짓 되는 자동차 관계자들이 모인 저녁식사 자리에서 그들의 제안서를 선보였다. 피셔는 지체하지 말고 이 '코스트 투 코스트 록 고속도로Coast-to-Coast Rock Highway'를 1915년 5월 1일까지 완공하자고 촉구했다. 그렇게 되면 2만5천 대의 차량이 새 도로를 이용하여 그해 샌프란시스코에서 열릴 세계박람회에 갈 수 있었다. "가능한 일입니다. 얼른 지어 너무 늦기 전에 우리도 즐길 수 있도록 합시다!"라고 피셔는 목소리를 높여 말했다.

그날 저녁 그는 투자 약속을 받아냈는데 굿이어Goodyear 사의 사장 프랭크 사이벌링Frank Seiberling은 이사회의 동의 없이 30만 달러를 지원하겠다고 약속하면서 이것은 '배당금을 실현시켜줄 투자'라고 했다. 다음 며칠간 피셔는 총 60만 달러에 달하는 투자 약속을 받아냈다.

그러나 피셔의 간곡한 청원에도 포드는 흥미를 보이지 않았다. 포드사의 한 간부의 말에 따르면 "민간업체가 국민을 위해 좋은 도로를 건설할 의욕을 보이면 국민들은 별 흥미를 가지지 않을 것이다."라는 것이 포드의 견해였다. 하지만 그렇게 생각하는 사람은 거의 없었다. 이전에 올즈모빌의 시범 운전사였던 로이 채핀은 허드슨Hudson사를 창업했고 피셔의 프로젝트에 시간과 돈을 지원했다. 또 다른 자동차 제조사의 사장인 존 윌리스John D. Willys와 시멘트 왕 고웬A.Y.Gowen도 뜻을 같이했으며 패커드 사의 사장인 헨리 조이Henry B. Joy는 그중 가장 열정적인 지지자였다.

프로젝트에 탄력이 붙었고 피셔는 평소답지 않은 태도를 취했다. 그는 피셔 특유의 '이 프로젝트의 주인공은 나야!' 라는 태도를 버리고 우려하는 마음으로 "특정한 인물이나 소집단이 공을 차지하려들면 이 프로젝트는 성공하기 힘들 것이다."라고 말했다.

그는 계속해서 중요한 역할을 했지만 경영 전반을 조이에게 맡겼다. 두 사람은 패커드 사가 프레스트 오 라이트의 전조등을 공식적으로 사용하기 시작한 1904년부터 막역했던 사이였다. 조이를 대표로 내세운 것은 탁월한 선택이었다. 디트로이트 출신으로 예일대를 졸업하고 미서전쟁Spanish-American War에 해군으로 참전했던 조이는 패커드 사의 자동차를 타본 후 그 회사를 인수해 미국의 최초 럭셔리 브랜드로 탈바꿈시켰다. 그는 "패커드를 모는 이에게 물어보라?"라는 자신감이 엿보이는 모토를 내걸었다.

조이는 비즈니스와 더불어 현장 감각이 탁월했다. 그는 1903년 이래 해마다 패커드 사의 자동차로 도로 원정을 나갔고 자신이 직접 열한 번의 대륙횡단을 했다. 한 잡지에서 그는 "여기에서 '좋은 길'이라고 불리는 도로들이 다른 나라에서는 수치스럽게 여겨지는 도로와 거의 비슷하다."라고 말했다. 이것은 빈말이 아니었다.

그는 또한 흥미로운 가족사를 자랑했다. 철도 소속 변호사였던 아버지는 에이브러햄 링컨Abraham Lincoln대통령과 절친한 사이였고 조이 역시 그를 몹시 존경했다. 피셔로부터 프로젝트의 통솔권을 넘겨받기 전에도 그는 링컨 기념관을 세우는 것보다 고속도로를 지어 그를 기념하는 것이 더 가치 있다고 생각하고 있었다. 코스트투코스트 록 고속도로가 1913년 초 새 이름을 부여받은 것은 놀라운 일이 아니었다.

링컨고속도로협회Lincoln Highway Association는 1913년 6월에 디트로이트에서 창립되었고 조이를 회장으로 피셔를 부회장으로 내세웠다. 협회 창설관련 서류작업이 진행될 때 조이는 노선 조사를 위해 서부로 떠난 상태였다. 그는 중북부의 네브래스카 주와 와이오밍 주로 운전해갔다. 솔트레이크시티에서 옛 포니 익스프레스(Pony Express, 조랑말 속달우편 배달부가 다니던 길)를 따라 남서부로 들어가 황량한 유타 사막을 지나 네바다 주 중앙을 가로질러 건넜다. 이 4,430킬로미터의 여정은 15일 하고 반나절이 걸렸다.

이 경로는 조이가 10년 전 처음으로 장거리 도로여행을 떠났을 때와 비교해 별반 개선된 것이 없었다. 10년 전 첫 여행길에 오른 그가 오마하에 있는 패커드 사의 직원에게 서부로 가려면 어느 길로 가야 하는지 물었을 때 돌아온 대답은 '길이 없다.'였다. 그 직원의 조언은 도시를 벗어나 철조망 울타리가 나오면 허물어버리고 계속 가라고 했다. 그리고 철조망이 나올 때 마다 그렇게 하라고 했다. 머지않아 대초원이 눈앞에 펼쳐졌고 거기에는 부러진 판자들, 녹슨 철 조각들, 그리고 전 세기 마차의 흔적이 가득했다.

1913년 네브래스카 주의 주요 동서간 도로는 순전히 흙길이었다. 옥수수 밭의 변두리에 트랙터로 만들어진 길 정도의 수준이라고 보면 될 것이다. 조이는 1915년이 되면 뉴욕에서 샌프란시스코까지 열하루 만에 운전해 가는데 지장이 없을 것이라 예측하면서 그때쯤에는 길이 잘 닦여있을 것이며, 필요한 곳에 도로표지판도 설치되어 있을 거라고 말했다.

조이가 원정길에 올라 있는 동안 피셔는 자신의 여정을 준비하고 있었다. 인디애나폴리스에서 구성된 열일곱 대의 자동차와 보급품을 실은 두 대의 트럭이 샌프란시스코를 향해 떠날 참이었다. 그는 조이가 간 길보다 더 남쪽 지역을 택해 세인트루이스St. Louis, 캔자스시티, 콜로라도스프링스Colorado Springs, 덴버, 로키산맥, 글렌우드스프링스와 그랜드정션Grand Junction을 지나 솔트레이크시티로 가는 노선을 짰다. 후저 트레일블레이저스Hoosier Trailblazers라는 이름을 내건 이 원정대는 리포터, 사진사, 전신기사, 미국자동차협회의 대표단, 자동차제조사 소속의 운전기사, 자동차 경주 선수, 그리고 힘세고 용기 있는 몇 명의 지원자를 포함해 70명으로 구성되었다. 모든 구성원은 신체검사를 거쳐야했고 차량에는 물, 도르래 장치, 밧줄과 같은 생존 장비가 실렸다. 그들의 준비과정은 언론의 뜨거운 관심을 모았다. 그들이 지나간 자리가 한 때 철로가 지나다니던 유명한 도시들이고 지금은 시들어버린 폐허들이 대평야에 산재해 있지만 분명 미래의 링컨 고속도로가 될 거라 짐작한 서부의 도시들과 주정부는 더 열렬히 반응했다. 그런 주요 도로 위에 한 점이 된다는 것 자체가 그들에게 부를 가져다 줄 것이 확실했다.

고속도로가 자신의 거주지로 지나가면 생기게 될 이점을 나열한 수백 건의 전보가 피셔와 그의 동료들에게 날아왔다. 자신의 지역을 홍보하기 위한 사절단이 아주 멀리서 파견되어 오기도 했다. 그들의 환심을 사기 위해 길이 놓였고 다리가 지어졌다. 콜로라도는 덴버의 서쪽에 베르투패스Berthoud Pass를 지나는 구불구불한 길을 개선했고 네바다 주의 국회의원들은 주 전체에 걸친 시골길을 정비하도록 긴급자금을 투입하기도 했다.

피셔는 가는 곳마다 왕과 같은 대접을 받았다. 캔자스 주지사 조지 호지스George H. Hodges는 미주리Missouri에서 합류해 콜로라도까지 같이 동행했고 그의 동료들도 합세했다. 캘리포니아 주지사 히람 존슨Hiram Johnson은 자신의 주 경계 내에 지어지는 링컨 고속도로의 비용을 전부 부담하겠다고 했다. 원정대는 낮에는 군중과 악단과 자동차 호위대로, 밤에는 호화로운 만찬으로 환영받았다. 지쳐있고 햇볕에 그을려있지만 배부르게 얻어먹은 그들은 34일 만에 샌프란시스코에 도착해 로스앤젤레스로 이동했다. 타이어에 펑크가 난 것 이외에는 그 어떤 부품의 고장 없이 여정이 끝났다.

미국 전역은 링컨 고속도로 이야기로 떠들썩했다. 후저 트레일 블레이저스 원정대가 최고의 홍보를 한 것이다. 피셔는 그 모든 것을 이루었지만 인디애나폴리스로 돌아오면서 조금은 힘든 현실에 마주해야 했다. 첫 시작은 좋았지만 갈수록 후원이 줄었고 처음 계획한 후원금의 반에도 미치지 못했다. 그리고 이제 고속도로의 노선을 정하는 민감한 사안이 남아있었다.

시카고의 동쪽은 비교적 노선을 정하기 쉬웠다. 뉴저지 주의 주요도로를 지나 17세기 네덜란드 식민 개척지역Dutch colonists과 프랑스와 인디언 전쟁The French and Indian War당시 영국군이 이용했던 펜실베이니아 주를 대부분 가로지르면 될 것이었다. 그리고 피츠버그를 지나 오하이오의 중심부를 거친 다음 방향을 틀어 인디애나 주를 가로질러 시카고의 교외 지역을 통하는 이 노선은 누가 봐도 이치에 맞고 안정된 길이었다. 그러나 미시시피 강의 서쪽 노선은 불확실했다.

세 가지의 가능성이 있었고 각각 장단점이 있었다. 첫 번째는 미주리 주에서 애리조나 주를 거쳐 남부 캘리포니아로 가는 길이었고 두 번째는 콜로라도 로키스를 지나 인디애나 주민들의 일상 경로였던 인디애나 주 서쪽까지 이르는 길이었다. 그리고 마지막은 와이오밍 주와 솔트레이크시티를 통해 샌프란시스코로 가는 길이었다.

조이의 유일한 기준은 '어느 길이 가장 직행인가?'였기 때문에 그에게는 세 번째 길이 가장 적합해 보였다. 패커드 사에서 그와 함께 일했던 시드니 월든도 이에 동의했다. 월든은 어느 길이 다수의 사람들이 이용하기에 가장 좋은지, 어느 곳의 연중 날씨가 가장 좋은지를 분석했다. 그는 오마하―샤이엔Cheyenne―솔트레이크시티 구간이 가장 짧고 여행객이 가장 편하게 운전할 수 있는 노선이라고 결론지었다. 그리고 이 경로로 지나는 지역들은 날씨 조건이 좋아 중간에 멈추는 일 없이 한 번에 이동할 수 있다고 덧붙였다.

그리하여 링컨 고속도로는 플래트 강을 따라 네브래스카 주를 가로지르고 버팔로빌 목장과 샌드힐즈Sand Hills의 가장자리를 둘러 가게 되었다. 라라미Laramie 지역 동쪽의 대륙 분수령Continental Divide를 가로지르고 메디신 보, 롤린스, 그린 강Green River을 지나 단선 철로 위로 워새치산맥Wasatch Mountains을 횡단하여 솔트레이크시티로 진입했다. 그리고 포니 익스프레스를 따라 황량하고 먼지투성이에 햇빛에 색이 바래진 그레이트솔트레이크 사막을 건너 네바다 주로 이어졌다.

링컨고속도로협회가 노선을 밝히는 과정에서 좀 더 신경을 쓴다면 자금 문제를 충분히 해결할 수 있을 것 같았다. 피셔는 이 목표가 곧 이루어질 것을 믿었다. 그해 늦여름, 콜로라도스프링스에서 주지사들의 모임이 있었다. 피셔는 협회의 동료들에게 이번 기회에 링컨 고속도로의 노선을 밝히자고 제안했다. 그게 성공적으로 이루어지면 주지사들이 해당 주의 관료들에게 내년에 약 300만~400만 달러를 지원할 수 있도록 설득할 수 있을 거라는 이유에서였다.

피셔와 조이는 콜로라도스프링스로 떠났고 1913년 8월 26일 링컨 고속도로의 노선을 발표했다. 캔자스 주의 호지스와 콜로라도의 애먼스E. M. Ammons를 제외한 다른 주지사들의 반응은 매우 좋았다. 이 두 지사는 인디애나 주민들의 주 통로도 이미 결론이 난 노선이라고 생각했었다.

이 두 지사의 미지근한 반응을 제외하고는 대성공이었다. 동부로 돌아오는 기차에서 협회의 회원들은 신문에 발표할 공식성명서를 준비했다. 그들은 국민들에게 원하는 바가 무엇인지를 확실히 했다.

"위대한 순교자이자 애국자였던 에이브러햄 링컨 대통령을 위한 합당한 기념비가 될 수 있도록 모든 국민들, 특히 모든 정부 관료들, 그리고 모든 거주자에게… 이 고속도로를 세우고, 확장하고, 곧게 만들고, 보수하며, 아름답게 할 국가적 책임이 있다." 그들은 국민과 국가의 협조를 매우 강조했다.

이것으로 홍보 공세가 시작되었다. 협회는 링컨 고속도로가 지나게 될 주들의 정치가들, 기업가들, 그리고 자동차 제조사에게 이 성명이 적힌 포스터를 보냈다. 그것은 주소를 쓸 백 명의 속기사가 필요한 큰 작업이었다. 그들은 유럽여행 대신 링컨 고속도로를 타고 '먼저 미국을 보라!'라는 애국자들에게 보내는 호소문도 발행했다.

그리고 할로윈에는 《샌프란시스코 이그재미너San Francisco Examiner》지에 공식적으로 '미국의 자동차산업이 이룩한 가장 위대한 발전에 이 영속적인 기념비를 바친다.'라는 글을 올렸고 불꽃놀이와 퍼레이드, 춤과 연설 등으로 링컨 고속도로가 지나가는 모든 도시와 마을은 온통 축제 분위기였다.

아이오와 주의 제퍼슨Jefferson도 그런 도시 중 하나였다. 토머스 해리스 맥도널드Thomas Harris MacDonald라는 경직되고 진지한 고속도로 엔지니어가 아이오와 주의 헌정식 연설을 하게 되었는데 그는 링컨 고속도로가 훌륭한 자산이 될 것이고, 제퍼슨이 그 도로의 시작점이 될 거라는 사실은 지역 공동체에게 있어 큰 의미를 가진다고 말했다. 그리고 그는 링컨 고속도로를 시작으로 다른 여러 도로가 거기서부터 뻗어 나올 것이며 나중에는 미국 전체를 잇는 거대한 대륙횡단 고속도로가 될 것이라고 예측했다.

오늘날의 관점에서 볼 때, 이 고속도로에 대한 환호가 지나치다고 생각할 수도 있다. 그러나 그것은 수천 명의 운전자들이 갈망해왔지만 실제로 일어날 가망이 거의 보이지 않았던 것이라는 점을 기억해야한다. 모든 국민들이 더 나은 도로를 애타게 원했지만 아무도 발 벗고 나서 주는 이가 없어 답답해하던 시기였다. 최소한의 조건을 갖춘 도로를 건설하는데도 천문학적인 비용이 들었고 기술적인 어려움까지 더해져 고속도로 건설은 거의 불가능해 보였다. 제대로 된 고속도로 관련 부서가 갖춰져 있는 주는 몇 되지 않았다.

스톤 장군의 도로조사국을 이어받은 연방정부의 공공도로관리국Office of Public Roads(이하 도로관리국이라고 줄임) 또한 잘 운영되지 않는 실정이었다. 그들은 지난 10년간 지역 자재를 사용해 410개의 짧은 시범도로를 만들고 새로운 건설의 이점을 사람들에게 알리려 애썼다. 시골지역의 학교 출석률이 전에는 57퍼센트였던 것이 도로를 건설한 후에는 20퍼센트나 올랐다. 화물 1톤을 1.6킬로미터 운반하는데 들었던 비용이 전에는 21~23센트였다면 도로 건설 후에는 12센트 정도로 줄어 농작물과 공산품공급자들은 더 많은 이익을 볼 수 있었고 소비자들도 더 싼 값에 물건을 구매할 수 있었다.

연방정부 도로관리국장 로건 왈러 페이지Logan Waller Page는 1915년에 이런 글을 남겼다. "도로 공사로 인해 농장의 가치는 훨씬 높아질 것이고 말들의 노동량이 줄면서 마구와 마차의 소모도 줄어 농촌의 주민들이 좀 더 편안하고 안정된 생활을 할 수 있을 것입니다."

하지만 이렇게 도로 건설의 장점을 외쳐댄다고 해서 도로가 건설되는 것은 아니었다. 정치가들은 정부의 예산을 어떻게 따 낼 것인지, 관련 제반 사항은 누가 담당할 것인지에 대해 아무런 대책이 없는 상태였다. 운전자들, 즉 유권자들은 더 이상 참을 수 없었다. 어떻게든 해야 했다. 하지만 무엇을 어떻게 해야 한단 말인가? 지질학자 출신인 페이지Page는 연방정부의 적극적인 참여를 호소하며 강하게 밀고 나갔다. 그와 그의 로비스트들은 '연방정부 지원Federal Aid'이라는 재정계획을 세웠다. 그 골자는 주정부에서 자신들의 필요에 알맞게 도로 프로젝트를 세우고 연방정부에서 기술을 제공하며, 건설에 드는 비용은 연방정부와 주정부에서 나눠 부담하자는 것이었다. 이러한 상향식 접근법은 실제로 도로를 사용할 사람들이 어디에, 어떻게 도로를 만들 것인지에 대한 결정을 내리게 해줄 수 있었다.

그러나 한편으로 이에 소리 높여 반대하는 납세자들과 고속도로 담당자들도 있었다. 그 과정은 너무 복잡하고, 참여인원이 너무 많고, 수많은 단계를 거쳐야 하며, 지역 내 정치공작을 조장할 수 있어 그렇지 않아도 시급한 문제를 더 늦출 수 있다는 이유에서였다. 골치 아픈 중간 과정을 다 빼버리고 그냥 연방정부에서 바로 도로를 짓는다면 훨씬 더 쉽고 빠르게 진행될 것이라는 게 그들의 주장이었다. 그렇게 되면 도로의 디자인, 건설 및 유지보수를 전국적으로 동일한 수준으로 맞추고 도로에 대한 소유권을 연방정부가 완전히 갖게 되는 것이었다.

이러한 방식은 전례가 있었다. 100년 전 의회는 680만 달러라는 거금을 메릴랜드Maryland주 컴벌랜드Cumberland로부터 세인트루이스까지의 비포장 유료도로를 짓는데 쏟아 부었다. 그 당시에는 아주 큰돈이었다. 그러나 1840년대 철도가 출현하자 정부는 일리노이 주의 밴달리아Vandalia까지 진행되었던 그 프로젝트를 중도에 철회해 버렸다.

그 후 몇 십 년 동안, 정부는 교통수단 개발 재원을 기차에만 투자했다. 지방정부들도 마찬가지였다. 그리하여 철도는 미국 내 구석구석에 자리 잡게 되었다. 1840년 미국에는 인구 백만 명 당 약 260킬로미터의 철로가 세워져 있었다. 50년 후, 인구의 증가는 다섯 배인데 반해 철로는 백만 명 당 약 4천2백 킬로미터에 달했다. 컴벌랜드의 도로는 잡초만 무성하게 되었고 도로 건설은 뒷전으로 밀려나 순전히 '지역적 현안'이 되어버렸다고 페이지는 말했다.

연방정부의 참여 정도를 두고 부딪치는 이 두 접근법은 한 가지 의문에 봉착했다. 연방정부와 주정부가 참여하는 전국적인 고속도로 시스템이 필요한가, 아니면 연방정부 소유의 고속도로 시스템이 필요한가? 또 다른 한 가지 의문이 사람들의 의견을 갈라놓았다. 고속도로는 누구를 위해 만들어져야 하는가? 농장에서 농작물을 싣고 도시로 이동할 농부들을 위해서인가, 아니면 도시 간을 이동하고자 하는 상업용 차량과 여행객을 위해서인가? 페이지는 농부들이 더 이상 진흙길 때문에 고생하지 않도록 농장과 시장을 이어주는 도로를 만드는 것이 급선무라고 주장했다. 그러나 도시와 도시, 주와 주를 잇는 도로에 대한 바람이 더 컸던 동부의 고속도로 관계자들의 생각은 달랐다. 자동차 제조사의 임원들, 자동차 운전자들, 미국자동차협회 등은 모두 장거리 고속도로 건설을 지지했다.

칼 피셔가 링컨 고속도로 제안서를 공개하기 전 몇 달 동안, 다양한 해결책을 소개하는 60여 건의 법안이 의회로 제출되었다. 연방정부 원조에 관한 것, 우편물 배달 도로에 관한 것, 튼튼한 주간 고속도로망의 건설에 관한 것, 그리고 페이지의 조직을 연방고속도로위원회로 대체하자는 것 등 여러 가지 종류의 의견이 있었다.

1912년 의회는 연방정부의 시험적 원조를 승인해 시골의 우편 배달 도로 개선에 50만 달러를 책정했다. 그러나 그 프로그램은 지역정부가 해내기에는 벅찬 일이었다. 겨우 720킬로미터 남짓한 도로밖에 손대지 못했고 국민들의 압력은 계속되었다. 새로운 도로법안도 홍수처럼 밀려들었다. 다음 해 의회에는 50여건의 법안이 검토를 기다리고 있었다.

당시 버지니아 주의 고속도로위원회 위원장으로 임명된 지 얼마 되지 않은 조지 콜먼George P. Coleman도 연방정부 소유의 고속도로를 지지하는 사람 중 하나였다. 그는 버지니아 주의 도로망 관리 감독을 하고 있었는데 이 직책은 상대적 의미가 강했다. 비가 오는 날이면 버지니아 주의 도로는 인디애나 주나 아이오와 주처럼 진창이 되었다. 그는 페이지가 주장한 농장과 시장을 잇는 도로 계획은 아무 성과를 보지 못할 것이고 큰 그림을 봤을 때 이득이 거의 없을 것이라고 주장했다.

콜먼은 자신과 비슷한 생각을 가진 사람을 만날 기회가 거의 없었다. 기존의 고속도로 조직들은 도로문제를 해결하도록 실질적 압박을 받는 지역정부 소속 기술자들뿐만 아니라, 자동차 제조사, 건설업체 및 자재업체의 대표자들로 구성되어 있었다. 몇 년 후 콜먼은 "여기 동부와 남부의 엔지니어들이 보기에, 급성장하는 고속도로 개발에 걸맞은 조직이 하나도 없었다."라는 글을 썼다.

해결책은 간단했다. 그는 새로운 협회를 만들어 엔지니어와 주 고속도로위원회에 속해 있는 사람만으로 회원을 구성하기로 했다. 콜먼은 몇 명의 동료들에게 편지를 써 자신의 생각을 알렸다. 1914년 11월 애틀랜타에서 있었던 아메리칸 로드 콩그레스(American Road Congress;미국 도로 대표자 회의)라는 기술 회의에서, '모든 주의 고속도로위원회 또는 관련 부서에서 영향력 있는 대표를 한 명씩 뽑아 워싱턴으로 보내자'라는 내용의 결의안을 채택했다. 그리하여 1914년 12월 12일 페이지를 포함한 17개 주의 대표들이 레일리 호텔에 모여 AASHO(American Association of State Highway Officials, 미국 주 도로 행정관협회)를 창설하게 되었다.

당시에는 잘 알려지지 않았지만 이것은 하나의 큰 전환점이 되었다. 이 협회의 창설로 연방정부가 고속도로 건설에 참여하는 데 있어 중요한 첫 요소가 만들어진 셈이었다. 협회의 회장으로 임명된 인물은 다름 아닌 링컨 고속도로의 헌정식에서 연설을 했던 경직되고 진지한 엔지니어 토머스 맥도널드였다.

링컨 고속도로의 1주년 기념식에서 고속도로 담당 총무인 파딩턴A. R. Pardington은 '세계에서 가장 긴 도로', '세계에서 가장 많은 차들이 다니는 도로', 그리고 '이 세상에 존재하는 다른 모든 도로보다 많은 비용이 들었고, 현재나 미래에도 막대한 돈과 노력이 들어갈 도로'라며 아낌없는 찬사의 말을 던졌다.

링컨 고속도로의 뉴저지를 통과하는 부분이 벽돌과 콘크리트로 재포장되고 있었다. 오하이오 주와 인디애나 주의 주정부는 자신들의 주 경계 내를 지나는 부분을 책임지겠다고 했다. 1914년 4월의 어느 날, 일리노이 주의 고속도로 건설 현장에 어린이를 포함한 수천 명의 주민들이 곡괭이와 삽을 들고 나왔다. 이날 참가한 사람들은 1센트의 수표를 받고 미국노동총동맹American Federation of Labor의 명예회원으로 임명되기까지 했다. 동부에서는 고속도로 개선작업이 지역의 자긍심이 되어있었던 것이다.

미시시피 강의 서쪽은 여전히 힘든 상황이었다. 파딩턴은 "아이오와 주는 이제 하나의 배수로만 콘크리트로 교체하면 된다. 링컨 고속도로는 재 측량되고, 더 곧아지며, 더 확장되고 있다."라고 주장했지만 중서부에서 이동하려면 날씨가 도와줘야 가능했다. 더 서쪽으로는 마크 트웨인Mark Twain이 역마차를 타고 네바다 주의 금광으로 떠났던 때와 변함이 없었다. 그의 여행기에는 유타의 사막이 '파도 없는 바다가 죽어서 광활한 재로 변한 듯하다', 뜨거운 태양은 '숨을 끊는, 찌는 듯한, 가차 없는 악'이라고 표현되어있다. 또한 입술이 갈라지고 눈을 쑤시는 듯한 알칼리 먼지가 '콧속의 세포막을 자극하여 피를 냈고 그 코피는 멈추지 않았다.'는 묘사도 담겨있다.(Mark Twain의《Roughing it》인용)

그러나 서부는 원래 그랬고 그런 점이 매력이었다. 모험심이 강한 운전자들은 기차로 인해 버려진, 도시로 향해 가기에는 불가능한 이 땅을 탐험하고 싶을지도 모른다. 1915년, 링컨 고속도로의 지지자들은 대륙횡단이 힘들기보다는 흥미진진하다고 주장했다. 그 해에 출간된 첫 공식 링컨도로지침서에서는 "아직은 스포츠 여행길 수준이라고 생각하면 됩니다. 예를 들어 메인Maine의 숲속으로 사냥을 갈 때 생길 수 있는 정도의 가벼운 불편함은 감수해야 할 수도 있다는 점은 염두에 두셔야 할 겁니다. 더 편하게 가려면 호화 열차를 타시길….”이라고 명랑하게 쓰여 있었다.

미국자동차협회의 현장요원인 웨스트가드는 '위험에 대한 두려움, 극복할 수 없는 장애물 또는 극심한 불편함'과 같은 말에 콧방귀를 뀌며 《모터Motor》지의 독자들에게 "그런 것들은 더 이상 존재하지 않는다."라고 말했다. 조이는 날씨만 좋다면 대륙횡단은 매우 쉽다고 기술했다. 그리고 1915년 그의 연례 캘리포니아 자동차여행에서 얼마나 많은 차들을 보았는지 이야기했다. "2년 전 그 길을 갔을 때 50대 정도의 차를 보았습니다. 일반인들이 다니는 여행길은 아니었으니까요. 그런데 올 봄에 같은 길을 갔을 때는 5천 대 정도를 봤다고 해도 과언이 아닐 겁니다."

그의 말을 뒷받침해 주는 비공식 집계도 있었다. 1915년 링컨 고속도로를 통해 네바다 주의 엘리Ely를 지나는 교통량이 전년에 비해 두 배 이상 늘었다. 유타 사막의 피쉬 스프링스Fish Springs는 2년 전 52대로부터 1915년 6월에는 225대를 기록했고 그런 상승추세는 계속되었다. 1916년 한 운전자는 링컨 고속도로를 6일 10시간 59분 만에 돌파했고 링컨고속도로협회는 '24시간 동안 평균 시속 32킬로미터로 달릴 수 있는 진정한 도로'라는 홍보문구를 내세웠다.

고속도로의 홍보 전사인 칼 피셔는 이미 다른 프로젝트로 바빴기 때문에 한동안 잠잠했다. 몇 년 전부터 피셔와 제인은 마이애미의 매력에 빠져있었다. 그들은 그곳에 겨울용 별장을 마련했고 스피드보트 경주를 즐겼다. 그들의 별장은 비스케인 만Biscayne Bay을 내려다보는 곳에 있었고 거기에는 맹그로브가 얽혀있는 백사장이 있었는데 이는 대서양으로부터 도시를 보호해주는 역할을 했다. 여객선은 화창한 날씨를 즐기려는 여행객들을 매일 백사장으로 실어왔고 바닷가에는 코코넛 나무가 활모양으로 줄지어 있었다.

그 백사장을 코코넛 농장으로, 아보카도 농장으로, 또는 해변 리조트로 개발하려고 시도했던 사람들은 많았지만 그때까지 큰 성공을 거둔 사람은 없었다. 개발이 어려웠던 것은 접근성이 나빴기 때문만은 아니었다. 정글 늪지대가 백사장의 서쪽을 차지하고 있었는데, 정글 안쪽은 잡목이 너무 깊이 뿌리를 내렸고 빽빽하며 어두워서 그 땅을 개간하는 일은 불가능해 보였다. 가장 최근의 개발 시도는 비스케이 만을 가로지르는 4킬로미터 길이의 목재 교량을 짓는 것이었는데 그 이전의 시도들과 마찬가지로 중도에 포기된 상태였다. 그 다리는 반쯤 지어져 있었고 피셔는 흥미로운 투자를 해 보기로 마음먹었다.

그는 교량 건설을 중단한 사람에게 완공할 수 있도록 자금을 대주고 대신 약 24만 평의 백사장을 받았다. 또한 해변에 주택을 개발하려는 사람들에게 돈을 빌려주고 8퍼센트의 이자에 더해 13만 평의 백사장을 받았다. 그는 트랙터로 맹그로브를 밀어버리고 늪지대를 모래와 진흙으로 채워 넣은 후 방파제를 쌓고 도시를 건설하기 시작했다. 이것이 오늘날의 마이애미 해변Miami Beach이다.

프레스트 오 라이트를 유니언 카바이드Union Carbide사에 넘기고 1천7백만 달러를 앨리슨과 이미 나눠 갖기로 한 상태였기 때문에 피셔에게 돈은 걱정거리가 아니었다. 그는 돈의 일부를 플로리다에 투자했다. 일단 해변을 다듬은 후 중심가에 돌과 시멘트를 깔고 도로를 만들었다. 그 도로를 링컨로드Lincoln Road라 명명했다. 그리고 그 도로가에 토지매매 사무실을 열고 해변에서 가장 큰 집을 지었다. 그는 또한 35개의 방을 갖춘 비교적 작은 호텔을 계획했다. 호텔 이름 역시 링컨으로 지었다. 그의 주 고객인 운전자들이 이용할 도로도 계획했다. 중서부의 산업지역과 마이애미 해변을 이어줄 링컨 고속도로의 지류를 짓는 것이었다. 초기에 그는 이 도로를 후저랜드 투 딕시 고속도로Hoosier Land to Dixie Highway라고 불렀다. 인디애나폴리스에서 시작해 기존의 도로를 따라가다가 오하이오 강 주변의 시골길을 통과한 다음 켄터키 주와 테네시 주를 가로질러 산을 두르는 길을 그는 상상했다.

피셔는 이 고속도로가 성공하면 많은 수익을 남길 수 있다고 생각했다. 이것은 공공사업보다는 금전적인 목적이 강했지만 어떻게 보면 벌써 벌었어야 할 돈이었다. 그는 "남부의 대부분은 길이 제대로 닦여있지 않아 미국이 아닌 것 같다. 보통의 차들은 컴벌랜드The Cumberlands까지 오면 만신창이가 될 것이다."라며 그의 의견을 밝혔다.

1915년 초, 피셔는 채터누가Chattanooga에서 회의를 열었고 수천 명의 대표단이 찾아왔다. 그중에는 피셔에게 빌붙어서 뭘 좀 얻고자 어슬렁거리는 사람들도 있었다. 참가인원이 너무 많아 도떼기시장인지 광란의 축제인지 모를 회의가 진행되었고 이어 링컨 고속도로를 모델로 한 딕시고속도로협회Dixie Highway Association가 창설되었다.

너무 많은 마을과 도시, 그리고 주정부들이 딕시 고속도로에 포함되고 싶어 하는 바람에 피셔는 평행한 두 개의 노선을 만드는 게 어떻겠느냐는 의견을 내놓았다. 그는 디트로이트에서 신시내티를 지나 녹스빌Knoxville로 가는 동부 딕시선과 시카고에서 출발해 인디애나폴리스와 내슈빌을 통하는 서부 딕시선을 제안했다. 그 두 도로는 마치 옆으로 뉘어놓은 사다리처럼 지나가는 모든 주에서 직각으로 연결되었다.

모두 통틀어 딕시의 길이는 약 6천4백 킬로미터였다. 이후 몇 년간 훨씬 더 많은 지역과 연결되었다. 북쪽으로 미시건 주의 상부 반도Upper Peninsula로 뻗었고 동쪽으로는 사바나를 포함했다. 부차적으로 뻗은 길이 너무 많아 단순히 남과 북을 연결하는 도로 이상으로 보였다. 그럼에도 딕시는 미국의 최남단과 산업화된 북부를 연결한 최초의 도로로서 인정을 받았고 북부의 돈을 남부로 흐르게 하는 메신저이자 아름답고 신비로운 시골지역으로 이르는 문이 되어 주었다. 《애틀랜타 컨스티튜션Atlanta Constitution》지는 딕시 고속도로가 고대 로마의 도로와 견줄 수 있을 만큼의 중요성을 가진다고 보도했다.

남부와 북부의 다른 신문들도 딕시에 대한 기사를 줄줄이 찍어내는데 특히 피셔가 자동차 운전자들로 이루어진 공식 사찰단을 데리고 딕시 경로 탐사를 떠났을 때는 더 심했다. 마치 링컨 고속도로 원정을 떠날 때와 흡사했다. 딕시 원정대는 전국의 고속도로 애호가들에게 귀감이 되었다. 비공식 '자동차도로협회'들이 여기저기서 나타나 자신들이 찾은 노선이 가장 일직선이다, 가장 빠르다, 가장 경치가 좋다, 가장 안전하다 등의 이유를 내걸고 홍보했다. 그중 이미 자동차 업계에 종사하고 있는 몇 개의 협회는 더 많은 노력을 보였다.

얼마 되지 않아 플리머스 락Plymouth Rock에서 퓨젓 사운드Puget Sound에 이르는 옐로우스톤 트레일Yellowstone Trail의 지도가 완성되었다. 참전여자동맹United Daughters of the Confederacy이 세운 제퍼슨 데이비스 고속도로The Jefferson Davis Highway는 이론상 워싱턴에서 뉴올리언스를 거쳐 샌프란시스코까지 뻗을 것이다. 이 5,742킬로미터 길이의 내륙도로는 뉴욕에서 피츠버그까지는 링컨 고속도로와, 캔자스시티까지는 올드 트레일즈 로드Old Trails Road와 노선을 같이했다. 그리고 방향을 틀어 로키산맥을 지나 유타의 사막에서 다시 링컨 고속도로와 만났다가 네바다 주의 엘리를 거쳐 남쪽으로 향한다. 레익스 투 걸프 고속도로The Lakes to Gulf Highway는 미네소타 주의 둘루스Duluth와 텍사스 주의 갤버스턴Galveston을 잇고 미주리 주의 칠리코시Chillicothe에 '고속도로의 도시The Highway City'라는 유명한 별명을 붙여주었다.

링컨과 딕시처럼 대부분의 새 고속도로는 기존에 있던 도로를 따랐고 민간의 기부금과 지방정부의 노동력에 의존했다. 새 도로의 다수는 실제로 건설되기보다는 슬로건이나 홍보용으로 사용될 목적이었다. 그럼에도 불구하고 머지않아 미국의 모든 48개의 주는 화려한 이름이 붙은 십자형 도로들로 이어지게 될 것이다. 오늘날에 비하면 원시적으로 보이겠지만 미국의 첫 주간 도로망이 완성된 셈이었다.

어떤 이름이 붙었든지 간에 고속도로들을 건설하고 유지하는데 있어 정부의 도움은 필요했다. AASHO의 첫 과제는 연방 고속도로 법안을 작성해 의회에 제출하는 것이었다. 협회는 자주 모임을 가졌고 모임 장소는 주로 동부였다. 그들은 연방정부 소유의 고속도로를 옹호하는 법안을 작성해 모든 회원들이 보기도 전에 국회로 넘겼다. 중서부의 몇몇 회원들은 자신들은 그 법안에 동의한 적 없다며 즉시 반기를 들고 일어났다. AASHO가 언제부터 연방정부 소유의 시스템을 지지했던가?

많은 회원들이 반대하자 협회 측은 다시 법안을 짜보는 게 좋겠다고 생각했다. 마침 자동차 관련 이익단체인 전미도로협의회 Pan-American Road Congress가 1915년 9월 중순경으로 잡혀있던 참이었다. AASHO는 9월 11일 오클랜드에서 열린 그 특별회의에 편승했다.

아이오와 주를 포함한 18개의 부서가 참여했다. 앞서 등장했던 진지하면서 어딘가 어색한 엔지니어 맥도널드가 정책 수정을 맡았다. 그가 조용한 성격을 지녔다는 점과 회의장이 기가 센 사람들로 가득 차 있었다는 사실에도 불구하고 그는 제안서를 완전히 뒤엎었다. 법안은 다시 연방정부 지원 계획으로 돌아왔다. 시골 도로 건설을 제안했고 연방정부와 주정부가 똑같이 비용을 나누어 부담하자는 내용이었다. 시골의 우편배달 도로를 포함한 160만 킬로미터의 공공도로가 개선되어야했다. 대부분의 시급한 요구가 인구가 적은 주에서 나왔기 때문에, 그들은 연방정부의 돈이 한 군데 몰리지 않도록 하기 위한 공식을 만들었다. 그것은 면적, 인구, 그리고 우편배달 도로를 고려한 것이었다. 1.6킬로미터 당 1만 달러를 넘기지 말아야 하고 유료도로는 짓지 않는다는 것을 원칙으로 했다.

가장 중요한 점은 중요한 결정을 각 주에서 내리도록 한 것이다. 주정부 차원에서 프로젝트를 시작하고 노선을 정하며 실제 공사를 하는 것이었다. 주에 맞는 기준을 정하는 것도 스스로 결정해야 했다. 하지만 연방 보조금을 받기 위해서는 연방정부의 검토와 승인이 필요했다. 도로의 유지보수는 오롯이 주정부의 몫이었다. 연방정부에서 감찰을 나올 것이며 그에 따른 불이익이 있을 수도 있었다. 그리고 마지막으로 모든 주에 진정한 의미의 고속도로 담당부서가 있어야 했다. 곧이어 페이지Page의 직원들이 각 주의 내규를 검토했을 때 11개의 주에는 고속도로 담당부서라 불릴 만 한 것이 없었고, 5개의 주에 있는 고속도로 담당부서는 수준미달이었다. 즉시 시공을 할 수 있는 주는 몇 개 되지 않았다. 맥도널드의 법안에 따르면, 이 주들조차도 더 현대화될 필요가 있었다. 사실 전문지식을 얻기 위해서는 도로관리국의 지원을 받아야 했다.

오클랜드에서의 회합은 AASHO의 입장을 뒤집어놓았다. 세 달 후 새 법안은 회원들의 승인을 받아 의회로 제출되었다. 약간의 수정을 해야 했지만 법안은 통과되었고 1916년 7월 우드로 윌슨 Woodrow Wilson대통령은 연방지원도로법,1916에 서명했다. 이로써 고속도로 건설에 있어 연방정부와 주정부간 협력의 문을 열었고 오늘날까지 이어져오고 있다. 그것은 현대 고속도로망에 있어 두 번째로 중요한 요소였다.

연방지원도로법이 공식화된 직후 페이지는 주 고속도로 행정관 회의를 소집했다. 연방정부와 주정부의 협력관계에 대한 규정을 만들기 위해서였다. 35개의 주에서 대표를 보내왔다. 칼 피셔도 그중 한 명이었다. 그들은 도로의 최소 넓이가 규정되어야 할지(필요 없다는 게 대다수의 의견이었다), 통행권리 구입비용도 공동 부담금에 포함시킬지(페이지는 "정부가 소유권을 갖지 않을 바에는 땅을 사지 않는 게 낫다고 주장했다."), 여러 도로포장 방법 중 어느 것을 사용할지를 놓고 논쟁을 벌였다. 회의 후반에 가장 흥미로운 대화가 오갔다. 테네시 주 고속도로 관리국장인 아서 크라우노버Arthur Crownover가 "지방도로보다는 가능한 한 주간 고속도로에 돈이 많이 써졌으면 한다."라고 제안했다

 페이지는 법령상 연방정부가 노선 선정에 관여할 권리가 없다고 답변했다. 크라우노버는 테네시 주민들이 장거리 고속도로를 원하고 있다며 "만약 우리가 도로를 만들었는데 앨라배마 주나 켄터키 주나 웨스트버지니아West Virginia 주 사람들이 이용하지 않는다면 그 동안의 고생한 것이 다 허사가 될 것이다. 주들 사이에 협동이 잘 이루어져야하고 기존의 고속도로들도 고려되어야 한다."라는 발언을 했다.

 회의는 거기에서 마무리 되었다. 그러나 크라우노버는 그 법령의 결점을 찾아냈다. 그것은 비록 연방정부와 주정부가 힘을 모을 수 있게 해주기는 하겠지만, 미국의 도로를 개선한다는 다소 모호한 계획만 있었지 정확한 목표를 제시하고 있지 않다는 점이었다. 다른 주의 도로들과 매끄럽게 이어지는지, 심지어 같은 주 내에서 잘 이어지는지, 또는 같은 도로 내에서 잘 연결되는지를 고려하지 않고 자신의 경계 안이면 여기저기에 도로를 만들어도 무방했다. 이 법령은 전국적인 시스템을 만들지는 못하는 듯했다.

 그렇게 되면 자동차들은 여전히 무질서 상태로 아무렇게나 뻗어 있는 도로로 다녀야했다. 도로 개선 결정권의 대부분은 주정부

소속전문가들에게 달려 있었는데, 각 지역에 배당된 도로를 고려했을 때 하나의 도로만 선택해야 했다. 전국망은 고사하고 한 주 전체에서 일관적으로 매끄럽게 뻗은 길을 하나도 찾을 수 없었다.

링컨 고속도로조차도 흙먼지와 자갈과 진흙으로 둘러싸여 있었다. 네바다 주와 와이오밍 주의 1천5백 킬로미터 도로 중 11킬로미터만이 포장되어 있었다. 링컨고속도로협회의 회원들 대부분은 그 도로로 장거리 운행하는 것이 얼마나 쉽고 재미있는지 쉴 새 없이 떠들어댄 반면 협회의 엔지니어 트레고F. H. Trego의 생각은 달랐다. 그는 사람들에게 도끼, 삽, 1.2미터의 나무판자, 15미터의 굵은 밧줄, 5미터의 케이블, 여분의 엔진벨브, 두 권의 잭, 두 개의 타이어, 11리터의 오일, 음식물과 캠핑도구, 그리고 권총 한 자루 정도는 챙겨가야 할 것이라고 권고했다.

미 국무부State Department의 조사에 따르면 미국의 도로 상태는 러시아와 중국을 제외한 주요 국가들 중 가장 형편없었다. 그런데도 미국은 계속해서 차들이 늘어났다. 1916년에 약 337만대의 차량이 움직이고 있었는데 이는 2년 전에 비하면 두 배가량 늘어난 것이었다. 1년이 채 되지 않아 다섯 집 중 하나가 차를 소유할 것이고, 3년 후에는 자동차의 수가 또다시 두 배로 늘어날 전망이었다. 12년 전만해도 프랑스가 자동차산업의 선두주자로서 가장 많은 운전자를 보유하고 있었지만 이제는 전 세계 자동차의 약 80퍼센트가 미국에서 사용되고 있었다.

AASHO의 행정관들은 일을 빠르게 진행하고 싶어 안달이 날 지경이었다. 1917년 1월에는 인디애나 주, 사우스캐롤라이나 주, 그리고 텍사스 주가 고속도로 부서를 만들기 위한 법안을 제출했고 다른 여러 주에서도 기존의 고속도로 부서를 법령의 요구에 맞게 강화하고 개선하는데 최선을 다했다. 새로 생긴 부서들은 엔지니어들을 고용했고, 연방정부에 제출할 프로젝트에 필요한 전문지식을 갖추기 위해 발 빠르게 움직였다.

그 법령 자체가 도로 공사에 관한 주정부 정책의 강화 없이는 힘든 것이었기 때문에, 페이지는 많은 아이디어가 포함된 제안서들을 보게 될 것이라 확신했다. 그것은 매우 더디고 힘든 과정이었다. 페이지는 주정부의 제안서들을 세세하게 검토했고 많은 수정을 요구하며 그렇지 않아도 힘든 과정을 더 힘들게 만들었다. 그는 공평한 파트너의 역할이 아닌 상사노릇을 했던 것이다.

훗날 양측이 이 문제를 해결했는지는 모르겠지만 그것은 이 도로 계획에 있었던 여러 문제점 중 하나에 불과했다. 1917년 4월, 몇 개의 프로젝트가 시작되려던 시기에 미국은 제1차 세계대전World War I에 참전하게 되었고 그야말로 하룻밤 사이에 도로 공사는 정부의 우선순위에서 밀려났다. 방위에 필요한 부분만 공사가 이루어졌다. 곧이어 윌슨 정부는 도로 공사자재를 기차로 수송하는 것을 중단시켰다. 이에 더해 도로 공사에 필요한 인력들이 전쟁터로 끌려갔다. 페이지의 직원 중 35퍼센트가 전장으로 가버렸기에 도로 공사는 멈춰버릴 수밖에 없었다.

당시 도로는 정기적인 보수가 없다면 어떤 상황에서도 견디기 어려웠다. 그런데 수백만 대의 일반 자동차에 더해, 이전에는 돌멩이나 벽돌 그리고 콘크리트로 지어진 튼튼한 도시 내 도로에서만 사용되던 대형 트럭들이 군의 지원을 위해 처음으로 고속도로를 이용하기 시작했다.

　1917년 12월, 30대의 패커드 트럭이 디트로이트를 출발해 볼티모어의 부두로 그리고 웨스턴 프런트Western Front로 향해 갔다. 널리 읽혀지고 있는 공학 잡지《엔지니어링 뉴스 레코드Engineering News-Record》는 이것을 '과감한 도전'이라고 했다. 여분의 부품을 한 짐 싣고 떠난 그들은 진흙길에 빠지기도 했고 앨러게니 산맥에서 눈보라를 만나기도 했다. 그렇게 870킬로미터를 가는데 3주가 걸렸지만 한 대만 빼고는 모두 무사히 도착했다. 그리고 다음 몇 달 동안 3만 대의 트럭이 그 뒤를 이었다. 전쟁이 일어나기 전에는 생각지도 못한 일이었다. 이것은 화물수송의 새 시대를 여는 전조가 되었다.

　하지만 피셔가 10년 전 인디애나폴리스의 자동차 경주에서 깨달았듯이 자동차에게 정말로 필요한 것은 포장도로였다. 머캐덤은 거대한 트럭의 무게를 절대 지탱할 수 없었다. 도로를 정비할 인력과 자재가 부족했던 고속도로 관계자들은 갈라진 땅을 손볼 다른 방법을 찾아내야 했다.

　전쟁이 끝나갈 무렵, 승인된 572개의 연방정부 지원 프로젝트 중 오로지 다섯 개만이 완성된 상태였다. 연방정부와 주정부가 2년 동안 협력해서 얻은 결과는 고작 28킬로미터밖에 되지 않은 것이었다. 페이지는 완성된 도로의 길이보다 정부가 고속도로 부서들을 설립했다는 사실이 더 중요한 의미를 갖는 거라며 긍정적인 측면을 강조하려 애썼다. 그러나 환멸을 느낀 주 행정관들은 이를 받아들이지 않았다. 그들은 일을 신속히 처리하고 싶었다. 여느 때 보다도 빠르게 늘어나는 교통량을 수용할 튼튼한 도로가 급히 필요했고 거기에 소요되는 시간을 되도록 줄이고 싶었다.

연방고속도로위원회의 지휘 하에 연방고속도로망을 짓는 것이 정답인 것처럼 보였다. 합의를 본 줄로 알았던 '연방정부와 주정부가 참여하는 전국적인 고속도로 시스템이 필요한가, 아니면 연방정부 소유의 고속도로 시스템이 필요한가? 의 문제는 아직 그 해답을 찾지 못하고 있었다.

휴전이 되고 한 달 후, 시카고에서 이 질문에 관한 결정을 하기 위해 AASHO, 주 소속기술자연맹, 자동차제조업체, 그리고 고속도로산업협회Highway Industries Association라는 건설 납품업체가 모였다. 페이지는 연방정부의 불필요한 규제는 줄이겠다는 약속을 했고 향후 4년간 연방 도로시스템에 많은 비용을 들이기로 했다.

하지만 이것으로는 연방 고속도로에 대한 동요를 잠재우기에 충분치 않았다. 콜먼을 포함한 연방 고속도로 지지자들은 "주간 고속도로를 연방정부에 맡기면 대통령 산하 위원회가 모든 세부적인 결정을 내릴 것이고 공사를 감독할 것이다. 이렇게 되면 고속도로 건설과정에서 생기기 쉬운 지역주의도 피할 수 있다."라고 말했다.

연방위원회가 국민들의 수요를 반영하여 고속도로 노선 계획을 세울 것이기 때문에 48개의 주가 앙숙처럼 싸울 필요가 없었다. 한 도로가 다른 주로 이어지는지 아닌지 걱정할 필요도 없었다. 법에 따라 결정될 것이기 때문이다. 경로가 마음에 들지 않아도 받아들이는 수밖에 없었다. 위원회에 속한 지도자 몇몇이 책임을 지게 될 것이고, 그 칭찬과 비난의 대상이 누구인지 알 수 있었다. 국민들은 세금을 누구의 손에 맡긴 것인지 그 사람들의 이름과 얼굴을 정확히 알 수 있었다.

페이지와 같은 생각을 가진 AASHO 행정관들은 상대방 의견의 맹점을 늘어놓으며 맞대응했다. 주를 기반으로 한 고속도로는 장거리여행자들뿐만 아니라 지역주민들까지 모든 사용자에게 혜택을 줄 것이다. 지역주민의 요구를 반영한 고속도로를 지어 다른 지역주민들의 요구가 반영된 고속도로와 연결하고 또 다른 지역주민들의 요구가 반영된 고속도로와 연결하고… 이런 식으로 하다보면 결국에는 모든 주를 잇는 고속도로가 완성될 것이다. 그렇게 연결된 도로는 단지 지나가기위해 만들어진 임의의 선들이 아닌 여러 지역 공동체를 이어주는 의미 있는 선이 되는 것이다.

그러나 연방정부 소유의 고속도로를 반대하는 측들은 연방정부가 모든 것을 관리 감독하는 게 더 오랜 시간이 걸릴 거라고 생각했다. 또한 각 주의 화폐가치가 달라서 정부가 쓰는 돈이 두 배가 될 것이고 시간도 두 배가 걸릴 거라고 주장했지만 여기에 동의하는 이는 없었다.

안타깝게도 그 논쟁은 페이지 없는 상태에서 끝이 났다. 5일간의 회의 중 첫째 날, 48세였던 그는 저녁식사 자리에서 몸이 좋지 않아 방으로 들어갔는데 그날 밤 늦게 숨진 채 발견되었다. 다음날 아침, AASHO의 행정관들은 충격에 휩싸였고 연방정부 지원을 지지하던 사람들은 지도자를 잃은 격이 되었다. 그때 공허한 분위기를 뚫고 언짢은 표정의 토머스 맥도널드가 들어왔고 그 자리에서 연방정부 산하 고속도로위원회 설립을 둘러싼 투표가 진행되었다. 결과는 20 대 20으로 반반이었다. 재투표를 했지만 차이가 없었다. 한 표만 더 있었더라면 미국의 고속도로는 지금과는 아주 다른, 어쩌면 성공적이지 못한 노선을 갖게 되지 않았을까?

두 번이나 교착상태에 이르자 회원들은 이 문제에 대한 논의를 중단했다. 훗날 "완벽한 조직과 재정을 갖는 연방조직이나 행정관이 모든 고속도로 법을 집행한다."라는 내용의 결의안이 통과되었지만 여기에는 중요한 조항이 붙어있었는데, 각 주정부가 도로 공사를 시작하고 건설을 지휘하며 도로를 소유한다는 내용이었다. '연방정부 고속도로 시스템'이라는 말은 '연방정부의 지원을 받는 주 도로'의 다른 말일 뿐이었다.

이제 페이지의 자리에 누구를 앉힐 것인가 하는 문제가 남아있었다. 농무부장관인 휴스턴David F. Houston은 페이지 사망 후 몇 주에 걸쳐 고심한 끝에 후보자를 두 명의 엔지니어로 좁혔다. 그중 한사람은 연봉이 1만 달러였으니 휴스턴으로서는 도리가 없었다. 나머지 한명은 아이오와 출신의 조용하고 진지한 맥도널드였다.

맥도널드는 고속도로 관계자들 중 최고의 명성을 누렸다. 15년 동안 자신의 자리를 묵묵히 지키면서 열심히 공들여 지역을 잇는 도로망을 건설했다. 표면이 자갈로 덮힌, 전체적으로 잘 설계된 도로들이었다. 콘크리트 다리와 지하배수로, 튼튼하고 물이 잘 빠지는 표면을 갖추었고 급격한 커브나 급경사는 없었다. "그는 언덕의 윗부분을 베어 계곡으로 옮겨버립니다. 베어낸 부분이 9미터나 될 때도 있어요."라고 링컨 고속도로의 헨리 조이는 말했다.

그는 이 모든 것을 거의 무(無)에서 이루어냈다. 아이오와 주에서의 그의 임기동안 고속도로위원회에는 세 명의 정직원과 두 명의 시간제 직원뿐이었다. 그리고 1913년 주정부 도로 예산은 1만 달러밖에 되지 않았다. 아이오와 주와 경계를 맞대고 있는 일리노이 주의 예산은 그의 열 배였고 미네소타 주는 설계예산만 15만 달러에 달했다.

그는 또한 아이오와 주의 터무니없는 정치가들의 압박에서도 살아남을 만큼 강인했다. 아이오와 주의 입법부는 1916년 연방정부 지원 계획에 따른 50 대 50의 비용부담에 선뜻 동의하지 않았다. 주정부에서 그렇게 많은 돈을 내놓고 싶지 않았던 것이다. 도로 건설을 위한 채권발행이 그해 선거운동의 이슈가 되었다. 일곱 명 중 한 명이 차를 몰만큼 자동차 보유율이 높은 주(州)였음에도 불구하고 '진흙길'도 좋다는 공화당의 윌리엄 하딩William. L. Harding이 주지사가 될 정도였다.

하딩은 100년이 지난 지금도 악명을 떨친 인물로 잘 알려져 있다. 가장 터무니없었던 것은 전시(戰時)에 영어 이외의 언어사용을 금지한 것이다. 그는 영어를 미국어American라 칭했다. 소위 바벨선언Babel Proclamation이라고 불리던 이 칙령은 두 명 이상의 사람들이 하는 모든 대화에 적용되었고 여기에는 전화통화도 포함되었다. 그는 할 수 있다면 더 심하게도 했을 사람이었다. 외국어로 중얼거리는 기도는 하나님이 듣지 못한다는 이유를 내세웠다. 그의 선동 하에 총회는 고속도로위원회를 없애고, 도로 건설을 무산시킬 목적으로 투표를 실시했다. 다섯 번이나 투표를 했으나 계속 54 대 54의 결과가 나오는 바람에 다행히 이 제안은 취소되었다.

맥도널드는 이 말도 안 되는 일들을 이겨냈기에 연방정부에서도 호락호락한 사람이 아니었다. 그는 훗날 "휴스턴에게 전화가 온 건 새해가 막 지난 후였습니다. 그는 저에게 페이지의 후임 자리를 제안했습니다. 저는 그때 그런 자리에 제가 어울릴 거라 생각지도 못했기 때문에 준비가 되어있지 않다고 대답했습니다."라고 당시의 상황을 회상했다.

그리고 맥도널드의 연봉도 문제가 되었다. 실제로 계산을 해보니 월급이 깎이는 셈이었기 때문이다. 휴스턴은 두 달 이상 장고 끝에 맥도널드가 원하는 연봉을 맞춰주었다. 그는 1919년 3월 20일 그 자리에 올랐다. 이로써 미국 고속도로의 미래를 결정지을 세 번째 요소가 갖춰지게 된 것이다.

제3장 미국 고속도로의 아버지, 토머스 맥도널드

토머스 해리스 맥도널드Thomas Harris MacDonald는 선지자라기보다는 기존의 틀을 깨는 혁신가로 더 잘 알려져 있다. 그는 뭔가 잘못된 것을 찾고 그것을 고치는 방법을 개발하는 재능을 가진 '엔지니어의 엔지니어'였다. 그는 모험을 하지 않는 성격이었고 요행을 바라는 일도 없었다. 그의 결정은 꼼꼼한 조사와 철저한 논거, 차트, 치수, 비용과 교통량 등의 숫자에 근거를 두었다. 이 모든 것이 1919년 그를 도로 관련 분야에서 최고의 자리에 오르게 했다. 당시 미국의 고속도로는 겹치는 도로, 끊기는 도로, 막다른 도로와 지그재그로 난 도로 등으로 무질서했고 맥도널드는 그런 도로를 정리 정돈하는데 일가견이 있었다.

그는 자신의 과거를 이야기하지 않는 편이었으나 알려져 있는 사실을 말하자면 그는 1881년 리드빌Leadville에서 남서로 약 48킬로미터 떨어진 콜로라도 주 트윈레이크Twin Lake의 통나무집에서 태어났다. 그가 태어나기 10년 전, 존 맥도널드 주니어John MacDonald Jr.라는 이름의 캐나다 출신 목수였던 그의 아버지는 시카고 대화재로 폐허가 된 도시를 재건하기 위해 가족들과 함께 국경을 넘었다. 그리고 아이오와 주의 대초원으로부터 뻗어 나온 몬테주마Montezuma라는 새 도시로 둥지를 틀었다. 존은 곡물과 목재사업을 크게 하는 집안의 딸인 엘리자베스 해리스Elizabeth Harris를 만나 결혼했고 1870년대 실버러시Silver Rush 동안에 콜로라도로 갔다가 토머스가 세 살이 되었을 때 몬테주마로 돌아왔다.

그는 1천3백 명이 사는 북적한 동네에서 곡물창고와 사무실, 목장, 재목저장소 등을 가지고 사업을 하는 대가족에서 태어나 친척이 많았다. 맥도널드는 어떻게 보면 1890년대 아이오와의 전형적인 십대 소년이었다. 네 학급만 있는 작은 고등학교에 다녔는데 그 학교는 전기는 들어왔지만 배관시설은 바깥에 있었다. 그는 토론에 능했고 그것을 즐겼으며 식료품 마차를 몰며 용돈을 벌었고 시골의 숲속으로 견과류를 따러 다녔다. 일요일에는 여느 십대들과 마찬가지로 지루한 설교를 들으러 가야했다.

그러나 그는 어릴 때부터 남들과 조금 다른 구석이 있었다. 사람들과 거리를 두고, 부자연스러울 정도로 예의를 차리며 감정을 잘 드러내지 않았다. 표정이 대체로 긴장한 듯해서 우울해 보이기까지 할 정도였다. 그의 가족사진을 찍은 사진사는 그를 뻣뻣하고 언짢아 보인다고 묘사했다. 그는 항상 빳빳이 높이 세운 깃에 나비넥타이를 하고 다녔고 그의 네 동생들에게 꼭 '님Sir'자를 붙여서 그를 부르도록 했다.

당시 몬테주마는 오페라 하우스, 두 개의 신문사, 두 개의 호텔을 갖추고 있는 자립공동체였다. 당시 미국 전역의 도로가 진흙탕이었고 특히 아이오와 주는 다른 곳들보다 더 심해서 땅에 검보Gumbo라고 불리는 검은 반죽을 발라놓은 듯 했다. 그래서 농업을 하는 가족들은 몇 주, 심할 때는 몇 달 동안이나 마을에서 고립되기도 했다. 이런 도로 조건 때문에 맥도널드의 아버지는 매년 봄가을에는 거의 일을 하지 못했다.

아이오와의 사람들은 이 검보 현상을 마치 달의 모양이 변하는 것처럼 자연현상의 일부로 받아들이기 시작했다. 검보를 좋은 비료로 이용해 훌륭한 작물도 수확할 수 있으니 사람들이 겪는 불편함은 그것에 대한 작은 대가 정도로 치부했다. 맥도널드의 생각은 좀 달랐지만 다른 사람들에게 이야기하지는 않았다. 1899년 그가 대학에 갈 나이가 되었을 때는 부모님이 시키는 대로 시더폴즈Cedar Falls에 있는 아이오와 주 사범대Iowa State Normal School에 들어갔다. 지금의 노던 아이오와대학University of Northern Iowa인 이 학교는 교사를 양성하는 곳이었는데 맥도널드와는 잘 맞지 않는 곳이었다. 그는 에임즈Ames에 있는 아이오와 농업-정비대학(Iowa State College of Agriculture and Mechanical Arts지금의 아이오와 주립대학)으로 옮기기로 결심했다. 정밀성과 확실함을 추구하는 그에게는 그 학교가 잘 맞을 것 같았기 때문이었다. 새 학기가 시작되기까지 시간적 여유가 있었던 그는 네브래스카의 샌드힐즈Sand Hills에 있는 할아버지의 목장에서 소떼를 보살피는 일을 했다.

맥도널드의 어떤 사진을 보아도 그가 카우보이였다는 것을 믿기 힘들 것이다. 19세에 그는 키가 170센티미터로 작은 편에 속했다. 짧고 검은 머리에 중간 가르마를 타 단정히 뒤로 넘긴 헤어스타일은 그의 크고 뾰족한 귀를 돋보이게 했다. 짙은 눈썹 아래 담청색의 깊은 두 눈동자는 우습기까지 할 정도로 진지했다. 카우보이 모자와는 어울리지 않는 생김새임에는 분명했다.

그럼에도 그는 목장에 있을 때 제일 편안함을 느꼈다. 말을 타고 목장 주위를 돌면서 소에 낙인을 찍으며 시간을 보내는 게 좋았다. 시골의 꾸밈없는 아름다움과 거기서 혼자만의 시간을 가질 수 있다는 게 좋았다. 그는 밤이 되면 잔디로 지어진 집에서 책을 읽으며 보냈다. 거기서 그는 부스 타킹턴Booth Tarkington의 『무슈 보케르 Monsieur Beaucaire』라는 책 단 한 권만을 반복해서 읽었다. 후에 그는 그 책에 관한 한 자신이 세계에서 제일가는 전문가라고 자처하기도 했다. 목장의 고요함 그리고 소음이 없는 장소는 그가 생각하고 재충전하기에 적합한 환경을 제공해 주었다.

마침내 그는 1900년 아이오와 주립대학에 입학했고 수학, 문헌학, 군사학, 그리기 그리고 글쓰기에 두각을 나타냈다. 그는 공부를 잘했고 여름 인턴십을 훌륭하게 해냈으며 3학년 때 철도공학과 기계학을 배웠을 때도 남다른 결과를 보여주었다.

이 시기에 그는 한 공학교수의 눈에 띄게 되었다. 30대의 나이에 앤슨 마스턴Anson Marston은 이미 하수처리와 홍수통제 시스템의 개척자로서 어마어마한 명성을 누리고 있었을 뿐만 아니라 배수구와 지하배관 설계에 있어서 토대가 되는 이론을 정립하고 있었다. 그는 혁신주의 시대의 전형적인 인물이었고 맥도널드에게 큰 영향을 끼친 사람이기도 했다. 그는 세계의 문제를 해결하는데 있어 핵심요소는 전문지식이며 사회 진보의 핵심요소는 실험과 데이터 확보라는 견해를 가지고 있었다. 이 요소들을 이용하면, 복잡한 문제를 해결하는데 있어서 한쪽으로 치우치지 않은 해결책을 끌어낼 수 있을 뿐 아니라 새로운 문제점을 찾고 그 해답을 얻도록 해준다는 이유에서였다.

마스턴은 맥도널드를 그의 연구실로 불러 졸업논문의 주제를 하나 제안하였다. 아예 연구된 적이 없는 새로운 문제— 즉, 아이오와 주의 도로—에 관해 써보라는 것이었다. 아이오와의 도로가 엉망이라는 것은 누구나 다 알고 있었다. 다른 주의 사람들도 다 알 정도로 검보는 유명했다. 그런데도 '나쁜 도로와 좋은 도로에 드는 비용' 이라든지 '도로 사용자들의 필요와 희망사항'과 같은 연구는 찾아볼 수 없었다.

마스턴 교수는 맥도널드에게 두 가지의 과제를 주었다. 첫 번째는 다양한 무게의 수레를 다양한 종류의 도로에서 끄는데 얼마만큼의 힘이 들어가는지 조사하는 것이었고 두 번째는 농부들에게 있어 좋은 도로의 필요성과 그것이 세금에 적용되는 실질적 가치를 조사하는 것이었다. 이에 맥도널드는 180센티미터의 키에 느긋한 성격을 가진 동급생 로런스 티머맨 게이로드Laurence Timmerman Gaylord와 함께 아이오와의 곳곳을 돌며 농부들을 인터뷰했다. 거의 모든 사람들이 가진 공통된 문제점은 도로의 배수가 원활하지 않다는 것이었다. 그들은 에임즈와 시더래피즈에서 사람들에게 검력계를 부착해 모래가 가득 든 수레를 끌어보게 하였다. 단단하고 매끄러운 돌로 이루어진 도로에 비해 흙길에서는 일곱 배의 힘이 더 들어간다는 것을 알게 되었고 아스팔트나 벽돌로 된 도로에서는 돌길보다 더 쉽게 수레를 끌 수 있다는 결론이 나왔다.

1904년 학교를 졸업할 때쯤 맥도널드는 마스턴의 사상을 거의 물려받은 상태였다. 그는 과학과 전문지식의 힘을 광신적으로 믿게 되었고 이것으로 세상의 문제를 바로잡을 수 있다고 믿었으며 합리적 결정을 내리는데 있어 가장 중요한 것은 철저한 조사라는 것을 믿게 되었다. 졸업 후에도 그는 마스턴으로부터 계속 배워나갔다. 그해 봄, 아이오와 주 의회는 아이오와 주립대학에 고속도로위원회를 만들어 달라는 요청을 하였는데 이는 이전에는 없었던 조직이었다. 그와 동시에 대학은 제대로 된 공학과를 만들었고 마스턴을 학과장으로 내세웠다. 마스턴 교수는 맥도널드에게 학교로 와서 같이 일을 도와달라고 부탁했다.

그것은 흥미로운 제안이었다. 당시 아이오와 주에는 931대의 자동차가 있었는데, 이 자동차라는 것이 그냥 지나가는 유행인지 계속 발전해나갈 것인지는 아무도 단정할 수 없던 시기였다. 아이오와 주에는 포장도로가 단 한 군데도 없었다. 게다가 의회에서는 새로 창설한 고속도로위원회에 예산을 3천5백 달러밖에 지원하지 않았다. 엔지니어로서 돈을 벌기에는 열악한 환경이었다.

마스턴이 매우 영향력 있는 사람이었음에는 틀림없다. 35년 후 맥도널드는 마스턴 교수가 자신의 인생의 방향을 설정해 준거나 다름없다며 그에게 공을 돌렸다. 그는 "마스턴 교수님의 선견지명이 아니었더라면 저는 분명히 다른 분야를 택했을 것입니다."라는 글을 쓰기도 했다.

그는 말을 타고 고속도로 일을 시작했다. 여기저기에서 강연을 하고 때로는 설득도 하며 좋은 도로의 복음을 사람들에게 전했다. 그는 도로 공사 현장을 방문했고 부적절한 설계로 낭비되고 있는 자재와 인력을 목격했는데 그들은 1달러를 쓰고도 1다임의 결과밖에 얻지 못하고 있었다. 그는 교량으로 관심을 돌려 보았다. 대부분 나무로 만들어졌으며 고의로 엉망으로 지어놓은 듯 보였다. 알고 보니 지역의 건설업체들은 각각 구역을 분할해 가졌고 항상 일거리가 생기도록 하기 위해 공사를 대충 하는 것이었다. 그리고 엄청난 비용을 청구했으니 납세자들의 부담이 클 수밖에 없었다.

불의를 보면 참지 못하는 맥도널드는 한 업자의 부정한 행동을 끈기 있게 파헤쳐 과다 청구한 비용과 부실 공사에 대해 정부에 배상하도록 조처했다. 그는 또한 찌는 듯한 날씨에 타이를 메고 정장을 차려입은 채 말을 타고 다니며 아이오와의 엔지니어들에게 콘크리트와 철근이 사용되는 교량 공사의 원리를 설명했고 어떻게 시멘트를 섞고 토대를 잡는지, 콘크리트 배수관을 어떻게 지하배수구에 사용하는지 등을 직접 보여주었다.

1907년 3월, 맥도널드는 에임스 출신의 전직 교사인 엘리자베스 던햄Elizabeth Bess Dunham과 결혼식을 올렸다. 두 사람은 그녀가 마스턴 교수의 비서로 일할 때 만났고 그 후 그녀가 대학총장의 비서가 된 후에도 계속 교제를 하다가 결혼에 이르게 된 것이었다. 그들의 결혼식은 여러 신문의 1면을 장식했다. 《에임스 타임즈 The Ames Times》지는 그는 '신부 집에서 직계가족들과 친구 세 명만 불러 조촐한 결혼식을 올렸다'고 보도했다. 《에임스 인텔리젠서The Ames Intelligencer》지의 기사는 좀 더 로맨틱했는데 큐피드가 마법에 걸린 실버체인으로 그 둘을 이어주었다는 내용이었다. 반면 다른 기록은 로맨틱함과는 거리가 멀었다. 그들의 첫 아들인 토머스 주니어가 태어난 것이 결혼식을 치른 지 겨우 8개월 14일 후였다는 것을 감안하면 그들의 결혼사유를 짐작할 수 있을 것이다. 마법에 걸렸건 어쨌건, 맥도널드는 결혼을 했고 교내 고속도로위원회서 몇 분 걸리는 곳에 가정을 꾸렸다. 조그맣고 개혁적인 도시에서는 살기 좋은 곳이었다. 레스토랑 및 도서관과 가까웠고 상업지역으로 가는 열차도 타기 쉬웠다. 캠퍼스 내에서 풀을 뜯는 양들의 머리위로 종탑의 선율이 울려 퍼졌다.

AASHO 회장의 직책을 맡기 벌써 몇 년 전부터 맥도널드는 이미 명성을 쌓아가고 있었다. 그는 글을 즐겨 쓰는 편이 아니었으나 고속도로와 자동차에 관한 주제에 대해 잡지에 글을 쓸 일이 점차 많아졌다. 그는 뛰어난 대중연설가도 아니었다. 경직되고 잘 웃지 않았으며 청중들과 눈을 맞추지도 못했고 필요에 따라 어조를 바꾸거나 극적효과를 첨가하는 재주도 없었다. 그럼에도 그의 강연을 필요로 하는 곳은 계속 생겨났다.

청중들은 그가 어떻게 그렇게 큰 국가적 요구를 충족시킬 수 있을 것인지 알고 싶었다. 그가 이 업무를 시작한 후 첫 10년 동안 아이오와 주의 등록차량은 931대에서 11만대로 불어났다. 디모인Des Moines과 같은 대도시뿐만 아니라 에임스와 몬테주마, 심지어 멀리 떨어진 시골지역에서도 자동차와 마차의 수가 맞먹게 되었다. 모든 자동차 운전자들이 더 나은 도로를 원하고 있었다. 농부들은 멀리 떨어져 있는 가게로, 학교로, 교회로, 그리고 재미있는 오락거리가 있는 곳으로 가고 싶었고 도시의 운전자들은 더 멀리 떠나고 싶어 했다.

시간이 흐르면서 맥도널드는 해결책을 생각해냈다. 한꺼번에 아이오와 주 전체 도로를 공사하려 든다면 각 도로에 배분할 수 있는 비용이 너무 적어 차라리 안하는 편이 나을 것이었다. 아주 기초적인 보수 정도밖에 이루어지지 못할 것이 뻔했기 때문이다. 그는 힘든 선택을 해야만 했다. 주의 도로들을 중요도에 따라 분류해 순서대로 연방정부의 돈을 쓰고 부차적인 도로는 그 지역에서 알아서 처리하도록 하는 것이었다.

어느 도로가 더 중요한지 어떻게 결정한단 말인가? 앤슨 마스턴이 지휘하는 고속도로위원회에 따르면 정답은 한 가지였다. 바로 얼마나 많은 자동차가 지나다니는지가 중요성의 척도가 될 수밖에 없었다. 이렇게 하면 선택된 도로의 개선 속도가 빨라질 뿐 아니라 고속도로 공사비용이 정치가들의 손에 좌우되지 않는다는 장점이 있었다. 맥도널드는 "아이오와 주에는 16만 킬로미터가 넘는 도로가 있고 그 중 10~15퍼센트만이 중요도로로 선정될 수 있습니다. 16만~24만 킬로미터 정도만 공사를 해도 모든 중요 교역 지점을 적어도 두 방향으로부터 접근 가능하게 만들 수 있을 것입니다."는 내용의 기사를 썼다.

그는 한 걸음 더 중요한 발걸음을 내딛었다. 링컨 고속도로 헌정식에서 "한 지역을 잇는 도로는 그 지역의 주요 시스템이 될 것이고, 그것이 주변 지역의 주요 도로 시스템과 이어질 수 있어야 주간 고속도로의 설립이 가능하다."라고 강조했다.

1913년 아이오와 주의 고속도로위원회가 재편성되었을 때 주 고속도로 엔지니어였던 맥도널드는 그가 생각해왔던 중요도로 시스템을 만들어나가기 시작했다. 그는 실제 경로 선택을 그 도로가 지나는 지역의 행정관에게 맡겼다. 이 도로들은 무엇보다도 지역

도로였기 때문에 그 지역의 주민들의 요구에 부합하지 않으면 아무 쓸모가 없다고 생각했기 때문이다. 주정부가 할 일은 도로가 만들어지면 교통량이 얼마나 늘어나는지 확인하는 것, 모든 도로들이 조화롭게 연결되도록 조정하는 것, 그리고 모든 공사에 동일한 기준을 적용하는 것이었다.

그는 "우리는 거대한 중앙조직을 세우려하는 것이 아니라 세부 결정을 최대한 지역 엔지니어들과 지방정부들에게 맡기려는 것이다."라고 했고 그 결과 조화로운 조직체를 구성하게 되었다.

맥도널드가 휴스턴 장관의 제안을 받아들였을 때쯤, 중요도로를 선택적으로 개선하고자 하는 그의 협동적이고 상향식 접근은 아이오와 주민들의 민심을 얻었다. 총회가 약 1만 킬로미터의 도로 건설을 승인하려는 때였다. 그렇게 되면 천 명 이상의 주민이 사는 지역들이 하나로 연결되는 것이었다. 맥도널드의 등장 전, 아이오와는 34킬로미터도 채 안 되는 시골 콘크리트길밖에 없었다. 하지만 그가 배수로를 정비하고 완만한 경사와 일자로 뻗은 도로의 기초를 잘 다져놓은 덕분에 중요도로 공사는 표면만 잘 정리하면 되었다. 악명 높은 주지사 하딩조차도 이 프로젝트를 지지하게 될 정도로 훌륭한 업적이었다.

《엔지니어링 뉴스 레코드》지는 "이제껏 이정도로 민심이 뒤바뀐 적이 없었다. 주지사의 마음도 180도 바뀌어 이제는 열성적인 지지자가 되었다."라고 경탄을 금치 못했다. 놀란 것은 맥도널드 본인도 마찬가지였다. 그는 "6개월 전만해도 이렇게 사람들의 마음이 바뀔 것이라 상상하지 못했다."고 말했다.

맥도널드의 연방정부의 공직 임명에 대해 《디모인 캐피탈The

Des Moines Capital》지는 대부분의 관료들은 꿈도 못 꿀 정도의 기사로 장식했다. "맥도널드 씨가 얼마나 끈기 있고 성실한 지 하나하나 다 열거하기도 힘들 정도이다. 그는 한 번도 자신을 내세운 적이 없다. 주어진 임무를 잘 수행하는 것이 그의 최우선목표이다. 아이오와 주민들은 떠나는 맥도널드를 아쉬워하며 그 자리가 제의될 것을 알고 있었지만 우리는 그가 그 제의를 거절했으면 하는 마음이었다."라는 내용의 글들이 줄을 이었다.

그는 1919년 봄 시간적 여유가 있을 때 그의 지지자들과 편지를 주고받았다. 그가 진정 연방정부와 주정부와의 협력을 지지했다는 것이 이 글에 잘 나타나 있다. 그는 "내 머릿속에는 연방정부와 주정부들이 조화롭게 협력해야한다는 한 가지 생각밖에 없다는 것은 말할 필요도 없다."라고 한 엔지니어에게 편지를 썼다. 또 다른 사람에게는 "미국의 고속도로 작업은 하나의 조직이 감당하기에는 너무 커져버렸다. 주정부와 연방정부가 협동하여 함께 노력을 기울여야 원하는 결과를 얻을 수 있을 것이다."라고 썼다.

그중 당시 패커드 사 대표인 헨리 조이Henry Joy가 4월 2일에 쓴 편지는 특히 뭉클한 내용이었다. "당신은 아이오와 주에서 힘들게 싸워왔고 당신이 노력한 결실은 미래의 세대들에게 분명히 돌아갈 것입니다."라는 내용이었다. 뒷부분에는 링컨 고속도로에 대한 여담이 실려 있었다. "제가 군사용 트럭을 몇 대 끌고 태평양 연안으로 갈 계획을 세우고 있다는 소식을 전하고 싶습니다." 누가 봐도 홍보성 발언이었지만 그는 서부로 물자수송이 가능한지 군 지도자들이 알아야하기 때문이라는 말로 정당화했다.

"군대가 짐을 가득 실은 트럭 세 대를 하나는 북서부 시골, 워싱턴, 그리고 오리곤Oregon 주로, 두 번째는 샌프란시스코 만 쪽으로, 그리고 나머지 하나는 로스앤젤레스와 남부 캘리포니아로 보낼 계획인데 그것이 성공한다면 우리 모두에게 좋은 일입니다."라고 그는 덧붙였고 "당신의 건투를 빕니다."라며 편지를 마무리했다.

맥도널드는 함께 일하게 될 것을 고대하며 트럭 프로젝트에 '상당히 관심이 있다'고 답변했다. 그에 더해 "사실, 여유를 좀 가져도 된다면 잠시 여행을 다녀와서 그 일에 착수하는 게 더 마음의 준비가 될 것 같습니다."라는 말을 덧붙였다.

조이는 설득력 있는 사람임에는 분명했다. 군대는 정말로 그 해 여름 링컨 고속도로를 이용하여 워싱턴에서 샌프란시스코로 트럭을 보냈다. 그 임무에 배정받은 젊은 군인 중 한명이 중령 아이젠하워였다.

2부 →

점들을 선으로
연결하다

연방고속도로법, 1921

    1919년 7월, 군대가 트럭을 몰고 대서양에서 태평양으로의 대장정을 떠난다는 말이 떠돌고 있을 때, 드와이트 아이젠하워는 군인으로서의 황금빛 미래를 보장받은 상황은 아니었다. 그는 달리 할 일도 없고 해서 그냥 전차군단의 참관인으로 따라가겠다고 자처했다.

    그는 세계대전에 참전하지 못했다. 그의 육군사관학교 동기생들이 유럽 전투에서 훈장을 받는 동안 아이젠하워는 게티스버그 Gettysburg에서 군사훈련소 건설을 지휘했다. 마침내 해외 참전 명령을 받았을 때는 휴전협정이 발효되었다. 평생 책상 앞에만 앉아있게 될 것 같아 우울해진 그는 군을 떠날까도 생각했다.

    그러나 시간이 흐르고 그것을 극복하는 일은 그에게 익숙했다. 아이젠하워는 상냥하고 항상 웃는 얼굴을 하고 있었으며 낙천적인 자세를 가졌기 때문에 사람들은 그의 속마음을 잘 몰랐다. 캔자스의 애빌린Abilene의 30평 남짓한 집에서 다섯 명의 형제와 함께 자란 그는 군 관련 역사서에 탐닉했고 운동에도 몰두했다. 그가 웨스트포인트(West Point Military Academy; 미국육군사관학교)에 입학한 것은 무위를 떨치고 싶어서라기보다는 미식축구팀과 야구팀에 들어가고 싶어서였다. 그런데 정식으로 그들의 미식축구팀에서 뛰게 된 첫 시즌, 그는 다리를 다치고 말았다. 상처가 악화되어 더 이상 축구를 할 수 없게 되었고 그의 꿈은 한순간에 무너져버렸다. 망연자실해 있던 중 감독의 권유로 2군 후보 팀의 코치를 맡았다. 선수들은 그의 지도 스타일을 마음에 들어 했다. 이것이 그의 첫 통솔 경험이었고 그것은 매우 성공적이었다.

  졸업 후 그는 텍사스 주의 포트 샘 휴스턴Fort Sam Houston에 배치되었다. 그곳에서 그는 지역 군사학교 축구팀의 코치를 맡았고 매이미 다우드Mamie Doud라는 여인을 만났다. 그들은 1916년에 결혼했고 여러 곳을 옮겨 다니며 근무해야 했다. 이 시기에 그는 다시 좌절했지만 "군에서 나에게 내린 모든 임무를 최선을 다해 수행해 좋은 성과를 내자."라고 다짐하며 맡은 일을 열심히 해나갔다.

  메릴랜드의 미드Meade에서 매일 반복되는 복무에 지쳐있던 28세의 아이젠하워는 자동차여행이라도 가면 좋겠다 싶어, 그해 7월 7일 오후 기지를 떠나 수송대 야영지에 합류했다. 그가 합류할 때 이동차량들은 이미 74킬로미터를 달려와 휴식을 취하고 있는 중이었다. 이동차량은 총 72대였는데 그중 65대가 트럭이었다. 군용 트럭기사들, 수리공들, 엔지니어들, 구급요원들, 그리고 군에서 나온 참관인 15명을 합치면 중대 두 개 정도의 규모는 돼보였다. 병사들이 260명, 장교가 35명이었다. 그들의 목표는 군대의 장비를 시험하는 것, 미래의 군 물자 수송 훈련에 유용하게 쓰일 데이터를 수집하는 것, 그리고 군용트럭의 장거리 가능 수치를 조사하는 것이라고 지휘관들은 말했다. 그들은 '좋은 길 만들기 운동Good Roads Movement'이 촉발되길 바랐고 가는 길에 병사들을 더 뽑을 생각도 있었다.

여기에 참가한 군인들은 대부분 신병이었기 때문에, 조금은 위험한 도전이었다. 군용트럭을 몰아본 경험이 전혀 없는 병사들이 많게는 11톤이나 나가는 트럭에 사람까지 태워야 했기 때문이다. 게다가 당시의 트럭은 지금의 트럭보다 무척이나 다루기 힘들었다.

수송대는 늦은 오전 백악관 근처에 있는 일립스 공원The Ellipse에 들러 기념식에 참가한 후, 천천히 길을 나섰다. 프레드릭Frederick에 도착하는데 까지는 일곱 시간이 걸렸다. 거기에서 아이젠하워는 본격적으로 임무를 시작했고 그는 그 일이 전혀 어려울 거라 예상치 않았다. 그러나 그의 생각만큼 호락호락한 일은 아니었다.

수송대는 게티스버그에서 링컨 고속도로로 올랐다. 앨러게니 산맥을 지날 때는 길도 꼬불꼬불하고 가파른 언덕이 많아 차가 앓는 소리를 냈다. 풋내기 기사들은 중서부의 울퉁불퉁한 길을 빨리 달려 기어를 고장 냈고 엔진이 갑자기 속력을 내는 바람에 냉각기가 망가지기도 했다. 이런 일은 자주 발생했다.

트럭들은 수십 개의 교량을 망가뜨렸다. 아이젠하워가 확인 한 바로는 하루에 열네 차례 교량과 충돌한 적도 있다. 그리고 뒤따라오는 병사들은 재빨리 그것을 수리해야 했다. 그러나 그들은 크게 예상 밖의 난관을 만나지는 않았다. 비록 장시간 이동해야 한다는 사실과 한여름의 무더위에 지치기는 했어도 남서부의 솔트레이크시티에 도착할 때까지는 그럭저럭 견딜만한 듯했다.

도시를 지나면 링컨 고속도로는 그레이트솔트 호의 남쪽 가장자리를 끼고 돌아 사람이 거의 살지 않는 투엘Tooele 지역으로 들어간다. 1919년에는 문명이 발달하지 않았던 곳이고 거기서부터 포니 익스프레스가 시작되어 약 320킬로미터의 울퉁불퉁한 산길과 사막이 이어졌다. 다행히 도로는 염원(鹽原: 넓고 반짝이는 벌판 아래에 아이오와의 검보 만큼 진득하며 새까맣고 맛이 짠 진흙이 묻혀있는 지형)을 피해 나있었다. 그러나 나머지 길도 평탄하지는 않았다. 사막을 몇 킬로미터나 더 달려야 했고 그것은 목숨이 위험할 정도로 뜨거운 태양아래서 몇 시간을 더 버텨야한다는 뜻이었다.

그래서 링컨고속도로협회는 그 구간을 줄이는 작업을 했다. 칼 피셔는 자신의 돈 2만5천 달러를 들여 투엘 지역의 서쪽에 좁은 산길을 통해 지름길을 만들겠다고 했다. 헨리 조이의 뒤를 이어 굿이어사의 사장이 된 프랭크 세이벌링Frank Seiberling은 회사 돈 10만 달러를 들여 염원 위에 27킬로미터 길이의 둑길을 만들기로 했다. 이 길은 기찻길처럼, 바위와 흙으로 된 표면위에 놓여 질 것이었다. 1918년 3월, 링컨고속도로협회와 유타 주는 이 도로를 세이벌링 컷오프Seiberling Cutoff라 명명하고 1919년 7월 1일까지 완공하겠다는 계약을 맺었다.

수송대의 대륙횡단 성공이 거의 확실해지자 협회는 그들의 도착 날짜에 맞춰 기념식을 가지려 했지만 모두가 동의하는 날짜를 잡기가 힘들었다. 피셔의 이름을 딴 피셔 패스Fisher Pass는 여유 있게 완공되었으나 세이벌링 컷오프는 아직 11킬로미터밖에 표면 정리가 되지 않은 상태였다.

1919년 8월 20일 아침, 수송대는 피셔 패스를 별 사고 없이 느릿느릿 지나고 있었다. 무사히 통과 하는가 싶더니 내리막길에서 허리 골반 높이의 흙구덩이에 빠져버리고 말았다. 18주 동안 비가 내리지 않았던 흙길이었던지라 타이어가 돌고 돌다가 망가져버렸다. 트럭을 건져내 타이어의 구멍을 메우고 다시 길에 오르는 데는 온종일이 걸렸다. 그러고 난 후에도 고장은 계속 이어졌다. 하지만 그것은 다음날에 일어날 사건의 전주곡에 지나지 않았다. 그들은 빨리 사막을 지나고 싶은 마음에 아침 일찍 텐트를 거두고 도로에 올랐다. 그러나 세이벌링 컷오프는 완성되어있지 않았고 소금 길로 갈 수 밖에 없었다.

그곳은 조그마한 승용차 한 대가 지나가기에도 위험한 길이었다. 그런데 무거운 짐을 실은 거대한 트럭이 지나가려고 했으니 결과는 불 보듯 뻔했다. 염원을 지나려 시도한 모든 트럭은 진흙탕에 빠져버렸다. 빛나는 소금 아래 숨어있는 지독한 진흙 앞에서는 캐터필러 트랙터(Caterpillar Tractor; 벨트식 바퀴에 의해 운행되는 견인차)조차도 마찰력을 잃었다. 여기서 빠져나갈 방법은 한 가지 밖에 없었다. 밧줄을 연결해서 백 명의 병사들이 힘을 가해 끌어내야 했다.

수백 명의 병사들이 그렇게 힘을 쓸 동안 밤이 찾아왔고. 요리에 쓸 연료가 없어 저녁은 딱딱한 빵과 차가운 콩으로 때워야 했다. 그것도 없어 못 먹은 사람들도 있었다. 물은 너무 귀해 물탱크 주위에 보초병을 세워야 할 정도였다. 그렇게 미국 최대의 장거리 도로라고 불리는 곳에서의 하룻밤이 지나갔다.

그런 고생을 하고 나니 나머지는 식은 죽 먹기였다. 그들은 62일 동안 5천 킬로미터를 넘게 달려 워싱턴으로부터 샌프란시스코에 도착했다. 몇 주 후 제출된 아이젠하워의 보고서에는 사막횡단의 위험이 다소 축소되어 쓰여 있었다. "유타 주의 서쪽 솔트레이크 사막은 대형트럭이 지나다니기에 적합하지 않았다. 유타 주의 오어스 랜치Orr's Ranch로부터 네바다 주의 칼슨 시Carson City로 이어지는 길은 흙과 구덩이가 가득했고 구멍이 듬성듬성 나있었다. 이 구간은 전혀 개선되지 않았다. 물을 마시려면 30킬로미터 넘게 이동해야할 때도 많았고 가장 가까운 철로가 145킬로미터 떨어진 구간도 있었다."라는 것이 이 보고서의 내용이었다.

동료 몇몇은 어떻게 이 문제를 해결할 것인가에 대해 치열하게 논쟁했다. 엘월 잭슨Elwell R. Jackson 중위는 "저와 제 동료들은 모든 주간 고속도로가 연방정부에 의해 건설되고 유지되어야 한다고 굳게 믿습니다. 의회는 이미 이 사안을 검토 중에 있고 저는 이 법안이 빠른 시일 내에 통과되기를 진심으로 바랍니다."라고 말했다.

한편 워싱턴으로 간 토머스 맥도널드는 항상 격식을 중시했는데 그의 새 사무실에서도 예외는 아니었다. 심각한 얼굴을 하고 말투가 부드러운 그는 예외 없이 '미스터 맥도널드' 또는 '국장님'으로 불렸다. 가장 친한 친구들, 심지어 그의 아내조차도 그를 그렇게 불렀다. 그 시기에 그는 어느 때 보다도 경직된 얼굴을 하고 있었는데 그의 사진을 보면 잘 알 수 있다. 불편함과 조급함이 섞인 얼굴에 몸은 시체처럼 뻣뻣하고 양 주먹을 단단히 쥔 채 '빨리 좀 찍고 끝내자'라고 외치는 듯한 표정으로 카메라를 노려보고 있다.

그는 농담을 즐겨하지 않는 성격이었다. 사람들을 설득하거나 격려하며 용기를 주는 타입도 아니었다. 그는 종종 생각에 잠겨서

헤어 나오지 못하는 것처럼 보였는데 그럴 때는 그에게 말을 걸지 않는 것이 좋았다. 이윽고 사람들은 그에게 아예 말을 걸지 않는 것이 최선이라는 것을 깨달았다. 머리가 벗겨지고 배가 나오면서부터 그는 그의 나이인 서른여덟 살 보다 늙어보였는데 이것은 그가 농담 상대가 아니라는 인상을 더 굳혀주었다.

사실 그 사무실 자체가 농담과 어울리는 장소가 아니긴 했다. 한 달간 잠잠하더니, 도로 공사는 기차의 부족으로 난관을 겪었고 이어 모래, 돌멩이, 그리고 으깨진 자갈 등의 부족으로 제대로 진행되지 못했다. 자격을 갖춘 인부들도 부족했고 자재가격은 크게 상승했다. 주정부는 도로를 짓고 싶어 안달이 났지만 정작 상황은 그렇게 쉽게 풀리지 않았다.

그래서 다시 한 번 연방 고속도로 시스템이 화두에 올랐다. 미시건 주 출신의 공화당원이자 상원의 우정국 및 우편도로 위원회 위원장인 찰스 타운센드Charles E. Townsend는 대대적인 광고와 함께 연방 고속도로 시스템을 지지하는 법안을 제출했다. 엘웰 잭슨 중위가 앞서 언급했던 일이었다.

이 타운센드 법안은 적어도 두 개의 고속도로가 각 주를 지나도록 하고 그 도로들을 망으로 이어서 미국의 상하좌우를 끝에서 끝까지 잇자고 제안하고 있었다. 대통령이 임명하는 다섯 명으로 구성된 위원단이 그 시스템을 감독하고 연방정부의 도로 건설 관련 업무도 인계받도록 하면서 도로관리국을 없애자는 것이었다.

타운센드는 "그게 없어지면 속이 시원할 것 같다. 지금의 연방정부 지원 계획은 체계라는 것이 없다. 그냥 짤막한 도로를 군데군데 짓는 것에 불과하고 연결된 도로라는 느낌이 전혀 들지 않는다.

지금의 상태로 간다면 100년은 흘러야 시작과 끝이 있는, 도로다운 도로가 나올 것이다."라고 말했다. 그의 주장을 지지하는 사람들이 여기저기서 속출했다. 자동차관련 언론사들, 자동차 제조사들, 그리고 운전자들 모두가 현대적인 고속도로를 갈망했다. 그들은 핸들을 잡을 때마다 지금의 방식은 아니라는 것에 확신이 섰다. 대부분의 주에서 과학적인 도로 건설 방식을 도입한지 삼년밖에 되지 않았다는 사실은 전혀 고려하지 않았다. 전쟁으로 인해 돈과 물자가 바닥났다는 것도 신경 쓰지 않았다. 그들은 즉시 차를 몰고 싶어 미칠 지경이었다. 새로운 위원회가 쓸만한 도로를 지을 수 있다면 당장 그렇게 해주기를 바랄뿐이었다. 연방정부가 총괄하는 것이 가장 빠른 방법이라면 그것도 그들에게는 상관없었다.

도로관리국은 사람들을 설득시킬 방법이 딱히 없었다. 그들의 지역 엔지니어들은 사무실에서 크게 하는 일 없이 많은 시간을 보냈고 아랫사람들도 근면 성실과는 거리가 멀었다. 전(前)《엔지니어링 뉴스 레코드》지의 편집자이자, 현 정부 고문 엔지니어인 구들J. M. Goodell은 맥도널드에게 "당신의 부서는 정부에서 가장 느슨하기로 소문이 자자합니다. 몇 년 동안 자리를 차고앉아 하루 만에 할 일을 일주일 동안 질질 끌면서 기술만 썩히고 있습니다."라는 경고의 메시지를 보냈다.

하지만 새로 부임한 맥도널드는 직원들의 그런 안이한 자세를 바꿀 준비가 되어있었다. 여기에 그의 끈기를 잘 보여주는 일화가 있다. 20년 전 10대였던 맥도널드는 할아버지의 목장에 가기 위해 기차를 타고 네브래스카 주의 세네카Seneca에 내렸다. 그런데 알고 보니 거기서 22킬로미터는 더 가야하는 것이었다. 어쩔 줄 몰라 하던 맥도널드에게 근처 가게에 있던 남자가 한 가지 제안을 했다. 밖에 있는 조랑말을 잡아오면 그것을 50센트에 타고 가게 해준다는 것이었다. 그는 밧줄을 들고 목초지로 나가 조랑말을 구석으로 몰아세웠다. 그가 조랑말의 목을 쓰다듬었고 그 조랑말은 얌전히 있었다. 그러나 밧줄을 머리에 두르려하는 순간 말은 황급히 달아났다. 그는 조랑말을 또다시 구석으로 몰아넣었다. 말은 밧줄을 요리조리 피했고 이번에는 같은 우리를 쓰는 암말과 쌍을 지어 달아났다. 그는 두 마리를 한꺼번에 몰아세웠다. 말들은 또다시 도망갔다. 그러기를 서른 번은 반복했다. 화가 머리끝까지 치밀어 오른 맥도널드는 그 두 말을 다시 몰아세워 꼬리털을 같이 묶어버렸다. 그가 밧줄을 꺼내자 두 말은 달아나려 하다가 서로의 다리에 걸려 넘어지고 말았다. 그렇게 조랑말을 잡아타고 그는 유유히 할아버지의 목장으로 갔다.

그가 부임한 후 직원들에게 보냈던 첫 메모는 다음과 같았다. "이것은 미국을 위한 일입니다. 열정적으로 노력하여 의회가 우리에게 기대한 믿음을 져버리지 않도록 합시다. 우리가 도로 건설에 쏟아 붓는 노력은 국민들에게 엄청난 결과를 안겨 줄 것이 분명하므로 이보다 더 가치 있는 일은 없을 것입니다." 미래에 대한 확신이 담긴 말이다.

타운센드의 법안이 맥도널드의 의견과 다르다는 사실은 그가 직장을 잃을 수도 있다는 것 이상의 문제였다. 연방정부가 장거리 고속도로와 지역도로를 둘 다 지을 수 있을 만큼 예산이 충분하지 않다는 것은 명백했고 맥도널드에게는 지역도로가 더 중요했다.

1919년 12월 국장으로서는 처음으로 참여한 AASHO의 회의에서 그는 "도로의 가장 중요한 역할은 경제도구로서의 역할입니다. 우선 지역경제에 도움이 되는 도로를 놓는다는 것은 궁극적으로 장거리 운전자의 필요를 충족시킬만한 고속도로 시스템이 형성되는 것입니다. 하지만 경제적 필요를 충족시켜주지 못하는 도로부터 놓을 필요는 없습니다."라고 말했다.

그러한 도로망을 형성하기 위한 첫 단계는, 그가 아이오와 시절부터 주창해오던 '도로 분류'였다. 가장 중요한 거점을 잇는 제1 경로는 후에 서로 이어져 주간 고속도로가 될 것이고 제2 경로는 농장과 시장을, 작은 마을과 마을을, 그리고 지역주민들만 다니는 곳들로 이어질 것이었다.

대부분의 주에서 첫 번째 고속도로의 이용비율은 일반 운전자 운행거리의 약 5~7퍼센트 정도가 될 것이라고 그는 추산했다. 이것은 그가 1912년에 예상했었던 수치를 수정한 것이었다. "지금 필요한 것은 연방정부와 주정부간의 확실한 협력입니다. 그렇게 해야지만 각 주의 주요 도로망과 인접하는 주의 주요 도로망을 이을 수 있게 될 것입니다." 라고 그는 덧붙였다.

어떻게 해서 5~7퍼센트라는 수치가 나왔는지는 불분명하다. 이에 관한 상반되는 두 가지 의견이 있다. 하나는 몇 명의 상원의원들이 서부 주들에 주간 고속도로를 짓기 위해 필요한 거리를 계산했던 것을 그가 차용했다는 것이고 나머지는 그가 아이오와 주에서 일하던 시절의 경험에서 나왔다는 것이다.

타운센드와 맥도널드의 서로 다른 견해가 언론의 집중을 받으면서 두 사람의 설전은 더 잦아졌다. 맥도널드는 "고속도로 이동의 특징, 기원, 그리고 목적지를 연구한 과학적 자료에 따르면 교통은 지극히 지역 중심적으로 흘러간다는 것이 이 확인된바 있습니다. 물론 장거리 수송업에 종사하는 사람들의 요구도 맞춰줄 수 있다면 금상첨화이겠지만 그들의 비율은 소수이고 그것을 위해 전국적 망을 형성하는 것은 현재 필요치 않다고 봅니다."라고 타운센드의 법안을 지지하는 미상공회의소U.S. Chamber of Commerce 측에 말했다.

그는 연설을 잘 하지 못했지만 다행히 연설의 내용이 중요했기 때문에 사람들의 주의를 끌 수 있었다. 그의 연설 스타일은 아이오와에서 일했던 때와 마찬가지로 주의 깊게 쓴 연설문을 단조로운 저음으로 읽는 것이었다. 그가 고개를 드는 것은 괄호 안에 적힌 알 수 없는 부연설명을 읽을 때뿐이었는데 그럴 때마다 관객들의 관심은 다른 데로 흘러갔다. 어떤 때는 혜성이 원래의 궤도로 돌아오듯이 원래의 주제로 돌아왔다. 그러나 그러지 못하고 계속 부연설명에서 맴돌다가 연설의 내용이 이상해지는 경우가 잦았다. 이런 어색한 상황은 사람들을 긴장하게 만들었는데 답답하고 담배연기로 가득한 연회실에서 머물고 있는 자체가 지옥이나 다름없었을 것을 감안하면 오히려 잘된 일이었다.

그는 전화통화를 하고, 국회의원들을 직접 만나며, 그리고 위원회의 위원들을 설득시키기 위해 편지를 쓰며 많은 시간을 보냈다. 그가 주로 점심식사를 한 곳은 라파예트 스퀘어Lafayette Square에 있는 코스모스 클럽Cosmos Club이었다. 이곳은 남성전용으로 정계와 재계의 리더들이 모이는 자리였고 맥도널드는 이곳에서 조용하면서도 지속적인 로비활동을 해나갔다.

각 주에서 부담해야하는 돈이 연방정부에서 들인 돈의 두 배가 된다는 것을 그는 강조했다. 그에 대한 해결책은 주정부의 참여를 제한하는 것이 아니라 양측이 부담하는 비용을 조정하는 것이었다. 그렇게 2년 동안 고생한 결과 맥도널드의 노력은 결실을 맺었다.

전쟁 직후 고속도로 프로그램의 암흑기였던 1919년에 타운센드의 법안이 투표에 부쳐졌다면 통과되었을 가능성이 매우 높았을 것이다. 하지만 그것은 언론의 관심을 받는데 그쳤고 상원에 법안을 상정하는 데에는 실패했다. 타운센드는 법안의 내용을 계속해서 조금씩 바꾸면서 새로운 버전이 나올 때마다 청문회를 열었다. 그러는 동안 고속도로 프로그램은 다시 제자리로 되돌아갔다.

전후의 혼란기와 물자 부족 문제는 거의 지나간 상태였다. 1921년 거리와 도로를 정비하는데 백만 명의 인력이 동원되었다. 맥도널드는 "워싱턴 기념비의 길이와 너비에 높이는 두 배 정도의 자갈과 돌이 쌓여있다고 상상해 보라. 이게 연방정부 지원 도로 공사에 들어가는 자갈과 돌의 양이다. 그것을 채석장에서 공사장으로 운반하는 데만 백만 대의 화물트럭이 필요하다. 또한 높이 120미터, 길이와 넓이가 그보다 좀 더 큰 시멘트 더미를 상상해보라. 그게 도로 공사에 들어가는 포틀랜드 시멘트의 양이다." 라고 한 잡지에 평소 그답지 않게 생생한 묘사를 했다.

그렇게 맥도널드의 계획대로 일이 진행되자 그는 연방정부가 파나마 운하Panama Canal를 짓는데 들였던 예산과 도로에 책정한 예산의 규모를 비교해 도로의 중요성을 강조할 수 있었다. 10년에 걸친 파나마 운하 공사에 들인 비용보다 5년간 도로 정비에 들인 비용이 더 많았고 이것은 사람들이 연방정부 지원계획을 다시 우호적으로 보게끔 만들었다. 1921년 AASHO에서 직접 법안을 제출했을 때 그는 한층 더 힘을 얻었다. 법안의 내용은 다음과 같았다. 연방정부의 자금이 들어갈 도로를 각 주에서 정하고 그 도로의 총 길이는 전체의 7퍼센트를 넘지 말아야한다. 각 주에서 제1 도로와 제2 도로를 설정한다. 제1 도로는 주간을 잇는 고속도로가 될 것이고 제2 도로는 도시와 도시를 연결한다. 제2 도로에 들어가는 비용은 주정부에서 부담한다.

이 법안은 하원을 통과했고 상원으로 넘어갔다. 고속도로 건설의 본질, 하향식과 상향식 계획방식에 대한 문제, 그리고 맥도널드의 운명을 결정하는 투표가 이루어졌다. 이것은 시간이 좀 걸렸지만 마침내 1921년 8월 19일, 맥도널드를 지지하는 투표결과가 나왔다. 《엔지니어링 뉴스레코드》지는 이 신임투표에서 도로관리국을 지지하는 표가 압도적이었다고 전했다.

연방고속도로법Federal Highway Act은 1921년 11월 9일 공식화 되었다. 이것은 현대 미국 고속도로 건설의 토대가 되었고 전 국가망을 형성하는데 있어 가장 중요한 법률로 여겨진다. 후에 나온 고속도로 법안들도 있지만 이 법안이 없었더라면 가능하지도 필요하지도 않았을 것들이다. 그것이 통과하기 전 미국에는 도로 건설을 위한 제대로 된 계획이 존재하지 않았고 정부에서도 '주(州)간 연결을 목적으로 하는 충분한 도로망'에 대한 법률을 제정하는데 관심이 없었다. 그런데 미국 내 모든 지역의 도로를 정비하고 다른 도로와 연결시켜 운전자들의 차가 진흙범벅이 되지 않으면서 국내의 어느 곳이든 갈수 있게 된 것이다. 꿈같은 일이 일어났다고밖에 할 수 없었다.

이 법률은 1916년에 제안되었던 법안의 장점을 그대로 가지고 있었다. 주정부가 고속도로의 계획을 세우고 연방정부는 설계, 시공, 그리고 유지보수를 감찰하는 역할을 하는 것이다. 고속도로의 7퍼센트를 어디에 놓을지는 각 주에서 정하되 농무부장관에게 승인을 받아야하고 공사의 분류를 결정하는 것도 농무부장관의 소관이었다. 주정부와 연방정부가 노선에 합의하고 나면, 농무부에서 늦어도 1923년 11월까지는 전체망의 지도를 작성할 것이고 지도에 있는 노선에 한해서만 연방정부의 지원이 있을 예정이었다. 드디어 미국에 고속도로 시스템이 정착되기 시작한 것이다.

당시에는 이것이 역사적인 순간으로 취급되지 않았다.《뉴욕 타임스》지는 이 법안이 통과했다는 기사를 신문의 21쪽에 5줄 정도 실었다. 대통령 워런 하딩Warren G. Harding의 서명이 한 문단 정도의 공간을 차지했다. 그러나 맥도널드는 그 순간이 역사에서 어떤 의미를 지니게 될지 정확히 알고 있었다. 몇 주 후 오마하에서 열린 AASHO의 연례회의에서 그는 "역사상 가장 위대한 발전이 시작되려하고 있습니다. 일단 작업이 시작되면 우리는 각자의 분야에서 큰 행운을 얻게 되리라는 것을 미루어 짐작할 수 있습니다. 미래 고속도로의 효율성은 우리에게 달려있습니다. 또한 이 도로의 노선을 정하는 일은 여러분이 평생 할 일 중 가장 책임감이 따르는 일이 될 것입니다. 우리가 지금 할 일은 평생에 한 번 있을까 말까 하는 미래의 토대를 이루는 위대한 작업으로, 이것의 중요성을 알지 못하는 사람은 이 프로젝트에 참여할 자격이 없습니다."라고 말했다.

이상적인 도로의 기준

 이제 정부의 예산이 들어가게 될 도로를 결정하고 아주 멀리 떨어진 지역들도 모두 연결되게끔 일관적인 시스템을 만드는 작업을 할 차례였다. 사실 첫 번째 단계는 이미 완료된 상태였다. 타운센드 법안과의 공방이 한창일 때 맥도널드는 이미 군 장성들과 의견을 교환하고 있었다. 어느 도로들이 군의 우선순위인지를 조사하고 후에 계획을 세울 때 참고하기 위해서였다.
 애초에 맥도널드와 군 장성들은 몇 가지 원칙에 동의했다. 가장 우선적으로, 약간의 예외를 제외하고는 민간인 도로와 군용도로가 같아야한다는 것이었다. 군대를 위해 따로 도로를 만들 생각은 없었다. 또한 이 도로들이 미국 전체를 잇는다고만 해서 되는 것이 아니라 중간 중간에 중요한 군수품 창고나 군인이나 민간인을 긴급 동원할 수 있는 곳, 산업중심지를 이어주는 것이 되어야만 의미 있는 대륙횡단 도로가 될 거라고 군 장성들은 말했다.

이렇게 기본적인 사항들을 논의한 후 맥도널드는 자세한 고속도로의 지도를 준비시켜 군 지도자들이 가장 중요하게 여기는 노선들을 표시할 수 있도록 했다. 군대는 그 지도를 퍼싱맵(Pershing Map, 미사일 지도)이라 불렀고 전략적으로 중요한 12만 킬로미터의 도로를 확인할 수 있게 되었다. 그 지도는 해안과 국경지대 방어 및 주요 군수품 공장이 있는 최적의 군사요충지들을 연결하고 있었다. 몇몇 장소가 누락되긴 했다. 미국의 최남단이 거의 무시되어 있었고 플로리다 주의 남부에는 빈공간이 있었는데 군의 입장에서는 이곳은 너무 늪지대라 누가 침입하기도 힘들다고 여겼기 때문이라고 했다.

어쨌든 이제 48개 주를 잇는 도로의 지도가 완성되었다. 이것을 각각의 고속도로 부서에게 나눠주고 제1 도로와 제2 도로의 후보지를 표시하도록 했다. 맥도널드는 그냥 앉아서 기다리는 성격이 아니었다. 자신이 7퍼센트 도로의 모범예시를 준비해 주정부들이 참고할 수 있도록 하였고 더 강력하고 합리적인 네트워크가 조성될 수 있기를 바랐다. 그는 소위원회를 이끌고 있는 엔지니어 에드윈 제임스Edwin W. James에게 예시 지도 제작을 위임하였다.

제임스는 앞으로 30년 동안 맥도널드와 임기를 같이할 몇 안 되는 사람 중 한 명이었다. 뉴욕의 오시닝Ossining 출신으로 하버드의 필립스 엑세터 아카데미Phillips Exeter Academy와 매사추세츠 공과대학(MIT; Massachusetts Institute of Technology)에서 교육을 받은 그는 일정 기간 필리핀에서 일을 했고 육군공병대에서 근무를 마친 후 1910년 도로관리국에 합류했다. 맥도널드는 그의 명석한 두뇌와 공학기술, 그리고 외교수완을 높이 샀다. 1921년 아칸소 주의 주도

인 리틀락Little Rock에서 고속도로 관련 횡령 사건이 터졌을 때 맥도널드는 제임스를 보내 그것을 해결토록 했다.

그의 보고서에 따라 아칸소는 연방정부의 지원이 일시적으로 중단되었다. 그해 말, 또 한 번 아칸소에서 2백만 달러 상당의 공사 장비가 사라지는 사건이 있었는데 이때도 제임스가 파견되었다. 전쟁 후 군에서 아칸소에 기증한 장비였다. 그가 아칸소의 고속도로 책임자에게 장비의 행방을 묻자 그는 서랍에서 점화플러그와 바퀴 자물쇠를 꺼내 보이며 이게 다 전부라고 말했다. 그 후 아칸소는 고속도로 프로그램에서 정지 처분을 받았다.

제임스와 두 명의 도로관리국 엔지니어들은 미국 48개주 모든 카운티(County, 주보다는 작고 도시보다는 큰 행정단위)의 대략적인 인구를 파악했고 각 카운티가 농산품, 공산품, 광물, 그리고 삼림 제품의 주요 경제지표 중 어느 것에 집중하는지를 조사했다. 그들은 또한 각주의 총 인구에 100이라는 숫자를 부여하고 주 전체로 봤을 때 가장 많은 인구 비율을 차지하는 카운티 순으로 순위를 매겼다. 그리고 경제적 통계에도 같은 방법을 적용했다. 그 결과 각 카운티의 재정과 도로의 중요성에 대한 빠르고 간편한 측정이 이루어졌다.

제임스와 그의 동료들은 이 지도에 새로운 기호를 추가했다. 카운티별로 생산량이 큰 곳은 큰 사각형을, 가난하고 비생산적인 곳은 작은 사각형을 배치했다. "그렇게 해서 도식적인 고속도로 노선이 완성되었습니다. 큰 사각형이 집중된 곳은 대체로 부유하고 중요한 지역이고 작은 사각형이 모인 곳은 그 반대입니다. 도로의 배치는 이런 명백한 기준점을 중심으로 이어졌고 최적의 지역과 가장 가난한 지역을 한눈에 알아볼 수 있습니다."라고 제임스는 말했다.

주정부들은 1922년 1월까지 제안서를 제출해야했다. 그들은 제임스가 만든 예시를 잘 참고하여 유사한 제안서를 만들어냈다. 연방정부 지원 프로젝트의 도로들을 다 펼쳐놓으니 대략 27만 킬로미터였고 총 길이의 5.9퍼센트에 그쳤다. 맥도널드는 "이 도로망은 총 인구의 90퍼센트에 도달하고 주간을 연결하는 도로가 수십 개에 이릅니다. 동부에서 서부로, 캐나다에서 멕시코 만을 거쳐 멕시코 국경까지 이어지며 사실상 서부의 가능한 모든 산을 지나며 여행객들은 이 길을 사용할 수 있게 될 것입니다."라고 말했다.

도로망을 완성하는데 있어서 한 가지 논란이 빚어지기는 했다. 바로 군부대가 대륙횡단에 나섰을 때 난항을 겪었던 유타의 염원지역이었다. 유타의 서부 쪽에 사는 사람들은 링컨 고속도로의 사막노선에 대해 전부터 항의를 해오던 터였다. 조셉 콘리Joseph Conley라는 사람은 "이 도로는 아무런 혜택을 제공하지 못하고 누구에게도 도움이 되지 않습니다. 생산자들은 고사하고 여행객들에게도 아무런 쓸모가 없습니다. 같은 노선을 제공하는 기차역은 80킬로미터 이상 떨어져 있으며 군사적으로도 가치를 찾아볼 수 없어 완전히 무용지물입니다."라는 내용의 편지를 페이지에게 보낸바 있었다.

콘리의 생각으로는 서부에서 캘리포니아 주로 가는 합리적인 길은 솔트레이크시티에서 유니언 퍼시픽Union Pacific 철도를 평행으로 따라 웬도버Wendover로 간 다음 험볼트 강The Humboldt River을 따라 리노로 가는 것이었다. 당시 그 노선은 존재하지 않았다. 64킬로미터의 염원이 펼쳐져 있었기 때문에 새로운 길을 짓는 것은 그야말로 대 작업이었다. 이 소금 길에 대한 항의의 목소리는 콘리뿐만 아니라 여기저기에서 터져 나왔다. 이듬해 아이젠하워의 보고서에는 링컨고속도로협회와 서부 솔트레이크시티 주민들 간의 날카로운 논쟁이 언급되었다.

    도로관리국은 이런 논쟁에 크게 신경을 쓰지 않는 듯 했다. 도로 지정에 대한 모든 권한이 주정부에 있었기 때문에, 엄청난 오류가 있는 게 아니라면 맥도널드는 끼어들지 않았다. 링컨고속도로협회도 그런 불만에 크게 염려하지 않았다. 1913년에 그 노선을 결정한 것이 유타 주지사였고 피셔와 굿이어가 도로 공사에 기부한 돈이 12만5천 달러였기 때문이다. 어찌됐던 돈을 받아 도로 공사 계약서에 서명한 것은 유타의 주정부였다. 유타는 그냥 보유하고 있는 도로에 만족하는 수밖에 없을 듯 보였다.

    그런데 1919년 9월, 군 트럭 호송대가 염원에서 낭패를 본 지 한 달도 안 되어 유타는 갑자기 사이벌링 컷오프의 공사를 중단해 버렸다. 장비에 문제가 생겼다는 것이다. 이듬해 1월, 그들은 자금 부족을 이유로 내세우며 작업을 보류했다. 그리고 1920년 3월, 공사를 끝낼 여력이 될지 확실치 않다는 이야기를 꺼냈다.

    링컨 고속도로 관계자들에게 이는 신뢰를 저버리는 계약위반이었다. 사이벌링은 유타 주에 자신의 분노가 남긴 여러 통의 편지를 보냈지만 그들을 설득하지는 못했다. 반면 예산 부족을 이유로 들었던 유타 주정부는 교활하게도 웬도버Wendover 도로 공사에 착수한 상태였다. 그들은 연방정부 지원 프로그램의 제안서에도 솔트레이크의 서부는 한 발짝도 포함시키지 않았다. 제1 도로 뿐만 아니라 제2 도로에서도 제외시켰다. 이 지역만 제외하고 칼 피셔가 만든 모든 도로가 연방정부 지원 프로그램에 포함되어 있었다. 대신 유타 주는 대체로 이론에만 머물러있던 북부 노선을 넣었다.

서부의 신문사들은 솔트레이크의 정치인들이 추잡하게 돈을 벌어들이려 한다고 비난했다. 그 이유는 이랬다. 링컨 고속도로를 이용하여 남부와 북부 캘리포니아로 이동하는 차량들은 네바다 주의 엘리까지는 같은 길을 이용하게 되는데, 로스앤젤레스로 향하는 사람들은 미들랜드 트레일에서 떨어져 나가게 된다. 링컨 고속도로와 연결시키지 않고 웬도버 쪽으로 새로운 도로를 편성하면 운전자들은 솔트레이크에서 남쪽으로 꺾어 애로우헤드 트레일Arrowhead Trail로 진입할 수밖에 없게 되는데 그렇게 되면 유타의 남부전체를 지나가게 되어있었다. 유타의 정치인들은 이것으로 관광수입을 벌어들이려는 속셈을 가지고 있었다. 플레이서빌Placerville의 한 신문사는 솔트레이크시티가 가장 많은 위선자들이 정치를 하고 있는 곳이라고 맹렬히 비난했다.

연방정부의 지지를 얻고자 헨리 조이는 그 논쟁에 관해 농무부 장관인 헨리 월리스Henry Wallace에게 172페이지의 보고서를 올렸고 26페이지의 편지도 함께 첨부하였다. 월리스는 맥도널드에게 조사를 부탁했다. 사실 도로관리국은 이미 그 분쟁을 조사 중이었다. 두 도로의 상대적 인구, 도로가에 위치한 토지와 건물의 가치, 교통량, 수원(水源), 군 병참기능, 그리고 지형의 상태를 모두 평가하며 두 도로를 분석했다. 대부분의 기준에서 웬도버가 승리했다. 웬도버 도로가 지나는 토지의 가격이 더 높았고, 커브길이 적었으며, 링컨 고속도로만큼 고저의 기복이 심하지도 않았다. 한 가지 큰 장벽은 염원이었다. 하지만 비용을 들인다면 대안을 찾을 수도 있었다. 매우 강력한 이견을 가진 사람도 있겠지만 결과는 더 직통의 더 경제적으로 타당한, 그리고 더 안전한 도로였다.

월리스는 1923년 맥도널드에게 "웬도버 경로는 일반 대중에 매우 필요한 도로입니다."라는 내용의 편지를 썼고 조이에게는 "새 도로를 따라 링컨 고속도로를 재편성 하는 것이 이 상황에서 만족스러운 결과를 내는데 내가 할 수 있는 최선입니다"라는 글을 썼다. 조이와 링컨협회의 회원들은 협조하는 것이 내키지 않았다. 몇 달 후 조이는 "반대하고 싶은 것이 아니라 우리는 사실에 따라 행동할 뿐입니다."라며 그의 제안을 공식적으로 거절했다.

링컨 고속도로는 거기까지였다. 협회 역대 처음으로 도로설계와 유지, 운전자들의 요구를 충족시키는 능력에 있어서 누군가에게 뒤지게 된 것이다. 민간협회가 연방정부의 인력과 자금을 이길 수는 없었다. 그리고 웬도버 도로의 질은 링컨 고속도로를 앞섰다. 링컨 고속도로는 모든 운전자를 빼앗길 참이었다. 협회가 얼마나 옳았든지 간에 패배할 수밖에 없었다.

칼 피셔는 마이애미해변에서 자신의 일에 신경 쓰느라 이 분쟁에 주의를 기울일 틈이 없었다. 그는 플라밍고The Flamingo라는 새 호텔을 열고 손님들에게 신선한 유제품을 제공하기 위해 건지종 젖소들을 데려다놓았다. 그는 또한 해변 근처에 수영장과 카지노를 지어 큰 인기를 얻고 있었고 몸이 많이 노출되는 새로운 스타일의 여성수영복을 권장했으며 로지Rosie라는 아기 코끼리를 데려와 손님들이 함께 사진을 찍을 수 있게 했다. 한마디로 그의 관광업은 폭발적인 성공을 누리고 있었다.

그러나 피셔는 더 큰 성공을 원했다. 그는 부유층을 노린 겨울 별장을 계획했다. 거대한 대저택과 야자수와 24시간 내내 멈추지 않는 오락거리를 갖춘 리조트를 만들고 싶었다. 그는 요트 소유자들을 위한 최고급 정박지를 지어 고속보트 경주를 열었고 폴로경기장을 만들었으며 큰 마구간도 지었다. 고객들의 환심을 사기 위해 불법주류까지 몰래 들여왔다.

1921년 1월, 대통령 당선자인 워런 하딩Warren G. Harding이 마이애미해변에서 휴가를 즐길 때 피셔의 요트에서 함께 낚시를 하고 골프도 즐겼다. 코끼리 로지가 그들의 캐디 역할을 했다. 그의 방문은 플로리다 주의 부동산시장에 호황을 가져왔다. 피셔의 부동산 수익은 백만 달러대로, 이어서 천만 달러대로 뛰어올랐다. 피셔 본인이 보기에도 그는 엄청난 부자였다.

유타 주 관련 불화를 제외하고 1921년의 법안은 도로 공사의 황금기를 맞이하게 해주었다. 1922년 1만6천 킬로미터가 넘는 연방지원 고속도로가 놓였고 그것은 프로그램이 시작된 첫 해인 1916년 이래 지어진 도로의 총 합의 세배였다. 2년 후 콘크리트로만 그것보다 더 긴 길이의 도로를 건설했다. 도로 공사의 속도는 점점 빨라져 갔다.

공사는 계속 확대되어 수십만 명의 근로자들뿐만 아니라 도로건설장비 회사 및 원자재 회사들에게도 수많은 일자리를 안겨줬다. 2백 개 이상의 회사가 시멘트를 제조했고 127개의 회사가 도로포장용 벽돌을 만들었으며 아스팔트를 생산하는 회사는 42개였다. 380개의 회사가 으깨진 돌을 제공했고 340개의 업체가 모래와 자갈을 수송했다. 도로 공사에 관계된 공무원은 8만여 명이나 되었다.

1923년, 맥도널드는 미국의 고속도로가 1년에 6만4천 킬로미터의 속도로 건설되고 있다고 말했다. 그가 고개만 끄덕이면 재무부에서 수백만 달러의 보조금이 나왔다. 모건Morgan이나 록펠러Rockefeller, 카네기Carnegie 혹은 크로이소스Croesus도 단기간에 이렇게 많은 돈을 쓴 적은 없었다. 연방정부의 보조금으로 지은 도로는 모든 지역을 바꿔놓았다. 농작물 운송비용이 저렴해지면서 식료품의 가격이 내려갔다. 수백 명의 시골학생들은 스쿨버스를 타고 등교할 수 있었을 뿐만 아니라 철도가 닿지 않는 지역에 살던 사람들도 이제는 지역농산물 이외의 다른 식품을 살 수 있었다. 곧이어 농무부에서는 시애틀에서 샌디에이고까지 포장된 고속도로로 달릴 수 있게 되었다는 발표를 했다.

이상적인 고속도로의 특성에 대한 의견이 아직 합치되지 않았던 때라, 도로포장에 쓰인 재료는 주마다 달랐고 프로젝트마다 달랐으며 엔지니어에 따라서도 달랐다. 도로의 적절한 크기와 표면, 전반적인 형태, 커브의 모양, 조명, 그리고 교통량까지 전문가들은 의견을 다 달리했다.

통일된 도로의 기준을 정하자는 생각은 AASHO도 아니고 도로관리국도 아닌 링컨고속도로협회로부터 나왔다. 타운센드의 법안이 인기를 얻고 있던 시절, 협회의 리더들은 이상적인 도로에 관한 기준을 정하고자 노력했다. 가능한 한 최고의 설계와 시공, 그리고 아낌없는 비용을 들여 미국과 전 세계에 보여줄 모범답안을 제시하려 한 것이다. 1920년 4월, 이들은 4천6백 명의 엔지니어들에게 완벽한 고속도로는 무엇인지에 대한 의견을 묻는 설문지를 보냈다. 그리고 그 분야의 권위자들을 모아 그들의 제안을 거르고 걸러 최고의 답을 완성시킬 생각이었다.

그런데 엔지니어들의 응답은 획기적인 도움이 되지 못했다. 심지어 도로의 기초적인 형태에 있어서도 특별한 답변이 없었다. 대부분의 답변은 이 세 가지 중 하나였다. 2차선 포장도로를 건설한 후, 확장이 필요하다면 3~5킬로미터 떨어진 곳에 나란히 도로 한 개를 더 추가한다. 양방향으로 2차선 포장도로를 놓는다. 양방향으로 2차선을 놓되 방향 사이를 띄운다. 트럭과 승용차의 차선을 구분하자는 의견과 속도별로 구분하자는 의견도 있었다. 마차 길에 한 차선을 할애하자는 사람도 한 명 있었다.

1920년 크리스마스 시즌에 위원회의 첫 회의가 열렸다. 고속도로에 가로등이 필요한가의 여부를 두고 논의를 했는데 한 사람은 "제 경험에 비추어 볼 때, 도로에 불빛이 있으면 아무도 전조등을 사용하지 않습니다. 반면에 가로등이 없으면 전조등이 너무 밝아서 양쪽으로부터 오는 차들이 서로의 위치를 가늠하기 어려워 안전하게 지나가기가 힘듭니다."라는 의견을 내 놓았고 이 문제는 합의에 이르지 못했다.

교통량과 전반적인 디자인에 관한 비슷한 논의도 잇달아 이루어졌다. 두 번의 회의가 더 있은 후 마침내 이상적인 고속도로에 대한 결론이 났다. 적어도 30미터의 너비에 그 중 12미터는 포장되어야 하고 3미터 너비의 차선 두 개가 양방향으로 나있어야 한다는 것이었다. 그리고 잔디로 된 갓길과 자갈로 된 인도가 양측에 있어야

했다. 가능한 커브 구간은 없애고 꼭 필요한 경우에는 커브의 옆쪽에 둑을 쌓아야 하고 그 둑의 반경은 최소한 3백 미터는 되어야한다. 이것은 자동차들이 시속 56킬로미터로 달릴 때 안전한 회전을 보장하고 트럭의 경우는 시속 16킬로미터로 안전히 돌 수 있게 해준다. 도로가에는 도랑이 없어야하며 광고판도 허용되지 않는다.

마지막으로 표면은 강화 콘크리트를 사용하여 25센티미터의 두께로 포장되어야 한다는 조건이 붙었는데 위원회를 이끌던 맥도널드는 이 사항에 반대했다. 그는 "우리의 관심은 도로포장의 재료를 정하는데 있는 것이 아니라 도로의 디자인에 집중되어야합니다. 최근에 충분히 증명되었듯 다른 종류의 자재로 시공된 도로들도 충분히 도로로서의 역할을 하고 있습니다."라는 글을 썼다.

오늘날의 견지에서는 이상하게 들릴 수 있는 주장이다. 콘크리트는 어디에나 있고 세계에서 가장 많이 사용되는 건설재료로 말 그대로 현대생활의 토대가 되고 있기 때문이다. 지구상의 모든 사람 한 명당, 매년 1톤 이상의 콘크리트가 생산되고 있다. 그리고 콘크리트가 좋은 재료라는 것은 누구나 알고 있다. 걸쭉한 액체가 쏟아져 나와 어떤 모양이나 작업에든 들어맞고, 몇 시간 내에 딱딱해지며, 불이나 곤충에 강하고 혹독한 날씨에도 끄떡없으며 엄청난 무게를 지탱할 수 있다. 그것은 액체로 이루어진 돌이며, 땅으로 떨어진 산이며, 자연으로부터 만들어지는 풍부한 재료였다.

그러나 맥도널드는 고속도로에 들이는 돈은 딱 필요한 만큼이어야 한다고 강조했다. 도로에 너무 과하게 돈을 들이는 것은 아예 짓지 않느니만 못하다며 그럴 바에는 아예 진흙길이 낫다는 것이었다. 그는 이상적인 도로라고 해서 꼭 포장되어야 할 필요는 없고, 단지 목적과 경제를 위해 지어지는 것이 타당하다고 생각했다. 그의 견해로는 머캐덤도 괜찮았고 경우에 따라서는 편평하게 만든 흙길도 이상적이라고 할 수 있었다.

뿐만 아니라 그 당시 콘크리트는 충분히 검증되지 않은 단계였다. 미국의 첫 콘크리트 포장은 당시로부터 30년 전 오하이오 주의 벨폰테인Bellefontaine의 법원을 두르는 길이었다. 처음으로 많은 양의 콘크리트를 사용한 도로 공사는 1912년 미국 전역 여기저기에 4백 킬로미터 정도의 길을 닦은 것이었다. 그리고 중요한 점은 콘크리트의 현대적인 제조법이 2년밖에 되지 않았다는 사실이었다.

콘크리트 자체가 새로운 것은 아니었다. 4천 년 전 고대 그리스인들도 나름대로의 콘크리트를 사용했다. 로마의 유명한 트레비 분수Trevi Fountain도 예수시대부터 있었던 콘크리트 송수로를 통해 물을 공급받았고 2천 년 전에 세워진 콜로세움도 콘크리트 토대와 상부구조를 가졌다. 겉에서 보이는 돌은 단지 피복에 불과했다.

현대의 콘크리트와 마찬가지로 로마의 콘크리트 역시 시멘트와 물과 골재로 구성되어있었다. 시멘트와 물을 섞으면 끈적끈적한 반죽상태가 되는데 거기에 모래나 자갈 또는 셰일 등의 골재를 첨가해 부피를 늘이는 식이었다. 이 혼합에서 가장 복잡한 부분은 시멘트였다.

시멘트를 이루는 주원료는 탄산칼슘으로 이것은 석회암에서 발견되는 화합물이다. 탄산칼슘을 가마에서 구우면 이산화탄소는 날아가고 산화칼슘이 만들어지는데 이를 생석회라고도 부른다. 생석회를 물과 섞으면 화학적 반응을 일으켜 열과 가스와 소석회라 불리는 끈적거리는 물체를 생성한다. 로마인들은 이것을 병에 담아 젖은 상태로 보관했다가 모래와 섞을 준비가 되면 꺼내서 모르타르(Mortar; 시멘트와 모래를 물로 반죽한 것)로 만들어 사용했다. 좀 더 밀도가 높고 단단하고 통기성이 적은 재료가 필요할 때는 모래 대신에 포졸란(Pozzolan; 화산회나 화산암의 풍화물)이나 주위서 쉽게 찾을 수 있는 화산재를 섞었다. 그 결과 매우 단단하고 내구성이 강한 회색의 콘크리트가 만들어졌는데 현대에 이르기까지 이것을 따라올 만한 것이 없었다.

로마인들은 수백 년간의 시행착오를 거쳐 콘크리트가 내압강도(위에서 누르는 것을 견디는 힘)는 강하지만 인장강도(잡아당기거나 비틀었을 때 견디는 힘)는 약하다는 것을 깨달았다. 그들은 또한 콘크리트가 갈라지기 쉽다는 것을 알게 되었는데 이는 콘크리트가 단단해지면서 오그라들 때 표면 부분이 내부보다 빠르게 줄어들기 때문이었다. 갈라진 금이 악천후에 노출되면 그 부분은 손상되기 쉬웠다. 갈라진 틈으로 들어간 물이 얼면 팽창하고 틈을 더 갈라버린다. 그런 과정이 반복되면 콘크리트는 그냥 돌 더미로 변해버린다.

고대 엔지니어들은 콘크리트 믹스에 말의 털을 섞어 넣음으로써 수축을 줄일 수 있다는 것을 알아냈다. 그리고 거기에 혈액이나 동물의 지방을 조금 첨가하면 얼고 녹는 과정을 견디게 해준다는 것도 깨달았다. 산화칼슘이 지방과 만나면 비누의 성질을 가지게 되는데 거기서 생기는 거품이 기포를 형성하여 콘크리트가 온도 변화를 견디게 하는 것이다. 고대인들은 이런 지식으로 기념비와 도서관, 공중목욕탕과 가게, 그리고 집과 도로와 몇 십 킬로미터씩 뻗어있는 시골 송수관을 건설했다.

그러나 마침내 로마제국은 무너졌다. 그 후 1,300년 동안은 시멘트가 사용되지 않았다. 도로는 진흙길로 변했고 도시는 나무와 짚으로 불안하게 지어졌다. 돌로 지어진 교회들과 성(城)만이 오래 보존되었다. 그런데 그것들은 짓는 데는 몇 십 년이나 걸렸다. 1756년, 영국의 존 스미튼John Smeaton이 석회암과 이탈리아 포졸란을 섞어 로만시멘트Roman Cement라는 것을 만들었고 영국의 남쪽 해안에 에디스톤 등대Eddystone Lighthouse를 만드는데 사용했다. 이 작업은 위험한 바위 위에서 썰물 때 물이 빠지는 시간을 이용하여 이루어졌다. 스미튼의 방식은 자연의 풍파에도 끄떡없음이 증명됐고 그 후 이 로만시멘트는 매우 유명해졌다.

영국인들은 그 후 60여 년간 계속해서 새로운 시멘트를 개발했다. 매번 제조방법은 조금씩 달랐다. 그들은 새로운 종류를 내놓을 때마다 이전의 것보다 강하다고 주장했다. 1824년, 요크셔 출신인 조지프 아스프딘Joseph Aspdin은 건물과 급수시설, 물탱크 등에 바르기 위한 인공암석을 만들어 특허를 냈다. 그는 가장 훌륭한 석조건물의 이름을 따서 그 시멘트의 이름을 포틀랜드Portland라고 지었다.

포틀랜드가 다른 시멘트들과 다른 점은 소석회와 찰흙의 반죽이었다. 로마인들이 사용하던 포졸란이 찰흙으로 대체되었다. 그는 이 반죽을 가마에서 구워 가루로 갈았다. 이것을 물과 섞으면 빨리 굳고 단단해진다. 세월이 지난 후 아스프딘의 아들 윌리엄은 더 많은 석회암을 반죽에 섞었고 훨씬 더 뜨거운 오븐에서 구웠다. 이렇게 하면 클링커Clinker라는 단단하고 건조한 혹 모양의 물질이 생기는데 이것을 갈아서 가루로 만들었다. 이것이 우리가 오늘날 포틀랜드라고 부르는 시멘트이다.

19세기경에 이 콘크리트는 화재에 강한 내화재료로 사용되었고 돌과 벽돌의 저렴한 대용품 역할을 했다. 이에 힘입어 철근 콘크리트도 만들어졌는데, 이것은 강철 장부촉이나 강철봉 주위에 시멘트를 부어 만든 것으로 인장강도가 이전의 콘크리트보다 훨씬 높았다. 주로 호텔, 사무실, 공장 등의 건축에 사용되었다. 그러나 그때까지도 시멘트에 대해 많은 것이 알려지지는 않은 상태였다. 엔지니어들은 부순 자갈 등의 골재를 섞는다고 해서 콘크리트가 약해지지 않는다는 사실은 알았다. 골재가 시멘트보다 저렴했기 때문에 골재를 많이 섞는 것이 이익이었다.

하지만 그 외의 정확한 세부사항들에는 의문점이 많았다. 알갱이가 고운 골재보다 거친 골재가 더 튼튼한가? 재료를 어떤 비율로 혼합하면 더 강해지는가? 물의 양은 어떻게 조절해야 하는가? 시멘트는 무게로 측정해야 하는가? 부피로 측정해야 하는가? 시멘트의 강도는 어떻게 측정할 것인가? 콘크리트는 지금처럼 완성품으로 평가되는 것이 아니라 시멘트 혼합량으로 평가되었다. 특정 부피의 콘크리트에 시멘트가 다섯 포대 들어갔다 또는 여섯 포대가 들어갔다 정도로만 표현을 했고 시멘트의 비율이 더 높은 후자가 더 단단한 것이라고 여겼다. 하지만 그것이 얼마나 더 단단한지는 알 수 없었다.

1918년 시카고의 연구원 더프 아브람스Duff Abrams가 콘크리트 혼합에 관한 기사를 냈는데 그의 주장에 따르면 이는 5만여 회의 테스트를 거친 결과였다. 그는 콘크리트의 강도를 결정하는데 있어 가장 중요한 재료는 물이라는 것을 알아냈다. 필요한 양보다 0.5리터만 더 들어가도 시멘트를 1~2킬로그램 빼는 것과 같은 결과를 낳는다고 했다. 그는 콘크리트의 모양새가 나오는 한 가능한 가장 적은 양의 물을 넣는 것이 가장 튼튼한 콘크리트를 만드는 방법이라고 말했다.

    2년 후 링컨고속도로협회가 맥도널드를 도와 일을 하겠다고 했을 때조차도 이것은 아직 새로운 생각이었다. 말하자면, 미국의 운전자들이 운전할 도로는 그들이 모는 자동차들만큼이나 새롭고 빠르게 진화하고 있는 것이었다.

도로명에서
도로 번호시스템으로

    1922년, 허드슨Hudson 사의 에식스Essex에서 저렴하고 사방이 막힌 자동차를 선보였다. 유리창과 단단한 루프 덕분에 날씨에 영향을 받지 않는 획기적인 차였다. 그때까지만 해도 비가 오거나 추운 날에는 운전하는 것이 불쾌한 일이었지만 이제는 어떤 날씨에도 일 년 내내 운전대를 잡을 수 있게 된 것이다.

    그 다음 해, 미국의 자동차 제조사에서는 390만 대의 자동차와 트럭을 생산했고 총 등록된 차량의 수가 1천5백만 대를 돌파했다. 많은 경제학자들은 이제는 자동차산업이 더 이상 성장하기는 어려울 걸로 내다봤다. 충분한 여유가 되는 백인 가정들은 모두 차를 한 대씩 소유하고 있었다. 시장 포화상태가 된 것이다. 가난한 백인들과 소수민족들, 그리고 여성들은 운전을 하지 않던 시기였다.

    그러나 이미 자동차를 가진 사람들은 더 크고 좋은 차를 원했기 때문에 이들의 재 구매로 인해 시장은 계속 성장해나갔다. 소비자들은 빚을 내서라도 새 차를 갖고 싶어 했다. 보증금을 낮춰주고 24개월 할부를 해준다는 말에 솔깃해진 수천 명의 사람들이 쉽게 구매를 결정했다. 1925년 중반에는 등록된 차량수가 1,750만 대에 이르렀다. 이것은 국민 6.5명당 한 대의 차를 소유한 꼴이었다. 일년 후에는 전국 차량이 1,970만대에 이르렀고 자동차산업의 호황은 식을 줄 몰랐다. 1928년 말에는 7백만 대의 차량이 증가했다. 역사상 이렇게 단기간에 한 제품이 완전히 사회를 지배한 적은 없었다. 30년 만에 미국은 자동차의 나라가 되었다.

물론 자동차의 발명에 따른 대가도 있었다. 1925년 일리노이 주에서는 자동차로 인한 사망자 수가 디프테리아, 홍역, 성홍열, 장티푸스, 그리고 백일해로 인한 사망자의 수를 합친 것 보다 많았다. 그 당시 이 질병들은 매우 흔한 사인이었다는 것을 감안하면 교통사고 사망자 수의 심각성을 짐작할 수 있다. 같은 해 뉴욕 시에서는 5년 전의 두 배인 932명이 교통사고로 사망했는데 삼분의 일 이상이 어린이였다. 뉴욕의 비영리기구인 시티클럽오브뉴욕The City Club of New York은 "맨해튼의 거리는 살인 촌이고 매일같이 죽음이 도사리고 있다."고 외쳤다. 상황은 점점 악화되기 시작했다. 1928년, 자동차 사고로 인한 사망률은 15년 전의 다섯 배에 달했다. 1929년에는 6초에 한 대씩 자동차가 생산되었고, 16분에 한 명씩 자동차 사고로 목숨을 잃었다.

그러나 사망에 대한 위험도 자동차에 대한 열기를 식히지 못했다. 자동차의 수는 점점 늘어만 갔다. 1920년대 말에 교통체증은 미국 전역의 대도시에서 가장 큰 골칫거리가 되었다. 포장도로가 빠르게 놓이는 만큼 자동차의 증가도 빨랐다. 시카고에서는 극심한 교통체증으로 인해 좌회전과 시내 도로 주차가 금지되었다. 그럼에도 불구하고 1926~1928년 사이 주중 통근차량의 수가 20퍼센트나 증가했다.

《아메리칸 시티American City》지는 "우리의 도로 시스템은 곧 실패할 것이다. 인도나 차도도 우리가 생산하는 차량의 수를 감당하지 못할 날이 머지않았다. 그렇게 되면 소방차량이 제대로 기능을 할 수 없을 것이고 그 결과 화재의 위험은 매우 높아질 것이다. 국민들의 안전이 위험에 처하고 교통체증 문제는 공공의 적이 될 것이다."라고 보도했다. 사람들은 교통사고 사망자들을 안타까워하면서도 운전대를 잡았다. 자신들이 교통체증의 원인 제공자이면서도 밀리는 차들에 불만을 토로했다. 그들은 수입의 많은 부분과 여유 시간을 자동차와 관련된 취미생활을 위해 썼다. 이런 운전자들 덕분에 대부분의 주에서 휘발유에 세금을 부과하게 되었다.

자연스레 자동차를 악의 근원으로 보는 시선이 생겨났다. "공부를 하면서 여유를 즐기는 사람의 수가 급격히 줄었습니다. 또한 지성을 피상적으로 습득하는 인구가 증가하고 있다는 소리도 들리더군요. 이전에는 술이 인류의 문화를 망쳐놓더니 지금은 그의 대체물인 자동차가 등장해서 사람들을 망치고 있습니다."라고 미국을 방문한 한 독일 국회의원이 말했다.

고속도로가 날로 발전하고 자동차들이 점점 견고성과 편안함을 더해가며 1920년대 중반 경제가 급성장하자 미국인들은 도로로 나갔다. 장거리여행은 더 이상 부자들의 전유물이 아니었다. 고글이나 권총도 더 이상 필요하지 않았다. 그것은 도시를 떠나 자연을 만

끽하고 신선한 공기를 마시고자 하는 커플들과 가족들을 위한 인기 있는 오락거리의 하나가 되었다.

이로 인해 대중문화도 크게 달라졌다. 오락이나 책, 영화 등에 새로운 인물들이 등장했다. 출장을 나왔다가 농장주변에서 차가 고장 나 하룻밤 재워달라고 하는 영업판매원, 길가에 서서 자동차의 후드 속을 들여다보며 뭐가 뭔지 모르겠다는 듯 의아해하는 젊은 여성 등이 일반적인 대중문화 속의 인물이 된 것이다. 그리고 이런 여행에 대한 열망은 장거리 운전자들의 필요를 충족시킬 또 다른 산업을 출현시켰다. 주유소와 정비소가 급증했으며 식당들도 생겨났다. 가장 눈에 띄는 것은 도로가에 줄줄이 생겨난 숙박업소들이었다.

장거리 운전을 하다가 호텔을 이용하면서 차가 너무 막히고 숙박료가 비싸며 주차 공간이 협소하다는 등의 문제가 드러나기 시작했다. 추진력 있는 지방정부는 도시의 가장자리에 공공 캠프장을 열었다. 텐트를 칠 수 있는 공간과 불을 지필 수 있는 장비, 쓰레기통, 주차 공간 등이 갖춰져 있었다. 좀 더 호화로운 곳은 화장실과 피크닉 공간, 공용 주방 등이 있었고 심지어 무료전화기가 설치된 곳도 있었다. 1920년대 초반에 이런 캠프장들은 매우 큰 인기를 끌었다.

하지만 이런 곳에 염치없이 너무 오랫동안 머무르는 사람들이 생겨나자 지방정부에서는 이용료를 부과할 수밖에 없게 되었다. 이렇게 돈 얘기가 나오는 순간 민간업체들은 경쟁을 하기 시작했고 얼마 지나지 않아 지방정부는 캠프장 운영에서 손을 뗄 수밖에 없었다. 영리를 목적으로 하는 캠프장 운영자들은 가격 경쟁을 통해 캠프장을 멋지게 개발해 나갔다. 어떤 캠프장은 텐트에서 취침을 꺼려하는 사람들을 위해 작은 오두막을 지었고 이것은 대성공을 거두었다. 곧이어 오토캐빈캠프Auto Cabin Camp라고 불리는 것들이 미국 전역에 생겨나게 되었다. 양동이로 받은 물로 식수와 샤워, 요리를 해결해야 하는 기본적인 형태도 있었고 꽤 편리한 시설이 갖추어진 곳들도 있었다.

처음에는 구멍가게 식으로 시작한 것이 몇 년 이내에 일종의 호텔사업으로 자리를 잡기 시작했다. 《포춘Fortune》지의 제임스 아지James Agee는 "이것은 훌륭한 발명이자 새로운 삶의 방식이다."라고 전혀 놀라는 기색 없이 말했다.

"지금은 저녁 여섯시이고 당신은 아직 운전대를 잡고 있다. 480킬로미터를 운전해오느라 힘들고 지친 상태이다. 눈앞에는 '디럭스 오두막까지 1.6킬로미터'라는 표지판이 있다. 다음 언덕길에서 도시의 모습이 보인다. 도로 표지판이 없는 도로, 전차들, 정지신호들, 주차금지 표시들과 같은 수만 개의 장애물이 눈앞에 펼쳐진다. 그 중간의 어딘가에는 이류호텔이 있다. 칙칙한 로비와 생기 없는 객실은 안 봐도 뻔하다. 더 가다보면 리츠 호텔The Ritz이 나온다. 도어맨과 벨보이가 미소를 띠고 안내하는 모습이 보인다. 그들이 고객의 짐을 내리고 있을 때 당신은 피곤하고 짜증이 나며 가장 가까운 정비소가 어디 있을지 궁금해진다. 당신의 아내는 사람들에게 초췌한 모습을 보이기 싫다며 화를 낸다. 2초 만에 이 모든 상황을 다 상상할 수 있다. 그 다음 코너만 돌면 나무가 우거진 곳에 반원모양으로 줄지어있는, 좀 전에 광고판에서 봤던 오두막이 나온다."

이 자동차 오두막은 절약, 편리함 그리고 간소함을 이용한 사업이다. 이인용 침대와 작은 주방, 세면대, 그리고 화장실이 갖춰진 작은 방을 일인당 1달러 정도에 이용할 수 있었다. 차는 문 앞에 주차해두면 되었다. "아침이 되면 바로 차에 올라타 전날에 멈췄던 곳에서 연이어 계속 가던 길을 갈 수 있다."라고《포춘》지는 알렸다.

비싼 요금을 부르는 곳도 있었다. 특히 캘리포니아 주는 무척 비쌌는데, 많게는 1인당 8달러씩 요구하기도 했다. 중서부에서는 생각도 할 수 없는 요금이었다. 어떤 곳은 어마어마한 규모였다. 롱비치Long Beach의 베네치안 코트Venetian Court라는 곳은 200여 개의 방을 갖추고 있었다. 또 어떤 곳들은 모터 코트Motor Court라는 이름에서 모터를 생략하고 그냥 코트라고만 부르기도 했다. 한 가지 재밌는 사실은 이 시기에 모터와 호텔이라는 말이 합쳐져 모텔Motel이라는 단어가 사용되기 시작했다는 점이다.

이런 눈부신 발전에도 불구하고 자동차여행을 떠나려면 트렁크에 공구를 잔뜩 싣고 자동차 정비에 대한 노하우가 있어야지만 편하게 갈 수 있었다. 텍사스 주에서 캘리포니아 주로 가족과 함께 자동차 여행을 다녀온 한 젊은 남성은 그의 고생담을 다음의 편지에 담아 부모님께 보냈다.

"엘파소El Paso의 외곽에서 차의 점화장치에 문제가 생겼습니다. 어디가 문제인지 몰라 두 시간을 들여다본 후 세 시간을 걸어 시내에 도착했습니다. 정비공이 식사를 하고 있어서 기다려야했고 다른 여러 가지 일들로 인해 좀 더 기다려야 했습니다. 애리조나 주의 홀브룩Holbrook에서는 오일라인이 막혔습니다. 상부밸브 전체를 차에서 떼어내 뚫어야 했습니다. 그 작업은 밤 열두시가 되어서야 끝낼 수 있었습니다. 떼어낸 밸브를 다시 차에 설치하기 위해 플래시가 필요했는데 하필 플래시에 연료가 다 떨어져 아침까지 기다리는 수밖에 없었습니다. 그사이 기온이 영하 23도까지 내려가 차가 꽁꽁 얼어붙어 견인차가 끌어줘도 시동이 걸리지 않았습니다. 이 문제를 그럭저럭 해결한 후 다시 여행길에 올랐는데 다음날 밤에도 극심한 추위가 이어졌습니다. 하지만 이번에는 차에 있는 물을 빼 놓았다가 다음날 아침 끓여서 사용했기에 무사히 이동할 수 있었습니다."

방향감각이 뛰어나서 나쁠 건 없었다. 연방정부와 주정부에서 장거리도로를 놓긴 했지만 경로를 제대로 표시해 둔 지도는 찾아보기 힘들었기 때문이다. 1924년, 도로관리국은 도로 체계의 지도를 펴냈는데, 전체를 18개 구역으로 나누어 양장본 형식으로 만들었다. 크기는 컸지만 운전하면서 보기에 양장본은 너무 불편했다. 랜드 맥날리Rand McNally가 첫 지도책을 펴낸 것은 1926년이었다. 도로의 표지판은 불충분하고 부정확했다.

그나마 가장 확실한 방법은 자동차도로안내서Official Automobile Blue Book를 참고하는 것이었는데, 이것은 1901년 발행되었고 오늘날 지도 웹사이트의 조상격 정도 된다고 볼 수 있다. 이 책은 주행거리와 주요 건물을 이용하여 출발지로부터 도착지까지 안내되어 있다. "81.9킬로미터에서 페인트가 벗겨진 감리교회를 지나 갈림길이 나오면 좌회전하시오." 라든지 "131킬로미터 지점에 진창이 있으니 갓길 쪽으로 붙어가시오." 같은 안내가 나와 있었.

이 책을 사용한다고 해도 올바른 길을 구분하는 것은 쉽지 않았다. 링컨 고속도로와 딕시를 모방한 수십 개의 도로들이 등장했기 때문이다. 이름이 붙은 길이 적어도 250개는 되었고 그 도로들은 모두 십자형으로 교차되어 있었다. 빅토리 고속도로Victory Highway, 제퍼슨 로(路)The Jefferson, 루즈벨트 로(路)The Roosevelt, 아파치 로(路)The Apache, 그리고 비라인Bee Line, 레드스타Red Star, 레드볼Red Ball, 레드엑스Red X 등의 도로들이 등장했고 각 도로가 자신이 특정 목적지로 가는 최고의 길이라고 주장했다. 40개 이상의 도로가 인디애나 주를 통과했으며 64개가 아이오와 주에 등록되어 있었다. 이 도로들에 있는 나무나 울타리, 그리고 곳간에 빛나는 간판들이 달려 있었고 전신주에 페인트칠로 표시가 되어있기도 했다. 각각의 도로는 고유의 색깔을 가지고 있었다. 링컨 고속도로는 빨강색, 흰색, 그리고 파랑색 바탕에 검은색으로 대문자 L이 적혀있었다. 한 도로로 계속 달리려면 이론상으로는 이 색을 따라가면 되는 것이었다.

문제는 겹치는 도로들이 있다는 것이었다. 《타임스Times》지는 "한 도로는 총 길이가 2,414킬로미터인데 이것의 70퍼센트가 다른 열 개의 길들과 겹친다. 그중 두세 개는 몇 킬로미터가 완전히 겹쳐버린다."라는 기사를 실었다. 한 도로가 대여섯 개의 이름을 가진 경우도 있고 전신주의 색 띠가 너무 많아 뭐가 뭔지 헷갈리고 위험하기도 했다.

한편 각 주의 고속도로 담당직원들은 도로에 어떤 표시를 하면 잘 알아볼 수 있을까 고민을 하고 있었다. 위스콘신Wisconsin주가 처음으로 색깔 대신에 숫자를 사용하기 시작했다. 몇몇의 다른 주에서도 따라했지만 도로협회는 도로의 색깔과 이름에 이미 익숙해졌다며 숫자 도입에 반대 입장을 표했다. 이에 정부는 민간업체들로부터 도로 명을 지을 수 없게 해야 한다는 결론을 내렸다.

유타 주의 웬도버 고속도로를 놓고 벌어졌던 논란으로부터 얻은 것이 있다면, 그것은 민간도로협회들은 초기에는 도움이 되었을지언정 그들 때문에 시간만 낭비하게 되며 간섭이 많아 도로에 관련된 결정에 방해가 된다는 것이었다. 1924년 11월, 샌프란시스코에서 열린 회의 도중 에드윈 제임스Edwin W. James가 이끄는 소위원회로부터 고속도로의 이름이 헷갈린다는 불만이 거론되었다. 그들은 농무부장관에게 각 주정부와 논의해서 이 문제를 해결토록 하는 것이 옳다는 결정을 내렸다.

그 결정에 따라 AASHO는 주간 고속도로의 모든 노선을 아우르는 포괄적 시스템을 선정하는데 있어 단일정책을 사용할 것을 요구했다. 연방지원 도로망을 바꾸려는 목적이 아니었다. 주정부들은 단지 가장 중요한 도로들의 새 이름을 정하려고 한 것뿐이었다. 이에 AASHO는 농무부장관에게 한 가지 요청을 했다. 주정부와 연방정부에서 사람을 뽑아 공동이사회를 만들고 그들에게 업무를 위임하라는 것이었다. 그는 이 요청을 받아주었고 제임스가 그 이사회의 의장으로 임명되었다.

이사회의 첫 회의가 열린 1925년 4월, 회원들은 도로 명을 사용하는 것 대신 주요 도로들에 번호를 부여하는 것에 적극 찬성했다. 그리고 번호를 지정하기 전에 번호가 부여될 도로들부터 선정하기로 했다. 그들은 또한 통일된 모양의 표식을 만들어 노선을 표시하기로 했다.

오하이오 주의 엔지니어 리오 불래이Leo Boulay는 공식 자동차도로 안내서의 로고이자 1달러짜리 지폐의 앞면에 나와 있는 방패 모양을 사용하는 것이 적합할 것 같다는 의견을 제시했다. 몇 십 년 후 제임스는 미시건 주의 프랭크 로저스Frank Rogers가 대충 그린 방패모양을 그에게 넘겼던 기억이 난다고 했다. 제임스는 그것을 다시 그려 크게 쓰인 노선번호 위에 조그맣게 U.S.라는 글자를 써넣었고 주의 이름을 방패의 위쪽에 썼다. 회원들은 그 자리에서 그 로고에 찬성했다.

그해 5월과 6월에 이사회는 어느 도로를 숫자 시스템에 넣을 것인가를 결정하기 위해 수차례 모임을 가졌다. 8월에 도로관리국에서 재소집 되었을 때는 정부에 제출할 80,628킬로미터의 도로망이 결정이 난 상태였다. 그날 이사회는 세 개의 다른 의제들도 논의했는데, 이 세 가지는 오랫동안 미국인들의 의식에 각인되었다. 그들은 제임스의 방패디자인을 미국 고속도로의 공식 로고로 선정했다. 그리고 현대의 빨강-노랑-초록의 신호등을 도입했고 8각형 모양의 정지신호를 도입했다. 당시에는 충분히 내구성 있는 빨간색의 페인트가 없었기 때문에 노란 바탕에 검은 글씨를 사용했다(쓸만한 빨간색 페인트는 1950년대가 되어서야 나왔다). 마지막으로 이사회는 제임스의 지휘 하에 숫자 시스템의 실제 번호지정을 다른 한 위원회에 위임했다.

번호지정은 어려운 일이었다. 숫자들은 사용자가 보기에 편리해야 했고 논리적이어야 했으며 미래에 새로운 도로가 들어서도 쉽게 추가할 수 있게끔 만들어야 했다. 제임스는 전(前) 캘리포니아 고속도로 담당자이자 현 도로관리국의 자문을 맡고 있던 플랫처A.

B. Fletcher가 당시에 냈던 아이디어를 떠올렸다. 플랫처의 의견으로는 북서부 끝에서 플로리다 주의 최남단에 있는 키웨스트Key West로 가는 길이 세상에서 제일가는 도로가 될 거라며 거기에 1번을 부여하자는 것이었다.

제임스는 그 제안이 그다지 마음에 들지 않았다. 의견을 들어 본 후 그는 "그럼 2번은 어느 길에 부여해야 한단 말인가?' 또 '5번과 10번과 50번과 100번은 어떻게 정할 것인가?"라는 의문이 들었다라고 제임스는 회상했다. 플랫처의 아이디어가 큰 혼란을 야기할 것 같아 제임스는 직접 지도를 보면서 검토하기 시작했다. 곧 명확한 패턴이 보였다. 그는 "패턴이 매우 확실합니다. 이 방법은 간단하고 새 도로가 들어서도 쉽게 번호를 부여할 수 있습니다."라고 말했다.

그는 동서를 가로지르는 고속도로에 짝수를 붙이고 남북을 이어주는 도로에는 홀수를 붙이면 된다고 했다. 가장 낮은 숫자는 매인 주와 캐나다가 맞닿아 있는 북동쪽의 코너에 붙여질 것이었다. 그리고 남서부 방향으로 가면서 높아지는 것이다. 달리 말하자면, 가장 낮은 수를 가진 동서 고속도로는 미국의 가장 북쪽의 주들을 지날 것이고 가장 높은 수를 가진 도로는 가장 남쪽의 주들을 지나는 것이다. 남북을 달리는 도로의 가장 낮은 수를 가진 도로는 대서양 연안을, 가장 큰 수는 태평양 연안을 지날 것이었다.

한 자리 수와 두 자리 수를 가진 도로는 주요 고속도로를 의미하고 세 자리 수는 주요 도로에서 뻗어 나온 지선(支線)을 의미하는 것이었다. 이 지선들은 주Main 고속도로와 한 번은 만나게 되어있었다. 이 방법은 간단한 지리적 짜임새를 가지고 있었다. 동서 도로의 가장 낮은 숫자는 2, 가장 높은 숫자는 98(0과 100은 사용되지 않았다)이라 50번은 미국의 허리를 가로지르고, 25번 도로와 60번 도로의 교차점은 꽤 동쪽이고 중간에서 약간 아랫부분에 위치할 것이다.

제임스와 그의 동료들은 다른 한 가지 중요한 사항을 생각해 냈다. 대륙을 횡단하는 도로를 포함해 가장 중요한 동서 노선들은 10,20,30번과 같이 0으로 끝나게 하고 가장 중요한 남북도로는 1로 끝나게 만들었다. 제임스는 이것이 "쉽고 체계적이며 완전하다."라고 말했다.

제임스는 지원군을 확보하기 위해 메인 주의 고속도로위원회 엔지니어인 폴 사전트Paul Sargent를 만났다. 그는 미국의 제1번 고속도로가 사전트가 살고 있는 메인으로부터 출발해 마이애미로 이어진다는 것을 강조했다. 그는 그 고속도로의 대부분의 구간이 동부의 해안지방 폴라인Fall Line을 따르며 피드몬트The Piedmont지역을 지나고 해안의 평원을 거치며 트렌튼Trenton의 델라웨어 강, 워싱턴 근처의 포토막 강The Potomac, 그리고 리치몬드의 제임스 강The James과 같은 중부 대서양의 큰 강들로부터 뻗어 나온 폭포들도 지난다는 사실을 언급했다. 이 노선이 식민지 시대부터 사용되었다는 말을 하자마자 사전트는 그 점이 매우 마음에 들었는지 바로 "당신 생각의 모든 것에 찬성한다."라고 말했다고 한다.

그의 다음 방문 장소는 디트로이트의 링컨고속도로협회였다. 제임스는 자신의 계획을 밝힌 뒤 매우 솔직하게 "이것은 링컨 고속도로와 딕시, 그리고 다른 모든 이름을 가진 고속도로의 종말을 의미합니다."라고 말했다. 협회의 리더들은 당연히 그것이 내키지 않았다. 헨리 조이는 "공장에서는 자동차를 모델명이나 번호로 부르지만 실제 사용자들은 이름을 사용합니다. 번호를 사용하는 누구도 사람은 없습니다. 도로관리국에서는 왜 이런 상식적인 생각을 못하시는지…"라며 불평을 했다.

사적인 자리에서는 그렇게 반응했지만 공식적으로는 격렬하게 반대하지 않았다. 제임스는 "링컨고속도로협회는 우리의 사정을 잘 이해했습니다. 그들도 미국 전체를 잇는 고속도로망이 잘되기를 바란다고 말했습니다. 그들은 링컨 고속도로에 30번을 부여한다면 찬성하겠다고 했고 저는 그들을 제 편으로 만들기 위해 할 수 있는 것은 다 해준다고 했죠. 마침내 저는 도로 이름을 없앴을 수 있는 그들의 지지표를 얻었습니다. 민간협회들 중 가장 강력한 링컨고속도로협회를 등에 업었으니 이제 누가 반대하겠습니까?"

1925년 농무부에서 그의 계획을 승인한 후 큰 혼란이 일어났다. 링컨고속도로협회를 제외한 다른 협회들은 그들의 도로에 붙여진 번호에 불만을 표시했고 자신들의 도로를 제외시킨 것에 대해 울분을 토하거나 그들이 건설한 도로가 무용(無用)해질 것에 대해 분노했다. 동부의 고속도로 담당자들은 중서부의 고속도로가 인구에 비해 너무 많은 비율을 차지한다고 불평했다.

켄터키 주지사인 윌리엄 필즈William J. Fields는 "시카고의 영향력이 지도 전체에 보인다."며 제임스의 의문스러운 번호 배치를 비난했다. 60번 고속도로는 마땅히 동부에서 서부로 가야할 것 같은데 그렇지 않았다. 그것은 시카고에서 시작되어 남서쪽으로 크게 돌아 세인트루이스, 털사Tulsa, 그리고 앨버커키Albuquerque를 지나 로스앤젤레스로 간다. 제임스의 번호 배치는 두 가지 측면에서 필즈를 분노케 했다. 첫 번째, 50번 고속도로가 켄터키 주 북쪽에 배정되고, 70번 고속도로는 켄터키 주의 남쪽으로 지나가 켄터키 주가 포함되지 않는 것이었다. 그러면 60번 도로가 켄터키 주를 지나가는 것이 마땅한 것 같았지만 0으로 끝나는 어떤 도로도 켄터키를 지나지 않았다. 켄터키 주는 중요한 주라 주요노선이 하나쯤 있는 것이 당연했다. 두 번째, 제임스가 이끄는 이사회에서 세 명의 회원이 60번 고속도로가 지나가는 곳에 산다는 것이었다. 이 60번 노선은 그 세 명 중 한 명인 오클라호마 출신의 사이러스 에이버리Cyrus Avery가 제안한 노선이었다.

이것은 제임스의 숫자 배치에 있어 의문을 가진 점들 중 하나에 불과했다. 1번 고속도로는 폭포선(폴라인; Fall Line)을 따르면서 내륙으로 들어간다. 그래서 더 높은 숫자의 도로들이 그것보도 더 동쪽에 있는 구간도 있었다. 도로가 꼬여있어서 올바른 순서대로 가는 경우도 있지만 아닌 경우도 많았다. 11번 고속도로는 남쪽 끝에서 너무 서쪽으로 꺾여서 49번 고속도로보다 더 서쪽으로 치우쳐 있다. 하지만 켄터키 주지사에게는 60번 고속도로 문제가 더 중요했다. 그는 AASHO의 집행위원회에 자신의 불만을 토로했다. 그들은 60번 고속도로의 노선을 변경하려 하지 않았고 62번 고속도로가 버지니아 주의 뉴포트뉴스Newport News에서 미주리 주의 스프링필드Springfield로 가는 길에 켄터키 주를 지나도록 지정해 주었다. 그는 이것에 만족하지 않았다.

1926년 1월말, 그는 켄터키 주의 국회의원들을 데리고 맥도널드를 찾아갔다. 필즈가 지도에 표시를 하면서 논리에 맞는 주장을 펼치자 맥도널드는 설득당할 수밖에 없었다. 이에 도로관리국은 시카고—로스앤젤레스 노선을 62번으로 바꾸고 뉴포트 뉴스—스프링필드 노선을 60번으로 정하는데 동의했다. 물론 해당 주들의 동의를 구해야했다. 이제 에이버리가 화를 낼 차례였다. 그는 거의 3개월 가까이 고속도로의 번호 변경을 막으려고 필사적으로 노력했다.

이사회의 결정 중 이의가 있었던 것은 이것뿐만이 아니었다. 주 검토 과정에서 도로망은 약 16만 킬로미터로 거의 두 배의 길이가 되어버렸다. 이렇게 긴 도로의 노선을 정하고 번호를 정하다보니 많은 분쟁이 일어날 수밖에 없었다. 하지만 켄터키 주에 대한 분쟁이 단연코 가장 힘들고 오래 지속된 현안이었다. 그것은 1926년 4월 30일 결정이 났다. 에이버리는 그의 주 엔지니어 대표로부터 66번 도로가 배정되지 않았다는 말을 듣고서는 미주리 주 대표와 함께 맥도널드에게 다음과 같은 전보를 보냈다. "우리는 62번보다 66번을 선호합니다." 맥도널드는 그의 바람대로 해주었고 필즈도 거기에 대해 불만이 없었다. 그해 말, AASHO도 그 시스템을 받아들였다. 이리하여 66번 고속도로가 태어났고, 그것은 존 스타인벡John Steinbeck의 소설 『분노의 포도The Grapes of Wrath』로부터 머더 로드Mother Road라는 유명한 별명을 얻게 되었다.

이렇게 도로 명 시대가 종말을 맞이하게 되었다. 도로번호 시스템을 도입하는데 적잖은 공이 들어갔기 때문에, 더 이상 사람들이 예전 이름을 사용하지 않도록 하는 것이 숙제였다. 리 고속도로The Lee Highway는 1,11,29,45,54,60,64,70번 그리고 72번 노선이 되었고 미들랜드 트레일The Midland Trail은 6,40,50,60 그리고 95번이 되었다. 딕시 고속도로에서 뻗어 나온 도로들은 수십 개였고 링컨 고속도로는 펜실베이니아 주에서 와이오밍 주까지만 해도 30개에다가 끝으로 가면서 6개 정도 더 있었다. 헨리 조이는 "위대한 링컨 대통령의 기념비는 신의 은총과 정부의 권한으로 이제 30번, 52번, 29번 고속도로로 알려지게 되었다."라는 씁쓸한 농담을 던졌다.

새로운 시스템은 번호가 붙지 않은 도로를 쇠퇴의 길로 몰고 갔다. 이 시스템에 반대했던 사람들의 우려는 괜한 것이 아니었던 것이다. 새 번호가 붙은 도로가 지나가는 지역과 그 지역의 사업은 날로 번창해간 반면 번호가 붙지 않아 쓸모없어진 도로에 위치한 지역들은 내리막길을 걷게 되었다.

이런 지역들은 서부에 집중되어 있었다. 네바다 주의 리다Lida는 처음 자동차가 도입될 때만 해도 매력적인 곳이었다. 1910년대에 군 수송대가 대륙횡단을 시도했을 때 그들은 리다를 가로질러 지나갔다. 군대가 미사일 개발을 위해 주요 군사노선의 지도를 제작할 때도 리다가 포함되어 있었고 1921년 연방지원 네트워크에도 포함되어 있었다.

한 탐광자의 아내 이름을 빌려 지어진 이곳은 옛날에 원주민인 쇼쇼니족Shoshone이 살던 지역을 개발해 만들어진 곳이었다. 실버러시 덕분에 사람들이 몰려오면서 활기를 띠게 되었고 골드러시로 더 발전해 나갔다. 리다에는 신문사, 호텔, 가게, 술집들이 마구 생겨났다. 현금이 부족할 때는 심지어 자체 동전도 찍어냈다. 하지만 그곳은 심각한 문제를 일으키기도 했다.

어느 날 조지 차일스George Chiles라는 자칭 살인청부업자가 나타나 리다의 술집에서 카드게임을 하고 있던 사람들의 신경을 건드렸는데 그중 한 명이 차일스를 때려 바닥에 쓰러트렸다. 그러자 그가 일어나면서 총을 난사하기 시작했는데 이때 두 명의 무고한 시민이 부상을 입고 결국에는 과다출혈로 죽음에 이른 사건이 일어나기도 했다.

마침내 고속도로에 번호가 붙기 시작했다. 어느 노선도 리다를 지나가지 않았다. 95번 고속도로는 리다에서 동쪽으로 30킬로미터 이상 떨어져 있었고 6번 고속도로는 북쪽으로 한 시간은 걸리는 거리에 있었으며 이제 미들랜드 트레일을 이용하는 사람은 없었다. 그 길은 오늘날 찾는 이가 없는 2차선 도로이다. 한 방향은 데스밸리Death Valley로 이어지고 반대방향은 의문의 공군기지인 51구역(Area 51)으로 향한다.

지나가는 자동차들을 제외하고 리다는 텅 비어버렸다. 가게들은 다른 곳으로 옮겨갔고 우체국은 1932년에 문을 닫았다. 74년 후 필자가 방문했을 때 리다에 일 년 내내 살고 있는 사람은 딱 둘 뿐이었다. 이들은 노부부였는데 건강상태가 썩 좋아보이지는 않았다. 그곳에 남아있는 것들은 녹이 슬고 바람에 움직이는 잡초에 묻혀 있었다. 다 무너져가는 판자 집이 여러 개 있었다. 조그만 묘지가 가시철사와 강철관으로 둘러져 있고 땅에는 나무로 만들어진 십자가가 여러 개가 너부러져 있었다. 언제부터 거기 있었는지 모를 고장 난 트럭이 모래에 씻겨 뼈대만 남아 있고 탄광장비들은 메밀과 다른 풀들 사이에서 섞여있었다.

뜨거운 태양과 건조한 네바다의 바람에 나무와 금속은 그 빛깔을 잃었다. 소녀들이 좋아할만한 핑크색의 코카콜라 트럭 한 대가 앞 유리가 깨진 채 오랜 세월동안 그곳에 방치된 듯 했다. 집들은 나무판자와 양철지붕의 페인트가 갈라지고 벗겨져 있어 페인트 안쪽 갈색이 보였다. 세월이 지날수록 리다는 거친 사막에 한 걸음씩 더 가까워지고 있었고 골짜기의 북쪽 가장자리를 두르고 있는 울타리는 전부 사라져가고 있었다.

링컨 고속도로의 종말은 번호시스템이 도입된 지 일 년이 되면서부터였다. 사막을 지나는 차량들은 점점 웬도버 도로를 사용하기 시작했다. 링컨의 다른 부분들은 꾸준히 개선되고 있었지만 도로에 방패표시들이 붙기 시작하자 링컨고속도로협회는 더 이상 할 일이 없어졌고 이에 1927년 10월 헨리 조이는 동료 회원들에게 활동을 중단하고 솔트레이크시티 북쪽 노선을 포기하자고 촉구했다. 그는 "우리는 가능한 한 모든 방법을 동원해 이 노선을 지키려 했지만 그렇게 하지 못했습니다."라는 글을 회원들에게 써 보냈다.

그의 동료들은 그 노선을 버리는 게 내키지 않았는지 혼합노선을 제안했다. 링컨 고속도로에서 사이벌링 컷오프를 빼버리고 웬도버로 가는 40번 고속도로에 연결시켜 새 연방지원 도로에서 남쪽의 엘리를 교차해 지금의 50번 고속도로인 원래의 링컨과 합쳐지도록 하자는 것이었다. 회원들은 조이의 제안인 협회의 활동 중단에는 찬성하나 협회의 나머지 돈은 3천 개의 콘크리트 마커(Concrete Marker; 콘크리트로 만든 옛날식 도로표지판)에 쓰자고 제안했다. 보이스카우트에서 이 일을 도울 예정이었다.

조이를 제외한 모든 이들은 고속도로의 노선 변경 계획에 만족했지만 조이는 40번 도로를 처음부터 끝까지 따라 캘리포니아 주로 가는 것이 더 합리적이라고 주장했다. 그는 패커드 사의 옛 동료인 시드니 월든에게 다음과 같은 우려의 편지를 여러 번 보냈다.

"우리 협회가 역사상 처음으로 도로의 길이를 줄이기보다 늘리려 하고 있습니다. 이것은 협회의 토대가 되는 원칙을 위반하는 것이 아니고 무엇이란 말입니까? 우리는 최악의 결정을 했습니다. 만약 그렇게 똑똑한 사람들이 이 결정을 따른다면 나는 링컨 고속도로를 만든 것을 후회할 것이고 여기에 관여되어 있다는 것 자체를 후회할 것입니다. 이것은 우리 협회에게 있어 최고의 불명예입니다."

그는 이것 말고도 훨씬 많은 편지를 보냈다. 그렇다고 해서 달라지는 건 없었다. 다른 회원들은 이 결정을 이미 굳힌 듯 했다. 새해가 밝자, 링컨고속도로협회는 디트로이트의 사무실을 닫고 게일 호그Gael Hoag를 콘크리트 마커의 배분 담당자로 내세웠다. 이 마커들은 링컨 고속도로의 세 가지 색상과 에이브러햄 링컨의 옆모습이 새겨진 구릿빛 메달로 장식되었다. 1928년 9월 1일 오후 한시, 보이스카우트들은 허리까지 오는 높이의 콘크리트 마커를 도로에 배치했다. 이것이 링컨고속도로협회가 공식적으로 한 마지막 일이었다.

링컨 고속도로는 지금에 와서 보면 향수를 불러일으키는 기억으로서 추상적으로만 존재하는 옛 도로에 불과하다. 그러나 보이스카우트가 콘크리트 마커를 땅에 눌러 넣을 동안에도 고속도로는 매우 현대적으로 발전하고 있었다. 뉴저지 주의 우드브리지Woodbridge에 있는 교통량이 많은 한 교차로에는 참신한 도로를 지었는데 이것은 운전자들이 좌회전이나 우회전을 할 때 멈추지 않아도 되게 만들어졌다. 앰보이 애비뉴Amboy Avenue는 우회전을 하면서 경사 길에 올라 코너를 돌아서 대각선으로 내려가도록 만들어졌다. 좌회전을 하려면 앰보이 애비뉴를 건너 오른쪽으로 270도 꺾

이는 경사 길을 내려와 고가도로의 아래에 난 길로 내려가면 되었다.

이 방식은 수십 년 전에 메릴랜드의 엔지니어 아서 해일Arthur Hale이 특허를 낸 것이지만 그 당시 미국에서는 사용되고 있지 않았다. 링컨 고속도로의 공사를 맡았던 한 엔지니어가 잡지 표지에서 아르헨티나의 고속도로가 이런 방법을 사용한 것을 보기 전까지는 말이다. 이 도로는 우드브리지의 네 개의 둥근 좌회전 경사 길의 모양을 따서 네잎크로버Cloverleaf라고 부르기도 한다.

링컨고속도로협회가 정리되고 있을 무렵 칼 피셔는 여느 때와 마찬가지로 바빠 직접 회의에 참석하지 못하고 대리인을 보냈다. 마이애미 해변에 붐이 일자 그는 삼 년 만에 세 개의 호텔을 더 열었다. 윌 로저스Will Rogers와 다른 유명인사들과 함께 어울려 그의 대저택에서 호화로운 파티를 열곤 했다. 사실 이맘때 쯤 그에게는 개인적으로 불행한 일들이 연이어 일어났다. 그의 부모님이 돌아가셨고 아들이 성홍열에 감염되었다. 항상 부인에게 소홀했지만 아들이 죽자 그의 무관심은 더 심해져 그들의 결혼생활은 파경에 이르렀다. 그가 오랫동안 만나오던 정부(情夫)도 그를 떠나 전도사와 결혼했다.

그는 술독에 빠졌다. 그의 탄탄하던 몸은 지방질로 변했고 얼굴은 통통 붓고 얼룩덜룩한 검버섯이 생겼다. 말에는 항상 욕이 섞였고 쉽게 화를 내고 미친 듯이 소리를 지르곤 했다.

이 모든 것에도 불구하고 피셔는 사업적인 예지력은 계속 유지했다. 1925년 9월, 롱아일랜드Long Island의 동쪽 끝부분의 바람이 많이 부는 곳에 홀로 서있는 몬토크 포인트 등대Montauk Point에 매력을 느낀 피셔는 파트너들과 함께 약 1천2백만 평의 땅을 사들였다. 플로리다 주에 겨울별장이 있으니 뉴욕 쪽에 여름 별장을 지으려는 생각이었다. 그는 테니스장과 마구간, 멋진 호텔들, 호화로운 저택들, 요트 정박지, 그리고 뉴욕에서부터 오는 최고급 열차 서비스를 제공하겠다고 약속했다.

1926년 2월, 피셔는 몬토크 포인트의 대부분을 커버하는 9구획을 사들였다. 거기에는 바위로 이루어진 24킬로미터 길이의 해안이 포함되어 있었는데 이것은 큰 파도에 부딪혀 형성된 절벽이 독수리의 부리 모양을 하고 있으며 한때 월트 휘트먼Walt Whitman에게 영감을 주기도 했던 곳이다. 롱아일랜드 주립공원위원회Long Island State Park Commission가 아니었더라면 그는 더 많은 땅을 샀을 것이다. 그가 몬토크 포인트의 서쪽 끝부분에 있는 히더힐스Hither Hills라는 곳을 매입하려고 협상하고 있었을 때 주립공원위원회에서 2백만 평 이상을 낚아채 가버렸다. 피셔는 그들의 행동이 불법이라는 것을 알아냈고 맞서 싸우려했지만 위원회 대표는 얕잡아볼 수 없는 사람이었다.

그는 주립공원위원회 위원장 로버트 모지즈Robert Moses로 뉴욕 출신의 젊은이였는데 롱아일랜드에 자신의 프로젝트를 실행할 계획이었다. 조경이 완성된 공원도로를 만들어 여러 개의 공원과 해변을 이으려는 계획이었다. 모지즈는 훌륭한 정치가이며 대담하고 창의적인 건축가로 1960년대 후반까지 맹활약을 한 인물이다. 그는 고속도로, 공원, 훌륭한 20세기 뉴욕의 교량들, 그리고 수많은 집을 지었다. 그는 또한 교묘하게 사람을 조종할 줄 아는 사람이었고 시장과 주지사가 간섭할 수 없을 정도로 막대한 권력을 휘둘렀다. 1926년, 그는 이 모든 것을 준비하는 단계에 있었지만 미래에 서던 스테이트 파크웨이The Southern State Parkway, 크로스 아일랜드 파크웨이The Cross-Island Parkway, 산책로, 그리고 탈의시설 등을 만들기 위해 존스 비치Jone's Beach에 대지를 사들이고 있었다. 그리고 그는 몬토크의 땅주인들과 이미 2년 동안 협의를 해온 상태였다.

피셔는 이 싸움에서 졌다. 히더힐스와 반도 끝자락의 2만7천 평의 땅은 공원이 되었다. 그러나 정부에서 지은 등대가 서있는 작은 부분을 제외한 나머지는 피셔의 소유였다. 그는 인부들을 고용해 건물을 짓기 시작했다. 몇 달 지나지 않아 그 지역은 모양새를 갖추었고 7층짜리 사무실 건물이 우뚝 섰다. 골프장과 폴로경기장, 2백 개의 방을 갖춘 튜더 양식의 몬토그 저택, 그리고 약 100킬로미터의 도로가 건설 중에 있었다. 피셔는 천 마리의 양을 데려와 들판의 풀을 뜯게 했다. 그는 4년 이내에 몬토크가 연중 5만 명의 관광객을 유치할 것이며 여름에는 그의 세 배가 될 것을 예측했다.

그런데, 1926년 9월 17일이 오고야 말았다. 마이애미 해변은 하룻밤 사이에 폐허가 되었다. 밤사이 8시간 동안 허리케인이 강타해 피셔의 리조트를 산산조각 낸 것이다. 시속 209킬로미터의 돌풍에 주민들은 정신을 차리지 못하고 잔해로 가득한 거리로 내몰렸다. 그런데 그때 돌풍이 또다시 몰려왔다. 거대한 파도가 도시를 집어삼켰다. 요트와 해군 구축함은 산산이 부서진 집들 근처로 쓸려왔다. 《타임스Times》지는 "해안가의 호텔들은 난타당했고 벽들은 무너졌으며 창문들은 다 깨졌다. 건물 저층은 물바다가 되었다. 해안가의 카지노, 작은 아파트들, 탈의시설은 몽땅 물에 쓸려가거나 손을 쓸 수 없을 정도로 망가졌다."라고 보도했다.

피셔는 기차를 타고 플로리다로 향했다. "집을 잃은 사람들의 문제가 해결되고 나면 마이애미 해변 재건 작업이 시작될 것입니다. 저는 애초에 맹그로브 늪지를 변모시켜 마이애미 해변을 만든 사람입니다. 한 번 이루어낸 일은 다시 이루어 질 수 있습니다."라고 강조했다. 겨울이 시작될 즈음 그의 건물의 대부분은 수리되었다. 하지만 여행객의 수는 현저하게 줄었고 세를 내지 않는 세입자들도 생겼다. 피셔의 수입이 메말랐고 사실상 몬토크 프로젝트에 자금을 대기가 힘들어졌다.

그는 자금을 만들기 위해 자동차 경주 선수이자 전투비행사인 에디 리켄베커Eddie Rickenbacker에게 인디애나폴리스의 모터 스피드웨이의 지분을 팔았다. 하지만 그것으로는 충분치 않았다. 머지않아 칼 피셔의 왕국은 무너질 위기에 놓였다. 그의 주식이 폭락하면 그의 집들, 호텔들, 땅, 꿈꿔왔던 롱아일랜드 프로젝트, 이 모든 것들을 잃게 될 터였다. 어쩌면 몇 년 후에 그는 자신의 요트에서 같이 파티를 즐겼던 사람들 밑에서 일할 수도 있었다.

프레스트 오 라이트의 거물, 인디 자동차 경주의 창시자, 마이애미비치의 건립자, 리조트 생활양식의 선구자, 백만장자, 자선가, 선지자, 전국이 흙길과 동물의 배설물이었던 시절에 미국의 첫 주간 자동차 도로를 달렸던 자동차광이 이제 신문 1면에서 사라졌다. 얼마 지나지 않아 어느 면에서도 그의 이름을 찾을 수 없게 되었다.

제7장 도시 없는 고속도로

 오래된 도로 위에 큼지막이 새겨진 숫자는 길을 쉽게 찾는데 도움이 되었지만, 도로는 여전히 구불구불하고 옆으로는 도랑이 나있는 채였다. 도로가 좁아 도시나 마을에 가까워질수록 엄청나게 붐벼 교통량을 감당하지 못했다. 불황이 시작되자, 도시의 혼잡을 다루기 위한 두 가지 전략이 흥미를 끌기 시작했다. 첫 번째 전략은 대부분의 도로에 외지 사람의 통행량이 과도하다는 추정을 근거로 우회도로를 건설한 것이었다.

 예를 들어, 새로 만든 30번 고속도로는 대부분의 도시 중심지를 직선으로 뚫고 지나갔고, 링컨 고속도로와 연결되도록 했다. 펜실베이니아 주 게티스버그Gettysburg에서는 마을 광장과 15번 고속도로가 만나게 되어 있었고, 피츠버그에서는 다른 도로와 얽혀 도시의 중심부로 뻗어 있었다. 포트웨인과 에임즈, 오마하, 카슨시티에서도 마찬가지였다. 장거리 운전 차량들을 우회하도록 하면 교통체증을 해결할 수 있을 거라는 예상 때문이었다.

이렇게 해서 우회도로가 태동하기 시작했다. 1924년에는 도로교통 안전에 관한 회의가 처음으로 열렸다. 상무부장관인 허버트 후버Herbert Hoover와 그의 비서, 그리고 에드윈 제임스가 의장을 맡았다. 이 회의에서는 트럭과 같은 대형차량들이 원활히 통행할 수 있도록 정체구간이나 도시와 마을의 건물 밀집지역을 피해 만든 우회도로와 환상(環狀)도로를 이용하는 것이 권장되었다. 잡지 《아메리칸 시티》지는 "이 우회도로가 지역사회를 위한 진정한 혜택임이 증명되었고, 이 사실은 널리 인정받을 것"이라는 기사를 실었다.

하지만 그 혜택은 오래가지 못했다. 우회도로는 오랜 시간 동안 도시의 교통 혼잡을 완화하는데 실패했고, 급격한 인구변화를 설명하는 이유가 될 뿐이었다. 1880년~1902년까지 미국 인구는 두 배가 넘게 늘어났고, 엄청난 수의 사람들이 도시로 유입되었다. 인구유입은 계속되었고, 그에 따라 도로 위에는 좁은 길을 지나려고 애쓰는 차량들로 자주 정체를 빚게 되었다. 차량이 도시로 들어왔다가 빠져나가는 것이 아니라 도시 내에서 이동을 했기 때문에 도로는 혼잡했고, 통행차량을 우회하도록 해도 전형적인 도심지역 내에서는 혼잡한 시간대에 경적소리와 정체가 끊이질 않았다.

우회도로의 효과가 짧았던 두 번째 이유가 더 중요할지 모른다. 책임자들은 곧바로 우회도로 옆에 교통량이 늘어나는 사업체들을 끌어들임으로써, 몇 년 후에는 우회로를 다시 우회해야만 했다. 상무부장관도 우회도로가 5년 정도는 제 역할을 할 것으로 보고 이렇게 말했다. "우회로에 많은 교통량이 유입되면, 우리가 완전히 우회해서 돌아가도록 설계한 간선도로보다 더 많은 새로운 산업시설들이 생겨나고 지역 내 일자리도 늘어날 것입니다."

도시계획가들은 필사적으로 두 번째 무기를 꺼내 들었다. 그 무기는 바로 주(州)간 고속도로였다. 원래 구상했던 주간 고속도로는 현대의 가로수길 같은 평면가로(平面街路)였다. 이 도로에는 콘크리트 방벽으로 양방향을 분리해 두고, 각 방향의 마지막 두 차선은 저속으로 원활하게 운행할 수 있도록 했다.

20세기 끝 무렵까지, 도시계획가들은 빠르게 확장하는 교외에서 도시 중심지로 이동할 수 있도록 주간 고속도로를 건설해야한다고 주장했다. 오늘날 그런 주간 고속도로 중 가장 널리 알려진 도로는 전철 선로 양옆으로 4차선씩 쭉 뻗어 왕복 8차선 도로를 자랑하는 디트로이트 근방의 우드워드 애비뉴Woodward Avenue이다.

하지만 이 간선도로들은 단순히 기존 도로를 확대해 놓은 것에 불과했고, 우회도로와 똑같은 결과를 맞이하게 된다. 가장 크고 좋은 도로에도 길을 따라 상점과 카페들이 빽빽하게 들어섰고(특히 핫도그 노점상들이 많이 생겼다.) 교차로의 교통량은 더 큰 도로로 흘러 들어갔다. 오늘날도 출퇴근길을 운행하거나, 숫자가 매겨진 미국 고속도로의 도시 구간을 지나갈 때 같은 문제를 경험할 수 있다. 델라웨어를 통과하는 13번 고속도로인 옛 오션 고속도로가 특히 그렇다. 도버와 뉴저지 라인 사이는 신호등 때문에 낮 시간대의 이동이 원활하지 않다. 그 도로를 겨우 통과하는 차량들만으로도 엄청난 정체가 일어나고, 도로변에 늘어선 수많은 가구점과 주유소, 팬케이크 가게들로 인해 길에서 들리는 욕설로 이동거리를 가늠할 수 있을 정도다.

버지니아 주 노퍽의 더 먼 남쪽 교외에는 패스트푸드 점, 싸구려 모텔, 네일숍, 매트리스 할인 창고, 렌트카 회사, 대형철물점, 군수품 상점 등을 각양각색으로 난잡하게 광고하는 열세 대의 크롤러가 있었다. 맙소사! 그건 너무 흉하고 느리고 위험하기까지 했다. 그뿐만 아니라 이들 가게는 이미 꽉 막힌 도로에 차를 더 끌어들이는 꼴이었다. 가게들로 인해 차선을 바꾸기 위해 좌회전을 해서 더 멀리 돌아가야 했다. 도시계획가들은 도로변을 관리하는 것만으로도 가장 어려운 '주간 고속도로'의 문제를 예상하고 다룰 수 있다는 것을 짐작하지 못했다. 도시계획가들이 1929년에 국가시스템 차원의 자동차 전용도로에 관한 제안을 발표했을 때도—다시 한 번, 구 미 연방위원회 아이디어의 부활이었다—오늘날 우리가 아는 명칭으로는 부르지 않았다.

그 아이디어는 여러 가지 방법으로 빠르게 실현되었다. 현대적 고속도로 건설을 착공하는 날로 1930년의 이른 봄은 나쁘지 않은 선택이었다. 많은 잡지에서 고속도로 건설 착수에 열광했고 특히 환경보호 활동가인 벤튼 맥케이Benton macKaye가 쓴 《뉴 리퍼블릭 New Republic》지에 실린 기사는 거의 찬양 수준이었다.

큰 키에 비쩍 마른 뉴잉글랜드 출신의 맥케이는 몇 년 전에 산 정상으로 향하는 하이킹 경로에 관한 아이디어를 잡지에 실었고, 그 기사로 인해 유명한 애팔래치아 자연 산책로Appalachian Trail가 탄생하게 되었다. 그는 식견이 높은 구성원들—건축가, 도시계획가, 조경사, 작가 등이었다—이 참여하는 모임에 속해 있었는데, 이들이 바로 20세기 초에 미국지역계획협회(RPAA; The Regional Planning Association of America) 창설 멤버였다. 모임의 이름은 거창했다. 하지만 실제로는 주말에 모여 무질서하고 혼잡한 미국 도시들에 관해 가벼운 의견을 나누는 정도의 모임이었다.

맥케이와 동료들의 생각처럼 신생 대도시는 사람들이 서로 소통할 수도 없으며 상호작용의 촉진제 역할을 하기에도 너무 컸다. 몇 세대 전, 사람이 가장 빠르게 이동할 수 있는 수단이 말이던 시절에는 미국의 소도시들은 크기가 작고 가정집들이 밀집해 있었으며, 강이나 언덕으로 둘러싸여 거의 둥근 모양으로 이뤄져 있었다. 마차보다 빠른 노면 전차가 생기자 그 덕분에 근로자들은 아침, 저녁으로 더 멀리 통근할 수 있었고, 얼마 지나지 않아 여기저기에 노선이 생겨 마치 마을이 바퀴살처럼 보이기도 했다.

그 후 자동차는 도시의 영역을 더욱 넓혀주었다. 도시들이 얼룩이 번지는 것처럼 점점 넓어지자 인간미는 사라져 갔고, 스스로를 풍요롭게 하는 미덕도 사라졌다. 소비와 일자리도 점점 접근이 힘든 도심에 집중되기 시작했다. 도시의 주택은 사생활이 전혀 보장되지 않는 좁고 복잡한 창고이거나, 오늘날 보면 전혀 도시적이지 않은 작은 목조건물 등이 대부분이었다. 그럼에도 도심지역은 점점 더 확장되어 갔고 교외와 경계가 희미해지더니, 교외는 농장지역으로 밀려나고 도시가 교외를 차지하게 되었다.

맥케이와 동료들이 필요하다고 생각한 새로운 도시생활 모델은 지역 중심도시였다. 이는 도심의 과밀 인구를 공원이나 농장, 숲과 같은 그린벨트로 둘러싸인 위성도시로 이주시키는 것이었다. 이 작은 지역 중심도시에서는 거주민을 위한 일자리를 창출함으로써 도심의 교통 혼잡을 대부분 해소할 수 있었다. 그리고 각 위성도시는 삶의 질을 향상시키기 위해 필요한 특색 있는 생활 편의시설—오페라 하우스나 야구장, 쇼핑몰 등 —을 운영함으로써 인구과밀 문제와 더불어 대도시 문화의 분산화를 실현하려는 것이었다.

그러나 이것이 현대 교외생활의 미래상이 될 수는 없었다. 그린벨트는 불가침 영역이었다. 주요 도시와 위성도시로부터 확실한 경계가 있어야 하고 인구와 물리적 성장이 제한되어야 하는 곳이었다. 지역 도시들은 목적이 없는 아베마식 무분별한 확산을 제한해야 했다. 모순적이게도 미국지역계획협회의 멤버들은 자동차가 따분하고 지루한 삶의 돌파구라고 믿었다. 적당한 안전장치가 있다면 차는 지나치게 혼잡한 도시를 분산시킬 수 있고 주변 도시들을 현명하고 효율적으로 이용해 발전할 수도 있으며, 근로자와 산업을 새로운 지역(한 멤버의 말을 빌리자면, '삶을 위한 최고의 기회를 얻을 수 있는 곳')으로 이주시킬 수도 있는 방법이었다.

1924년, 맥케이와 동료들은 건설 분야로 관심을 돌리고 있었다. 지역 도시의 모형을 건설할 충분한 자금을 마련할 수 없었기 때문에 퀸즈Queens의 산업 불모지에서 작은 규모의 실험을 해보기로 했다. 서니사이드 가든Sunnyside Gardens은 공동소유 아파트와 단층집, 복층집, 3층집을 섞어 RPAA의 이론을 바탕으로 만들어진 주거 구역이었다. 벽돌로 된 2층 건물에는 놀이터와 잔디, 도시의 부산함과 소음으로부터 해방될 수 있는 뜰이 있었다. 목표 고객층은 중하층을 구성하는 근로자들이었다. 월세는 파격적으로 883달러에서 66.78달러로 낮췄다. 회사 광고 문구에 딱 맞는 '평범한 소득 수준에 알맞은' 집이었다.

서니사이드 가든의 성공에 이어 멤버들은 더 대담한 시도를 했다. 그들은 뉴저지의 베르겐 카운티의 땅을 사들였고 최초의 '자동차 시대를 위한 도시'인 래드번Radburn을 짓기 시작했다. 이 신도시는 자동차보다는 거주민에 초점을 맞추고, 자동차에 대한 여러 가지 새로운 제한사항을 적용했다. 래드번은 개방된 공원이 중심에 위치한 차량 통제구역에 지어졌다. 차량 통제구역에는 도로가 없었다. 차량은 막다른 회차로(쿨데삭, Cul-de-Sac) 주변에 주차해야 했고, 여기에는 몇몇 가구에 딸린 차고가 있었다. 모든 집은 도로가 아닌 정원을 끼고 있었고 차와 도로는 거의 눈에 띄지 않았다. 도로가 있는 곳의 인도는 다리나 지하도로로 연결되어 차량 통제구역으로 구분되어 있었다. 《어메리칸 시티American City》지에 실린 기사의 내용처럼 아이들은 등하교를 할 때 차도를 건널 필요가 없었다. 단지 집 앞의 정원을 나서 보행자 도로를 따라가기만 하면 학교까지 갈 수 있었다.

사람과 차로 붐비는 길은 다른 세상 이야기였다. 어떤 이는 먼 옛날로 돌아간 것 같다고 느끼기도 했는데, 래드번 건축물의 식민지 시대풍의 덧문이나 박공지붕(Gable Roofs; 책을 펼쳐서 엎어 놓은 지붕) 때문에 더욱 그렇게 보이기도 했다. 1929년 4월, 래드번의 입주가 시작되었고, 2만5천 명의 시민을 수용할 수 있도록 래드번을 확장시키려는 계획도 세워졌다. 초기에 약 천 명 정도를 수용하는 규모의 두 구역이 완성되자 증권시장이 발 빠르게 움직였다.

래드번은 여러 가지 상황에도 불구하고 미국의 생활방식에 상당한 영향을 끼쳤다. 막다른 회차로의 형태나 선회도로로 구역을 구분하는 방식이 크게 유행했다. 벤튼 맥케이는 도시의 특징을 바꿀 수 있을지 궁금해졌다. '도로 없는 도시'를 만들 수 있다면 그 반대는 왜 안 되겠는가?

맥케이는《뉴 퍼블릭》지에 고속도로 계획가들이 직면한 주요 문제점을 밝히는 "도시 없는 고속도로"라는 제목의 기사를 실었다. 그 기사는 "일반적으로 대부분의 도로는 단단한 지반과 콘크리트 노면과 급커브의 뱅크(차가 굽은 길로 돌 때 속도를 낼 수 있도록 만들어진 경사면)로 만들어져 있다. 이러한 오래된 도로들은 말이 끄는 이동수단을 고려해 만들어졌고 확장하기에도 어려움이 있다."는 내용을 담고 있었다.

이런 도로는 당연히 결함이 있을 수밖에 없었다. 마차용 도로 위에 만들어진 것도 그중 하나였지만, 길가에는 눈살을 찌푸리게 만드는 음식 가판대와 기념품 가게, 옥외 광고판이 가득했고 주차장과 진입로가 얽혀있어 통행하기에 위험했다. 맥케이는 이것을 "모터 슬럼Motor Slum"이라 불렀고 오랫동안 형성되어온 낙후된 교외 산업지역 중에서도 최악으로 오염된 곳이라고 혹평했다.

말은 타고 다니는 시대에서 벗어나면서, 맥케이는 "말, 마차, 보행자, 도시 그리고 건널목이 완전히 사라진 고속도로가 필요하다. 고속도로는 운전자를 중심으로 만들어져야 하며 주유소나 운전자의 편의를 위한 식당 외의 다른 것들은 필요 없다."고 주장했다.

그는 적당한 거리를 두고 주요 고속도로로 진입할 수 있는 진입로나 교차로를 만들어야 한다고 했다. 또한 운전자들의 시야가 난잡한 옥외 광고판으로 방해받지 않고 도로가 무분별한 상업 개발로 위험해지지 않아야 한다며, 이를 대신해 이익을 창출할 수 있도록 통행료를 징수해야 한다는 아이디어를 냈다.

맥케이가 지지했던 것은 동시대 사람들이 생각했던 주간 고속도로를 뛰어넘는 규모에, 간간히 휴게소가 있는 단계별로 구분된 보행자 출입제한 도로였다. 애팔래치아 자연 산책로를 개발한 사람이 현대의 고속도로 개념을 탄생시킨 사람 중 하나가 된 것은 모순적인 일이었지만 일은 이렇게 시작되었다.

많은 사람들이 이 주장을 지지했다. 당시에는 당일치기 여행으로는 사람들이 만족할만한 자연환경을 가진 교외로 갈 수 없었다. 어느 때보다도 도시가 빠르게 커지고 있었고 고속도로가 그 속도를 더욱 부추기고 있었기 때문이었다. 언론인 월터 프리처드 이튼이 한 때 폴 리비어(Paul Revere; 미국 독립혁명 당시 우국지사이자 은세공업자)가 말을 타고 질주한 길을 따라 교외를 달리며 발견한 것은 냄새나고 흉측한 핫도그 노점상과 관자 요리 가판대, 주유소 등이 엉망으로 얽힌 사이를 달리고 있는 쇳덩이와 고무로 만들어진 차량의 행렬이었다. 내무부장관이었던 레이 라이만 윌버가 말했듯이 도로변의 난잡함은 눈살을 찌푸리게 했다. 옥외 광고판은 그중에서도 최악이었다. 옥외 광고판을 규제했던 네바다 주를 제외한 지역에서는 사람들의 시야에 방해가 될 정도로 기하급수적으로 늘어났다. 이 광고판들은 국내 랜드마크를 위태롭게 했고 지역사회의 명예를 깎아내렸다. 맥도널드는 대중에게 이런 광고판이 쓸모가 없으며, 광고할 가치가 있는지도 의심스럽다고 조심스럽게 말했다.

모터 슬럼에 대한 맥케이의 절망은 레이몬드 언원Raymond Unwin의 그것과 닮아있었다. 언원은 영국의 도시계획가로 도로변에 지어진 건물에 비판적인 사람이었다. 그는 "도로 인접지역 개발과 고속도로는 양립할 수 없다."고 주장했다. 이 주장은 『아메리칸 시티』지 1930년 2월호에 실린 뉴욕의 변호사 에드워드 바셋Edward M. Bassett이 쓴 기사의 내용과 일치했다. 그는 도로를 개선하더라도 그

상태를 오랫동안 유지할 수 없을 것이라고 예측했다. 주요 교차로들을 제거하더라도 진입로와 주유소, 창고, 상점, 주차된 차량 등이 크나큰 장해물이 된다는 것이었다.

바셋은 미국에 새로운 형태의 도로가 필요하다고 주장했다. 그가 제안한 것은 드라이브 차량과 비즈니스 차량 모두를 위한 고속도로와 그 주변에 시설물이 생기지 않도록 제약을 둔 공원 도로였다. 지금껏 이런 도로가 없었으므로 이런 도로를 부를 명칭도 없었다. 바셋은 이 도로에 '프리웨이Freeway'라는 명칭을 제안했다. 그는 이 명칭이 '단순하지만 훌륭한 앵글로 색슨의 특징을 가지고 있는 명칭'이라고 생각했는데, 여기에는 '교차로로부터의 해방, 그리고 사유 진입로와 상점, 공장으로부터의 해방'이라는 뜻이 담겨 있었다.

'도시 없는 고속도로'는 현대 고속도로 탄생에 기여한 저명한 두 교통공학자의 연구와 딱 들어맞았다. 맥케이가 열심히 기사를 쓰는 동안, 오스트리아 출신인 프리츠 말쉬르Fritz Malcher는 흐름의 상태가 시간적으로 변화하지 않는 일정한 흐름을 말하는 '정상흐름 시스템Steady-flow System'을 구상하고 있었다. 이 도로 체계는 대도시에 있는 갈림길에서 회차로를 돌아감으로써 중간을 가로질러 한쪽에서 다른 쪽으로 넘어갈 수 있도록 하는 체계였다. 원형 교차로로 합류하게 되는 이 도로 이론은—실제로는 다이아몬드 모양에 더 가까웠다—운전자가 운행을 중지하지 않고 목적지에 도달할 수 있다는 장점을 갖고 있었다. 운전자는 기존 형태의 교차로를 거치지 않고 이 다이아몬드 모양의 도로를 통해 어디든지 갈 수 있었다.

보행자들은 따로 구분된 인도를 이용하고 집은 래드번 스타일의 차량 통제구역으로 집중되는 시스템이었다. 말쉬르는 이렇게 썼다. "아무런 방해 없이 차량이 통행할 수 있는 도로가 있는 도시를 상상해보십시오. 속도와 배기량에 대한 규정만 있을 뿐입니다. 보행자들은 교통사고에 대한 걱정 없이 도시의 전 구역을—외곽 지역이든 중심지든 관계없이—계속 걸어 다닐 수 있고… 이런 이상적인 도시를 우리는 건설할 수 있습니다."

말쉬르는 차량이 도시를 떠나 어디든지 갈 수 있도록 그가 구상한 정상흐름 시스템을 전국 고속도로망에 결합시키기 시작했다. 그는 빠르게 통행할 수 있는 교차로를 고안하는데 애썼고, 이것이 바로 우드브리지Woodbridge에서 처음 만들어져 지금까지도 효율적으로 운영되고 있는 클로버형 인터체인지의 원형이 되었다.

또 다른 선지자는 하버드 출신의 밀러 맥클린톡Miller McClintock으로 최초로 교통학 박사 학위를 받은 사람이었다. 자동차산업계로부터 지원을 받고 있던 모교의 연구실 책임자로서, 맥클린톡은 여러 도시의 교통체증과 관련된 문제들을 다루었다. 그는 로스앤젤레스의 무단횡단 금지법을 만드는데 기여했고 시카고의 교통사고와 교통 혼잡을 연구해 저항(마찰)이론Friction Theory'을 주창하기도 했다.

맥클린톡은 도로를 강이나 혈관이라고 보고 차량은 그곳을 흐르는 액체로 생각했다. 어떤 곳에서는 막힘없이 흐르지만 또 어떤 곳에서는 더디게 흘러가고, 장애물에 가로막히거나 급류에 휩쓸리기도 하는데, 이런 흐름은 네 가지 '마찰 저항'을 받는 단계에 따라 정의되는 것이었다. 하나 또는 그 이상의 저항은 그가 조사한 모든 교통사고의 원인이기도 했다.

교차 저항은 교통 정체를 야기하고 다섯 번의 사고 중 한번 꼴로 발생하는 원인이 되었으며, 종종 치명적인 충돌사고를 일으키기도 했다. 정준선 저항Medial Friction은 반대편 흐름과 관련되어 있고—정면충돌이 한 가지 사례가 될 수 있다—교통사고 원인의 17퍼센트를 차지하는 것으로 보였다. 내부차선 저항은 같은 방향으로 움직이는 차량들 간에서 발생하는데 이는 측면충돌이나 추돌 사고, 차선 변경 시 일어나는 사고의 원인이 되기도 했다. 이는 교통사고 원인의 44퍼센트로 가장 큰 비중을 차지하고 있었다.

다섯 번 중 한 번꼴로 사고의 원인이 되는 주변 저항은 도로가에서나 도로가 주변에서 일어나는데, 표석이나 건물, 가드 레일, 도랑, 교각, 표지판이나 갑작스럽게 튀어나오는 보행자 등과 같은 잠재적인 위험 요소 때문에 일어나는 것이었다.

이처럼 필연적으로 발생하는 저항을 제거하기 위해 속도를 원만하게 조절할 수 있도록 미국 도로의 대대적인 재설계가 필요했다. 맥클린톡은 그가 제시한 답을 "제한 도로Llimited Way"라고 불렀는데, 이 도로는 그가 살펴본 모든 사고를 예방할 수 있는 네 가지 요소를 가진 도로였다. 최소 3미터 길이의 안전지대나 중앙분리대가 내부 저항을 줄여줄 수 있었다. 모든 교차로의 분기점은 같은 곳에서 만나게 된다. 제외된 일부 진입로 외에의 접근을 차단하고 직진으로만 달릴 수 있게 한다면 내부 저항을 없앨 수 있고 이런 접근 지점에서 추월차선과 가변차로를 이용한다면 내부 흐름을 원활히 할 수 있었다.

이를 기반으로 다양한 아이디어들이 나오기 시작했다. 과학 및 기계 관련 잡지는 매달 새로운 기사를 쏟아냈다. 1931년 8월, 맥클린톡 이후, 뉴욕의 도시계획가 로버트 위튼Robert Whitten은 《아메리칸 시티American City》지에 고속도로를 제대로 활용하기 위해 건물이나 도시를 없애야 한다는 주장들이 있지만 그는 그럴 필요가 없다는 주장을 실었다. 접근 제한 고속도로는 도시와 공존할 수 있으며 기존의 간선도로보다 덜 시끄럽고, 덜 위험하다는 것이었다. 그러기 위해서는 "도로의 설계와 건설에는 철저함이 필요하다."며, "도로 혼잡으로 인해 발생하는 그 정도의 소음은 지역민들에게 들리지도 않을 것"이라고 했다. 그는 또한 고속도로의 부정적 효과를 최소화할 수 있는 방법을 제안했는데, 그 방법은 도로가의 배수로와 도로의 사이에 거리를 두거나, 도로 높이보다 더 높게 쌓은 제방으로 분리하는 것이었다. 그는 두 가지 방법 모두가 도로의 효율성, 소음 감소, 미관과 편의성 등에 효과적이라고 주장했다.

같은 시기에 맥케이는 뉴욕의 작가이자 비평가이며 RPAA의 핵심 멤버인 루이스 멈포드Lewis Mumford와 함께 《하퍼스 먼슬리Harper's Monthly》지에 실었던 기사의 수정을 논의하고 있었다. 미국의 혼잡하고 어설픈 도로를 논평하는 내용의 그 기사는 원래의 기사보다 더욱 명쾌했다. 그 기사는 "절름발이 말이라도 120마력의 차와 똑같은 속도로 달릴 수 있다… 차가 가진 잠재적인 효율성을 확인할 수 있는 곳은 공장뿐이다."와 같은 내용을 담고 있었다.

그들은 기사에서 "혼잡한 도시의 도로와, 쇠퇴한 교외, 망가진 마을, 교외의 재해 지역, 조용하고 평화로운 시골 별장 등이 우리 주장에 있어서 크고도 모순적인 걸림돌이긴 하지만… 콘크리트로 포장된 수천 킬로미터의 넓은 고속도로를 만들고, 똑같은 방식으로 수천 킬로미터를 더 만든다면 도로의 통행 문제가 해결될 것이고 모두가 만족할 수 있을 것"이라고 말했다.

두 사람은 도시 없는 고속도로에 대해 명확한 두 가지 원칙을 만들었다. 도시 없는 고속도로는 규모가 큰 지역사회의 외곽에 존재해야 하고, 고속도로 지선으로 지역사회와 연결되어야 한다는 것이었다. 그렇게 함으로써 주변 지역과 떨어진 도로 주변에 충분한 공간을 확보할 수 있다는 것이다.

또한 그들은 고속도로와 사람이 함께 할 수 없어진 환경에 대해 아쉬워하는 내용을 담은 구절도 썼다. "말과 마차의 시대에는 주요 도로가 친구 같은 역할을 했다. 수레나 마차가 지나가면, 밭에서 일하는 농부나 현관에 있는 아내가 소리쳐 부를 수 있었고, 말이 멈추면 가벼운 대화를 나누기도 했다. 하지만 도시의 도로가 주요 도로가 되고 낮과 밤을 가리지 않고 달리는 차들로 가득 차게 되었다. 차에는 이웃이 아닌 낯선 이들이 타고 있었고, 모든 상황이 바뀌었다. 이런 도로는 더 이상 사회적 교류의 기능을 수행하지 못했고, 이것이 곧 큰 재앙이 된 것이다."

토머스 맥도널드는 미래 도로에 대한 자신의 생각을 다듬기 시작했다. 그는 성급한 사람이 아니었기 때문에 그만의 꼼꼼한 방식으로 일을 진행할 수 있었다. 그의 사무실에서 진행되는 회의는 종종 긴 침묵에 빠지기도 했다. 그는 결정을 내리기 위해 고심하는 동안 책상에 앉아 눈을 감고, 고개를 숙이고 코를 쥔 채로 사람들이 기다리는 동안 깊은 생각에 빠져들었다. 그것을 방해하는 사람은 없었다. 그는 작은 결정이 시간이 지나 완벽한 정책을 만들고 확실한 방향을 제시해준다고 믿었다. 그리고 사실에 근거해야만 좋은 결정이 나올 수 있다고 믿었다.

도로관리국은 초기에 진행했던 연구에 몰두해 있었다. 1900년에 첫 연구실을 개설하고, 몇 년 후에는 알링턴과 버지니아 주에 실험실을 만들었다. 그곳은 다양한 도로 표면에 관한 실험을 했던 곳이었고 제1차 세계대전 이후, 트럭의 낡고 단단한 고무 타이어가 도로에 손상을 준다는 사실을 밝혀내, 새로 개발된 정밀한 공기 타이어의 실험을 한 곳이기도 했다. 도로관리국은 일리노이 주 베이츠에서의 실험에도 참가했다. 그 실험은 도로의 가장자리 바깥쪽의 콘크리트 포장이 가장 두꺼워야 하는 것을 증명함으로써 많은 주(州)와 건설업자들의 표준 관행을 뒤집었다. 맥도널드는 고속도로 연구협회의 설립자 중 한 명이었는데, 이 협회는 훗날 수송 연구에 관한 국내 최고의 정보기관이 되었다. 그의 교수였던 앤스 마스턴 Anson Marston은 협회의 최초 의장을 지냈고 맥도널드는 집행위원회의 멤버로 활동했다.

맥도널드는 타운센드 빌Townsend Bill의 성공에서 새로운 연구 주제에 관한 아이디어를 얻었다. 기존 고속도로의 교통량을 조사하고, 도로의 위치와 형태, 넓이를 조정하는 관점에서 개선 및 개발 방법을 연구하는 것이었다. 그에 따르면 '유락 교통(愉樂交通; Pleasure Traffic)의 출발지와 최종 도착지점'을 조사하면 "교통량이 형성하는 고유의 라인을 정의하는 것이 가능하며, 도로에 필요한 형태와 넓이를 규정할 수 있다."는 것이었다.

이 같은 연구는 20세기 중반, 운전자와 교통량을 조사하는 방식으로 시작되었다. 조사관들은 캘리포니아 주의 뉴잉글랜드 및 다른 몇몇 도시에서 운전자를 멈춰 세우고 출발지와 목적지를 물어보기도 하고, 가장 많이 사용되는 경로를 알아내기 위해 손과 기계로 세어가며 도로를 관찰하기도 했다. 이런 초기 실험은 미국 운전자에 대한 두 가지 사실을 알려주었다. 하나는 운전자들이 더 좋은 길을 선택함으로써 그 지역주민에 비해 도로를 혼잡하게 만든다는 것이었고, 가장 인상적인 다른 하나는 운전자들이 대도시와 인접한 곳이나, 대도시와 대도시 사이를 가장 많이 돌아다닌다는 것이었다.

국장은 허버트 싱클레어 페어뱅크Herbert Sinclair Fairbank에게 결과의 취합을 맡겼는데, 그는 독신주의자로 볼티모어에서 도로관리국으로 통근하는 사람이었다. 마른 체형에 안경까지 더해 학구적인 느낌을 풍기는 페어뱅크는 문학가인 동시에 성공한 엔지니어였다. 그는 클래식 음악과 역사, 고전 등을 열렬히 탐구하는 학자였으며, 도로 건설의 기초 연구의 최고 전문가였다.

코넬 대학 출신의 페어뱅크는 굿 로드 트레인에서 견습 엔지니어로 일하기 전에 미연방 광산관리국에서 잠깐 일한 적이 있었다. 당시에는 한 번에 몇 주 동안 나라를 돌아다니며 정차하는 역마다 내려 홍보를 하는 일이 흔했다. 도시나 마을에서 내려 도로 개선에 대해 홍보하고, 주어진 환경에 관계없이 도로 개선이 어떻게 이루어지는지에 대해 알기도 했다. 이윽고 페어뱅크는 작가로서의 본인의 뛰어난 재능을 발휘하기 시작했다. 그는 도로관리국의 잡지였던 《퍼블릭 로드》를 책임지게 되었다. 그 역할은 편집자로서의 기능뿐만 아니라 잡지에 실릴 기술 관련 기사들을 심사하는 수준까지 이르러야 했다. 20세기 말, 페어뱅크는 국장의 가장 뛰어난 보좌관이 되었고 성장을 위해 노력했지만, 도로관리국 정책에 영향을 끼치는 일에는 대놓고 나서지 않았다. 그러나 맥도널드 국장과 페어뱅크가 함께하는 도로관리국의 열정은 강박관념 수준 이상을 뛰어 넘어버렸다.

맥케이와 멈포드, 맥클린톡과 말쉬르가 고속도로에 대한 이상적인 비전을 앞다퉈 제시하는 동안, 도로관리국은 불황으로 인해 현대 고속도로와 같은 도로의 건설과 장소에 대한 빈틈없이 완벽한 청사진을 만들어야하는 상황에 직면해 있었다. 경제 불황은 국가의 도로 건설 우선순위를 바꾸어 놓았다. 이제 목표는 완벽한 국가 고속도로 시스템이 아니라 그저 일자리를 만드는 것이었다. 정부의 돈이 전례 없이 풀리고 있었다. 1931년에는 백만 명 이상의 인원이 연방정부와 긴급 도로 건설 프로젝트에 투입되었고, 연방정부는 예산을 주요도로 뿐만 아니라 도시 내의 도로나 시골길에도 들이붓기 시작했다.

맥도널드는 이런 방식으로 불필요한 일이 진행되는 데에 화가 났다. 1921년에 지어진 중요 도로가 유지보수가 되지 않아 망가지고 심지어는 폐쇄되기까지 하는 동안, 예산은 이용자도 뜸한 작은 도로에 낭비되고 있었다. 포장도로는 좁았다. 대다수의 주(州)에서 2차선 도로의 너비가 약 2.5미터로 규정되어 있었고, 그보다 좁은 곳도 있었다. 이런 좁은 도로를 달리는 동안 차들은 점점 커지고 있었고 더 강한 엔진이 장착되었다. 시간당 136킬로미터를 달릴 수 있는 새로 출시된 차는 더 넓은 직선도로와 여유 있는 커브길이 필요했다. 문제가 생길 경우 대응할 시간을 벌기 위해 운전자의 시야를 가리는 것들은 없어야 했다.

이미 4천8백만 킬로미터를 측정했던 시스템에서 필요했던 것은 그 자체의 작업이 아니라 우선순위를 가려내는 것이었다. 돈을 어디에 제일 먼저 투자해야 할지, 운전자가 어떻게 그리고 왜 그 경로를 선택하는지를 파악해야 했다. 당연히 연방정부는 이런 시각이 필요했고, 그것은 의회와 주정부, 대통령도 마찬가지였다. 국장과 페어뱅크는 각 도로의 중요도를 확인하고, 어느 도로가 얼마나, 어떻게, 어떤 순서로 보수되어야 하는지 알아보기 시작했다. 그들은 1934년에 작업에 착수했고, 애리조나 주 상원의원이었던 칼 헤이든Carl Hayden과 오클라호마 주 하원의원이었던 윌번 카트라이트 Wilburn Cartwright의 지원으로 연방정부 고속도로 예산 지원 승인을 받게 되었다. 고속도로 연구개발을 위한 할당된 각 주의 연방 보조금의 1.5퍼센트를 따로 잡아두는 조항도 포함되어 있었다.

예산은 연간 고속도로 조사 활동자금으로 사용되었다. 맥도널드는 이 조사 활동을 두고 '지금껏 해왔던 것 중 가장 포괄적인 연구'이며 고속도로 계획의 '탁상공론을 완전히 전문적인 수준으로' 끌어올리도록 '기본 특성과 다양한 내용에 대한' 이해를 제공한다고 표현했다. 그들은 수십 년간 주(州)간 고속도로 시스템뿐만 아니라 워싱턴 고속도로 연구자로도 활동했다.

조사는 240명의 도로관리국 직원과 46개주에서 고용한 5천 명 가량의 보조원들이 진행했다. 조사관들은 국내 도로의 매 1.6킬로미터 지점을 잘라 상세 목록을 작성하고 지도를 만들었다. 지도에 좁은 커브 길을 표시하고, 갓길을 지우고, 배수로를 파고, 지하 배수로는 노출시키고, 다리는 좁게 만들었다. 도로는 매년 속도가 빨라지는 신차들로 더욱 위험해지고 있었다.

그들은 앞으로 출시될 신차와 교통량에 맞춘 도로 설계를 위해 다양한 도로에 대한 전형적인 운전자의 반응을 목록화하는 '차량 성능 연구'를 시작했다. 이 연구에는 특정 넓이의 도로나 곡선도로,

다양한 경사로 등에서 운전자가 속도를 조절하는 방식에 대한 내용과 갓길에 붙은 다리나 도랑과 중앙선과의 거리에 관한 내용이 들어있었다.

동시에 진행했던 연구 중에는 버스나 트럭이 적재량에 따라 얼마나 경사로를 잘 올라갈 수 있는지에 대한 실험도 있었다. 이 데이터는 서행을 하는 대형트럭을 위한 추가 차선이 필요한 고속도로 구역뿐만 아니라, 급경사로를 구분하는 데에 유용하게 사용되었다. 교통량과 특징을 살펴보기 위해서 도로관리국은 다양한 측정기계를 사용했다. 영구적으로 사용이 가능한 기계도 있었고 휴대성이 용이한 기계도 있었으며 엔지니어가 직접 개발한 기계도 있었다. 5백 번 이상 설치되었던 한 기계는 광전지와 광선을 이용해 작동했고, 다른 기계들은 대부분 전선이나 기송관을 도로에 설치해서 작동했다.

기계로 측정된 정보는 미시적인 것에 가까웠다. 2차선 도로의 통행 물리연구에서 진행된 실험은 속도의 변화가 일어나는 특정 지점을 지났거나 지나고 있는 동안의 차량의 속도를 측정했다. 통행 차량이 지나간 차선을 따라 이동한 거리와 중앙선을 침범한 거리와 횟수, 다른 방향에서 오는 차량이 접근할 때 두 차량의 반응 등도 측정했다.

이 연구에서 도로관리국이 얻을 수 있는 것은 무엇이었을까? 도로관리국이 인지하게 된 사실은, 다양한 속도와 상황에서 안전하게 통행하기 위해서는 공간이 얼마나 필요한지, 예상 통행 차량이 반대편 차선으로 진입하기 전에 전방을 얼마나 멀리 봐야 하는지 등이었다. 하지만 더 중요한 결과는 아스팔트 도로의 특정 구간에서 통행이 어려울 때, 서행을 하는 차량에 이어 정체가 발생하고 도로 효율성이 떨어진다는 사실이었다. 도로의 형태를 바꾸면, 도로의 흐름이 원활해지고 효율성도 올라가고 도로수명도 늘어날 것이었다.

연구는 첫 번째 목표를 달성했다. 도로관리국과 주정부가 어디에 예산을 쓰는 것이 가장 효율적인지 방향을 제시했던 것이다. 간단히 말해, 답은 도시였다. 페어뱅크에 의하면 데이터는 "도시 안팎을 오가는 엄청난 교통량이 있지만 도시에 남아있는 부분이 있기 때문에 줄어드는 교통량은 많지 않다."는 것을 보여주었다.

사실, 연구는 정치인과 자동차 제조업자에게 링컨 고속도로 등장 이후 다른 공공도로를 건설할 필요가 있다는 것을 보여주었다. 당시 미국인들은 장거리 운행을 거의 하지 않았다. 보통 48킬로미터 정도 거리를 운행했고, 운전자 중 88퍼센트는 그보다 짧은 거리를 운행하는 것으로 나타났다. 8백 킬로미터 이상을 운행하는 운전자들은 전체의 1퍼센트 중에서도 10분의 1만 차지했다.

도로관리국은 새로운 데이터를 얻기 위해 방법을 바꾸기 시작했다. 도시가 없는 고속도로는 제쳐두고, 새로운 아이디어가 나왔다. 고속도로는 되도록 많은 도시를 끼고 있어야 한다는 것이었다. 국장은 도시의 '자유 유동 고속도로'를 지지했고, 더 나아가 국가 규모까지 확장해 48개 주의 몇몇 구역을 이어 건설해야 한다고 주장했다. 현재의 고속도로 체계로부터 완전히 분리된 경로를 이어지게 만들어 소외된 도시들과 다른 중심 도시들을 연결한다는 측면에서 일리가 있었다.

하지만 맥도널드 국장의 생각은 달랐다. 모순적이게도, 미국의 현대 고속도로 네트워크 건설의 가장 주역이었던 사람이 국가를 가로지르는 격자형 고속도로를 만드는 것이 예산을 크게 낭비하는 것이라고 생각했던 것이다.

유료도로와 무료도로

도로관리국의 연구 활동이 한창이던 바로 그때, 맥도널드의 아내가 세상을 떠났다. 베스는 난소암으로 투병 중이었고, 발병한 지 2년이 지난 1935년 8월 6일에는 폐색전증으로 고통을 겪었다. 늘 사무실에서 오랜 시간을 보내는 그였지만, 맥도널드는 아내가 떠난 후 깨어있는 시간의 대부분을 회사에서 보냈다.

그는 점점 더 외톨이가 되었고, 대부분의 동료들은 그가 웃음이 없는 수수께끼 같은 사람이라고 생각했다. 그에게 다가가려는 사람은 거의 없었고, 친구가 되려는 사람도 없었다. 맥도널드가 가까이 지내는 사람은 단 세 명뿐이었다. 페어뱅크 외에도, 찰스 커티스 Charles D. Curtiss 대령이 있었다. 그는 수준 높은 교육을 받았고 국장보다 여섯 살 어렸으며, 캡(CAP; Captain)이라는 평생의 별명을 달아준 군 입대를 하기 전 아이오와 주에서 맥도널드와 함께 일했던 사람이었다. 커티스는 주말에 체비 체이스 Chevy Chase에 있는 맥도널드의 집을 방문하는 몇 안 되는 사람 중 한 명이었다. 그는 면전에서 국장의 의견에 토를 달 정도로 직설적이고, 일요일엔 교외로 가족과 드라이브를 나가는 활동적인 사람이었다. 맥도널드는 그를 절대 "커티스 씨"나 "커티스 대령"이라고 부르지 않았고 캡이라 불렀다.

그리고 또 한 사람, 캐롤라인 풀러Caroline L. Fuller가 있었다. 맥도널드의 비서로 천성이 착하고, 지칠 줄 모르는 똑똑한 여자였다. 미시건 주의 트래버스 시티Traverse City 출신인 풀러는 1916년 처음에는 속기사로 도로관리국에 고용되었다. 지금의 그녀는 더 이상 단순한 비서가 아니라 국장의 대변인이자 대리인이었다. 모두가 '풀러 씨'의 제안이 맥도널드의 제안이라고 여겼고, 그녀가 듣는 것은 그도 듣는다고 생각했다. 그녀는 도로관리국에서 유일하게 국장과 함께 엘리베이터를 탈 수 있는 사람이었다. 도로관리국의 모든 직원들은(허버트 페어뱅크까지도) 그 의례를 절대 어기지 않았다.

맥도널드가 베스의 죽음으로부터 위안을 찾은 곳이 있다면 그것은 길일 것이다. 그는 극서부지방과, 네브라스카 주의 샌드힐즈, 남아메리카를 몇 주씩 돌아다니기도 했다. 그가 가장 인상 깊게 보았던 것은, 아돌프 히틀러Adolf Hitler가 최신 기술로 건설한 아우토반Reichsautobahn을 보기 위해 미국 엔지니어 중 한 명으로 유럽을 두 차례 다녀온 일이었다.

1936년, 국장은 아우토반을 '현대 도로 건설의 경이로운 사례'라고 인정했고, 베를린에서 동쪽으로 향한 구역을 '세상에서 가장 즐겁게 운전할 수 있는 도로 중 하나'라고 극찬했다. 2년 후, 독일의 도로에 감명을 받았던 맥도널드는 심도 있는 연구를 다시 시작할 시간적 여유가 생겼다. 오늘날의 표준을 빗대어보더라도 아우토반은 현대적인 시스템을 가지고 있었다. 차량은 일방통행인 노상에서 평행으로 빠르게 이동했다. 도로는 충분히 넓었으며, 약 5미터 높이의 조경이 중앙에 설치되어 도로를 나누고 있었다. 고속주행을 가능하게 하기 위해—실제로 속도제한도 없었다.—구분해놓은 것이었다. 또한 교차로의 위나 아래로 지나갈 수 있게 되어있었고, 몇몇 구역은 진입로나 인터체인지(입체교차로)에 연결되어 있었으며 도로 표면은 콘크리트로 매끄럽게 포장되어 있었다. 형태는 단순하며 현대적이었다. 또한 교량과 고가교의 규모는 엄청났다.

국장은 하노버로 향하던 중 '트럭 운전기사가 야간운행 때 쉬어갈 수 있는 구역'을 '좋은 도로의 기본 설계 방식'이라며, 도로운행을 자연과 미관을 즐길 수 있는 여행으로 만들려는 제3국의 깨어있는 노력이라고 감탄했다. 그는 일기장에 다음과 같이 기록했다.

"루르 강의 전 지역은 광산업과 철강업에 힘입어 고도로 산업화되어 있다. 하지만 아우토반은 숲을 가로지르며 멋지게 자리 잡고 있다. 사람들은 나무가 우거진 농경지역을 달리고 있다고 생각할 것이다. 도로에서 공장의 굴뚝이나 산업도시의 다른 흔적은 찾을 수 없었다. 몇몇 지점의 도로는 높은 지면에 건설되어 순수한 농경지의 특징인 주변의 평지와 숲, 마을을 볼 수 있는 시야를 확보해주었다. 이런 방식은 작은 계곡을 건널 때에도 높고 긴 고가교를 필요로 한다... 독일인들이 엄청난 규모의 고속도로 계획 및 설계에서 대담한 구상을 했다는 것에 높은 점수를 주지 않을 수 없다."

1938년 7월 6일에 기록한 내용이다. 그날은 시스템 최고 감독관인 프리츠 토트Fritz Todt와 저녁식사를 함께 했던 날이기도 했다.

하지만 국장이 본 바로는 독일의 시스템에서 미국에 적용할 수 있는 것은 많지 않았다. 20세기에 시작된 고속도로에서 파생된 아우토반은 히틀러의 권력이 절정기 때 건설되었고, 그 도로가 군용도로로 쓰인 것에는 의심할 여지가 없었다. 《타임Time》지가 1939년 2월호에서 지적했듯이, "벨기에 국경 근처 쾰른Cologne의 진입로에 오르면 구 베를린을 지나 폴란드 국경까지 갈 수 있고, 수도에서부터 폴란드 회랑Polish Corridor 약 153킬로미터를 따라가면 팔켄부르크Falkenburg까지 쉬지 않고 갈 수 있다. 독일 북서부 쪽 끝에 있는 함부르크나 프랑스 국경과 가까이 있는 자르브뤼켄Saarbrucken도 마찬가지였다.

실제로 도로는 인구가 집중된 도시보다 국경지대를 향해 뻗어 있었고, 맥도널드가 유럽을 방문했을 당시 도로관리국에서는 이런 방식이 미국에 필요한지에 대한 확신이 없었다. 독일의 도로는 맥도널드의 경제관념에는 맞지 않게 교통량에 비해 지나치게 대규모로 만들어져 있었다. 이렇게 대규모로 만들어진 도로의 대부분이 맥도널드가 보기에는 낙후된 도로만큼이나 민망한 것이었다. 그가 생각하기에 경제적 효과가 없다면 도로를 만드는데 쓰인 기술이 아무리 훌륭하더라도 실패한 것이었다. 게다가 독일에 비해 미국의 도로는 더 작은 규모였지만, 아우토반에서 그가 모르는 기술은 거의 없었다.*

---

* 당시 미국의 엔지니어들을 생각해 본다면 맞는 말이다. 아우토반은 미국인의 창의력을 기반으로 건설되었기 때문이다. 독일에 따르면, 아우토반이 가진 특징 요소들은 로버트 모지스의 뉴욕 파크웨이와 링컨 고속도로에 만들어진 우드브릿지의 클로버형 입체교차로, 도로관리국과 주정부 도로청과의 협의

하지만, 히틀러의 아우토반은 미국의 고속도로 건설에 적지 않은 영향을 끼쳤다. 국회의원들은 고속도로 시스템을 자체 개발하는 데에 관심을 가지게 되었고, 1938년 2월에 국장이 프랭클린 루스벨트Franklin Roosevelt 대통령과 고속도로 관련 문제를 논의하기 위해 백악관으로 불려간 것은 새로운 시작을 의미하는 것이었다. 대통령과 국장의 회의는 미국 고속도로의 역사에서 하나의 분수령이 되었다. 대통령은 국장에게 직접 파란색 연필로 격자무늬를 그려 넣은 48개주의 지도를 보여주었다. 세 개의 선이 미국을 가로질러 한쪽 해안과 반대쪽 해안을 잇고 있었고, 또 다른 세 개의 선이 수직으로 가로질러 캐나다 라인에서부터 걸프 만이나 멕시코 국경까지 이어져 있었다.

루스벨트 대통령은 맥도널드에게 대륙횡단 도로를 구축하는 것에 큰 관심을 가지고 있고, 이 여섯 개의 선과 함께 떠오른 자신의 아이디어를 전했다. 루스벨트 대통령은 요금 징수를 통해 시스템 구축비용을 충당하는 것이 가능할 것이라고 했고, 그렇지 않으면 연방정부가 고속도로 인근 지역에 속하는 부동산을 매각해 이익을 남길 수 있을 것이라고 했다. 이 아이디어는 많은 논란을 불러일으켰지만, 루스벨트 대통령의 열망을 드러내는 것이기도 했다. 그는 국장에게 필요한 것을 조사하고 보고하도록 지시했다.

맥도널드와 페어뱅크는 임무에 착수했다. 국장은 개요를, 페어뱅크는 정보의 상세한 내용을 작성했다. 두 사람은 함께 대통령의 아이디어가 충분히 구축 가능한 것이기는 하지만, 국가에 정말로

등에서 영감을 받거나 모방한 것이었다. 이 내용은 전쟁 직후 널리 알려지게 되었는데, 독일의 엔지니어들은 이를 부인하지 않았다. 1938년 당시에는 이러한 사실이 잘 알려져 있지 않았다.

필요한 고속도로는 아니라는 결론을 내렸다. 페어뱅크가 임무를 진행하며 말했던 것처럼, 그들은 "이것은 대륙횡단을 위한 아이디어가 될 수 없다. 도로의 교통량은 한정된 구역 내에서 매우 국부적으로 발생하며, 이 도로의 혼잡은 대도시 인근과 도시들이 인접한 지역에서만 발생하는 도시의 부산물로 심각한 수준에 이를 것"이라는 의견을 제시했다.

그들은 몇 주 뒤 보고서를 전달했고, 국장은 국회로부터 대통령 지시와 거의 비슷한 지시를 받았다. 그는 2월까지 여섯 개의 대륙횡단 고속도로의 가능성을 확인하고, 각 방향에 세 개의 도로가 건설되는 비용을 계산해보고, 그 건설비용을 충당하기 위해 징수할 요금을 측정해야 했다.

맥도널드와 페어뱅크가 열두 명 전문가의 지원을 받아 작성한 두 번째 보고서에는 훨씬 더 포괄적이고 중요한 내용이 들어있었다. 이 보고서는 단순히 국회의 질문에 대한 답이 아니었다. 이 보고서는 국회의원들이 요청하지도 않은 것을 제안하고 있었다. 단순한 격자 형태의 대륙횡단 도로가 아닌, 더 야심적인 '지역 간 Interregional'이 관련된 고속도로 시스템이었다.

'유료도로와 무료도로'라는 제목의 이 문서는 두 개의 파트로 나뉘어져 있었다. 첫 번째 부분은 대륙횡단 유료도로의 가능성에 관한 부분으로 86페이지 분량이었고, 전체 보고서의 3분의 2를 차지하고 있었다. 이 파트의 결론은 "여섯 개의 주(州)간 고속도로 전체에서 요금을 징수하더라도 도로의 건설비용 전체를 충당할 수 없다."는 것이었다. 이 결론을 읽기까지 오래 걸리지 않았다. 핵심 내용이 2페이지 아래쪽에 있었기 때문이다.

도로관리국은 다시, 2만3천 킬로미터에 이르는, 최고 표준을 확립해야 하는 여섯 개의 주간 고속도로가 물리적 측면에서는 전적으로 가능하며 29억 달러의 비용이 소요된다는 사실을 밝혔다. 융자와 유지, 톨게이트 운영비용 등을 모두 합치면 소요될 비용은 1960년까지 매년 1억8,400만 달러에 달했다. 낙관적으로 계산해봤을 때, 고속도로의 연간 수입은 7,214만 달러로, 예상 소요비용의 40퍼센트에도 미치지 못하는 금액이었다.

도로관리국은 최고의 대륙횡단 유료 고속도로를 설계하기 위해 백방으로 노력했다. 주요 도시를 연결하고, 유망하고 잠재적으로 수익성이 있는 경로를 이용했다. 대부분의 도로는 2차선 넓이였다. 이것은 주간 고속도로가 아니라, 가로 3.5킬로미터의 차선과 넓은 갓길, 완만한 경사로, 넓고 안전한 커브 길을 만들고 경사로에 철길이나 교차로를 없앤, 기존 고속도로 보다 조금 안전하고 조금 빠른 형태에 불과했던 것이다. 하지만 이런 도로에도 엄청난 비용이 필요했다. 솔트레이크시티Salt Lke City에서 리노Reno로 향하는 약 830킬로미터의 도로—웬도버 로드Wendover Road—는 요금 1달러 당 12.3센트의 수익만 남길 뿐이고, 그보다 더 길고 먼 노스다코타North Dakota 주의 파고Fargo에서 워싱턴 주의 스포캔Spokane까지 뻗은 길은 9센트의 수익을 남길 뿐이었다. 최악의 도로는 애틀랜타에서 조지아 주의 오거스타Augusta로 연결되는 도로로, 이곳의 예상 수익은 7.5센트에 불과했다.

도로는 돈을 벌 수 있는 수단은 확실히 아니었다. 인디애나폴리스에서 콜럼버스까지는 고작 투자금의 40퍼센트를 회수할 수 있었고, 클리브랜드에서 버펄로Buffalo까지는 38퍼센트를 회수할 수 있을 것으로 보였다. 겉으로는 혼잡해 보이는 66번 고속도로인, 세인트루이스에서 미주리 주의 스프링필드까지의 도로는 투자금의 3분의 1만을 회수할 수 있을 뿐이었다. 뉴저지 주의 저지시티Jersey City에서 코네티컷 주의 뉴헤븐New Haven에 달하는 미국 내에서 가장 혼잡한 도로에서조차 실패할 게 분명해 보였다. 보고서에 따르면, 1960년까지 수박 겉 핥기식 이론으로는 흑자경영이 가능하지만, 이런 방식의 운영은 도박이나 마찬가지였다. 국회에서 통행료에 대한 실험을 요구한다면, 그나마 가장 가능성이 높은 곳은 워싱턴에서 보스턴으로 연결된 도로였다. 다른 곳은 가능성이 없었다.

그리고 보고서의 수치는 '분명하게, 그리고 결정적으로' 여섯 개의 유료도로에 대한 수요가 창출되지 않는다는 것을 나타냈다. 미국 대륙을 횡단하는 차량은 하루에 고작 3백 대 남짓이었고, 미시시피의 동쪽 지역에서 서부 해안가로 운행하는 차량은 약 8백 대뿐이었다. 이 정도의 수요로는 막대한 공공 예산의 지출이 정당화될 수 없었다.

실제로, 도로관리국이 수년간 진행해온 조사에서 나타난 바와 같이, 대다수의 차량이 한 번 움직일 때 약 32킬로미터 이하의 거리를 운행할 뿐만 아니라, 그 중에서도 대부분은 약 8킬로미터 정도만 운행하는 것으로 나타났다. 따라서 이런 유료도로는 출입지점이 제한되어 있기 때문에 운행 수요가 미미할 것이고, 진입로는 이런 수요에 비해 너무 많이 만들어질 것이었다. 이런 수치에 적용되지 않는 적지 않은 구간이 있을지라도, 대륙횡단 유료도로는 시장성이 없었다. 결국 차량 소유주의 절반이 연봉 천5백 달러 이하의 가정이라는 것을 감안할 때, 편의를 위해 요금을 지불하고 도로를 이용할 운전자가 과연 얼마나 있을 것인가라는 의문만 남게 되었다.

　유료도로와 무료도서에 대한 보고서는 여기서 결론을 짓고 끝날 수도 있었다. 하지만 "보고서는 부정적이기보다는 건설적이어야 한다."라는 방침에 따라 6개의 유료도로에 대한 대안을 제시했다. 그 제안은 다음과 같았다. "국가 전체를 위한 주간 고속도로의 효과적인 계획에 대한 일반적인 개요가 필요하다." 이 계획은 페어뱅크가 작성한 것으로, 두 번째 파트의 55페이지를 차지하고 있었다. 글은 페어뱅크처럼 여유 있지만 우아하고 냉철하며 대담한 문체로 작성되어 있었다. 그는 20년 동안 그래왔던 것처럼 볼티모어에서 사무실로 통근했지만, 이 중대한 보고서는 대부분 그의 자택에서 작성했다. 줄이 쳐지지 않은 노란 종이에 수기로 보고서를 작성했고, 자신의 의견에 근거가 될 통계 자료를 위해 빈칸도 남겨두었다. 그 빈칸은 추후에 수동계산기로 자료를 빠르게 계산하는 조수가 채워 넣을 것이다.

　도로관리국은 이런 방식으로 오늘날의 주간 도로망 면에서 유사한 4만3천 킬로미터에 달하는 무료고속도로를 제안했다. 사실 이것은 몇 구간을 제외하면, 현대 도로망과 거의 흡사했고, 루스벨트 대통령이 제안한 여섯 개의 고속도로의 두 배에 가까운 길이였다. 마스터플랜은 '국내 지역 간 운행을 위한 모든 주요 도로의 대부분을 포함'하고 있었다. 또한, '인구가 많은 도시를 예외 없이' 연결하고, "그 장소를 여행한 운전자가 운행했던 실제의 모든 도로"를 따라가고 있었다.

　마스터플랜의 구간은 대부분 주간 고속도로의 형태는 아니었다. 보고서에서는 도로는 더도 덜도 아닌 딱 필요한 만큼에 반응한다는 국장의 주장에 맞춰져 있었다. 넓은 땅에 필요한 것은 바로 양쪽 갓길이 깔끔하게 정비된 각 방향으로 뻗은—맥케이와 멈포드의 '도시 없는 도로'의 실용 버전—도로였다. 페어뱅크는 이러한 개선이 자동차 여행에 혁명을 일으킬 것이라고 믿었다. 그는 잘 알려진 것처럼 "비록 이 마스터플랜이 보여주는 주행거리 시스템은 국내 전체 지방 고속도로Rural Highway의 1퍼센트 미만에도 미치지 못하지만, 이 도로는 분명히 전체 지방 차량 주행거리의 12.5퍼센트를 수용할 수 있다. 예산을 다른 곳에 투자하는 것보다 이 도로에 투자한다면 고속도로의 사고율 감소에 엄청난 영향을 끼칠 것"이라고 예측했다.

하지만 이 보고서의 가장 혁신적인 부분은 연방정부가 도시의 개선을 위해 제정하려고 애썼지만 항상 거부되었던 법안과 유사한 도시 고속화도로의 필요성을 강조한 것이었다. 보고서는 우회도로가 도시 혼잡을 해소할 수 있다는 오래된 관념을 분석하는데 시간을 낭비하지 않았다. 도시는 의도치 않게 점점 더 어수선하고 혼잡해진데다 존재하지도 않는 문제를 해결하는데 시간과 자원을 낭비하고 있었다. 도시의 혼잡은 지역의 교통량이 뒤섞여서 만들어지는 것이 아니었다. 도로관리국은 도시 혼잡의 이유가 도시 안팎을 오가는 짧은 이동거리가 많기 때문이라는 것을 밝혀냈다. 즉, 혼잡은 외부 지역 사람들이 아닌, 지역주민들 때문에 생기는 것이었다.

도로관리국의 데이터는 예시를 통해 날짜에 관계없이 워싱턴에 진입하는 2만5백 대의 차량 중 2,269대 즉, 11퍼센트 이하의 차량만이 우회도로 이용이 가능하다는 것을 보여주었다. 보고서는 다음과 같이 쓰여 있었다. "워싱턴뿐만 아니라 다른 도시에서도 남아있는 교통량의 규모는 계속 유입될 뿐만 아니라, 대량으로 도시 중심을 통과하게 될 것이다. 운행 차량의 목적지가 대부분 도시 중심이기 때문이다." 그리고 운전자들은 도시 중심으로 향하는 도로에서 과거 말이 끄는 수레를 위해 만든 도로와 별반 다르지 않은, 좁고 낡은 도로를 너무 자주 접하게 될 것이다. 차도나 철길을 가로지르는 도로와, 갓길 주차, 그리고 주차공간을 찾기 위해 두리번거리는 사람들로 인해 원활한 운행이 어려울 것이었다.

정답은 시내 주변의 도로를 우회시키는 것이 아니라, 곧바로 중심지로 향하게 하는 것이었다. 보고서는 다음과 같은 결론을 내리고 있었다. "대도시에서 대대적인 공사가 필요할 것이다. 다시 말해, 도시 중심으로 밀려들거나 통과하려는 차량 무리를 상충교통량 **Conflicting Traffic**(역주; 직진 차량에 의해 우회전 차량이 방해를 받는 경우처럼 방향이 다른 교통 흐름이 동일한 시점에 교차로 상의 한 점을 서로 점유함으로써 진행에 방해를 받게 되는 교통량)에 의한 방해 없이 지역 교차로를 넘어가도록 할 수 있는, 기존 도로의 아래나 위로 지나가는 도로—전자가 일반적으로 선호되는 형태였다—를 만드는 것이다."

이는 문제점이 없는 것은 아니었지만, 반드시 나쁜 것만은 아니었다. 고속도로를 분별력 있게 사용한다면, 항상 핵심 문제로 떠올랐던 도시들의 쇠퇴를 막을 수 있었다. 페어뱅크는 고향인 볼티모어에서 주민들이 서로를 불신하고, 갈수록 희망과 건강, 평온함이 없어지는 이웃을 뒤로 한 채 교외로 떠나는 모습을 보았다. 유사한 움직임들이 곳곳에 일어났고, 상업지역을 망가뜨리고 있었다. 이를 막기 위해서는 '도시계획의 급진적인 변화'가 필요했다. 페어뱅크는 이렇게 썼다. "이러한 변화로 현재보다 더 큰 원활한 교통순환에 필요한 공간이 만들어져야 한다." 그렇다면 종양을 제거하듯이 잘라내고 삶에 밀접한 고속도로로 대체될 수 있는 더 나은 장소는 어디일까?

페어뱅크가 지적한 것처럼, 가장 중요한 것은 시간이었다. "부패한 슬럼 지역의 중심 여기저기에서, 상당수의 다양한 새 건물의 가격이 상승하고 있다. 일부는 개인 건물이고, 또 일부는 공립이다." 이와 같은 새로운 투자는 '새 도로 건설에 필요한 타당한 계획을 가로막을 수'도 있었다. 다시 말해, 어둠이 걷히기 전에 어둠 속에서 이득을 취하는 것이 더 쉽고 비용도 덜 든다는 뜻이었다.

오늘날까지 거의 알려지지 않은 1939년 보고서의 빽빽한 텍스트를 한 구절씩 읽어보면 예감의 짜릿함이 느껴진다. 보고서 '유료도로와 무료도로'에서 제시한 도시 재개발 방식은 몇 년이 지난 후, 전국의 도시에서 쓰이게 되었다. 하지만 보고서의 명료함과 포괄성 때문에, 목표로 한 빈민가 지역의 중요한 요소를 간과하게 되었다. 그곳이 설령 낙후된 지역일지라도 수백만 명이 살고 있다는 사실이었다.

》》》

'유료도로와 무료도로'의 당위성을 지지하는 사람들 중에는 저항 이론을 주창하고 맥도널드와 오랫동안 교류해왔던 밀러 맥클린톡이 있었다. 그는 이 보고서를 '경제 기본상식의 아주 훌륭한 사례이자 현실적인 행정정치 방식'이라 불렀다. 맥클린톡과 국장, 두 사람 모두 알고 있었지만 꺼내지 않은 이야기는 바로 그가 장거리 고속주행으로 미국인들을 흥분의 도가니에 몰아넣은 그 프로젝트에 포함되어 있다는 사실이었다. 사람들은 정부의 발표도 아랑곳하지 않고, 이 고속도로가 얼마나 획기적인지에 상관없이 그저 열광하고 있었다. 맥클린톡은 1939년 뉴욕의 세계박람회에서 제너럴 모터스의 전시품 중 가장 핵심적이고 최고 인기작이었던 '퓨처라마 Futurama'의 기술자문위원이었다.

맥클린톡의 추천을 받은 사람은 자신감이 넘치고 남의 시선은 눈곱만큼도 신경 쓰지 않는 쇼맨, 배우, 작가, 예술가, 무대설치가이자 마케터인 노먼 벨 게디스 Norman Bel Geddes였다. 그는 미시건 출신으로 극장을 개조하는 산업 디자이너로 성공적인 커리어를 쌓았으며, 최근에 미래도시를 위한 전문가가 되기로 작정한 사람이었다. 벨 게디스는 제너럴 모터스에 모형 비행기를 팔기도 했다. 그의 비행기는 미국의 1960년대 모델을 뛰어넘는 것이었다. 고속도로에 특별히 관심을 가진 그는 전 재산의 세 배가 넘는 돈을 투자하여 성공을 거두었다. 박람회 관람객들은 15분간의 체험을 위해 한 시간씩 기다리기도 했다.

벨 게디스는 마치 마법사처럼 엄청나게 큰 축소모형을 만들었다. 농장과 숲, 교외, 도시를 갖춘 축소모형은 4천 제곱미터에 달했고, 하나하나 디자인하고 만든 50만 개의 집과 시내의 마천루를 이루는 3미터 높이의 빌딩이 있었고, 18종의 나무가 백만 개 이상 설치되어 있었다. 최신 모델의 자동차와 트럭의 모형은 5만 대 정도였는데, 그중 1만대는 길이나 다리, 고속도로를 돌아다니고 있었다. 그중에서도 가장 인상적이었던 것은 덮개를 씌운 6백 개의 윙체어를 움직이는 컨베이어 시스템이었다. 의자는 해설가의 어깨 높이에 맞춰져 있었다. 컨베이어는 축소모형 위에서 아래위로 움직였고, 속삭이는 것 같은 남자목소리가 모형에 대한 설명을 들려줬다. 지금 시대에서 비슷한 것을 찾아보자면, 디즈니랜드의 유령의 집 정도가 될 수 있을 것이다.

밖에서는 2만8천 제곱미터의 전시장이 벙커처럼 불투명하게 보였고 슬라브로 된 측면은 은빛이 나는 회색으로 칠해져 있었다. 구불구불한 진입로를 따라 안쪽으로 들어가면 가로 30미터 세로 18미터 크기의 거대한 원형 미국 지도가 있었다. 지도에는 고속도로와 혼잡 지역, 그리고 그에 대한 대안으로 새로운 고속도로가 빛을 내며 표시되어 있었다. 지도를 곧장 지나가면 컨베이어 의자가 나왔고 의자에 앉으면 환영의 인사를 건네는 목소리와 함께 미끄러지듯 어둠 속으로 들어갔다. "제너럴 모터스의 미래도시에 오신 것을 환영합니다! 지금 여러분은 1960년에 미국을 횡단하는 비행기를 타고 있습니다. 우리는 무엇을 보게 될까요? 어떤 변화가 일어날까요?"

그러면 컨베이어 의자에는 다시 빛이 드리우고 아래에는 농장과 작은 마을, 졸졸 흐르는 개울, 소떼를 풀어놓은 초원, 열매가 가득 열린 사과나무의 풍경, 그리고 무엇보다 중요한 자동차들이 달리는 풍경이 있는 지평선이 펼쳐졌다. 해설자가 설명을 이어갔다. "우리는 1939년부터 놀라운 발전을 이룩해왔습니다. 산업과 인간의 재능이 더 새롭고, 더 좋은 것을 만들어냈죠. 문명화가 시작된 이후부터, 운송수단은 사람의 발전, 번성, 행복의 중요한 요소였습니다." 이때 목초지와 골짜기, 산을 가로질러 오늘날의 흔히 볼 수 있는 도시로 향하는, 차량이 가득한 고속도로가 나타났다. 고속도로는 다른 고속도로와 합류될 수 있도록 갈라지고, 포개어져 나란히 달리며 고층건물들 사이를 지나갔다. 공항으로 향하는 고속도로에서는 원형으로 이루어진 공항을 내려다볼 수 있었다. 사실 이 도시는 산업도시였던 세인트루이스를 어렴풋이 모방한 것이었지만, 빈민가는 찾아볼 수 없었다. 해설자는 "빠르고 안전하게 설계된 1960년의 고속도로와 함께, '먼저 미국을 보라See America First'라는 슬로건은 새로운 의미와 중요성을 갖게 되었습니다. 위대하고 아름다운 나라의 짜릿하고 풍성한 축제가 이제 열립니다. 일정은 길지 않지만 말이죠."라고 말했다.

막바지에 가까워지면, 해설가의 "미래에 주목하세요."라는 말과 함께 도시의 상점가를 볼 수 있었다. 벨 게디스가 그 후에는 어떤 일이 일어날 것인지 설명했다. "관람객이 타고 있는 컨베이어 의자가 휙 돌게 되죠! 관람객은 자신의 눈을 믿을 수 없을 겁니다. 방금 전까지만 해도 아래로 내려다보이던 실제 크기의 교차로에 본인이 있을 테니까요."

바로 당신의 눈앞에 모델을 정확히 똑같이 복제한 것이 나타나는 것이다. 길에서 쉽게 볼 수 있는 제너럴 모터스의 1939년형 차량 모델과 전시장 뒤에 별도로 전시된 석영창Quartz Windows을 갖춘 구동 엔진, 플렉시 유리로 된 자동차, 음식을 보존하기 위한 전기냉장고 등이었다. 그러면 해설자가 외쳤다. "제너럴 모터스의 마법 같은 미래도시에 오신 것을 환영합니다! 직원의 안내에 따라 이동해 주세요."

박람회는 흥미로운 볼거리들이 넘쳐났다. 소련의 모스크바 지하철역을 실물 크기로 재현한 설치물도 있었고, 의학관에서는 매독 균을 직접 볼 수 있었으며 흉부 엑스레이를 찍거나 청각 테스트를 받을 수도 있었다. 일본이 자랑하는 양식진주로 만든 자유의 종이나 세계에서 가장 큰 타자기, 엄청나게 큰 키의 루마니아 수녀, 6인치 꼬리를 가진 '쟁'이라는 이름의 말레이시아 소년도 있었다. 루즈-와일 비스킷은 '흰 옷을 입은 소인(小人)들이 사는 행성'을 전시했다.

노먼 벨 게디스가 만든 다른 전시품도 있었다. 한 명의 무용수가 박람회 곳곳에 동시에 나타나 마치 무용단처럼 보인다는 거울 쇼였다. 그리고 제너럴 모터스의 주요 경쟁사도 있었다. 포드 모터는 '내일의 도로'라고 이름 붙인 3층 높이의 나선형 콘크리트 경사로를 전시했다. 오늘날의 주차장을 떠올리게 하는 것이었다. '삶과 리듬과 음악으로 활기 넘치는' 가상 신도시를 구현한 '모형 도시Democracity'가 있는 60미터 지름의 콘크리트 구체로 된 구형극장 Perisphere이 있었다. 이 전시품은 RPAA(미국지역계획협회)의 지역도시의 이상과 꽤 흡사했다. 천천히 움직이는 두 개의 발코니에서 모형 도시를 살펴보는 것은 흥미롭기는 했지만, 퓨처라마의 날아다니는 체험에 비할 바가 못 되었다.

게다가 제너럴 모터스의 훨씬 더 화려한 계획이 나오고 있었다. 벨 게디스가 자신의 아이디어—수중 레스토랑, 뉴욕항의 공중 원형 공항, 단테의 신곡(만)을 위한 5,000석 규모의 극장 등—를 실은 사진집을 발간했던 1932년으로 거슬러 올라가면 그 뿌리를 찾을 수 있다. 그가 쓴 책인 『호라이즌Horizon』에서도 눈물방울 모양을 하고 지느러미를 가진 차와 버스의 스케치가 실려 있었고, 공원과 경기장으로 둘러싸인, 똑같은 모양의 고층 빌딩에 사람들이 살고 있는 미래도시에 대한 스케치도 실려 있었다.

고층 공동주택은 스위스 출신의 설계가이자 도시계획가로 잘 알려진 유럽의 모더니스트 르 코르뷔지에Le Corbusier가 선호하는 주제였고, 벨 게디스는 그 주제의 강력한 지지자였다. 1936년, 그는 뉴욕의 광고 회사로부터 쉘 오일의 광고 캠페인으로 쓰일 교통 혼잡 해결책의 초안 작성을 의뢰 받았다. 벨 게디스는 서둘러 도시계획과 차량 등록, 고속도로 디자인 등에 대한 자료를 모으기 시작했으며 맥클린톡과 접촉하기 시작했다.

얼마 지나지도 않았을 때, 벨 게디스는 고객들에게 자신의 고층 빌딩과 고속도로가 있는 미래도시의 모델에 투자하라고 설득하기 시작했다. 맥클린톡의 조언뿐만 아니라, 그는 프리츠 말쉬르의 정상흐름 시스템에 부합하는 아름다운 진입로와 굽은 교차로에 영감을 얻은 것이 분명해보였다. 광고에 쓰일 상세 모델의 경이로운 사진이 나왔을 때, 그 결과물은 아름다움과 동시에 현실적이었다. 벨 게디스는 그 사진을 보고 아이디어의 가닥을 잡았다.

주요 요소 중 하나는 각 방향에 7차선 도로를 가진 미래 고속도로였다. 네 개 차선은 시간당 80킬로미터를 운행하는 차량이 사용할 도로였고, 두 개 차선은 시간당 120킬로미터를 운행하는 차량을, 나머지 한 개 차선은 시간당 160킬로미터를 운행하는 장거리 전용 도로였다. 조경이나 콘크리트 벽으로 구획이 나눠지고, 18인치의 강철칸막이가 차량이 도로를 벗어나지 않게 해주었다. 밤에는 이 칸막이에 설치된 형광조명 시설이 길을 비춰주었다.

제너럴 모터스는 처음에 벨 게디스의 아이디어를 받아들이지 않았다. 회사는 1933년 시카고 박람회에서 전시했던 것과 유사한 조립라인 모형을 만들 계획을 하고 있었다. 벨 게디스는 타이어 제조사인 굿이어Good Year 측에 아이디어를 제시했지만, 회사는 전시 자체를 반대했다. 벨 게디스는 마지막 시도를 위해 제네럴 모터스 대표를 만나 지난번과 같이 유사한 전시회를 연다면 일반대중들은 5년 동안 회사에 새로운 아이디어가 없었다고 생각할 것이라 설득했고 결국 그는 2백만 달러의 자금을 얻게 되었다.

이것은 1938년 5월, 박람회가 열리기 단 11개월 전에 일어난 일이었다. 벨 게디스와 직원들은 모델을 만들었을 뿐만 아니라 분당 31미터를 움직이고 디오라마(Diorama; 입체모형)의 강조된 부분을 볼 수 있는 방향으로 움직이는 의자를 얹은 480미터 길이의 컨베이어를 제작했다. 총 6백 개의 의자에는 고무바퀴가 달려있었으며 하나하나가 독립적으로 움직일 수 있었다. 사운드 시스템은 내레이션을 150개의 채널로 각 위치에 전달해, 4열로 구성된 의자에 앉은 관람객들에게 각 위치에서 적정하게 해설을 들려줄 수 있었다.

벨 게디스와 직원들은 모델에 현실성을 더하기 위해 무수히 많은 장치를 만들었다. 비행기는 공중에서 그림자를 드리웠고 폭포는 물보라에 휩싸여 있었으며 진짜 수증기로 만들어진 구름은 산중턱에 걸려 있었다. 조명은 빛의 강도를 조절해 필요한 부분으로 관람객의 시선을 움직이고 분위기를 조절했다. 가장 멋진 부분은 차들이 생동감 있게 달리는 고속도로였다.

하지만 모두가 벨 게디스의 고속도로에 매료된 것은 아니었다. 이 작품을 비평한 사람들 중에는, '도시 없는 고속도로'의 두 번째 기사를 공동 집필함으로써 작가이자 사회 비평가로 유명세에 오른 루이스 멈포드Lowis Mumford가 있었다. 멈포드의 신간인 『도시의 문화The Culture of Cities』는 중세의 마을에서부터 거대 도시에 이르기까지 인류 거주지의 발달을 다루고 있었다. 《뉴스위크Newsweek》지는 이 책이 '미국에서 나온 독창적인 지식을 갖춘 가장 인상적인 작품'이라며 치켜세웠다. 이 책은 멈포드를 《타임》지 표지에 등장시키는 데 지대한 역할을 했다. 그는 《뉴요커The New Yorker》지에서 8년 동안 칼럼니스트로 일하며 국내에서 가장 냉정하고 공정한 눈으로 건축물을 비평하는 사람으로 명성을 쌓았다. 멈포드는 퓨처라마의 진부한 아이디어(더 큰 것, 더 많은 것을 과도하게 찬양하는)에서 '쥘 베른의 소설 속 작은 세상'을 생각나게 하는 작은 눈속임을 찾았다.

"게디스씨는 엄청난 마술사입니다. 그는 어항 속의 당근을 진짜 금붕어처럼 보이게 만들었습니다." 그는 이렇게 인정했지만 다음과 같이 덧붙였다. "그러나 여기서 보이는 미래는 이미 누군가의 할아버지의 나이와 같아질 만큼 이미 오래된 것입니다. 퓨처라마의 과하게 넘치는 고속도로는 지금은 선견지명이 있어 보일지 모르지만 운전자는 다른 즐거움은 없이 그저 빠른 속도로 운전해서 목적지에 빨리 도착하게 될 뿐입니다."

벨 게디스의 상상력에 이론(異論)의 여지가 없었지만, 국장 맥도널드 역시 깊은 인상을 받지 않았다. 그의 생각에는 미국에 정말로 필요한 것은 내륙을 열십자로 가르는 14차선의 콘크리트 도로였다. 박람회가 열리기 바로 직전이었던 1939년 3월 말, 백악관 비공식 만찬에 도로설계자로서 초대되었을 때, 만찬에서 가장 많이 거론된 주제가 '유료도로와 무료도로'였음에도 그는 매우 예민한 상태였다.

멈포드의 의견과 같은 여론에 민감할 수도 있었지만 제너럴 모터스의 간부들은 퓨처라마가 앞으로 생길 도로에 대해 문자 그대로의 예측을 의미한 것이 아니라는 대중의 의견에 귀를 기울였다. 제너럴 모터스의 회장 윌리엄 너드슨William S. Knudsen은 "사람들이 생각하는 것보다 빠른 시일 내에 눈에 띄는 규모로 이 같은 발전이 이루어질 것이라고 믿고 있습니다."고 말했다.

당연하게도 전시회는 맥도널드의 작업을 더 쉽게 만들어주었다. 현대적인 도시 고속화도로에 대한 대중의 흥미를 효과적으로 끌어냈던 것이다. 게다가 전시회의 시기도 더할 나위 없이 좋았다. 도로관리국이 작품을 공개할 시기와 일치했던 것이다. 국장은 여전히 벨 게디스를 피하고 있었다. 1939년 11월에 제너럴 모터스의 임원들과 가졌던 만찬에서 연설을 부탁 받았을 때에도 많은 것을 말하지 않았다. 퓨처라마는 고속도로 산업의 긍정적인 관심을 받고 있었다. 그는 연설에서 이렇게 말했다. "공무원으로서 고속도로 분야에 종사하고 있는 우리 같은 사람들은 여러분처럼 대중에게 아이디어를 홍보할 만한 인력이 충분치 않습니다. 정부의 공공도로 정책과 고속도로 분야에 종사하는 저의 동료들을 대표해 제너럴 모터스에서 이런 홍보를 훌륭하게 해준 것에 대해 깊은 감사를 표합니다."

맥도널드의 영혼 없는 연설 후 몇 달 동안, 노먼 벨 게디스의 미래에 대한 선경지명을 갈망하는 운전자들은 늘어만 가고 있었다. '주간 고속도로'라는 이름이 붙을 만한 첫 고속도로가 펜실베이니아 주 남부에서 개통되었다. 아우토반과 비슷한 이 도로는 애팔래치아 지방을 통과해 미들식스Middlesex에서부터 해리스버그Harrisburg

를 거쳐 피츠버그의 남쪽에 있는 어윈으로 향하는 260킬로미터 길이의 도로였다. 이 도로는 앞으로의 주간 고속도로 시스템의 모델이 될 표준에 맞춰 건설되었다.

펜실베이니아 주의 턴파이크(Turnpike, 미국의 유료 고속도로)는 1930년대의 다른 많은 도로 작업과 마찬가지로 인력 활용 프로젝트로 구상되었다. 뿐만 아니라 두 세기에 걸쳐 서부로의 이동을 혼란스럽게 만들었던 도로의 고질적인 문제점을 해결할 수도 있었을 뿐 아니라 국내를 통과하는 도로의 장기적 필요성을 충족시켰다. 당시에 산을 넘어가는 최고의 도로는 30번 고속도로(링컨 고속도로)였는데 이 도로의 상황도 그다지 좋지 않았다. 겨울에는 눈과 얼음으로 덮이고 가파르고 좁은 도로였다. 겨울이 아니더라도 1년 내내 도로 표면이 고르지 않았기 때문에, 각 지역의 중간에 우뚝 솟은 가파른 산등성이를(하나를 넘으면 또 하나가 나왔다) 덜컹거리며 힘들게 지나가야 했다.

링컨 고속도로의 베테랑들은 이 장애물 같은 산들을 줄줄이 외울 수 있을 정도로 잘 알고 있었다. 링컨 도로가 끼고 있는 산은 코브 산, 투스카로라 산, 스크럽리지, 사이들링 힐, 레이스 힐, 툴스 힐, 앨러게니 산, 로렐 힐 등이었다. 턴파이크는 도로의 융기를 고르게 하고, U자형 커브 길을 펴고, 운행 중 생길 수 있는 불안한 요소들을 제거했다. 정부는 이런 도로라면 이용자들이 기꺼이 요금을 지불할 것이라고 생각했다. 그러나 어쨌든 다행인 점은 턴파이크가 연방정부로부터 부적합하다는 판정을 받았다는 사실이었다.

정부는 1935년부터 1937년에 건설된 도로를 조사하기 시작했다. 이 조사는 처음 시행된 것은 아니었다. 1세기 전 이미 철로 등의 도로를 살펴봤고, 1840년대에 펜실베이니아 철도회사는 해리스버그에서 피츠버그까지 운행하는 노선을 운영하는 것을 고려했다. 하지만 결국 다른 경로가 선택되었고 펜실베이니아 철도는 더 작은 철도에 귀속되어 1883년까지 아무 조치도 취해지지 않았다.

그해에 윌리엄 밴더빌트William H. Vanderbilt는 냉철함을 잃고 의도치 않게 턴파이크 계획을 실행하게 되었다. 밴더빌트는 양갈비 모양의 무성한 구레나룻와 세계에서 가장 두꺼운 지갑—그의 개인 자산은 2조 달러를 약간 못 미치는 수준이었다—과 펜실베이니아 철도공사의 강력한 경쟁업체였던 뉴욕 중앙 철도회사를 소유한 사람이었다. 그들의 오랜 경쟁의 흔적은 뉴욕의 그랜드센트럴 터미널과 펜 역에서 찾아볼 수 있다. 밴더빌트는 펜실베이니아 주가 자체 선로를 가진 허드슨 강을 넘어가는 철도를 계획하고 있다는 사실을 알게 되었다. 그는 자신이 경쟁을 시작하게 된다면, 본인뿐만 아니라 상대방도 엄청난 비용이 들게 될 것이라고 판단했다. 그는 앨러게이니 산맥을 지나는 폐쇄된 선로를 매입했다.

밴더빌트는 주식과 채권을 합쳐 4천만 달러를 내놓았고, 금융업자인 J.P 모건의 지원을 받았다. 1883년 가을에는 길을 따라 터널과 다리를 건설하는 계약을 성사시켰다. 3천 명의 인부가 공사에 투입되었다. 2년 후, 인부들은 산등성이를 깎아 긴 길을 내고, 아홉 개의 터널을 만들었다. 서스퀘해나Susquehanna강을 가로지르는 석재 교각도 만들었고, 86킬로미터의 선로 기반 작업도 훌륭히 해냈다. 그로부터 약 8개월 후, 모건은 두 철도회사의 과한 경쟁이 파산을 가져올 수 있을 거라고 경고하며 프로젝트를 중단하라고 압박했다. 밴더빌트가 고용한 인부들은 뿔뿔이 흩어졌다. 철로에는 잡초가 무성하게 자랐다. 완성되지 못한 터널에는 물이 채워졌고 시간이 흐르자 눈먼 흰 송어 떼들이 그 자리를 차지했다.

52년이 지난 후, 정부는 새로운 조사에 착수했고, 1937년에는 주의회가 5명으로 구성된 펜실베이니아 턴파이크 위원회를 창설했다. 이 위원회는 도로의 공사, 운영, 유지 및 재정의 권한을 가지고 있었다. 연방공공사업청Federal Public Works Administration은 2,925만 달러의 수표를 발행했고, 연방부흥금융회사Federal Reconstruction Finance Coporation는 4천1백만 달러의 세입담보채권을 모두 사들여 나머지 비용을 채웠다.

하지만 여기에는 조건이 있었다. 연방정부는 1940년 5월까지는 일이 마무리되기를 바랐다. 펜실베이니아 주는 적당히 속력을 냈다. 1938년 10월, 자금이 조달된 지 4일이 지난 후, 턴파이크 위원회는 최초의 16킬로미터 도로포장 계약을 공시했다. 입찰은 14일 후에 마무리 되었고, 그날 바로 계약이 성사되었다. 그로부터 채 24시간도 지나지 않아서 현장에 인력이 투입되었다.

1만 명의 사람들이 교대로 24시간 내내 2천6백만 톤의 흙과 돌을 실어 날랐고, 언덕 사이로 길을 냈으며, 도로를 따라 난 60미터 가량의 틈을 메웠다. 그들은 3.6제곱킬로미터 넓이에 9인치의 두께로 보강 콘크리트를 부어 고르게 닦아 곧장 달릴 수 있는 2차선 포장도로를 만들었다. 마감일이 채 가까워지기도 전에 114개의 교량이 만들어졌다. 그중에는 요금징수소와 두 개의 고속도로와 철도, 개울을 이어주는, 콘크리트로 아름답게 포장된 182미터 길이의 뉴스탠튼 고가교가 있었다. 펜실베이니아의 숙련된 광부들은 2차선 도로에 충분하도록 4.3미터 높이와 7미터 너비로 오래된 터널을 파내고, 그곳을 철과 콘크리트, 건축용 유리로 덮었다. 광부들은 앨러게이니 산을 통과하는 일곱 번째 터널을 파내기 시작했다. 사이들링힐이나 투스카로라 산의 터널처럼 이 터널의 길이도 1.6킬로미터 이상이었다.

공사에 착수한 지 22개월이 지났을 때, 국회의원 그룹과 기자, 정부의 주요 관계자, 도로관리국 대표단이 함께 시험 운행을 하게 되었다. 사람들은 경사로가 완만한 것에 놀라워했다. 그도 그럴 것이 경사도는 3퍼센트 이상을 절대 넘지 않았다. 19킬로미터씩 곧게 뻗어있는 넓은 도로와 안전한 커브 길도 놀라움의 대상이었다. 장애물이 없는 24미터의 도로는 장거리 시야를 확보해주었으며, 이를 가능케 하는 넓은 조경은 사람들에게 또 다른 새로운 경험을 만들어주었다. 총 길이가 거의 11킬로미터가 되는 터널도 마찬가지였다. 물론 그중에서도 사람들을 가장 놀라게 한 것은 굽은 진입로에서 고속도로의 교통량을 안팎으로 이끄는 인터체인지Interchange였다.

넓고 포장된 갓길, 도로가에 표시된 반사면, 365미터 길이의 추월차로 등은 거의 한 세기가 지난 후에도 고속도로 규정의 표준이 되었다. 미국의 월간 잡지 《파퓰러 메카닉스Popular Mechanics》에서 '현대 차량의 모든 성능을 알게 해준 미국 최초의 고속도로'라고 말한 것도 놀랍지 않았다. 감명을 받은 맥도널드는 이 고속도로를 '개발자의 선견지명을 보여주는 기념물이 될 위대한 업적'이라고 칭했다. 도로관리국의 프로젝트 수석 엔지니어를 기꺼이 기술 지원으로 파견한 것에 대해 자부심을 가질 만도 했다.

맥도널드는 고속도로에 적합하지 않다고 생각되는 요금징수 문제 때문에 골머리를 앓고 있었다. 운전자가 이미 운전자격증 수수료와 연료 및 타이어 등에 세금을 포함한 비용을 지불했기 때문에 기존의 도로는 무료공공서비스의 기능을 하고 있었다. 운전자에게 징수할 요금은 세금의 두 배에 달했다. 게다가 1.6킬로미터 당 1센트의 요금이 1갤런 당 12~16센트 하는 유류세와 비슷했기 때문에 세금이 더 많아질 수도 있었다.

요금징수 문제는 엔지니어들이 손쓸 수 있는 문제가 아니었다. 운전자들을 끌어 모으기 위해서는 비슷한 경로의 무료도로보다 더 나은 서비스를 제공해야 했다. 이런 무료도로들은 기능성과 필요에도 불구하고 개발이 제한되어 있었다. 유료도로를 지나치게 많이 개발하게 되면, 고속도로를 찾는 사람은 줄어들 것이고 보조금이 필요하게 될 것이기 때문이었다. 요금을 인상하더라도 문제는 남아 있었다. 개선된 무료도로와 나란히 놓인 유료 고속도로를 이용하게 된다면, 사람들은 유료 고속도로가 효율적으로 기능하기에 적절하지 않다고 생각할 것이다.

국장은 고속도로에 자동차와 트럭들이 벌떼처럼 몰려든 후에도 생각에서 벗어나지 못하고 있었다. 톨게이트 수입은 모두의 예상을 훨씬 뛰어넘었다. 그가 지적했듯이 도로는 정부의 막대한 지원으로 지어졌고, 그게 없었다면 이런 성공은 불가능했다. 결국, '유료도로와 무료도로'에서 언급되었던 동서 간 요금징수 방법 중 하나가 기본 방법으로 채택되었고, 피츠버그-칼라일 구간이 건설비용을 충당할 수 있을지에 대한 의구심을 남기게 되었다. 도로관리국의 연구조사는 1945~1960년 사이에 거둬들일 요금이 투자비용의 34퍼센트에 불과하다는 결과를 보여주었다. 1960년에 교통량이 충분히 늘어난다고 해도 40퍼센트 이상 벌어들이지 못한다는 예측 결과도 있었다.

    곧 분명해질 사실은 연구의 예상과 결과가 주간 고속도로에 미칠 영향이 미미하다는 것이었다. 주간 고속도로는 날씨를 마음대로 조절하는 산맥 같은 존재였다. 새로운 이용자와 교통량을 만들어냈다. 도로가 더 많이 지어지고, 상황은 반복될 것이었다. 그리고 일단 도로가 놓이면, 곧바로 그 도로에는 차가 가득 찰 것처럼 보였다.

    새 고속도로의 갓길에서는 연료를 보충할 수 있는 장소나 운전자가 잠시 휴식을 취하거나 다른 여러 가지 시설을 이용할 수 있는 장소가 있었다. 관자요리와 치킨파이, 주름 잡힌 종이그릇에 담긴 소시지를 파는 식당에 앉아 식사를 할 수도 있었다. 하지만 가장 유명한 것은 스물여덟 가지 맛의 아이스크림이었다. 하워드 존슨즈는 이미 15년 동안 운영되어 왔지만, 미국 고속도로의 아이콘이 된 것은 펜실베이니아 주와 맺은 독점 계약 때문이었다.

    하워드 존슨즈는 오늘날 고속도로 출구에서 볼 수 있는 레스토랑 체인의 원조였다. 이 회사는 최초의 프랜차이즈 사업이었고, 맥도널드나 버거킹이 나오기 수십 년 전부터 고객에게 모든 지점에서 똑같은 서비스를 제공하는 것으로 유명했다. 어디서든지 한 덩이의 빵을 축소시켜 놓은 것 같은 작고 둥근 빵을 구워 거기에 구운 소시지를 끼운 하워드 존슨즈를 만날 수 있었다. 튀긴 해산물 요리를 제공하는 금요일의 특별 메뉴도 있었다. 하워드 존슨즈는 오렌지색과 밝은 터키 색으로 된 둥글고 낮은 지붕에, 뉴잉글랜드의 시청과 올란도 교외의 목장 주택을 합쳐 놓은 듯한 모습을 하고 있었다. 버터크런치 쿠키나 붉은 체리, 땅콩 브리틀, 마카롱 등과 함께 엄청나게 부드러운 크림 같은 페퍼민트 맛의 막대 아이스크림도 먹을 수 있었다.

이 체인점은 하워드 디어링 존슨Howard Deering Johnson의 아이디어였다. 그는 처음에 1925년 매사추세츠 주의 퀸시Queency의 바닷가에 있는 작은 약국을 인수하기 위해 현금을 몽땅 털어 넣었다. 그리고 그는 소다수 판매점을 열고 엄청난 양의 유지방을 넣어 직접 만든 풍부한 맛의 아이스크림을 팔아 고객을 끌어 모았다. 그리고는 몇 가지 맛을 더해 해변의 노점상으로 아이스크림 사업을 확장했고, 결국에는 퀸시 시내에 진짜 레스토랑을 갖게 되었다. 스물여덟 가지 맛의 아이스크림은 가게를 상징하는 메뉴가 되었고, 관자 요리는 또 다른 주메뉴가 되었다.

존슨은 다른 지점을 열고 싶었지만 불황이 닥쳐 망설이고 있었다. 그래서 그는 1935년 친구와 케이프 코드Cape Cod에 그의 이름과 메뉴를 건 두 번째 레스토랑을 열어 소유권을 나눠가졌다. 그것이 바로 최초로 도로가에 생긴 하워드 존슨즈였고, 사업과 프랜차이즈 관리 모두 성공의 가도를 달리기 시작했다. 다음해 봄에는 네 개의 레스토랑을 더 열었다. 그는 허기진 운전자에게 가게를 알리기 위해 옥외광고물을 설치하기로 했다. 색채 조합과 건축 양식, 커다란 네온사인의 독특한 서체, 파이맨을 만나고 있는 심플 사이몬의 그림, 복사한 스타들의 사인, 메뉴, 벽걸이 장식, 지붕 풍향계 등이었다.

그해가 끝나갈 때 쯤, 존슨즈는 39개의 매장을 열었고, 1939년이 얼마 남지 않았을 때에는 뉴욕세계박람회가 열렸던 도로 바로 위쪽에 엄청난(1000석) 규모의 매장을 열었다. 그때는 이미 매장이

107개가 되었을 때였다. 그 다음해에 그의 회사는 고속도로 휴게소에서 사업을 시작했고, 메인 주에서 버지니아 주까지 가는 고속도로 구간에 125개의 체인점과 플로리다 주에 몇 개의 체인점을 개업했다. 존슨은 리치몬드에서 맛보는 소시지와 뱅거에서 맛보는 소시지의 맛이 동일하도록 그가 직접 냉장 트럭을 몰아 식자재를 날랐다.

1930년대에 걸쳐, 신속한 서비스와 즐거운 식사시간을 원하는 운전자들의 취향에 맞는 체인점들이 미국의 도로를 따라 생겨나기 시작했다. 오늘날에도 가끔 하워드 존슨즈의 체인점을 찾아볼 수 있다. 지붕은 파랗게 칠해지고, 창문에는 담배와, 햄버거, 피칸과 기념품을 광고하는 네온사인이 붙어있다. 도착하기 48킬로미터 전부터 도로의 광고판에서 이 체인점의 홍보물을 볼 수 있다. 광고 문구들은 끝없는 오후, 끝없이 펼쳐진 4차선 도로에서 불어오는 끝없는 바람소리, 덜컹거리는 스테이션 웨건의 앞좌석에 앉아 떠나는 휴가를 떠올리게 한다.

메이슨-딕슨Mason-Dixen 라인 아래의 미국 고속도로망에는 스터키(Stuckey's; 주로 미국 고속도로에 있는 편의점)를 들르는 뜨내기손님들이 많았다. 스터키는 어느 고속도로에서도 찾을 수 있었다. 스터키에는 '눈부시게 깨끗한 화장실'이 있었고 맛있는 음식, 엄청난 종류의 캔디, 견과류, 기념품을 팔았다. 문을 열고 들어가면 스터키의 대표 상품인 피칸 로그 롤Pecon Log Rolls이 제일 먼저 손님을 맞이했고, 얼마인지 알 수 없는 엄청난 열량의 누가와 견과류가 다양한 취향에 맞춘 크기로 성벽처럼 쌓여있었다. 앙증맞은 2온스짜리

도 있었고, 통밀가루로 만든 과자도 있었다. 그중에서도 가장 눈에 띠는 것은 당장 파티를 열어도 될 만큼, 아니면 흉기로 써도 될 만큼 커다란 바삭하고 달콤한 막대과자였다.

윌리엄슨 스터키 시니어Willimason S. Stuckey sr.가 회사를 그만두고 조지아의 이스트맨Eastman에 살기 시작한 것은 1934년이었다. 그는 메이컨 남부의 견과류와 과일 농장들이 모여 있는 작은 마을에서 말도 안 되는 가격으로 피칸을 팔아 생계를 유지했다. 스터키 영감, 마을사람들은 그를 그렇게 불렀다. 그는 견과류에 대해 많은 것을 알지 못했지만, 추위를 피해 그가 살고 있는 마을을 지나 플로리다 주로 향하는 여행객들이 견과류를 좋아한다는 것은 알고 있었다. 그래서 그는 341번 고속도로에 자판을 깔고, 양 옆에 간판을 내걸었다.

스터키의 아내 에델은 오래 전부터 집에서 피칸 캔디를 만들 때 여러 종류의 견과물을 섞어 넣었다. 그녀가 만든 것들 중 가장 최고였던 것은 흰 당밀과 다진 마라스키노 체리, 그리고 엄청난 슈가파우더를 넣은 피칸 로그 롤이었다. 2년여가 지난 후, 스터키 가족은 조지아 주와 플로리다 주에 여러 개의 매장을 열 수 있었다. 각 매장에는 기념품과 사탕, 초콜릿을 진열한 엄청나게 긴 선반과 스낵바, 주유소를 갖추고 있었다.

스터키는 존슨처럼 친숙함의 효과를 깨달았다. 사람들은 늘 사는 것만 산다. 아이들은 주로 고무 뱀이나 밀크쉐이크, 모형 운전면허증 등을 골랐고, 부모들은 음식, 평화를 위한 선물을 산다. 광고판에서 알려주는 휴게소의 남은 거리는 뒷 자석의 소란을 잠재울 때 아주 유용했다.

입구에서부터 진열대를 지나 출구에 이르기까지 동선이 매끄럽게 설계된 오늘날의 편의점과는 달리, 스터키의 피칸 상점은 손님을 붙들어 둘 수 있도록 설계되어 있었다. 화장실은 항상 왼쪽 구석 제일 안쪽에 자리 잡고 있었고, 스낵바는 그로부터 최대한 오른쪽으로 떨어져 있었다. 화장실과 스낵바를 전부 이용하려면 진열된 상품을 여러 번 지나쳐야 했다. 아이들을 위한 상품은 낮은 선반에 진열되어 있었다.

여러 해 동안, 스터키 영감은 매장에 살아있는 앵무새와 찌르레기를 키우고, 진열대에 코코넛 밀크와 파파야 주스를 진열해 열대 지방의 느낌을 만들어 가게의 매력을 키워갔다.

스터키의 소문은 날로 퍼져갔고, 강렬함과 토속적 단순함이 있는 스터키의 수작업 광고판은 남부 도로 조경에서 뗄 수 없는 요소가 되었다.

지역 간 고속도로에서 주간(州間) 고속도로로

제9장

'유료도로와 무료도로'에 관한 보고서를 작성한 후 2년 동안, 연방정부의 엔지니어들은 고속도로망의 노선을 개선하고 각각의 노선을 조금씩 늘려 47,150킬로미터까지 길이를 확장하느라 법석을 떨었다. 보고서를 수정할 시간은 얼마든지 있었다. 백악관이나 의회가 보고서에 아무런 반응을 나타내지 않았기 때문이었다. 전쟁이 다가오고 있었고, 정부는 전쟁을 대비하는데 집중하고 있었다.

하지만 1941년 4월, 진주만은 8개월 동안 여전히 관심에서 벗어나 있었고, 프랭클린 루스벨트 대통령은 독일과 일본에 맞서 전쟁을 생각하고 있었다. 그는 일단 전장에서 공격이 멈추면, 수백만의 전투 인력을 경제에, 그리고 빠르게 돌아가는 군수산업으로 투입할 계획이었다. 전쟁에서 승리보다는 최대한 빠른 시간 내에 이 계획에 착수해야 했다. 그는 다시 고속도로로 관심을 돌렸다.

그달에, 대통령은 도로관리국의 1939년 권고서를 다시 논의할

위원회를 지정했고, 그 위원회에서는 '국가 고속도로의 제한된 시스템'에 대한 상세 사항을 다루도록 했다. 위원회는 각 분야의 전문가들로 구성되었다. 구성원은 맥도널드 국장과 전 주지사, 주 고속도로 관련 관료, 세 명의 저명한 도시계획가 등이었다. 위원회는 6월의 첫 미팅에서 맥도널드를 위원장으로 선출했고, 허버트 페어뱅크를 비서로 지명했다. 그리하여 미국 고속도로의 미래를 상상했던 두 사람이 실제로 주간 고속도로의 청사진을 그리는 일을 감독하게 되었다.

위원회는 우선 '지역 간' 고속도로의 크기를 살펴보았다. 고속도로의 길이는 고작 2만3천 킬로미터였고, 대통령이 1938년에 국장에게 보여준 스케치와 육군성이 몇 년 전에 제시한 청사진의 도로는 126,820킬로미터였다. 위원회는 양 극단의 차이를 가르는 편차를 가늠하고, 고속도로 계획연구서로부터 나온 구체적인 데이터를 이용해 결국 62,760킬로미터의 모델이 가장 타당하다는 결정을 내렸다. 이 모델은 지역 간 고속도로의 하루 평균 교통량을 충분히 수용할 수 있었고, 지방 인구의 45퍼센트가 거주하는 주를 지나갔으며, 국내의 모든 주요 도시와 연결되어 있었다. 가장 큰 오하이오 주 동부의 애크런Akron과 캔턴Canton, 영스타운Youngstown은 실제로 도로와 연결되어 있지는 않았지만, 크게 벗어나 있지도 않았다. 위원회의 초안에 따르면, 지역 간 고속도로는 가능한 한 많은 생산적인 농업 지역을 가로지를 것이고, 군사적 주요 수송노선을 전략적으로 보다 더 중요한 노선으로 포함시킬 뿐만 아니라, 주요 휴양 지역에도 더 쉽게 접근할 수 있도록 되어 있었다.

지역 간 고속도로의 운전자들은 시간 당 120킬로미터의 속도로 거침없이 달릴 수 있었다. 경사로는 3도를 넘지 않았고, 오르막 길은 3퍼센트 미만이었으며 3킬로미터 코스에 걸쳐 50미터 이상을 넘지 않았다. 초안에 따르면 도로는 '특히 큰 차량이 좁은 길에서 운행하는 부담을 없애기에 충분할 만큼 넓어져야 될 것이었다. 도로 오른쪽은 가능한 곳에 한해 91미터의 공간이 확보되고, 고가도로(강철이나 철근 콘크리트로 지어진)의 지붕과 차량의 간격은 최소 4.5미터가 확보되어야 했다.

　이는 아주 놀라운 고속도로의 미래상이었다. 이런 사양을 가진 고속도로 시스템은 세계 어디에도 존재하지 않았다. 시기를 고려해 보면 더욱 놀라운 일이었다. 정부는 두 나라에 맞서 전쟁 중이었고, 10년에 걸친 불황이 시작되고 있었기 때문에, 자금이 턱없이 부족했다. 이 계획은 방대했다. 이 계획은 희망적인 생각을 바탕으로 한 학술이론에서 나온 것일 뿐, 실현 불가능한 추상적인 개념이라고 생각할 많은 사람들과 충돌할 것이 틀림없었다. 위원회는 실제 자금조달의 가능성에 대해 자료에 나타난 것보다는 실현 가능한 목표를 정해야 했다. 차라리 이런 기묘한 상황 속의 힘든 시기가 역사상 가장 많은 비용이 들어간 공공사업 프로젝트를 계획할 수 있는 상황을 만들어준 것 일수도 있다.

　'유료도로와 무료도로'에서와 마찬가지로, 위원회는 주간 고속도로의 균일 체계를 그대로 받아들였다. 이상적인 고속도로 네트워크의 접근은 제한적이되, 약 2만1천대 가량의 차량이 원활하게 통행할 수 있어야 했고, 지방도로는 분리되지 않은 2차선으로 남겨두기로 했다. 일반적으로 하루에 3천 대 이하의 차량이 이용하는 구간은 그 정도의 교통량을 충분히 수용 가능했기 때문에 교차로를 우회할 필요가 없었다.

맥도널드 팀에게 이것은 그다지 놀랍지 않은 일이었다. 그는 시골 주변의 4차선 이상의 대형 고속도로를 꾸준히 반대했고 그 입장을 계속 고수했다.

그는 1946년의 한 인터뷰에서 그런 고속도로는 '낭비'라고 표현했다. 그리고 이렇게 덧붙였다. "우리는 그럴 형편이 못 됩니다. 필요도 없고요. 그리고 앞으로도 필요하지 않을 겁니다." 경험상 그렇지 않았음에도 불구하고, 맥도널드의 관점에서는 2차선의 시골 고속도로가 '훨씬 더 유용한' 것이었다. 하지만 2차선 도로로는 안전한 운행이 불가능한 지역도 있었고, 빠른 속도로 가까워지는 도로를 안전하게 돌 수 있도록 운전자의 전방 시야를 충분히 확보할 수 없는 지역도 있었다. 그래서 위원회는 지역 간 고속도로가 양 방향에서 좀 더 넓은 2차선으로 나눠져야 하고, 최소한 4.5미터 넓이의 중앙분리대로 구분되어 있어야 한다고 결정했다. 이는 더 많은 교통량을 고려한 시스템의 일정 부분에 따라 표준이 된 것이었다. 2차선으로 나란히 한 방향으로 달리는, 각각 다양한 지형과 중앙분리대의 넓이를 따라 독립적인 단위로 건설된 도로였다. 교차 교통량은 이러한 직선 구간을 따라 지역 간 고속도로의 아래나 위로 통행하고 진입로를 통해 도달하게 될 것이다. 일반적으로 하루에 1만 5천대 이상의 차량이 통행하는 직선 구간에도 동일하게 적용되어, 각 방향 3차선 도로의 필요성이 대두되었다.

1943년에 구상했던 것처럼, 새 고속도로의 대부분이 기존에 있던 도로에 만들어질 예정이었다. 여기에 필요한 것은 이미 존재하는 도로에 무엇을 개선해야 하는가였다. 위원회는 이에 동의했다.

예를 들자면, 1번, 11번, 또는 60번 고속도로의 위치와, 도로가 어떻게 고쳐야하는지가 문제였다. 몇 곳은 기존에 있던 도로와 차별화된 완전히 새로운 도로가 필요한 것이 증명될 수 있었지만 위원회는 이런 도로를 나중의 선택사항으로 남겨두었다.

그리고 차후에 추가될 순환도로까지 제시된 개선 체계의 범위는 개활지에서 약 47,400킬로미터, 마을에서 7,190킬로미터, 추가로 도시 순환도로의 805킬로미터였다.

보고서는 도로 노선의 정확한 위치가 "지역구획의 노출로 인한 안보상의 문제를 야기할 수 있다."고 언급하고 있었다. 이는 특히 도시 주행거리에 대해서는 맞는 주장이었다. '지역 간 고속도로'는 가능성의 연속을 넘어, 도시를 통과하는 노선의 지도를 포함하고 있지 않았으며, 그에 대한 설명도 없었다.

빽빽한 주거지역을 통해 4차선이나 6차선의 고속도로로 확장하는 문제는 그저 너무 복잡하고 일반화하기에는 무리한 제안이었다. 게다가 이는 주정부와 지방정부 관계자의 최종 선택이 있어야했다. 위원회의 결론은 다음과 같았다. "도로가 지역 중심과 얼마나 가까워야 하는지, 어떻게 통과해야 하는지, 또한 어느 방향으로 접근해야 하는지가 각 도시의 계획 사안에서 고려해야할 문제이다." 이는 위원회가 "가장 많은 차량이 지나다니는 도로가 일반적으로 기존의 중심 상업지역을 지나가거나 그와 매우 가깝다."는 사실을 인지했음에도 불구하고 내린 결정이었다.

페어뱅크는 다시 보고서 작성에 착수했고, 이번에는 경고 사항을 포함한 도시 고속화도로에 관한 내용을 썼다. 위원회는 새로운 도시 고속화도로가 단순히 교통량을 감당하는 것 이상을 할 것이라는 것을 깨달았다. 보고서에는 다음과 같이 서술되어 있었다. 도시 고속화도로는 "도시의 형태에 큰 영향을 끼칠 것이다. 도시 고속화도로는 도시의 발전을 지연 또는 왜곡하기 위한 위치보다는 가치 있는 발전을 촉진하거나 최소한 자연개발을 지원할 수 있는 위치에 있어야 한다. 새로운 시설과 노선은 적절한 위치에 시간이 지날수록 더욱 유용해지도록 장기적인 관점에서 설계되어야 한다. 부적절한 노선의 위치는 도시의 기능에 지장을 초래할 것이기 때문이다. 그리고 계획이 오래 지체되는 것은 좋지 않은 신호이다."

이 경고는 국장의 상사에게 전달되었다. 육군 소장으로 은퇴한 필립 플레밍Phillip B. Fleming은 "고속도로가 대도시에 교차로 공동체를 만들었지만 다른 소도시들을 무너뜨려 버렸다."고 지적했다. 그리고 덧붙였다. "그래서 나는 고속도로 계획가들이 강한 신념을 가지고 업무에 접근할 필요가 있다고 생각한다. 현재 뿐만이 아니라 먼 미래를 위해 건설하는 것이고, 우리에게 다가올 문명화의 새로운 패턴을 만드는 것이기 때문이다."

》》》

위원회는 184페이지에 달하는 '지역 간 고속도로' 보고서를 1943년 1월까지 마무리 짓지 못했다. 프랭클린 루스벨트 대통령은 제출기한을 1년 연장해주었고, "땅을 매입하고, 프로젝트 세부계획을 세우고, 실제 도로 건설에 필요한 예비 작업에 착수"할 것을 독려했다.

미 의회는 이를 환영했다. 그때까지는 개선이 절실히 필요한 미국의 일반 도로와 고속도로를 살펴볼 엔지니어가 없었다. 건설과 유지보수에 필요한 자재와 인력뿐만 아니라 콘크리트와 부서진 아스팔트까지 모조리 전쟁물자로 들어가 버렸다. 새 고속도로는 군사기지와 군용품 수급에 직접적으로 관련된 짧은 구간에 한해서만 승인을 얻었다. 여기에는 몇 주 동안 듀퐁DuPont의 어마어마한 화약 작업이 시작된 인디애나의 찰스타운과 1년 만에 인구가 5만 명까지 급증한 샌디에이고, 그리고 항구와 조선소, 군수산업 공장을 포함한 군(軍) 기지, 노포크Norfolk가 있었다.

그 외의 도로 건설은 완전히 중단됐다. 진주만 공습 2년 전, 연방정부는 32,190킬로미터 이상의 고속도로 공사를 착수시켰다. 1942년에는 3,010킬로미터의 도로를 완성시켰고, 1943년 첫 10개월 동안은 1,160킬로미터가 완공되었다. 이렇게 조각난 도로망의 교통량은 해마다 증가했다. 당시는 4~5명당 한 대의 차를 보유하던 시절이었다. 도로가 완성되었다면 전체 인구가 동시에 운전을 할 수 있는 규모였다. 도로의 정체는 보스턴과 필라델피아, 시카고, 덴버, 그리고 호놀룰루에서까지도 심각한 문제로 떠올랐다.

1944년 몇 달 동안, 국회의원들은 위원회의 권고사항을 연간 고속도로 예산에 통합시켰다. 그들은 한 가지 중요한 변경사항을 적용해 극적인 상황을 만들었다. 공화당 의원들은 시스템에 붙은 '지역 간'이라는 단어를 '주(州)간'으로 바꾸었다. 그들이 단어를 바꾼 것은 원래의 이름이 좌파에 반대하는 계획가들이 요구했다는 추측과, 국장이 '지역 간'이라는 단어가 "전혀 중요하지 않다."고 확언해 줘 바꿔졌다는 설이 있었다.

그렇게 해서 1944년에 제정된 연방지원고속도로법Federal-Aid

Highway Act에는 다음과 같은 공개 항목이 생기게 되었다. "미 대륙의 주간 고속도로를 위한 국가 시스템이 지정되어야 한다." 이 법률은 또한 시스템이 64,380킬로미터를 초과할 수 없다고 명시되어 있었고, "국방의 의무를 수행하고, 캐나다와 멕시코에서 지역적 중요성을 띤 노선과 적절한 국경 지점을 연결할 수 있도록 주요 대도시 지역 및 다른 도시, 산업 중심 지구 등과 직접적으로 연결될 수 있도록 위치해야 한다."는 점을 명시하고 있었다.

법안은 또한 보고서가 강력하게 권고한 내용에 따라, 도시에서 연방정부의 예산이 얼마나, 어떻게 쓰여야 할지를 분명히 하고 있었다. 법안에 제시된 금액은 매해에 책정된 금액의 4분의 1에 달하는 금액이었다. 주간 고속도로를 위한 특별 자금은 책정되지 않았고 언제 어디서 공사를 시작할지도 제시되지 않았다. 어쨌든 주간 고속도로에 대한 법안이 발의되었다. 법안은 주간 고속도로를 미 대륙의 주요 고속도로로 만들었다. 이제 남은 일은 도로를 만들 자금을 구하는 것이었다. 법안에 대한 의회 청문회에서 선서 및 증언을 한 대다수는 고속도로 계획을 지지하는 사람들이었다. 크리스마스 직전, 법안은 확정되어 법률이 되었다.

'지역 간 고속도로'의 이름은 단지 도시 고속화도로만을 위해 붙여진 것은 아니었다. 이 이름은 공사를 시작해야할 적절한 위치를 알려주는 것이기도 했다. 미국 각지의 시의회 구성원들은 이를 흔쾌히 받아들였다. 그들은 교통체증 때문에 옥죄이는 시내에 새로운 삶과 부를 가져다 줄, 빠르게 확장되어가는 교외를 가르는 큰 도로가 생길 가능성에 기뻐했다. 기하급수적으로 늘어나는 혼잡은 삶의 종말 같았기 때문이다.

평화가 찾아오자 배급제도는 중지되었고 디트로이트의 조립라인이 대폭 늘어났다. 제2차 세계대전에서 일본이 항복했을 때 등록된 차량의 수는 3억1천 대였다. 1947년에는 거의 3억8천 대까지 급증했고, 1950년에는 믿을 수 없게도 4억 8천대까지 증가했다. 5년 동안 대략 60퍼센트가 증가한 것이었다. 호황은 그칠 줄 몰랐다. 미국인들은 현금이 넘쳐났고 수월해진 신용거래 덕분에 대담해졌다. 그리고 그들은 빠르게 달릴 수 있는 넓게 개방된 공간에 목 말라했다. 한 공공도로 담당자가 말했듯이, 자동차를 소유한 사람의 수가 '자동차가 생산되는 속도만큼이나 빠르게' 늘어나고 있었다.

1949년에 생산된 차량의 범퍼를 서로 연결해 이으면 그 길이는 33,800킬로미터에 달했다. 이는 같은 해에 개선된 도로의 길이에 맞먹는 길이였다. 미국은 교통과 운송에 두 번째로 많은 돈을 소비했는데 그 금액은 무려 40조 달러에 달했다. 가장 많은 돈을 소비하는 분야는 음식이었는데 확실한 통계 수치는 아니었다. 미국이 운송수단에 소비하는 금액은 미국을 제외한 전 세계국가가 운송수단으로 소비하는 금액을 합친 것보다 많았다. 당시 총수입이 가장 많은 나라였던 영국을 합쳐도 마찬가지였다. 전 세계에 4대의 차가 있다면 그중 3대는 미국에 있는 셈이었다.

엄청난 수의 신차가 혼잡한 도시의 작은 도로에 꽉 들어찼다. 볼티모어의 인구는 1940년대에 73퍼센트까지 증가했다. 뉴올리언스는 두 배가 증가했고, 샌프란시스코는 전쟁 전에 비해 2.5배가 늘었다. 늘어난 인구는 도로관리국과 도시계획가의 허황된 상상을 훨씬 뛰어넘는 교통량을 발생시켰다. 1949년의 교통량은 1960년의 예상치를 뛰어넘었다.

오늘날의 출근길은 어떠한가? 주간 고속도로가 생기기 전에는 정체구간은 훨씬 더뎠고 주차장에서는 빈자리를 찾을 수 없었다. 이제 위축된 건설경기를 완화하기 위한 새로운 프로그램이 등장할 조짐이 보였다. 국장이 잡지에 기고한 글에는 이런 내용이 담겨 있었다. "만약 우리가 국내의 모든 대도시에 대한 현재의 계획을 실행하는데 성공한다면, 주요 상업지구로 접근하는 방식이 엄청나게 개선될 것입니다. 도시 외부 및 외곽지역에서 온 사람들도 안전하게, 멈추거나 기다릴 필요 없이 시내의 모든 지역을 돌아다닐 수 있을 겁니다. 상업지역에 지금까지 없던 차량들이 몰려들 것입니다."

이제 도시의 노선을 어디에 놓아야 하는가에 대한 쉽지 않은 결정을 할 차례였다. 도로관리국은 정확한 위치를 정하려 하지 않았다. 그들은 주정부가 도로에 대한 권리를 획득할 때까지 기다리려고 했다. 하지만 거리 계산을 정확하기 위해서는 정확한 노선을 결정해야 했다. 문제는 고속도로 계획 연구에서 이미 사용했던 방식이 여기에는 적합하지 않다는 것이었다. 저녁 러시아워가 한창인 때 운전자를 인터뷰하기란 불가능했다.

도로관리국은 인구 표본조사를 하기 전에, 그리고 조지 갤럽 George Gallup이 여론조사 통계 방법을 개척하기도 전에 다양한 접근법을 시도했다. 맥도널드의 직원들은 인구조사국의 도움으로 도시를 사각형으로 나누고 각 구역에서 각 가정의 정확한 비율을 산출해 조사를 시작했다. 조사활동을 이끌었던 존 린치가 설명했다. "조사관은 샘플을 포함해서 선택된 구역에 대한 주거 구성단위의 목록을 받게 됩니다. 그리고 다른 곳이 아닌 해당 주거지역에서 인터뷰를 위해 교육을 받습니다. 조사관은 전날에 차량 및 대중교통의 모든 이동 경로에 관한 정보를 얻습니다. 이 정보에는 이동수단, 출발지와 목적지, 이동 목적, 출발시간과 도착시간, 그리고 도시마다 다를 수 있는 기타 정보 등이 포함됩니다."

사각형으로 나눈 각 구역의 운행 패턴을 도시 전체에 걸친 '희망노선Desire Line'을 구성하기 위해 다른 구역의 운행 패턴과 연결한다. 도로관리국은 희망노선의 운행량이 기존 도로의 수용치를 넘어선다는 것을 알았고, 더 크고 접근이 제한된 도로를 만들 경우 소요되는 비용과 수익에 대한 검토에 착수했다.

시행될 공사 중 일부는 대담한 처방이 될 수도 있었다. 맥도널드는 이렇게 썼다. "인정하건대, 인구 밀집지역의 고속도로는 다수의 주택을 포함해 많은 빌딩을 없애게 될 것입니다. 하지만 대부분의 경우, 자산 가치가 낮은 구역 즉, 도시의 빈민지역에 집중된 경로와 대부분의 건물이 헐릴 대상이 될 것입니다."

트루먼 대통령은 맥도널드의 상사인 플레밍 장군에게 전국 도시 재개발 활동을 지시했지만, 그는 도로주택공사가 일을 처리하는 편이 더 나을 것이라고 보고했다. 하지만 대통령의 관심은 공공주택사업으로 노후된 빈민가를 바꾸는(추후에 이는 1949년이 제정된 주택법이 되었다.) 일에 쏠려 있었다.

국장은 여전히 도로관리국과 도시 형태를 바꾸는 일에 매진하고 있었다. 1944 법안이 의회에서 투표에 부쳐지기도 전에 리틀록과 털사에 대한 연구를 진행하기 시작했다. 6년 후에는 85군데까지 조사가 진행되었다. 1947년 8월에 도로관리국은 도시지역을 통과하는 4,638킬로미터를 포함한 60,641킬로미터의 시스템을 위한 대략적인 위치를 선정했다고 발표할 수 있었다. 나머지 3,730킬로미터는 시스템의 한도가 64,370킬로미터였기 때문에 지정되지 않았다. 국장은 그 나머지 길이를 미래의 순환도로와 지선, 주경로에서 벗어났다가 다시 만나게 되는 환상노선Loops 등을 위해 보류해 두었다.

돌이켜보면 자기합리적인 조사였다. 기준은 운전자의 안전, 운행시간, 연료 사용량, 그리고 사고발생 건수 등, 운행을 하면서 겪게 되는 모든 요소들이었다. 도로 자체는 전혀 고려하지 않고, 이런 요소로 진행한 조사의 결과는 쉽게 집계되지도 않았고 정말 필요한 것도 아니었다. 또한 조사는 몇 년 지나지 않아 결함이 드러날 근본적인 추정을 근거로 하고 있었다. 이는 바로 대부분의 쇼핑몰 및 야간 오락시설과 마찬가지로, 사무직 종사자들은 시내 사무용 빌딩에만 집중될 것이고, 생산직 종사자들은 설비를 갖춘 산업 지역에 주로 지낼 것이라는 추정이었다. 그리고 도시 교통량의 대부분은 이러한 특정한 몇 곳과 주거지역을 반복해서 운행한다는 추정이었다.

국장은 그가 만든 도로로 인해 기존 패턴이 바뀔 뿐 아니라 더 멀리 세분화된 지역에까지 사업 및 유흥을 위한 새로운 시설이 만들어지게 된다는 것을 파악하지 못했다. 핵을 중심으로 구성된 세포를 닮은 전통적인 도시는 소규모화된 활동적인 지역과 함께 물방울이 뿌려지듯 분산될 것이었다. 하지만 전쟁이 끝난 첫 해에는 이런 일이 일어나지 않았다. 서류상으로 봤을 때는 고속도로에 아무 문제가 없는 것처럼 보였다.

재정 지원이 늦어지고 있었다. 고속도로 관계자들은 도로에 관해 나름 지식을 가진 해리 트루먼Truman Harry S.이 대통령이 된 것을 열렬히 환영했다. 트루먼의 경력은 판사로 시작되었다. 그는 캔자스시티의 미국구철도협회장을 맡았고, 미국도로공사협회의 정회원이었으며, 상원위원 선거캠페인을 진행하는 동안 수천 킬로미터를 운행한 경험이 있었다. 트루먼은 차와 고속도로 그리고 드라이브를 좋아했다.

그는 고속도로가 벌어들일 수익을 공개하지 않았다. 주간 고속도로 프로그램을 위해 배정된 예산이 없었다. 주정부는 연방 보조금에 맞춰, 연방정부 정기 예산으로 고속도로가 만들어지기를 바랐다. 충분한 예산을 가진 곳은 많지 않았다.

주간 고속도로의 구상이 국방의 주요 수단이 된다는 것은 자금을 조달할 충분한 이유가 될 수 없었다. 1949년 3월에 도로관리국이 작성한 보고서의 부록에서 국방부장관 제임스 포레스탈James V. Forrestal이 "오늘날 전쟁방식은… [도시의] 수많은 시민들과 산업의 급격한 이동이 필요할 수 있다."고 언급하며, 원자력 시대를 강조하고 있었다. 여기서의 '방식'은 당연히 핵공격을 의미하는 것이었다. 미국 도시를 중심으로 퍼지는 주간 고속도로는 핵폭탄이 터지는 지점으로부터 시민들을 대피시키기 위한 중요한 대피 경로가 될 것이다. 도로가 충분히 넓게 지어진다고 가정하면, "폭탄이 터질 경우, 도로에 떨어지는 돌 더미들의 잔해를 최소한으로 줄일 수" 있었다. 그 시기에 도로관리국에서 작성한 문서에 있는 이 주제에 관한 글 중에서 포레스탈의 의견은 결국 대통령에게까지 전달되지 않았다. 트루먼은 보고서에 대해 건성으로 고개를 끄덕였을 뿐이었다.

1950년 12월, 그들이 만났을 때까지 주(州) 고속도로 당국자는 국가의 '광대한 이동 시스템이 심각한 수준으로 취약한 것'을 걱정하고 있었다. 주간 고속도로 시스템이 '방위 프로그램 실행에 엄청난 기여를 할 수' 있었기 때문에, 당국자들은 의회와 주정부가 '도로망 공사를 신속히 진척시키는 데에 필요한 모든 것을 지원해줄 것'을 강력히 요청하고 있었다.

하지만 아무 일도 일어나지 않았다. 전쟁 기간 동안 과적 트럭과 유지보수 부족으로 이미 망가진 기존의 고속도로 시스템은 점점 더 황폐해지고 있었고, 그 순간에도 자동차 제조사에서는 수백만 대의 신차가 쏟아져 나오고 있었다. 뉴욕 주는 도로가 1930년대와 같은 효율로 회복시키기 위해서는 수십억 달러가 소요될 것이라고 판단했다. 연방정부 시스템은 5만2천개 교량이 '기준미달'이라고 평가했다. 국내에서 가장 혼잡한 시골 도로의 절반은 여전히 넓이가 6미터에 불과했다. 국장은 "이런 도로에서는 시간당 60회 이상, 또는 매 분마다 앞에서 마주 오는 차량을 피하기 위해 어쩔 수 없이 왼쪽 도로를 침범하게 됩니다."라고 호소했다.

몇몇 주에서는 연방정부의 도움 없이 고속도로 건설을 시작했다. 건설자금은 톨게이트의 수익—도로관리국이 경고했던—으로 충당되었다. 메인 주는 1947년 포틀랜드에서 뉴햄프셔로 가는 고속도로를 개통했다. 뉴욕 주는 1949년 뉴욕시티와 알바니, 버팔로를 연결하는 고속도로의 건설 및 관리를 위한 위원회를 창설했다. 웨스트버지니아 주는 같은 해에 기관을, 오하이오 주는 유료도로 건설위원회를 각각 창설했다.

오클라호마 주의 의원들은 털사와 오클라호마시티를 잇는 고속도로 공사를 착수시켰고, 뉴저지 주는 주간 고속도로 시스템의 공사 표준을 대거 차용하여 17개의 교차로가 있는 205킬로미터의 유료도로를 짓느라 분주해졌다. 후원자들은 다른 선택사항이 없다며 도로요금 징수를 주장했다. 정기 고속도로 예산이 이번 고속도로 건설에 모두 소요된다면, 최소한 1961년까지는 다른 고속도로를 건설할 자금이 없기 때문이었다.

국내의 대도시권 역시 고속도로 건설을 계획하고 있었고, 대부분은 사채를 발행하여 자금을 조달했다. 호황을 누리고 있던 휴스턴은 시내로 향하는 여러 개의 진입로가 있는 6차선 고속도로를 건설했다. 캔자스시티는 간선 고속도로와 연결되는 환상선을 도시 중앙에 만들기 시작했고, 워싱턴과 볼티모어도 같은 계획을 세우고 있었다. 로스앤젤레스는 이리저리 얽힌 도로에 콘크리트를 깔기 시작했다. 차량을 위한 설비가 미미하고, 구불구불하고 좁은 도로 때문에 거친 운전자들이 유난히 많던 보스턴에서는 도시의 중심으로 곧장 연결되는 고가 고속도로 건설이 시작되었다.

혼잡에 대한 불만이 악화되는데도 불구하고 맥도널드는 만족했다. 그는 6명의 대통령을 수행했다. 그보다 더 오랫동안 공직에 있었던 사람은 FBI의 에드거 후버Edgar J. Hoover뿐일 것이다. 트루먼은 그에게 전쟁 기간 동안의 '탁월한 리더십'과 '특별한 공로'에 대해 국가 훈장을 수여했다. 특히, 캐나다 광야를 3,060킬로미터 이상 가로지르는 알래스카 고속도로 공사를 감독한 공로가 인정되었다. 그는 모두에게 거의 비할 데 없는 존경을 받았고, 이렇게 존경을 불러일으키는 이유는 누구나 인정하는 신뢰에 기인했다. 양당의 국회의원들은 국장이 어느 장소에 고속도로가 필요하다고 말을 하면, 그가 당연히 진술을 뒷받침할 연구결과와 수치를 가지고 있을 것이라 생각했다.

더 주목할 만한 것은, 부인 베스가 죽고 몇 년이 지난 후, 맥도널드와 비서인 캐롤라인 풀러의 관계가 진정한 사랑의 관계로 깊어졌다는 것이었다. 그녀와 죽은 맥도널드 부인 사이에는 공통점이 많았다. 풀러 역시 베스처럼 비서로 일하기 전에 교사로 일했었고, 업무에 있어서 꾸준함과 예리함을 겸비했던 사람이었다. 그녀는 방문객들을 재량껏 안배할 수 있는 권한이 있었고, 도로관리국의 정책과 절차 등 모든 업무에 대해 부국장을 포함한 조직 내 몇 안 되는 사람들 중의 하나로 엄청난 영향을 끼쳤다.

국장의 말에 의하면, 풀러의 임무는 '도로관리국의 책무와 운영에 대한 현재의, 그리고 포괄적인 지식의 수준을 유지하는 것'이었고, 그녀는 이를 완벽하게 수행해냈다. 정황상 맥도널드와 캐롤라인의 관계가 정확하게 드러나는 시기가 있었다. 1942년 3월까지 풀러는 업무능력 평가에서 항상 '훌륭함Excellent' 등급을 받았다. 하지만 3월 이후, 그녀의 평가 등급은 '매우 좋음Very Good'으로 떨어졌다. 맥도널드가 주위의 시선을 의식하고 더 이상 그녀에게 최고 등급을 줄 수 없다고 생각했기 때문이었다.

그들은 두 사람의 관계에 대한 낌새를 전혀 드러내지 않았다. 풀러는 맥도널드를 여전히 '국장'으로 대했고, 그에게 편지와 전보를 보낼 때는 여전히 '풀러'나 이름의 약자인 'CLF'로 서명했다. 그녀는 여전히 그녀를 꼭 빼닮은 여동생과 함께 살았다. 풀러 자매와 맥도널드는 종종 셋이서 함께 어울리기도 했다.

1951년 7월, 맥도널드는 연방정부의 정년인 70세가 되었다. 트루먼 정부는 맥도널드가 기꺼이 동의한다면, 그의 근무기간을 1년이라도 늘릴 것을 제안했다. 《포트워스 스타-텔레그램(Fort Worth Star-telegram, 포트워스 및 미국 텍사스 주 서부에서 발행되는 일간신문)》에서는 성원의 기사가 실렸다. "본 지는 맥도널드 씨와 같이 능력과 경험을 겸비한 사람을, 정상적으로 업무를 진행할 수 있는 체력적 조건이 뒷받침함에도 불구하고, 은퇴시키는 것은 사회적 손실이라고 생각한다."

그로부터 1년 후, 대통령의 관심이 한국전쟁(6·25전쟁)에 한창 쏠려 있을 때, 트루먼은 맥도널드에게 1년을 더 남아 있어달라고 다시 부탁했고, 맥도널드도 수락했다. 오랜 시간이 흐른 후, 마침내 주간 고속도로에 대한 예산이 배정되었을 때에도 맥도널드는 여전히 현직에 몸을 담고 있었다. 1952년 봄, 의회는 1954년과 1955년 회계연도 동안 고속도로 네트워크 예산에 연간 2천5백만 달러를 배정했다.

이는 형식적일 뿐, 뭔가를 시작하기에는 너무 적은 금액이었다. 교외에는 사람이 몰리기 시작했고, 교통 상황은 최악으로 악화되고 있었다. 맥도널드는 AASHO의 연례 연설에서 "현재의 고속도로가 20년 전과 마찬가지로 오늘날 교통량의 수요에는 충분하지 못하다는 핵심적인 증거"를 언급했다.

이것이 시작이었다. 주간 고속도로 국가시스템이 설계단계에서 실행단계로 옮겨간 것이다.

주간 고속도로를 만드는 데 가장 큰 기여를 했던 사람이 이 단계에서 아무 역할도 하지 않는 것은 아이러니한 일이었다. 시스템과 노선, 설계 등에 대한 구상, 이 모든 일에 드와이트 아이젠하워는 포함되지 않았다.

프랭클린 루스벨트 대통령이 집무실 지도에 고속도로를 그려 넣기 위해 국장을 호출한 날, 미래의 대통령 드와이트 아이젠하워는 지구의 반대쪽, 필리핀에 있었다. 그는 더글러스 맥아더Douglas MacArthur 총사령관의 참모장으로서 그다지 만족스럽지 않은 날을 보내고 있었고, 다가올 전쟁에 대비한 필리핀 영토 내 정비를 촉구하고 있었다. 이듬해, '유료도로와 무료도로'에 관련된 보고서가 의회에 제출되고, 퓨처라마가 뉴욕에서 사람들을 놀라게 했던 그해에 아이젠하워는 워싱턴의 포트루이스Fort Lewis에 있었다.

1941년 4월, 루스벨트가 지역 간 고속도로연구위원회를 지정했을 때 그는 샌안토니오에서 대령으로 진급하고 새로운 보직 임명을 받았다. 위원회가 산더미 같은 과제를 해치운 그해 말에 아이젠하워는 워싱턴DC에서 전쟁계획을 세우고 있었다.

국장과 페어뱅크가 도시 고속화도로에 대한 권고사항을 수정하는 동안, 아이젠하워는 북아프리카 연합군을 이끌고 있었다. 같은 달, 프랭클린 루스벨트 대통령은 의회에 위원회의 보고서를 제출했고, 아이젠하워는 유럽에서 연합군의 사령관 직을 맡게 되었다. 역사적인 1944 연방지원고속도로 법안이 법률로 제정된 바로 그날, 주간 고속도로 시스템이 법적으로 현실화 된 바로 그날, 아이젠하워는 노르망디 해안의 상륙작전을 위한 연합군을 지휘하고 있었고, 다섯 번째 별을 받아 원수가 되었다. 그는 리포터와의 인터뷰에서 이렇게 말했다. "길거리에 돌아다니는 개를 포획하는 공무원이든,

우주를 통치할 수 있는 막강한 힘을 가진 왕이든 직책에 상관없이 제가 정계에 발을 들인다는 것은 상상할 수도 없는 일입니다." 그리고 처음 고속도로 시스템에 아주 적은 보조금이 주어졌을 당시, 그는 유럽에서 연합군을 지휘하고 있었고, 그때까지도 대통령 후보로 가시화되지 않았다.

아이젠하워에게는 많은 특징이 있었다. 그는 업무 중에 절대 시계를 보지 않았다. 그는 역사상 최고의 사령관 중 한 사람으로 기억될 인물이기도 했다. 육군사관학교에서는 평범한 학생이었지만, 조직과 기획에 뛰어난 능력을 보여주었다. 군인으로서 그의 능력은 좌절의 연속이었고 별다른 성과도 없었던 데다 능력을 드러내지도 못했다. 그가 군대에서 이룬 것은 소령에서 8년 만에 장군으로 진급한 것뿐이었다.

아이젠하워는 어떤 면에서 보더라도 주간 고속도로를 탄생시킨 장본인은 아니었다. 그런데 고속도로 시스템이 아이젠하워의 인생에서 두 가지 사건에서 영감을 받은 것이라는 소문이 몇 년 간 떠돌기 시작했다. 그 사건은 1919년 군용차를 타고 호송대 원정을 나설 때 아이젠하워가 처음으로 국내 고속도로의 단점을 알아낸 것과 제2차 세계대전에서 연합군으로 베를린에 진군할 때 히틀러의 아우토반을 경험해보고 현대적인 고속도로의 가치를 깨달았던 것이다. 그는 엄청난 고속도로를 통해 어떻게 하면 미국의 안보와 시민의식 고취, 그리고 경제를 개선시킬 수 있을지에 대한 비전을 가지고 전쟁터에서 돌아왔다. 아이젠하워는 이것이 정말 필요한 일이라고 생각했기 때문에, 대통령으로서도 이 일을 추진했다.

이것은 아이젠하워가 말했던 것처럼, 이유가 되기에 충분한 했다. 그가 두 가지 경험에 영향을 받았다는 사실에는 의심의 여지가 없다. 하지만 그것이 고속도로 건설에 영향을 끼친 건 아니었다. 고속도로가 중요하다는 것은 기정사실이었지만 자금은 충분하지 못했고, 바로 그때 아이젠하워는 정치 새내기로 입문했기 때문이었다.

그가 해야 할 역할은 확실했다. 아주 중요한 역할이었지만 그 역할은 그가 생각했던 것보다 훨씬 제한적일 수도 있었다. 어쨌든 이제는 고속도로의 공로가 어느 한 사람의 것이 아님이 분명해져야 할 때이다.

비뚤어진 직선과
고르지 못한 평지

클레이 위원회와
프랭크 터너

제10장

1953년 1월, 드와이트 아이젠하워가 대통령으로 취임하고, 주간 고속도로 시스템이 만들어진 지도 어느덧 8년이 되었다. 도로관리국은 이미 공사가 진행되고 있는 것처럼 내용을 발표했다. 도로관리국 보고서와 기자회견에서는 아주 튼튼한 1차, 2차 연방정부 지원에 대한 설명과 함께 64,300킬로미터의 고속도로망이 종종 언급되었다.

물론 현실에서 시스템은 아직도 종잇조각에 불과했다. 아이젠하워는 여기에 관해 아는 것이 별로 없었다. 그는 취임 당시, '국가 경제와 개인 안전뿐만 아니라 안보 측면에서도 필요한 것'이라고 평가하며, '현대적인 도로망'의 건설에 대한 관심을 강하게 드러냈지만, 자세히 들여다보지는 않았다. 행정부와 입법부가 이미 도로망의 자세한 부분에 대한 계산을 마친 것도 알지 못했다. 도로관리국이 10년 전에 이미 설계와 대략적인 장소에 대해 설명하는 두 개의 보고서를 만들었다는 사실도 전혀 모르고 있었다.

고속도로에 대한 아이젠하워의 관점은 정부 전문가들과는 전혀 맞지 않았다. 그는 도시에 고속도로가 얼마나 필요한지를 인지하지 못했고, 교외로 연결되는 고속도로망이 더 필요하다고 생각했다. 또한 도로관리국이, 이 프로그램에 소요되는 비용을 톨게이트에서 나오는 수익만으로는 충당하지 못할 것이라는 결론을 내린 것도 모르고 있었다. 그는 비용을 상환할 수 있도록 수익을 창출하는 '자체 상환' 프로젝트를 지지했다.

어떻게 설명해야 할까? 미국의 34대 대통령은 보고서를 잘 읽지도 않았고, 장시간 브리핑을 견디지 못하는 사람이었다. 아이젠하워는 실제로 정부운영의 복잡한 업무를 간략하게 요약해 자신에게 전달해주는 방식을 선호했다.

이상하게도, 그리고 믿을 수 없게도, 그 누구도 아이젠하워에게 고속도로 시스템에 대한 세부내용을 자세히 알려주지 않았고 뒤늦게야 그가 요청한 것 같았다.

그가 실제로 알고 있었던 것은, 그리고 아마도 그가 알아야 할 필요가 있었던 것은 새 고속도로를 짓는 것이 한국전쟁(6·25 전쟁) 종전에서 돌아온 귀향군인들에게 일자리를 만들어줄 수 있을 것이라는 사실과 언제든지 고용을 창출할 자원이 마련되어 있다는 사실이었다. 이 현대적인 고속도로는 주(州) 간 무역에 엄청난 활기를 불어넣어줄 것이었고, 여행 산업을 촉진시키며, 운송비용도 절감할 수 있었다. 교통사고 사망자 수도 감소할 것이었다. 혼잡을 해소하는 동시에, 차량이 계속 증가하고 일일 통근 거리가 길어짐에 따라 도시에서 교외로 떠나버리는 수백만 미국인들의 문제를 해결해줄 수 있는 도로였다.

그래서 아이젠하워는 백악관에 입성하기 전 프로그램 검토에 착수했다. 그는 종종 함께 골프를 치는 지인인 뉴욕의 증권 중매인 워커 버크너Walker G. Buckner에게 고속도로 프로그램에 어떻게 접근해야 할지를 물었다. 버크너는 바로 다음날 13페이지에 달하는 답변을 보내주었고, 아이젠하워는 백악관에서 그것을 받아보았다. 여러 주에서 이미 운영되고 있거나 검토 중인 도로를 확장하는 '자체상환' 고속도로에 대한 대략적인 내용이 서술되어 있었다. 하나는 워싱턴에서부터 잭슨빌Jacksonville까지, 다른 하나는 시카고에서 뉴올리언스New Orleans까지의 도로였다. 세 번째는 시카고에서 '스프링필드와 캔자스시티, 솔트레이크시티 등 샌프란시스코의 근교'로 향하는 도로였다. 버크너는 그가 선호하는 노선과 함께 주유소를 지도에 추가로 표시했다. 그 노선은 샌디에이고에서 시애틀로, 캔자스시티에서 휴스턴으로 각각 연결되는 도로였고, 웨스트버지니아 주 고속도로를 북쪽으로는 클리브랜드로 향하고, 남쪽으로는 사우스캐롤라이나 주의 찰스턴 근처인 워싱턴-잭슨빌로 향하도록 확장하는 노선도 포함되어 있었다.

대부분이 도로관리국에서 이미 계획했던 주간 노선들과 어느 정도 유사함을 가지고 있었다. 사실 이 보고서는 버크너가 '현존하고 있는 모든 유료교량, 도로, 주차시설, 간선도로 등의 건설에 70퍼센트 이상 참여했던 사람'과 상의했다고 공개함으로써 알려지게 되었다. 하지만 이 보고서는 버크너가 기존의 주간 고속도로 프로그램을 대통령만큼이나 모르고 있다는 사실을 여실히 보여주었다.

아이젠하워는 자신이 모르는 게 뭔지도 모르고 있었다. 그는 버크너의 보고서를 검토한 후, 행정보좌관인 가브리엘 호지Gabriel Hauge에게 '관련 정부 부처'들과 함께 고속도로 상황에 대해 보다 공식적인 연구를 진행할 것을 지시했다. 그는 꾸준히 증가하는 운전자의 필요에 맞게, 균형 있고 창의적인 방법으로 프로그램이 설계되어야 한다고 확신했다. 그는 다음과 같이 편지를 썼다.

"우리의 도시들은 여전히 50년 전의 패턴과 관습, 관례를 완고하게 따릅니다. 매년 엄청난 수의 신차가 출시되어 차량이 나날이 늘어가고 있지만, 도로 시스템은 이런 상황을 따라가지 못하고 있습니다. 일반적으로 오늘날 도시에서는 많은 도로들이 교통 측면에서 보면 거의 쓸모가 없어지고 있습니다. 도로가의 집에서 살고 있는 사람들이 도로를 주차장으로 사용하기 때문이죠. 차량통행에 관한 사안이 우리가 주목하는 프로그램에서 결코 큰 부분을 차지하지는 않지만, 차후에 개발될 폭넓은 계획에 대비해 우리는 철저한 연구를 진행해야 합니다."

그는 또 호지에게 "구체적이고 선진적인 계획이 있다면 전체 계획을 완성하지 않고도 중요한 부분을 먼저 시작할 수 있을 것입니다. 다만 시작된 부분이 논리적으로, 그리고 효과적으로 전체 계획에 적합하다는 확실성이 있어야 합니다."라고 편지를 썼다. 편지는 아이젠하워다운 말로 끝을 맺었다. "가끔 진행에 관해 약식 보고를 해주기 바랍니다."

1953년 2월 4일, 이 편지는 아이젠하워의 행정부가 주간 고속도로의 대역사에 공식적으로 참여하는 신호가 되었다. 호지는 버크너의 보고서를 상무부로 넘겼다. 상무부는 그 보고서를 정리하고 보관했지만, 그것 외에는 아무 일도 일어나지 않았다.

행정부의 두 번째 고속도로 관련 프로젝트는 한 달이 조금 지난 후 시작되었다. 트루먼은 상무장관 싱클레어 윅스Sinclair Weeks를 프로젝트의 위원장으로 지명했다. 도로관리국은 트루먼의 임기 동안 상무부로 배속되었다. 위원장 윅스는 맥도널드가 알만한 사람이었다. 30년 전 맥도널드가 도로관리국에 출근한 첫날 만났던 그의 상사는 싱클레어의 아버지 존 윅스였다. 이는 부자(父子)를 상사로 모시게 되는 흔치 않은 경우였다. 존 윅스는 퍼싱미사일의 청사진이 만들어진 시기에 육군장관을 지냈다.

문제가 생기기 시작했다. 장관은 취임하자마자 재량으로 운송담당 상무차관 직책을 만들었다. 장관이 보기에는 그 직책이 도로관리국에 필요해 보였던 것이다. 불신임을 나타내는 이러한 변화를 받아들이기는 쉬운 일이 아니었다. 국장은 연방정부 소속 도로관리국 국장에서 강등되어 장관의 고속도로 담당고문으로 바뀌었다. 새로운 차관의 승인 없이는 더 이상 의회 앞에서 행정부를 대표할 수 없게 되었다.

어느 날 윅스가 맥도널드에게 퇴직할 때가 되었음을 알렸다. 맥도널드의 직무는 더 이상 연장되지 않았다. 34년 동안 국내에서 고속도로 분야의 최고였고, 당시로서는 최장 기간 동안 정부기관을 이끌었던, 그리고 그동안 어떤 연방정부의 기관보다 직무에 대해 신뢰를 받았던 그의 이야기는 이제 마치게 되었다.

공식 퇴직 일자인 맥도널드의 생일까지 채우지 못하고 떠나는 데에 대해 여러 소문이 돌았다. 사람들에게는 두 가지 내용이 가장 그럴듯하게 들렸다. 웍스는 방대한 예산 관리에 대한 확실한 권한을 가지고 싶어했다. 그리고 아이젠하워는 급증하는 교통 혼잡과 고속도로 노후화에 대해 당장 대응하고 싶었고, 자신의 행정부에 충실한 새로운 리더십이 필요하다고 생각했다.

맥도널드의 퇴임은 서류상으로는 개인사정에 의한 것이었다. 1953년 3월 9일, 그는 웍스에게 '요청에 따라, 그리고 진심으로 기쁘게' 트루먼 행정부의 위원으로 일해왔다는 내용의 서류를 작성해 보냈다. "가능하다면, 이달 말일인 3월 31일에 퇴임을 허락해주시길 바랍니다."

맥도널드는 사무실에 들어가 곧장 풀러 씨의 책상을 향했다. 소문에 의하면 그는 이렇게 말했다고 한다. "나 방금 해고됐어. 이제 우리 결혼할 수 있겠어."

대부분의 사람들에게서 충격과 연민의 반응들이 쏟아져 나왔다. 조지아 주의 국회의원이 맥도널드에게 보낸 편지에는 이렇게 쓰여 있었다. "개인적으로 맥도널드 씨가 더 이상 도로관리국을 이끌지 않는다는 것은 정말 유감입니다." 버지니아 주의 고속도로위원회의 위원이었던 존 앤더슨은 '영원한 존경'을 표현해 맥도널드의 '훌륭한 업적'에 대한 찬사를 남겼다. 《엔지니어링 뉴스-레코드(Engineering News-Record, 미국의 세계적인 건설 전문지)》에서는 "의심의 여지가 없는 진실성을 가진, 원칙을 꿋꿋이 고수하는 맥도널드 씨가 토목공학 분야에 엄청난 성공을 가져다주었다."고 경의를 표했다.

3월 18일, 웍스는 국장직에 새로 부임하는 인물을 공개했다. 프랜시스 듀퐁Fransis V. du Pont은 쉰여덟 살의 사업가로 화학회사를 물려받아 델라웨어에서 고속도로를 건설하고 홍보하는 일에 인생을 헌신한 사람이었다.

그의 아버지이자 좋은 길 만들기 운동Good Road Movement의 초대 회장이었던 콜만 듀퐁은 윌밍턴에서 메릴랜드 주로 향하는 160킬로미터 길이의 자기 소유의 고속도로를 만들었고, 훗날 주정부에 이 고속도로를 기부했다. 프랜시스는 그의 아버지처럼 MIT를 다녔고 1917년 기계공학 학사 학위를 받았다. 학위를 받은 후에는 참전도 했고, 집안 사업에도 참여했으며, 캐딜락의 연구원으로도 일했던 경험이 있었다. 1922년 그는 델라웨어 주 고속도로위원회에 참여하게 되었다. 그는 또한 델라웨어와 뉴저지 주를 연결하는 델라웨어 추모교(追慕橋)를 위한 계획 및 설계, 공사 등에 있어서 절대적인 영향을 끼쳤다. 이 다리는 1951년 개통 당시 존재하던 다리 중 최대의 규모였다.

정부가 지급하는 연봉 1만6천 달러 외에 프랜시스 듀퐁에게 필요한 것은 없었다. 그에게는 막대한 유산이 있었을 뿐만 아니라, 여러 유명 호텔의 재무 관리자였고, 뉴욕 이퀴터블 빌딩의 주인이었으며, 델라웨어의 이퀴터블 신탁회사의 회장이기도 했다. 이 갸름하고 뾰족한 턱을 가진 고상한 억만장자는 아이젠하워 임기 동안에 국가적 규모로 진행될 고속도로 건설에 들떠 있었다.

듀퐁은 맥도널드에게 국장의 뒤를 잇게 되어 영광이며, 그의 정책을 계속 유지할 계획이라는 내용이 담긴 2페이지짜리 전보를 보냈다. 맥도널드는 진심어린 온정을 담아 회답했다. 3월 마지막 주, 맥도널드는 듀퐁과 같이 사무실을 둘러보았다. 직원들을 소개시키고 인수인계 절차를 밟았다. 공직 수행의 마지막 날을 마무리한 후, 맥도널드는 가장 가까운 친구이자 직장 동료가 열어준 워싱턴의 메트로폴리탄 클럽 송별회에서 작별인사를 했다.

다음날 그는 텍사스 주로 떠났다. 그곳에는 그의 오랜 친구이자 주 고속도로 사장이었고 텍사스 A&M대학의 총장인 깁 길크리스트 Gibb Gilchrist가 있었다. 깁은 수년 간 맥도널드에게 은퇴 후 칼리지 스테이션으로 옮겨와 교통연구프로그램의 대표직을 맡아줄 것을 요청했다. 결국 맥도널드는 이 제안을 수락했다.

맥도널드를 따랐던 커티스는 이제 모든 것들이 끝나버렸다고 생각했다. 퇴직한 상사의 관점이나 이론의 많은 것들이 불분명해졌다. 그들은 지금까지 정치적 영향력을 넘어 확실한 기술의 전문지식, 연방정부와의 협력관계가 실증적인 자료에 대한 맥도널드의 확고한 믿음을 따랐다.

한편 새로 부임한 국장은 모두를 놀라게 했다. 그는 별다른 환영 절차 없이 업무를 시작했다. 변호사 한 명을 데려왔지만, 다른 직원, 심지어 비서조차도 데려오지 않았다. 업무를 시작한 첫날, 그는 도로관리국이 이제껏 이루어낸 성과를 존경하며, 해오던 것처럼 계속 해나갈 수 있기를 바란다며, 그러기 위해서는 전문가가 필요하다는 의견을 분명히 밝혔다. 듀퐁은 국장이 항상 피해왔던 주간 직원회의를 실시했다. 그리고 부하직원들에게 도로관리국이 앞으로 어떻게 바뀌면 좋을지 익명으로 의견을 제시해달라고 요청했다. 그는 언급했던 '바람직한 변화의 공통분모'를 찾기 위해 여러 번 미팅을 소집했다. 그리고 직원들은 새 국장에게 진행상황을 수시로 보고했다. 부임한지 6주가 지나고, 그는 맥도널드에게 이런 메시지를 보냈다. "국장님이 크게 기울였던 사명과 의지를 가지고 업무를 진행하고 있습니다. 다행히 모든 직원들이 아주 정중하고 협조적으로 대해주고 있어 기쁘게 생각하고 있습니다."

간단히 말해, 듀퐁은 싫어할 수 없는 사람이었다. 그가 견실한 엔지니어였다는 것과 조직 내의 그 누구보다도 고속도로에 대해 잘 알고 있다는 것, 그리고 의회와 행정부, 산업계와의 유대관계가 돈독하다는 사실이었다. 허버트 페어뱅크까지도 그의 편이 되었다. 그는 맥도널드에게 보내는 서신에 이렇게 썼다. "도로관리국이나 직원들 걱정은 이제 안 하셔도 되겠습니다. 제 생각엔 모두 잘 굴러가고 있어요."

버크너의 보고서는 관료주의적 사고에 빠져 있었고, 아이젠하워 임기 첫 1년의 후반기 동안 고속도로에 대한 관심이 시들해졌다. 1954년 4월 12일이 되어서야 아이젠하워는 고속도로에 대한 문제를 다시금 챙기기 시작했고, 듀퐁과 육군사관학교 동기인 존 브래그던 John S. Bragdon 그리고 대통령 수석보좌관 셔먼 애덤스 Sherman Adams —뉴햄프셔의 걸걸하고 뚱한, 그리고 강압적인 전 주지사였던—에게 5백억 달러 규모의 고속도로 계획을 세울 것을 지시했다.

아이젠하워는 골프 스케줄과 휴가 일정을 제쳐두고 고속도로에 매달렸다. 5월 11일 그는 애덤스에게 메모를 보냈다. "공사 중인 '자체상환' 고속도로에서 5백억 달러의 가치를 창출하려는 우리의 '멋진' 계획은 어느 정도 진행되고 있습니까?"

그 계획은 서로 맞붙는 형상으로 진행되어 가고 있었다. 은퇴한 육군소장이자 대통령경제자문위원회의 일원이었던 브래그던은 통행료로 자금을 충당하는 시스템을 지지하는 천연덕스러운 사람이었다. 그는 운전자가 많은 도로에서 나오는 초과이익으로 비교적 부실한 수입이 발생하는 도로의 비용을 충당함으로써 정부가 세금이나 부채는 한 푼도 쓰지 않고 48,280킬로미터의 주간 고속도로 시스템을 건설할 수 있다고 확고히 믿고 있었다. 그의 방식대로라면, 행정부 각료가 이끄는 국가의 고속도로 관리국이 건설 및 관리를 맡게 될 것이며, 도로 건설 기관에 최대한 권력을 행사하기 위해 기존의 모든 주정부 및 연방정부의 고속도로 관련 조직이 교체될 수도 있었다. 그러나 애덤스는 이 모든 것에 반대하는 입장이었다. 애덤스는 기존의 주정부 및 연방정부와 협력관계를 유지하는 쪽을 원했다.

이에 대통령은 1954년 7월 뉴욕 주의 애디론댁Adirondacks에 있는 호숫가 리조트에서 회의를 가졌던 48개 주의 주지사들에게 다시 한 번 과업을 위임하기로 결정했다. 이것은 정치적으로 대담한 시도였고, 주지사들은 수년간 정부에게 고속도로 사업에서 벗어나게 해줄 것, 또는 적어도 유류세(1954년 당시에 2센트)를 인하해 달라는 요구를 할 수 있었다. 또한 주지사들을 도로관리국이나 그 누구에게 비용을 어떻게 사용했는지 보고할 필요 없도록 각 주정부에서 세금을 걷는 편을 지지했다.

아이젠하워는 연설의 주제를 '비공식적'이 될 것이라고 설명하며 드러내지 않았다. 아이젠하워의 처제가 갑작스럽게 죽은 것은 그가 레이크 조지Lake George로 떠나기 직전이었다. 그는 대신 부통령인 리처드 닉슨Richard Nixon을 레이크 조지로 보냈다. 그를 가장 알리게 될, 그리고 진정한 차이를 만들어낸 공로를 인정받게 될 고속도로 관련 행사에서 아이젠하워를 볼 수 없었던 것이다.

닉슨은 대통령으로부터 훌륭하게 작성된 연설문을 받았다. 그 연설문에는 이렇게 쓰여 있었다. "미국은 사실 여러 면에서 세계 최고수준의 운송 시스템을 가지고 있습니다. 하지만 이것은 미국이 할 수 있는 최선은 아닙니다. 현재의 고속도로는 지역적으로 적절하지 않으며, 국가 시스템으로서도 부적절한 면이 많이 있습니다." 그리고 도로망의 역사에 대해 설명하는 깔끔하게 요약 정리된 내용이 있었다.

"우리 도로는 많은 면에서 시대에 뒤떨어져 있습니다. 처음에 도로는 지형과 원주민이 만들어놓은 길, 소가 지나다니는 길, 그리고 제멋대로 구역이 나뉜 선에 따라 만들어졌습니다. 이런 도로는 대부분 1, 2마력 정도의 낮은 속력으로 지역 내를 이동하기 위해 설계된 것입니다. 도로는 물론 많은 시간을 거쳐, 대도시의 교통량 과잉과 미 대륙을 횡단하는 차량, 그리고 빨라지는 차량 속도에 맞추기 위해 개선되어 왔습니다. 하지만 이런 식으로는 앞으로 10년 후에 우리에게 필요한 시스템을 계획하거나 정비할 수 없습니다.

그러면 노후화된 도로로 발생할 수 있는 문제점은 무엇일까요? 첫 번째로 가장 분명한 것은 연간 사망자 수가 끔찍한 전쟁에서 발생하는 사망자 수와 맞먹는다는 사실입니다. 이는 돈으로 환산할 수 없는 수치입니다. 매년 4만 명 가까이 사망하고, 130만 명 이상이 부상을 입습니다.

두 번째는 우회로나 차량 정체 등으로 인해 길에 버려지는 시간이 너무 많다는 사실입니다. 수십억 달러로 환산될 수 있는 생산적인 시간이 낭비되고 있는 겁니다. 세 번째는 법원을 마비시키는 민사소송의 절반 이상이 고속도로나 일반도로, 길거리에서 발생되는 교통사고로 추산된다는 사실입니다."

뿐만 아니라 부족한 고속도로는 1954년 최고의 난제였던 산업의 발전을 지연시키고, 다가올 핵전쟁에서 일어날 수 있는 재앙이나 필요한 방위를 위한 조건을 만족시킬 수 없었다. 하지만 방법은 멀리 있지 않았다. 부통령은 선언했다. "앞으로 10년간의 500억 달러의 도로 건설 프로그램은 우리가 할 수 있는, 그리고 해내야 할 목표입니다."

연단에 있던 그 남자를 제외한 연설장의 모두에게는 매우 갑작스러운 내용이었다. 닉슨의 연설은 계속 되었다. "대통령은 미국에게 고속도로를 위한 '원대한 계획'이 필요하다고 믿고 있습니다. 새로운 고속도로는 빠르고 안전한 장거리여행을 가능하게 해주며, 농장과 시장을 바로 연결해주고, 도시의 병목현상을 해소해 줄 것입니다. 그리고 가능한 규모로 자체 자금조달이 이루어질 것입니다." 닉슨은 주지사들에게 이 시스템을 실현하기 위해 필요사항을 직시하고 적절한 조치를 취해달라고 부탁했다.

주지사들은 처음에 분노와 혼란이 뒤섞인 반응을 보였다. 그들은 그 사안에서 배제되었고 또한 그들의 생각과는 전혀 다른 방향으로 일이 진행되고 있었다. 백악관이 발표한 내용이 돌풍처럼(예를 들면, 닉슨이 말한 500억 달러는 새로운 부채가 될 것이고, 연방정부가 이미 지출한 예산을 훨씬 웃도는 금액이었다) 지나간 직후, 이틀 뒤에 열린 내실 회의—각 주정부 책임 하에 개발 독려—는 지원 결의안을 채택하고 대통령이 지시한 내용을 수행하기 위해 7명으로 구성된 위원회를 지명함으로써 그 결의안을 뒷받침했다.

아이젠하워는 만일을 대비했다. 이후 몇 달 동안, 행정부와 함께 같은 주제에 대한 두 개의 위원회를 구성했다. 아이젠하워는 싱클레어 윅스에게 여러 부처로부터 앞으로 '관계부처합동회의Interagency Committee'라고 알려진 회의의 대표자들을 모으라고 지시했다. 그중에는 여전히 통행료 자금 조달 방식과 국가 차원의 고속도로 공사를 지지하는 존 브래그던이 있었다. 이 그룹은 시민 및 사업가로 구성된 제2차 집단에게 아이디어와 지원을 제공할 것이었다.

이 그룹의 리더는 아이젠하워의 오랜 친구이자 퇴역장군인 루시우스 클레이Lucius D. Clay였다. 루시우스 클레이는 전후 기간 동안 대통령의 부관이었고, 1948~1949년 베를린 봉쇄에서 324일 동안 임무를 수행한 영웅이었다. 이 그룹의 공식 명칭은 '국가고속도로프로그램 대통령자문위원회President's Advisory Committe on a National Highway Program'였지만 정부에서는 이를 줄여 "클레이 위원회"라고 부르기도 했다.

큰 키에 매부리코를 가진 루시우스 클레이는 극도로 자신감이 넘치는 사람이었고, 오랜 군(軍) 경력 덕분에 자신의 방식을 찾는데 능한 사람이었다. 동료들은 먼 조상과 그를 비교하며 놀리기도 했다. 그 조상은 헨리 클레이였고, 19세기에 상원의원과 외교관을 지냈으며, '위대한 협상가'로 명성을 얻은 사람이었다. 클레이 장군은 '위대한 지시자'로 불리거나 '카이저 황제'라고 불리기도 했다. 아이젠하워조차도 가끔은 그에게 압박을 느끼고 일기에 이렇게 쓰기도 했다. "클레이의 일상 전술은 모든 상대방을 제압하고, 의문점

없이 문제를 마무리 짓는 것을 목표로 한다."

클레이는 노력하는 사람이었다. 그는 머릿속에 사진을 찍듯이 정확하게 기억하는 능력이 있었다. 숫자와 날짜, 내용 등을 머릿속에 간직하고 있다가 필요할 때면 꺼낼 수 있었다. 또한 탄탄한 공학적 지식—전쟁 전 그의 임무 중에는 대규모 건설 작업도 있었다.—도 갖추고 있었고 베를린 봉쇄기간 동안 확실히 입증됐던 대규모 조직 능력도 뛰어났다. 베를린 봉쇄가 한창 진행 중일 때, 서(西)베를린을 봉쇄한 소련에 대한 그의 대응으로 주민들에게 분 당 비행기 네 대의 비율로 음식과 구호품이 11개월 동안 공급되었다. 그 후 이 사건은 서유럽에 대한 미국의 경제원조계획인 마셜 플랜Marshall Plan이 나오게 된 동기가 되었다고 한다.

클레이는 베를린 봉쇄 직후 퇴역을 했고, 뉴욕에서 열린 티커 테이프 퍼레이드(Ticker-Tape Parade, 색종이 조각을 뿌리며 하는 행진) 환영을 받은 후 집으로 돌아왔다. 이후 그는 콘티넨탈 캔 사 Continental Can Corporation의 의장직을 맡게 되었다. 또한 그는 아이젠하워가 공화당에서 대통령 후보가 될 수 있도록 지원해주었고, 대통령의 내각을 구성하는데 강력한 영향력을 행사했다. 두 사람의 스타일을 봤을 때, 아이젠하워가 클레이 위원회의 멤버 구성을 클레이에게 맡긴 것도 놀라운 일은 아니었다. 클레이는 건축가, 은행가, 제조업자, 그리고 노조위원장을 지명했다.

그중에 고속도로 전문가는 없었다. 고속도로에 관한 전문적인 지식에 관해 위원회는 도로관리국에서 가장 장래가 유망했던, 토머스 맥도널드의 부하 직원이었던 프랜시스 커틀러 터너(Fransis Cutler Turner; 프랭크 터너)에게 완전히 의존할 예정이었다.

짧은 시간에 터너를 파악하기는 어렵지 않은 일이었다. 술은 절대 입에 대지 않았으며 집에서 시간을 보내는 것을 좋아하고 말수가 적은 터너는 그가 거의 매일 밤 집에 들고 오는 원고가 가득한 두꺼운 서류가방보다 사교 모임이 더 피곤한 일이라는 것을 알고 있었다. 그는 어떤 방에 들어가든지 벽에 바짝 붙어 서있기만 했다. 하지만 그는 업무에 있어서는 초인적인 능력을 가지고 있었다. 1954년, 터너는 미국 도로의 역사에서 타의 추종을 불허하는 커리어를 쌓고 있었다. 클레이 위원회의 구성원으로 지명된 것부터 시작해서, 주간 고속도로망의 개념을, 현재 미 대륙 전체에 뻗어 있는 문어 다리 같은 도로를 콘크리트와 철근으로 만든 사람은 다른 이도 아닌 바로 터너였던 것이다.

1908년 12월에 태어나 미주리 주-캔자스 주-텍사스 주의 철도를 달리는 기관사였던 터너는 어린 시절의 대부분은 포트워스Fort Worth에서 보냈다. 포트워스의 집은 우진각지붕Hipped-Roof이 있는 담벼락이 없는 집이었다. 동쪽으로 두 블록을 가면 메르디안 고속도로가 있었고 서쪽으로 두 블록을 가면 철도 근로자들이 거주하는 동네였다. 소박한 양육환경에, 아이들은 대대로 물려받은 옷을 입고 맨발로 뛰어다니다가 현관 베란다의 작은 그늘에서 텍사스의 더위를 피하곤 했다.

터너는 어릴 적에 매년 여름이면 오클라호마에서 몇 주를 보내곤 했다. 그의 할아버지는 로턴 동부에서 농장을 운영하고 있었다. 농장을 둘러싸고 있는 길은 보수하지 않은 흙길이었다. 비가 온 뒤면 터너는 쪼개진 나무 조각을 바퀴자국을 따라 옮기는 것을 도왔다. 때로는 노새를 몰거나 수레 위에 서서 풀을 먹이기도 했다. 터너 가(家)는 1년에 한 번 주정부에서 지급한 갈퀴를 트랙터에 달아 길을 정비하고 물길을 텄다. 그러니까 터너는 학교를 졸업하기도 전에 도로에 관한 일을 하고 직접 그 한계를 경험한 셈이었다.

터너의 할아버지는 변화의 물결을 인지하고 있는 지식인이었다. 그는 종종 도로가 '진화할 것'이라고 언급했고, 만약 그가 사업을 시작하는 젊은이였다면 고속도로 사업을 고려했을 것이라고 말하곤 했다. 할아버지의 말은 터너가 증기기관차를 타고 아버지를 만나러 가서 들었던 이야기를 떠올리게 했다. 아버지 린네 터너는 아들이 자신과 같은 직업을 갖지 않기를 바라며 이렇게 말했다. "프랜시스, 철도 분야는 이제 전망이 없는 것 같구나. 이미 필요한 모든 철도가 다 놓여 있어. 하지만 도로, 바로 그 도로는 미래가 놓여 있는 곳이란다."

오랜 시간이 지나지 않아 터너는 직접 사실을 확인할 수 있었다. 그가 지금의 텍사스 A&M 대학의 지역 분교인 노스텍사스 농업전문학교North Texas Agricultural College에서 수업을 듣기 시작했을 때, 포트워스의 흙길은 자동차로 붐비고 있었다. 2년 후 그가 칼리지 스테이션College Station에 있는 본교로 옮겼을 때는 그 정도가 더 심해졌다. 고속도로 공학 커리큘럼은 별로 도움이 되지 못했다. 터너는 이렇게 회상했다. "제가 대학교에서 공부했던 책들은 자갈길을 다루었습니다. 어떻게 자갈길을 만드는지, 어떻게 쇄석 기반을 만드는지에 대해 쓰여 있었죠. 그리고 마차나 수레 같은 사진만 잔뜩 실려 있었습니다." 1928년 봄, 도로관리국은 매년 그래왔듯이 재능 있는 사람을 찾고 있었다. 도로관리국은 터너에게 좋은 인상을 받았고, 터너 역시 마찬가지였다. 그가 마지막 학기를 보내던 다음

해, 토머스 맥도널드로부터 편지가 날아왔다. 편지는 터너의 자질이 충분해 주임연구원으로 임명하고 2천 달러의 연봉을 받게 될 것이라는 내용이었다.

터너는 제안을 수락했다. 1929년 6월 터너가 학교를 떠날 때, 캠퍼스의 동쪽 끝에는 공사가 한창이었다. 새로 만들어진 큰 도로와 맞붙는 곳에 행정 건물을 세우는 것이었다. 철도역으로 경계 지어진 축 위에 세워진, 철도역에서 이름을 딴 그 대학은 이제 방향을 자동차 쪽으로 돌리고 있었다.

25년 후, 도로관리국이 해야 하는 모든 종류의 엔지니어링 업무는 사실상 대부분 터너가 처리하고 있었다. 학교를 나온 뒤 터너는 도로관리국의 관리부서에서 근무했고 관찰자와 분석가로서의 업무도 수행했다. 1927년 포드에서 T라는 모델의 차가 출시되었고, 터너는 서부 전역에 걸쳐 도로를 건설하는 작업에 몰두하고 있었다. 터너는 후에 이렇게 회상했다. "우리는 클립보드, 연필, 스톱워치를 들고 도로가 제방 옆에 앉아있었습니다. 하나의 삽이 땅을 파서 트럭에 실어 나르고 돌아오는 데 얼마나 시간이 걸리는지 계산했죠. 무엇을 하는가? 얼마나 많이 팔 수 있는가? 이런 움직임이 생산성에 어떤 영향을 끼치는가? 그가 움직이는 거리는 어느 정도인가? 그가 여덟 시간 동안 작업한 양은 얼마나 되는가? 등을 알아보았습니다."

터너는 텍사스 주의 빅토리아 카운티Victoria County 작업에서 부실한 도로가 콘크리트 혼합물을 실어 나르는 트럭의 원활한 운행을 방해하기 때문에 매일 2시간 30분 동안 작업을 하지 못하게 되고, 이는 정부 예산으로 보자면 112.5달러를 낭비하게 되는 것이라고 보고했다. 터너가 계산한 이 총금액은 도로를 수리하고도 남는 금액이었다. 1930년 봄에는 더 많은 양의 콘크리트를 혼합했을 때의 강도를 실험하고 있었다. 터너는 이 실험을 캘리포니아 주의 산타크루즈Santa Cruz, 위스콘신 주의 셰보이건Sheboygan, 그리고 와이오밍 주 등의 각지에서 실행했다. 그에게 도로를 건설하는 작업은 신명나는 일이었다. 새 장비들이 속속 들어오고 있었다. 뚫을 수 없던 산에 커다란 구멍을 낼 수 있고, 30미터 깊이의 골짜기를 채울 수 있는 이 기계들은 마차로 했다면 수년이 걸릴 수 있는 작업을 몇 주 안에 완성시킬 수 있었다.

 이것 외에도 터너를 기쁘게 하는 일이 있었다. 1930년 12월에 터너는 오랜 연인이었던 메이블 마리 내니Mable Marie Nanney와 결혼했다. 그녀는 터너와 같은 침례교 신자였으며 그녀의 아버지는 철도업에 종사하고 있었다. 두 사람은 훌륭한 커플이었다. 터너는 사람들의 이야기에 귀 기울여주는 사람이었고, 메이블은 많이 수줍어했지만 그에게 자주 이야기하는 것을 좋아했다. 그가 눈웃음을 지으면 메이블도 그 눈을 보고 웃곤 했다. 둘 다 술은 입에 대지 않았다. 그리고 두 사람 모두 낙관론자였다. 포트워스 센트럴 고등학교의 졸업 앨범에 있는 터너의 사진 아래에는 그의 좌우명이 이렇게 쓰여 있었다. "모든 것에는 다 장점이 있다." 메이블은 몇 주 지나지 않아 임신을 했고, 터너가 캘리포니아에서 일을 하던 중 딸 비벌리가 태어났다.

1933년 여름, 터너는 리틀록**에 있는 도로관리국의 지사로 발령을 받게 된다. 그는 아칸소 지역 내 3분의 1 정도의 구역을 담당했고, 연방정부 지원 법률 제정에서 구상된 협력관계가 일반적인 현실이라는 사실을 깨달았다. 고속도로 프로젝트가 그저 서류에 불과했을 당시, 터너는 대체 가능한 노선을 평가하기 위해 주 고속도로 담당연구원과 함께 벽지로 향했다. 그들은 나란히 덤불과 숲을 헤쳐 지형을 측정하고, 보이는 것들을 논의하며, 각 장소에서 도로가 어떻게 더 잘 작용할 수 있는지를 알아보고, 함께 결론을 도출해야 했다.

터너는 아칸소의 설계 및 공사 전문가와 협력하기로 했다. 둘은 마음이 잘 맞아 얼핏 보면 누가 연방정부의 직원이고, 누가 주정부 직원인지 구분하기 어려울 정도였다. 터너와 아칸소의 엔지니어는 때론 2~3일을 도로에서 보내기도 했다. 여러 작업 지역을 둘러보고, 대부분의 경우 같이 차로 이동했으며, 호텔은 물론이고 매 끼니를 함께 했다. 끈기 있고 신중한 터너는 훌륭한 연방정부의 대리인이었다. 그는 자신의 지위를 이용하려 하지 않았고, 결정을 내릴 때에도 절대 최종 발언은 맡지 않았다. 터너의 생각에 이것은 주정부의 도로였고, 도로가 완성되면 그 도로를 이용할 사람은 아칸소 주민들이었기 때문이었다. 그는 단지 도로 건설을 도와주는 것뿐이라고 생각했다. 터너와 엔지니어는 가끔 세부사항에 대해 서로 동의하지 못할 때도 있었다. 그의 표현에 따르면 '고함을 치며 논쟁'을

** 터너가 지원한 것은 아니었다. 그는 덴버와 포트워스를 각각 1, 2순위 희망 전근 지역으로 올렸다. 하지만 무엇보다 터너는 본사에 머물고 싶어 했다. 오스틴이나 배턴루지, 오클라호마시티, 리틀록에서의 삶은 원하지 않았다. 그는 이렇게 말하기도 했다. "내 관점에서 보자면 별로 만족스럽지 못하다." 아! 도로관리국은 민주적인 회사가 아니었던 것이다.

하지만 결국 둘 다 합의에 이르는 해결책을 찾아냈다. 이것이 바로 엔지니어링이며, 논리적 체계와 수학, 측정에 달려 있었다. 숫자가 전부인 셈이었다.

임원들은 터너가 '훌륭한 자질'을 가지고 있고, '많은 양의 업무를 탁월한 방식으로' 다룰 수 있으며, 그에 맞는 에너지와 신중함을 가진 사람이라는 것을 알게 되었다.

1935년 터너는 선임연구원으로 승진하게 되었고 이후에는 워싱턴 내외부의 연방정부지원 업무를 맡는 최고 감독관까지 올랐다. 그 후 1943년 3월, 터너는 브리티시컬럼비아British Columbia와 유콘(캐나다 북서부의 준주準州)의 미개척지에서 지금까지 일했던 것 중 가장 큰 규모의 도로관리국을 이끄는 책임자가 된 것이다. 군대와 시민들이 브리티시컬럼비아에 거주한지도 거의 1년이 되었다. 그들은 황무지 한 쪽에 2차선으로 된 전천후 도로를 만들었다. 이 도로는 에드먼턴Edmonton에서 북서쪽으로 800킬로미터 정도 떨어진 작은 농장마을인 브리티시컬럼비아의 도슨크릭Dawson Creek에서부터 알래스카의 끝까지—더 이상 땅이 없는 곳까지—북미 고속도로 시스템을 확장하는 것이었다. 이렇게 퍼지게 된 영토가 일본의 공격 대상이 될 수 있음을 염려했던 미국과 캐나다 정부는 육군공병대The Army Corps of Engineers을 이용해 1만4천 명의 민간 사업자의 도움을 받아 훨씬 더 견고한 도로를 건설할 계획을 세웠다. 이는 도로관리국이 포기했던 더 실질적인 고속도로의 초안이나 다름없었다.

얼마 지나지 않아 양국은 합의라는 명목이었지만—또는 터너의 말과 같이 "[군대]가 도로를 신속하게 완성하기 위해서 긴밀히 연락을 취하면서"— 서로의 신경을 건드리게 되었다. 터너가 현장 검사를 위해 파견되었던 1943년 8월 중순의 일이었다. 유콘에서 맞이한 첫 날 아침, 터너는 선임 엔지니어 프랭크 앤드루스를 찾기 위해 도로관리국의 화이트호스 지부에 들렀다. 앤드루스는 자신이 충분히 잘하고 있다고 생각했던 일을 위해 보내진 외부인 때문에 기분이 좋지 않았다. 그리고 외딴 아칸소에 대해 아무것도 모르는 풋내기에게 임무가 주어진 것도 마음에 들지 않았다. 그는 터너에게 그다지 환영하지 않는다고 솔직하게 말했다. 터너는 자신의 강인함과 자제력을 보여주는 부드러운 목소리로 대답했다. 그는 상사에게 보고하며 이렇게 말했다. "제 입장에 대해 솔직하게 말해줘서 고맙다고 말했죠. 그리고 전 그 곳에서 적절한 방법으로 훌륭하게 업무를 수행해낼 자신이 있었습니다. 나의 임무—그의 입장에서는 도전이었던—를 다루는 능력에 대한 의견을 바꾸도록 말입니다. 저는 열정과 흥미를 가지고 이 상황을 받아들였습니다. 그와 함께 일하면서 겪게 될 난관도 예상했고요."

3주 후, 터너는 육군성의 요청에 따라 군의 자문역으로 파견되었다. 정신없이 흘러간 2차 건설 시기 이후에도, 그리고 고속도로가 96퍼센트 정도 완성되었을 때에도 터너는 군의 자문역으로 남아있었다.

그 시기에 메이블이 터너를 찾아왔다. 그리고 몇 달 후에 아이들—이제 첫째 딸 비벌리에게는 마빈과 밀라드(또는 짐)라는 동생이 있었다.—과 함께 터너와 합류했다. 재결합하게 된 터너 가족은 블루베리에 정착하게 되었다. 집은 타르페이퍼로 지어진 콘셋형 막사였고, 작은 도시인 포트 세인트 존Fort St. John과 연결된 고속도로로부터 83킬로미터 떨어져 있었다.

몇몇 사람들은 그 막사를 101호라고 불렀다. 도슨크릭에서부터 그 지점까지의 거리에서 따온 이름이었다. 터너는 도로표지판 작업을 하고 있었다. 이 작업에는 그의 아버지가 오랜 세월 동안 철도에서 종사해 온 것들에 대한 경의의 표시도 담겨있었다. "우리가 617번 도로로 출발해서 820번 도로로 빠져 나올 거야." 터너가 이런 식으로 말하면 동료 엔지니어는 그의 말을 정확히 이해하고 고개를 끄덕였다.

철도는 경로와 교량, 터널, 대피선, 마을을 표시하기 위해 오랫동안 표지판을 이용해왔다. 승무원은 위험한 교차로와 악명 높은 커브 길을 알려주는 표지판을 항상 기억해야 했다. 숫자만큼 마을이나 유명지역을 간결하고 정확하게 표시해주는 것은 없었다. 특히 망가지거나 손상된 철길을 확인할 때는 더욱 유용했다. 이 같은 시스템을 고속도로에 차용하는 것은 당연한 일이었고, 수 년 후에 주간 고속도로에 이 시스템이 적용되기 시작했다. 이렇게 해서 포트 세인트 존의 막사는 49호가 되었고 화이트호스의 베이스캠프는 911호가 되었다. 고속도로를 이용하는 모든 사람들은 번호 1121.4가 적힌 표지판이 알래스카와 유콘 사이의 거리를 나타내는 것임을 알고 있었다. 그리고 1년 전과는 다르게, 101호는 완전하게 가정집이 되었다.

가족이 지내는 막사는 톱밥으로 단열처리가 되어 있었다. 요리용 레인지는 불을 떼야했고, 바깥에 있는 나무에 못으로 박아 놓은 철장으로 냉장고를 대신했다. 또 하나의 막사는 학교이자, 교회, 커뮤니티 센터의 역할을 하고 있었다. 식료품은 일주일에 한 번씩 트럭으로 배달되었다. 게다가 막사 생활이 완전히 안전한 것은 아니었다. 터너는 보고서에 덤덤한 말투로 요즘은 "꽤 춥습니다."라고 썼지만 사실 그 당시의 온도는 영하 15~38도를 오르내렸다. 살인적인 추위였다.

1944년 12월, 101호의 아이들이 포트 세인트 존에서 열리는 크리스마스 파티에 참석하기 위해 소형 버스를 타고 막사를 떠났다. 운전기사와 선생님이 보호자로서 동반했다. 아이들이 쇼를 보고 있는 동안 운전기사는 술을 마셨다. 파티가 끝나고 막사로 향하는 길에 버스는 커브 길에서 도로를 벗어나 눈덩이에 박혀버렸다.

날은 점점 어두워지는데다 눈까지 내리고 있었다. 기온은 영하에서 훨씬 내려가 있었고, 점점 더 추워지고 있었다. 아이들은 체온을 나누기 위해 등을 맞대고 모이기 시작했다. 손가락과 발가락의 감각이 점점 없어져가고 있었다. 당시 열 살이었던 마빈 터너가 훗날 언급한 바로는 '거의 두 시간 가까이' 그런 상태로 있었는데 그때 갑자기 남쪽에서 고속도로를 타고 올라오는 차의 헤드라이트가 보였다.

터너의 차였다. 터너는 우선 아이들의 상태를 확인한 뒤 운전석으로 향했다. 운전기사는 지독한 술 냄새를 풍기며 앉아있었다. 170센티미터 정도의 키에 몸무게는 62킬로그램인 터너는 비슷한 체형의 운전기사를 한 손으로 끌어내리고 밖으로 던져버렸다. 그리고는 밧줄을 가져다달라고 소리쳤다. 운전기사를 나무에 묶은 채 내버려두고 갈 것이라고 했다.

터너의 아이들은 이제껏 아버지가 그렇게 화를 내는 것을 본적이 없었다. 아버지가 아이들 앞에서 사람을 그렇게 다룬다는 것은 더더욱 안 되는 일이었다. 선생님이 옆에서 조심스럽게 그를 달랬다. 터너는 이성을 되찾고 대신 운전기사를 해고해 버렸다.

터너는 1944년 그에게 무기한 근무를 요청했던 공병대The Corps of Engineers로부터 없어서는 안 될 인물로 평가받았다. 그해 말, 터너는 이제 고속도로가 문명의 한 부분에 오를 수 있게 되었다고 자랑스럽게 말했다. 그는 보고서에 이렇게 썼다. "연중 어느 때라도 날씨에 영향을 받지 않을 것입니다. 여행객들은 미국 내 어디에서 출발하든 곧장 알래스카의 페어뱅크스나 앵커리지로 갈 수 있습니다. 어떤 특별한 장비 없이 평범한 차로 가능한 일입니다." 그해 겨울, 엄청난 눈과 뼈를 부술 것 같은 추위에도 불구하고 고속도로는 4시간 이상 폐쇄된 적이 단 한 번도 없었다.

작업이 끝났고, 터너 가족은 워싱턴의 집으로 돌아가기 위해 알링턴 근교를 지나고 있었다. 터너는 29번 리 고속도로가 넓어진 것을 보았다. 넓어진 도로가 모퉁이 대지를 깊게 침범하고 있어서 주택의 현관이 없어질 지경이었다. 문을 열면 바로 연석이 보였다. 프랭크는 이런 것들에 냉정을 유지할 수 있었다. 터너 가족은 단순하게 문을 사용하지 않기로 했다.

가족의 불편함은 오래가지 않았다. 터너는 사무실에 복귀했지만, 그가 기대했던 것처럼 도로관리국의 지부에서 일할 수 없을 것이라는 이야기를 들었다. 논리적이자 외교적으로 뛰어난 그의 능력을 인정한 국장은 터너를 전쟁으로 파괴된 도로를 재건시키기 위해 필리핀에 보내기로 했다.

열대병 예방주사를 맞은 터너는 1946년 11월에 군용화물기를 타고 폐허가 된 나라에 도착했다. 그는 "3천5백 킬로미터의 도로와 매년 약 9백 개 정도의 교량을 지어야 했다. 일반적으로 공사 기간이 20년이 소요되는 작업을 4년 만에 끝내야했다." 터너는 본토출신 엔지니어 몇 명을 고용해 해군이 버리고 떠난 막사와 아파트가 있는 마을을 독립적인 미국인 거주지역으로 바꾸었다. 터너는 가장 큰 막사 중 하나를 사용했다. 세 개의 침실이 있고 정문과 가까우며, 약간의 보강공사가 필요한 집이었다. 메이블과 아이들은 샌프란시스코에서 화물선을 타고 마닐라 항Manila Bay에 도착했다.

하지만 필리핀 역시 편하게 지낼 수 있는 곳이 아니었다. 범죄와 정치폭력은 만성적인 문제였다. 막사 구역은 이중 철조망으로 둘러싸여 있었고, 24시간 무장군인들이 경계를 서고 있었다. 업무상이나 개인적으로 도시 경계를 넘어가는 것은 '힘든' 일이었다. 터너는 국장에게 이렇게 보고했다. "이곳에서 하룻밤만 보내고 나면 여행객들은 이곳이 해가 진 뒤에는 안전하지 않다는 것을 알게 될 것입니다. '적당한' 잘 곳을 찾기도 힘들 뿐더러 음식을 먹을 만한 깨끗한 곳을 찾기란 불가능합니다. 아메바성적리(적리아메바 Entamoeba histolytica의 감염에 의하여 일어나는 이질. 열대지방에서 많이 발생하지만 고온다습한 온대에서도 발생한다.)가 매우 흔합니다."

근무지에서 부패는 끈질긴 장애물이었다. 1948년 10월, 터너는 건설계약자들이 그의 표현에 따르면, '특정 선호 인물'들만 고용하도록 압력을 받고 있다는 낌새를 챘다. 고용된 사람들은 '업무의 효율적인 수행에는 적합하지 않을 것으로 판단'되는 사람들이었다. 터너는 매우 불쾌해했다. 수 년 간 업무를 효율적으로 수행하고 현장 경험이 풍부한 터너는 공공기관이 예산을 집행할 때에는 한 푼이라도 정직하게 쓰여야 한다고 생각하는 사람이었다.

터너의 아들인 짐Jim이 필리핀에 대해 생생하게 기억하고 있는 것 중의 하나는 가족들이 마닐라에서 캠프 존 헤이스Camp John Hays로 드라이브를 갔을 때 있었던 일이었다. 산으로 주말여행을 가던 중, 터너 가족은 폭탄이 떨어져 큰 구멍이 생긴 도로를 메꾸는 작업을 하고 있는 감독을 만났다. 터너는 차에서 내려 감독과 몇 마디를 나눴고 차로 돌아왔을 때는 화가 난 것처럼 보였다. 모든 계약자들의 차량에는 번호판 대신 '테스트 중'이라는 태그가 달려 있었다. 터너는 화를 감추지 않았다. 그는 실험용 차량인 척 하면서 차량 번호판에 돈을 들이지 않을 꼼수를 찾고 있었다. 정부는 그에게 충분한 보수를 지급하는데, 그는 정부를 속이고 있다. 터너는 그가 그의 기만행위가 이 정도에서 끝나지 않을 것이라고 생각했다.

1949년 4월, 도로관리국은 국무부로부터 터너가 필리핀의 재활 프로그램에 포함된 9개의 정부기관을 감독할 수 있도록 해달라는 부탁을 받았다. 그는 역시 훌륭하게 처리했다. 마이론 코웬Myron Cowen 대사는 그에게 훈장을 수여했고, "그가 모든 면에서 훌륭한 일을 해냈다."고 치하했다. 마닐라에 있는 모든 미국 정부기관의 수장들은 '문제해결 능력이 뛰어난 텍사스 출신의 온순한 친구'라며 그에 대한 칭찬을 아끼지 않았다. "그는 신념에 따라 행동하는 사람이고 우리를 실망시킨 적이 한 번도 없습니다. 제 몫 이상의 것을 해내는 사람이죠." 터너의 임무가 마무리 될 때 쯤, 필리핀 정부의 공무 감독관은 이렇게 보고했다. "터너의 조언은 그 실용가치가 대단했습니다. 또한 그의 호의적인 이해심은 필리핀의 고속도로와 교량의 신속한 재건에 실로 크나큰 도움이 되었습니다."

알래스카와 태평양에서의 터너의 활동은 향후 몇 년 간 그에게 필요한 능력을 형성하게 해주었다. 그는 어떻게 다른 두 문화를 지역적으로, 조직적으로 연결하는지에 대한 국정 운영을 배웠으며, 또한 섬세한 조직력과 기획력으로 아무리 어려운 임무라도 세세한 요소로 나누어 성공적으로 완수해내는 방법도 배웠다. 그리하여 터너는 도로관리국이 전체적으로 파악하지 못한 기술적인 맹점을 극복하기 위해 그가 배운 내용을 창의적인 방식으로 적용해 나갔다. 특히 긴축재정 운용에 관한 한 그가 최고 전문가였다.

하지만 그의 과제는 국장의 관점에서 국장이 무슨 생각을 하고 있었으며 그의 사고가 고속도로의 역사적인 측면에서 국가에 어떤 중요한 영향을 끼쳤는지 깨닫는 것이었다. 터너는 다른 동년배에 비해 훨씬 능력이 뛰어났다. 그들은 직책을 뛰어넘는 일을 해내는 최고의 일꾼을 만들어냈다. 그 최고의 일꾼은 무한정의 능력을 가졌고, 널리 존중받는 내성적이고 고지식하며 상사에게는 그저 따분한 사람이었다.

터너는 소심해 보이는 외형 아래 모험심이 강한 성격을 감추고 있었지만 워싱턴 주로 돌아오는 길에 그 성격을 드러냈다. 마닐라에서의 활약에 끝나기 몇 주 전, 그는 가족들과 집으로 돌아가기 전 6주 동안 아시아와 유럽여행을 떠나자고 했다. 1950년 7월 2일 아침 8시 6분(이 시간은 터너의 여행 다이어리의 기록에 의한 것이다. 다이어리에는 날씨와 환율, 도로 등 모든 정보가 들어있었다.) 터너 가족은 인도네시아 DC-3에서 이륙해 보르네오로 향했고, 이어 수라바야 공항에서, 또다시 자카르타와 싱가포르를 여행했다.

방콕도 여행지 중 한 곳이었다. "적정한 숙박료—더블 룸은 1

인당 1박 기준 50티칼(태국의 옛 화폐 단위), 세 명일 경우는 각 45티칼—아침식사는 15티칼, 점심식사는 12.5~18티칼, 저녁식사는 16~20티칼—이 모든 비용에 20% 세금이 붙음. 숙박료는 1,861티칼에 세탁비용 99티칼. 명소관광은 토요일 기준 420티칼. 5인용 승용차 대여료는 시간당 약 40티칼. 금일 미국 기준 환율은 1달러당 21.77티칼."이었다.

뉴델리에서는 196킬로미터를 걸쳐 타지마할로 가기 위해 차를 빌렸다. "도로가 꽤 고르게 놓여있었다. 3.6미터의 아스팔트로 표면처리가 되어있고, 도로가에 보이는 벽돌은 기존의 도로가 벽돌로 되어 있었던 사실을 보여준다. 도로 양쪽을 따라 나무가 심어져 있고 하천이 흐르는 골짜기를 향해 있었으며, 상당히 평평했고 경사로는 거의 없었다." 그리고 캘커타에서는 터너의 아들 짐이 자신의 일기에 이렇게 썼다. "길거리 사진을 엄청 많이 찍었다."

터너 가족은 성지를 방문했고, 이집트에서는 낙타를 탔다. 아테네를 둘러보고 로마에서 아피아 가도Appian Way까지 드라이브를 했다. 이 드라이브는 터너가 로마인들이 얼마나 천재적인지에 대해 두 시간 동안 설교를 하게 만들었고, 메이블이 고속도로에 관한 강의 없이는 아무데도 갈 수가 없다고 불평을 늘어놓게 만들었다.

워싱턴으로 돌아오자 터너는 가족들이 새로운 집에 적응하도록 함께 시간을 보냈다. 그리고 토머스 맥도널드는 터너가 최소한의 시간과 예산으로 문제를 해결하는 능력에 감명 받아 그를 보좌관으로 임명했다. 터너는 10년 전 아칸소의 무명 엔지니어에서 이제는 마흔한 살의 도로관리국에서 가장 영향력 있는 지도자로 변해있었다. 조직원들은 국장이 그를 특별히 아끼는 것을 분명히 느껐다. 터너가—그의 업무 중 한 부분으로— 터키와 에디오피아, 라이베리아에서 고속도로를 건설하는 도로관리국의 해외 프로젝트와 국장이 특별히 관심을 가진 프로젝트를 감독한다는 소문은 그런 느낌을 더욱 확실하게 해주었다.

그즈음 터너는 부모님을 뵙기 위해 포트워스의 집으로 갔다. 그런데 그의 집 앞마당에서 집을 판다는 푯말을 발견했다. 그의 부모는 몇 년 전 그동안 지내왔던 터너의 유년 시절 추억이 깃든 집에서 그다지 멀리 떨어지지 않은 콜빈 애비뉴로 거처를 옮겼다. 현재 텍사스는 구(舊) 81번 메리디안 고속도로의 접근을 제한한 고속도로로 바뀌고 있었다. 이 도로는 콜빈 애비뉴에서 지면 밑으로 꺼진 형태로 지어질 예정이었는데 이는 남쪽으로 한 블록 떨어진 모닝사이드 드라이브에 고가도로를 설치할 수 있도록 하기 위한 것이었다. 양쪽으로 도랑이 나있는 도로는 고속도로 램프와 연결되는 진입로로 연결될 예정이었다.

부모님의 집 한쪽 코너는 1년 전 텍사스 고속도로관리국이 만든 도로 오른쪽과 맞붙어 있었다. 그 길은 조만간 북쪽으로 향하는 차들이 쌩쌩 달리게 될 것이다. 연방고속도로관리국에 고위직 아들을 둔 부모님이 주간 고속도로로 인해 피해를 입게 될 참이었다.

"이사할 수밖에 없었단다." 터너의 어머니가 말했다.

그는 이렇게 대답했다. "네, 그런 것 같네요."

제11장
주간 및 국가 방위 고속도로 시스템

1년 후, 터너는 클레이 위원회에서 자신의 책무를 이렇게 설명했다. "숫자와 기계에 관련된 모든 것들에 관해 서류를 확인합니다. 무엇을 하려고 하는지, 어떻게 해야 하는지, 어떻게 찾을 수 있는지 등 이 모든 것들을 취합해 대통령이 위원회에 전달할 제안서를 작성합니다." 꽤 간략하게 들리는 이 말은, 그의 실제 업무내용을 축소시켜놓은 것에 불과했다. 그는 위원회에서 통계자료 분석 및 기술적인 실무에 있어서도 주역이었다. 어떤 대상이 왜 그렇게 되어 있는지, 지난 몇 년간 어떤 것들이 성공적으로 시행되어 왔는지를 설명하는 해설가이기도 했다. 이런 것들은 위원회가 본인들의 추정이나 아이디어를 검토하기 위해 몇 번이나 살펴봤던 부분이었다. 그는 회의록과 서신을 작성하고, 위원회에서 작성하는 모든 서류의 초안을 만들었다. 도로관리국에서의 위치와 같이 위원회에서도 핵심 역할을 한 터너는 위원회와 현안을 논의하는 산업전문가로 이루어진 자문위원단과의 연락책 역할을 맡기도 했다. 그는 또한 자신에 대해서 이렇게 말했다. "저는 미화된 잡일꾼입니다." 하지만 이런 부분은 인정했다. "조직에서 직설적인 편이고, 격식에 얽매이지 않습니다. 원래 실제 업무는 잡일꾼이 다 하는 거죠."

클레이 장군에게는 세 가지 주요 과제가 있었다. 국가가 필요한 고속도로 시스템은 어떤 것인지, 거기에 드는 비용이 얼마나 되는지, 또한 어떻게 비용을 충당할지를 알아내고 결정해야 했다. 그는 어떤 의견을 제시하든지 주지사들이 무조건 받아들일 수 있도록 주지사측 위원회와 함께 일하기로 했다. 첫 번째 문제에 대한(터너와 듀퐁이 관련된 문제에 관한 한) 답은 결정되었다. 1차 및 2차 도로를 개선하고 장기적으로 계획해온 주간 고속도로 시스템을 건설하는 것이 방법이 될 수 있었다.

도로관리국이 이미 시행했던 연구에서 비용에 관한 해답도 찾을 수 있었다. 미완성이긴 했지만—그 연구 결과는 클레이 위원회의 업무가 마무리 되고 몇 달 후에 공개될 예정이었다.—그 연구에서는 앞으로 10년 동안 일반 도로 및 고속도로를 위해 1,010억 달러의 예산안을 통과시켜야 한다는 과제를 안겨주었다. 이 비용은 모든 도로와 고속도로에 적용되는 금액이었다. 이 금액에 대해 도로관리국은 1947년에 놓일 주간 고속도로 시스템을 건설하기 위해서는 우선 232억 달러가 필요하다고 예상했다. 여기에는 도시 내외에 건설하기로 지정된 세부적인 것들은 포함되지 않았다. 클레이는 도로관리국이 제시한 금액을 받아들였고, 세부적인 것에 대한 40억 달러를 추가했다. 하지만 이는 위원회도 알고 있는 형식적인 금액이었다. 이 40억 달러는 "가장 중요한 연결도로에만 사용될 것이고, 이 범

주에 필요한 전체적인 금액을 만족시키려는 의도는 아니라는 것"이 조심스러운 의견이었다. 뒤에 달린 의견은 곧 잊혀졌다. 사람들은 주간 고속도로에 관해 추정된 비용이 272억 달러라는 것만 기억했기 때문이다.

클레이의 주장에 따르면, 1,010억 달러에서 남은 4분의 3은, 미국의 나머지 4,830킬로미터의 도로를 1974년의 교통수요에 맞게 적절하게 운용하는 것이었다. 고속도로에 의해 운반되는 적재량이 1950년대 중반의 절반이 될 것으로 예상되는 시기였다. 민주당은 입장을 바꾸지 않았고, 주정부와 연방정부가 거둬들인 세금 및 건설공사 수익부담금은 약 470억 달러였다. 위원회는 남은 540억 달러를 만들어내야 했다.

클레이 장군은 굴하지 않았다. 그는 다음과 같이 입장을 밝혔다. "노후화 된 도로시스템을 그대로 두는 대가는 비단 돈 뿐만이 아니라 국민의 생명과 국가의 안전과도 직결된다는 사실이 우리의 시작점입니다." 그는 반드시 성공해야 했고, 성공할 것이었다.

10월 초, 이틀 간 자동차산업, 트럭회사, 건설업 등의 대표들이 참가한 회의가 열렸다. 자동차제조협회는 주간 고속도로 시스템에 '특별히 집중할 것'을 강력히 촉구했다. AASHO는 조속한 완공을 위해 연방정부가 비용 일체를 지불해야 한다고 제안했다. 존 브래그던은 통행료로 비용을 조달하는 방법의 메모 세례를 위원회에 퍼부었고, 뿐만 아니라 도시 중심을 우회하는 41,843킬로미터의 주간 고속도로 시스템에 대한 자신만의 계획을 제안했다. 당시에 고속도로가 논란의 중심이었음에도 불구하고 클레이는 브래그던을 그리 신경 쓰지 않았다. 일부 8,436킬로미터의 유료 주간 고속도로가 개통이 되었거나, 건설 중이거나, 자금을 조달 중이거나, 아니면 23개 주에서 승인 중에 있었다. 클레이는 고속도로 통행료로 비용을 충당할 수 없다는 도로관리국의 관점에 동의했다.

클레이는 대신 채권을 발행하여 자금을 조달하려고 했다. 자문위원회는 이 아이디어가 강력한 상원 재정위원회 위원장 해리 버드Harry F. Byrd가 속한 상원의 거친 반응을 불러올 것이라고 경고했다. 그는 채권 부채를 병적으로 반대하는 사람으로 알려져 있었다. 하지만 '위대한 해결사'인 클레이는 의회의 반응에 주의를 기울이지 않았다.

이렇게 해서 위원회는 대통령이 이사회 구성 권한을 가진 연방 고속도로 법인을 만들 것을 제안했다. 이 법인 설립의 목적은 단지 채권을 발행하기 위한 것이었고, 10년 동안 주정부에게 이미 지정된 주간 고속도로 시스템을 건설하는 비용을 수익금으로 지불하기 위한 것이었다. 채권은 재무부 예산으로 청산될 계획이었다.

클레이는 단언했다. "우리는 가솔린이나 윤활유에 대한 연방세 인상 없이, 또 공채 발행 한도를 늘리지 않고 목표를 이룰 것입니다." 주지사들의 고집으로, 주정부는 최소한의 부담만 지게 되었다. 백악관 즉, 연방정부가 주간 고속도로 비용 중 90퍼센트를 부담하게 되었다.

12월 말, 터너는 세 개의 보고서 초안을 살펴보고 있었다. 모두 수기로 작성되었고, 백악관 메모지철에 휘갈겨 쓴 추가 내용이 덧붙여져 있었다. 터너는 알링턴에 있는 자택에서 늦게까지 보고서를 작성했다. 초안은 회원들에게 분배되고 수정되어, 다시 터너에게 돌아왔다. 터너는 최종안에서 '안전하고 효율적인 고속도로망'은

'미국 군대 및 민방위에 필수적'이라고 강력히 주장했고, 특히 후자를 강조했다. "원자폭탄이나 수소폭탄 공격이 있을 경우 도시의 대규모 대피시설이 필요하다." 연방정부 민방위국 국장은 대피 문제가 세계가 직면한 것 중 가장 큰 문제라고 언급했다. 이는 연방정부가 다루어야 할 문제이며, 위협이나 실제 공격이 발생할 경우 최소한 7천만 명의 인원이 발생 지역에서 대피해야 한다는 사실을 고려해야 한다. 오늘날 국내의 도시 지역에는 이러한 사태가 일어났을 때 대비할 수 있는 도로가 없다."

연방정부의 역할이 필수적이었다. "주 도로국은 이러한 유형의 설비에 대한 요구를 맞출 수 없다. 현재 개선되는 상황에서 볼 때, 주간 고속도로망은 지난 반세기 동안 효율성에서 적당한 수준에 미치지도 못했다. 프로그램 진행을 가속화하기 위해서는 국가적 관심이 필요하다."

주간 고속도로를 위한 터너의 공헌은 아이젠하워 행정부의 원대한 계획을 구축해낸 것으로 막을 내렸고, 그는 언제까지 기억될 것이었다. 유럽에서 휴가를 보내고 있던 프랜시스 듀퐁은 로마에서 터너에게 편지를 보내 감사를 표했다. "루시우스 클레이 위원회를 위해 일해 준 귀하의 뛰어난 업적에 감사드립니다. 후세에 많은 사람들이 기억할 것입니다." 위원회의 보고서는 1월 11일에 대통령에게 전달되었다. 3일 후, 휴가를 마치고 돌아온 듀퐁은 도로관리국의 국장 직을 사임했다.

예상했던 대로, 위원회의 업무는 험난하게 진행되었다. 국회의원들은 이미 다 완공된 고속도로 비용을 주정부가 상환하는 조항에 반대했다. 다른 이들은 채권이 실제로 부채에 포함되지 않는다는 행정부의 주장을 비웃었다. 채권기한 30년 동안 115억 달러의 이자 지급을 반대하는 이들도 여전했다. 차라리 그 이자를 실제 도로 개선에 쓰는 것이 낫다고 생각하는 것 같았다. 상원의 소위원회의 새로운 의장, 테네시의 앨버트 고어Albert Gore는 "나라를 인플레이션으로 망쳐버릴 수도 있는 말도 안 되는 계획"이라고 말했다. 내각에서도 비판의 목소리가 나오기 시작했다. 싱클레어 윅스는 듀퐁에게 연방 고속도로 법인의 필요성을 묻는 서신을 보냈다. "내가 보기에는 새로운 기관이 필요치도, 바람직하지도 않은 것 같습니다. 정부에는 이미 독립적인 기관이 너무 많습니다."

아이젠하워는 보고서에 우아한 커버로 장식한 메모지를 붙였다. "함께 합시다. 소통과 수송에서의 협치는 우리가 책임져야하는 미합중국에서 역동적인 요소가 될 것입니다." 그는 양당의 대표와 함께하는 회의에서 의회의 저항을 누그러뜨리기 위해 최선을 다했다. 1955년 2월 22일 아이젠하워가 의회에 보고서를 제출하기 전까지는 별다른 진전이 없었다. 보고서는 고어 위원회의 헨리 버드Henry Byrd의 기대를 충족시켰다. 버지니아 주의 섀넌도어Shenandoah에서 태어난 버드는 가족 사업이었던 작은 도시의 신문사를 부활시켰고, 커먼웰스Commonwealth(켄터키, 매사추세츠, 펜실베이니아, 버지니아 4개 주의 공식명칭)의 주지사를 지냈으며, 단 하나의 명확한 원칙으로 두 개의 사업을 이끌었다. 그 원칙은 '빚은 재난이다.'였다. 그가 보기에는 버지니아 주의 채권이 현재 모든 주택과 재산, 그리고 그 외의 거래를 담보로 하는 모든 대출을 다 합친 것보다 많았다. 버지니아 주는 그의 재임기간 동안 돈을 단 한 푼도 빌리지 않왔다. 사실, 그가 자부했던 것은 1835년도부터 지금까지 한 번도 고속도로를 위한 채권을 발행하지 않았다는 사실이었다.

빽빽하게 타이핑된 버드의 진술은 법적 규격으로 7페이지에 달했다. 그는 클레이 계획이 '건전한 예산 절차를 파괴'할 것이며 부채를 숨기기 위해 '속임수'를 쓴다고 주장했다. 정부의 고속도로 건설비용은 의회의 검토 대상에서 사라졌다. 버드는 경고했다. "내가 미국 상원에 있는 22년 동안 우리의 국가 예산제도를 망가뜨리는 제안이 나온 적은 한 번도 없었습니다. 우리가 돈을 빌리고 갚고를 반복한다면, 우리가 미래세대에게—우리가 물려줄 어마어마한 짐을 지게 될 우리의 아이들과 손자, 손녀들에게—남겨줄 수 있는 최소한의 것은 정직하게 쓰인 한 권의 책입니다. 그들이 갚아야 할 우리 세대가 남겨준 빚이 어떻게 생기게 되었는지 읽어보고 알 수 있도록 말입니다."

클레이를 옹호하는 사람들 중에서는 재무부장관 조지 험프리 George M. Humphrey가 있었다. 그는 비판을 하는 사람들이 제안서를 모두 잘못 이해한 것이라고 주장했다. 유류세는 세금의 한 형태이며, 모든 세금과 톨게이트에서 거둬들이는 돈은 똑같다는 것이었다. 세금은 운행한 거리에 비례하는 것이 아니라 연료 소비량에 비례하는 것이 차이점이라는 것이다. 115억 달러의 세금도 낭비가 아니라고 주장했다. 그는 이렇게 지적했다. "이자를 지불하면 도로가 생기지만, 그렇지 않으면 도로도 없습니다. 아무 것도 얻을게 없다고 말하지 마십시오. 분명히 몇 수십 년 동안 수많은 사람들이 이용하게 될 테니까요."

하지만 여전히 클레이의 제안은 받아들여지지 않았다. 1955년 5월 25일, 상원은 그 제안서를 2대 1 비율의 표차로 기각하고 대신 고어가 제출한 안건을 선택했다. 그 안건은 5년의 공사기간 동안 주간 고속도로에 대해 3분 1의 금액을 지급한다는 내용이었다. 국회의장이자 도로 소위원회의 의장이었던 조지 팔론George H. Fallon에게는 고어와 클레이의 법안이 모두 올바른 방향으로 가는 것처럼 보이지 않았다. 그는 절충안의 초안을 작성해 터너에게 도움을 청하기로 결정했다.

큰키에 안경을 쓰고 머리가 벗겨진 팔론은 터너처럼 온화했고 고속도로에 대해 많은 관심을 가지고 있었다. 다른 안건은 이 국회의원의 마음을 사로잡지 못했다. 그는 의회에서 자주 발언을 하는 사람은 아니었지만 발언을 하는 경우에는 항상 고속도로에 관한 이야기뿐이었다. 그의 동료들은 그의 가운데 이름인 H.가 고속도로 Highway의 H에서 따온 것이라는 농담을 하곤 했다. 52세의 팔론에게 뉴스거리가 될 만한 단 한 번의 순간이 1954년에 찾아왔다. 네 명의 푸에르토리코 국수주의자가 의회에 총격을 가한 것이다. 그들은 방문자 대기실에서부터 회의실까지 의사당 구석구석을 돌아다니며 30발의 총알을 쐈댔다. 볼티모어 출신인 한 덩치 큰 남자, 팔론은 말 그대로 커다란 목표물이 되었다. 그는 엉덩이에 총알 두 발을 맞았다.

팔론과 터너는 팔론이 다시 이름을 붙인 주간 및 국가 방위 고속도로 시스템을 위해 240억 달러를 분배하는 법안의 초안을 작성했다. 이 법안은 연방정부가 부담하는 90퍼센트의 비용을 충당하기 위해 유류 및 대형 트럭, 타이어 등에 대해 세금을 인상하는 법안이었다. "운행 거리만큼 지불한다."는 특징은 버드뿐만 아니라 재정에 대해 보수적인 위원들도 만족시켰다. 법안은 성공적인 것처럼 보였다. 국회의원들은 주간 고속도로 시스템에 호감을 가지게 되었고—결국 국회는 연방정부 예산을 모든 주에 분배하기로 했다.—팔론은 비용을 지불하기 위한 실질적인 계획을 제안했다. 하지만 미국트럭운송협회에서는 두 배로 인상된 경유의 세금과 타이어에 대한 추가 인상분을 달가워하지 않았다. 두 가지 모두, 시스템 비용의 불평등한 분배로 트럭 운전기사들에게 큰 부담을 주게 될 것이라고 항의했다. 국회의사당에는 산업계로부터 날아 온 전보가 10만 통 가까이 쌓였다. 그중 1만여 통은 팔론에게 온 것이었다. 유류업계와 고무 분야의 로비스트들은 그 법안에 대한 반대의 목소리를 높이고 있었다. 의회의 거부권과 관련된 많은 문제는, 의회의 특징에 따라 닫힌 문 뒤편에서 터져 나왔다. 7월 27일, 클레이의 법안이 기각되고 얼마 지나지 않아 국회의원들은 엄청난 표 차이로 팔론의 정책을 묵살해 버렸다. 표는 292대 123였다. 민주당 의원들마저 팔론을 내팽개쳤던 것이다.

법안 부결은 도로관리국에게 충격을 가져다주었다. 언론과 국회의장들도 마찬가지였다. 이것은 거의 1년 가까이 클레이 법안과 팔론 법안 사이에서 밤낮없이 고속도로 법률 제정에 헌신했던 터너에 대한 테러였다. 프랜시스 듀퐁은 터너가 심한 충격을 받은 듯 멍한 모습으로 앉아있는 것을 보았다. 듀퐁은 서둘러 자신의 사무실로 가서 유럽 여행에서 터너를 위해 구입했던 고급 시계를 들고 돌아왔다. 이 시계는 법안 통과를 기념하기 위한 선물이었다. 듀퐁은 선물을 건네며, "시간은 우리 편이며, 당신의 인내심과 노력은 결국, 분명히 보상받을 것"이라고 말했다.

〉〉〉

　드와이트 아이젠하워는 8월과 9월의 대부분을 워싱턴에서 떠나 있으면서 의회의 거부권 행사로 인해 실망한 마음을 달랬다. 그는 게티스버그Gettysburg에 있는 그의 농장과 아내의 고향인 댄버에서 시간을 보냈다. 대부분의 날들은 체리힐스 컨트리클럽에서 골프를 치며 국정은 최소한으로 살폈다. 9월 23일, 아이젠하워는 클럽의 프로와 함께 골프를 치면서 그가 먹은 점심─버뮤다 양파를 곁들인 버거─과 국무성으로부터 수시로 걸려오는 성가신 전화를 탓하며 소화불량을 호소했다. 다음날 아침 새벽, 가정부와 대통령 주치의는 아이젠하워를 피츠시몬스 국군병원Fitzsimons Army Hospital으로 옮겼다. 아이젠하워에게 심근경색이 발생했다는 사실이 모두에게 알려진 날이었다.

　1956년 1월 5일, 그가 대통령 일반교서를 작성하는 동안에는 여전히 회복 중에 있었다. 당시 아이젠하워는 키웨스트Key West에서 휴식을 취하고 있었다. 한 의원이 의회에서 대통령의 교서를 읽었다. 거기에는 부재 중에 결정된 고속도로 법안을 열렬히 성원하는 대통령의 짧은 연설이 들어있었다. "현대적인 주간 고속도로 시스템을 운영하는 법안을 제정하는 것이 더욱 시급해졌습니다. 우리는 거의 12개월을 흘려보냈고, 개인의 안전과 사회의 발전, 그리고 미국 국민에 대한 국가안보를 위해 필요한 고속도로 건설에서 더욱 뒤처지게 되었습니다."

　실제로 교통량은 1950년 이후 30퍼센트가 증가했다. 미국에는 6,280만 대의 차량이 있었고, 그중 빠른 속도로 늘어나는 비율의 트력은 번호가 매겨진 좁은 고속도로를 원활하게 이용할 수 없었다. 차량의 평균 무게는 12톤 이상이었다.

대통령의 메시지는 이어졌다. "만약 우리가 나날이 증가하는 교통문제를 정말로 해결할 생각이 있다면, 미국전체 주간 고속도로 시스템을 반드시 하나의 프로젝트로 승인해야 하며, 정해진 시간 내에 완성되는 것을 목표로 해야 합니다. 이것이 바로 단편적인 접근 방식에서 피할 수 없는 혼란과 낭비를 방지하고, 필요한 계획과 기술을 수행해낼 수 있는 단 하나의 방법입니다." 그는 11일 뒤에 보낸 연간 예산 메시지에서 다시 이점을 강조했다. 그는 '최상의 경제호황에 힘입어 10년의 기간 내에 완성할 수 있도록' 시스템을 통합된 하나의 프로젝트로 승인할 것을 재촉했다.

대통령의 고속도로에 대한 열망은 제쳐두고, 다가오는 국회의 개원에서 국민들이 주간 고속도로의 법안이 통과하는 것에 배팅을 할 만한 이유는 별로 없었다. 대부분의 일은 은밀히 이루어졌다. 늦은 여름으로 돌아가서, 팔론의 법안이 부결된 직후, 트럭운송 로비스트들은 높은 세금 징수에 반대하는 캠페인에 성공을 거둬 의기양양해 있었다. 승리의 기쁨이 사라진지 얼마 되지 않아 트럭 운전기사들은 한 가지 사실을 깨닫게 되었다.—잠깐만, 고속도로가 생기지 않는 거잖아?—그리고 그 깨달음 뒤에는 세금과 추가 비용을 포기한다면 앞으로 만들어질 고속도로로부터 더 많은 이익을 얻을 수 있다는 냉정한 판단이 이어졌다.

1956년 1월 26일, 조지 팔론이 새 고속도로 법안을 설명했을 때, 트럭 운전기사들의 태도는 한층 누그러져 있었다. 유권자들의 환심을 사는데 실패한 것을 깨달은 의회의 반대론자들은 입장을 바꾸지 않았다. 아이젠하워는 심근경색을 겪은 이후, 낙관적으로 생각하는 법을 잊은 것 같았다.

팔론이 다시금 터너의 도움을 받아 초안을 작성한 새 법안은 예전과 크게 다르지 않았다. 64,373킬로미터의 주간 고속도로에 대해 90퍼센트의 연방정부 보조금 지원을 요청하는 내용과 13년 동안 건설한다는 내용이 담겨 있었다. 팔론은 '운행거리만큼 지불하자는' 식의 유류세로 자금을 충당할 것을 주장했지만 세부사항은 '조세무역위원회'의 루이지애나 주의 공화당원인 헤일 보그스T. Hale Boggs대표에 의해 봉합되어질 별도의 법안에 남겨두었다.

2월 6일, 보그스Boggs는 도로 관련 세금이 고속도로용으로 따로 거둬진다는 내용의 고속도로세입법, 1956이 국회를 통과했음을 알렸다. 그 다음 주, 재무부장관 조지 험프리는 자동차 관련 세금이 전적으로 도로에 쓰이는 것을 제한한다고 선언하며, 정부가 '실제와 유사한 선례를 따라' 공정하게 잘해나갈 수 있을 것이라고 말했다. 문제의 선례는 바로 고속도로 기금이었다.

국회의원들은 이 아이디어를 놓치지 않았다. 보그스가 동료에게 말했던 것처럼, 자동차 만능시대에서 미국인 운전자들은 "그가 지불한, 그리고 지불할 모든 세금의 혜택이 그에게 다시 돌아온다는 보장을 받고 세금을 지불할 것이다. 또한 운전자들은 모든 세금이 오로지 그의 개인적 편의와 안전을 위해 쓰인다는 것을 인지할 것이다." 4월이 되었을 때, 팔론은 그의 법안과 보그스의 법안을 취합한 1956년의 연방지원고속도로법을 소개했다.

며칠 뒤, 의회 연단에서 시작된 논쟁에서는 수사적인 언쟁보다는 친근한 농담이 오고 갔다. 공화당 초선의원인 일리노이 주의 케

◀ 칼 그레이엄 피셔Carl Graham Fisher – 사이클리스트, 드라이버, 스피드광, 그리고 미국의 최초 장거리 자동차 도로망의 아버지. -국회도서관 소장

▼ 두려움을 모르는 피셔가 경주용 차의 바퀴에서 포즈를 취하고 있다.(1904) 인디애나폴리스에서 5년을 보낸 후, 그는 마차용 도로가 고속 차량의 요구에는 맞지 않다는 것을 힘들게 배웠다. -시카고 역사박물관 소장(시카고 데일리 뉴스/SDN-002710제공)

▲ 자동차 시대 초기의 흔한 장면. 말과 차가 나란히(서로 긴장하며) 달리고 있다.

▼◀ 아이오와 주로 떠나 미국의 위대한 도로계획가로서의 경력을 시작하던 시기의 토머스 해리스 맥도널드 Thomas Harris MacDonald. –린다 웨이딩거Lynda Wedinger 제공

▲▶ 허버트 페어뱅크Herbert Fairbank. 맥도널드의 이데올로기적 오른팔. 주간 고속도로가 도시의 혼잡을 어떻게 해소할 수 있는지–동시에 빈민가를 어떻게 없앨 수 있는지–에 대한 그의 선견지명은 제2차 세계대전이 일어나기 전에 주간 고속도로 프로그램을 도입하는데 큰 도움이 되었다.

▲ 시스템 전체에 걸쳐 55,000번 가량 반복된 작업에서 작업자들이 25번 주간 고속도로에서 뉴멕시코 주의 트루스오어컨시퀀스 근처 알라모사 강에 다리를 놓고 있다.

◀ 하늘에서 본 고속도로의 모습. 주간 고속도로 시스템의 곡선과 겹쳐진 모습의 미학을 땅에서는 알아차릴 수 없다. 로스엔젤레스의 제5번, 제10번 주간 고속도로 교차로의 모습.

▶ 완성되어가는 고속도로의 모양. 클로버형 교차로의 원조격인 캘리포니아의 280 교차로와 새너제이의 스티븐 크릭로

▶ 고속도로가 도로를 침범하는 특징은 특히 도시에서 분명하게 볼 수 있다. 굵은 띠 모양의 콘크리트가 주거 및 사업 공간을 차지하고 있다. 사진에서 제70번 주간 고속도로가 캔자스시티의 시내를 따라 이웃한 지역을 길을 따라 가르고 있다.

▶ 막대한 공사. 공사 인부들이 1967년 노스다코타 주에서 제94번 주간 고속도로의 기반을 다지고 있다.

▲ 1970년대 중반, 교통량을 조절하려고 했음에도, 초기 도시 주간 고속도로에는 새 이용자가 점점 늘어났고, 예상보다 빨리 차들로 채워졌다. 사진의 장소는 1961년의 시카고 북서부의 도시 고속화도로이다.

◀ 볼티모어 출신의 조 와일즈Joe Wiles. 조용하고 유능한 과학자이자 가정적인 사람이었던 그는 수천 명의 시민을 떠나게 만들 고속도로를 반대하는 그룹을 이끌었다. – 카르멘 와일즈-아티스 제공

▲ 일리노이 주 오타와 근방에서 시행된 AASHO의 도로 테스트에서 군용 트럭이 궤도를 이탈한 모습. 이 실험은 시도했던 비슷한 실험 중에 가장 큰 규모로 진행되었으며, 다양한 도로 표면에 관련된 요소에 대한 귀중한 자료를 얻을 수 있었다.

▼ 샌프란시스코의 부두 고속도로. 흉물스러운 2층짜리 고속도로가 도시와 유명한 해안가 사이를 가르고 있고, 바로 앞의 아름다운 페리 건물을 가로막고 있다. 이 고속도로는 1960년대 고속도로 봉기 때 가장 먼저 폭파되었다.

▶ 캐롤라인 풀러 맥도널드(오른쪽)가 그녀와 꼭 닮은 여동생 제인과 텍사스 주의 칼리지스테이션에 있는 맥도널드의 집 밖에서 포즈를 취하고 있다. 30년 동안 미국 고속도로에 숨겨진 조력자로, 국장이 사직한 이후 그와 결혼식을 올렸다. - 린다 웨이딩거 제공

▼ 드와이트 아이젠하워가 클레이 위원회의 보고서를 받고 있다. 이 보고서는 의회의 냉담한 반응을 얻고 힘겨운 싸움을 벌여야하는 운명에 놓여 있었다. 제일 왼쪽에 서 있는 사람이 루시우스 클레이, 그리고 그 옆에는 위원회의 비서, 프랭크 터너가 서있다.

▲ 맥도널드가 미국 서부를 여행하던 중 사진을 찍기 위해 잠시 쉬고 있다. 정장 복장으로 힘들어 보인다. 국장은 항상 재킷을 입고 타이를 맸다. 캠핑과 하이킹을 할 때도 마찬가지였다. -린다 웨이딩거Lynda Wedinger 제공

◀ 단신에 수줍음이 많고 카메라에 익숙치 않아 보이는 프랭크 터너는 알래스카 고속도로 작업에 착수하기 전 공공도로 엔지니어로 수년간 일했다. 그는 알래스카 고속도로 작업으로 국장에게 깊은 인상을 남겼고, 그 후 도로관리국 최고위직까지 올라갈 수 있었다.

네스 그레이Kenneth J. Gray는 팔론의 1955년 법안을 상징하는 조화(造花)로 된 꽃다발을 들고 의원석으로 갔다. "작년에는 모든 것이 희망적으로 보였어요. 트럭 로비스트들이 우리 꽃다발에서 장미 하나를 빼가기 전 까지는요." 그레이는 장미 한 송이를 꺾었다. 정책을 막으려던 이익단체가 했던 행동을 상징하는 행위였다. "끝날 때쯤이면 완전히 메마른 줄기 외에는 아무 것도 남지 않을 겁니다."

그는 이제 의회가 법안을 수정하는 것에 달려있다고 말했다. 그는 동료에게 '메마른 줄기를 아름답고 풍성한 장미꽃다발로 만들어 줄' 새로운 법안을 수정, 통과시킬 것을 촉구했다. 그러면서 그는 꽃다발 아래에 있는 용수철 장치를 눌러 흰 장미꽃이 부채꼴 모양으로 솟아나게 했다. 동료 의원은 폭소를 터뜨렸다. 그레이는 의원석에서 여유를 부리고 있었다. 투표가 실시되었고, 법안은 388대 19로 통과됐다.

상원에서는 팔론-보그스 법안을 둘로 쪼개어 절반을 다른 위원회에게 보냈다. 공공사업위원회는Public Works은 팔론 부분을 맡아, 내용의 대부분을 잘라내고 앨버트 고어의 초안으로 바꿔 넣었다.

앨버트 고어Albert Gore는 장차 부통령이자 노벨상 수상자가 될 앨 고어Albert Arnold Gore Jr.의 아버지였다. 아버지 고어는 테네시 주 북부 중앙에 있는 컴벌랜드 강Comberland River 근처에서 성장하여, 바이올린으로 아르바이트를 하고 시골학교에서 아이들을 가르쳐 번 돈으로 주립사범대를 다녔다. 그리고 동시에 내슈빌의 YMCA가 개설한 야간 로스쿨도 다녔다. 그는 결국 의원에 당선되었지만 입대를 위해 사퇴해야 했다. 유럽에서의 전투 중에 고어는 훗날 아이젠하워가 주장할 사실과는 다른 중요한 경험을 했다. 고어는 공격대를 이끌고 독일의 소도시를 수색하고 있었다. 그는 적의 군대가 아우토반을 이용해 도망친 것을 알아차렸다. "그들은 매우 빠르게 도시를 빠져나갔습니다. 우리나라에도 경제성장을 위해서 뿐만이 아니라 국방을 위해 이런 도로가 필요할 것이라고 생각하게 되었죠."

테네시 주의 상원의원으로서 그는 프랭크 터너와 그의 동료들로부터 두 번째 깨달음을 얻었다. "터너는 새 연방 고속도로를 보여주기 위해 워싱턴에서 160킬로미터 떨어진 곳으로 저를 초대했습니다." 고어가 당시의 여행을 회상하며 말했다.

"내려가는 동안에는 큰 문제가 없었습니다. 그런데 밤에 다시 돌아오는 길에 보니 새 도로의 양쪽에는 군데군데 싸구려 술집과 휴게소가 자리를 차지하고 있었습니다. 또 그곳에는 '자살골목'이라는 별명이 붙을 정도로 지난 3년 동안 사고 차의 잔해가 엄청나게 쌓여 있었습니다. 이것을 본 후에는 클로버 형 교차로가 필요하다는 것을 완전히 이해하게 되었죠."

고어는 팔론의 법안에서 아주 소소한 부분만을 수정한 새로운 법안을 의회에 제출했다. 한편, 보그스 부분은 상원의 재무위원회로 보내졌다. 상원의 재무위원회는 이 정책을 검토하기 위해 이틀간의 심리를 열었다. 이번에도 재무부장관 험프리의 공이 컸다. 그는 열정을 다해 법안을 지지했고 의회에 나가 여러 번 진술했으며 위원회에 설득 작업을 벌이기도 했다. 그의 예측에 따르면 연방정부가 주정부에게 의무적으로 지급해야할 예산은 프로그램이 시작되고 6년 후가 되면 고속도로 기금의 잔고를 초과할 수도 있었다. 연방정부가 고속도로 기금에 정기 지급을 하면, 프로그램 초기와 후기에는 흑자가 되지만, 공사의 진행 속도에 따라 중기에서는 적자가 될 수도 있었다. 고어는 이에 대해 간단한 해결방법을 제시했는데 법안은 예산에서 예상되는 현금의 연간 지출을 제한하는 '버드 수정안Byrd Amendment'이라고 불리게 된 조건을 갖추게 되었다. 재무부장관이 적자를 예상하는 경우에는, 각 주정부에 대한 지급금은 장부의 잔액을 맞추기 위해 비례해서 조정될 것이었다.

수정된 법안은 6월 26일, 양 의회에서 모두 통과되었다. "이로써 이 법안이 '주간 고속도로 국가시스템'의 신속한 완공을 위해 국가 이익의 필수요소가 됨을 선언합니다." 그리고 연방지원고속도로법, 1956 108(a)항이 공개되었다. "의회의 목적은 13년의 기간 동안 주간 고속도로 시스템이 거의 완성 단계에 이르는 것과, 모든 주의 도로 시스템이 동시에 완성되는 것입니다. 국가 주간 고속도로 시스템은 안보의 기본적인 중요성을 가지고 있기 때문에 명칭을 '주간 및 방위 고속도로 국가시스템'으로 변경함을 선언합니다."

최종 문서는 주간 고속도로를 6만6천 킬로미터로 연장했고, 모든 도로는 동일한 표준과 1975년 기준으로 예상되는 교통량을 수용할 수 있도록 설계 및 건설되었다. 의회는 13년 동안 도로에 소요될 250억 달러의 예산을 승인했다. 그중에서 프로그램의 중반부인 1960년~1967년의 기간에 가장 많은 예산을 책정했다. 법안이 통과되자 예상했던 대로 휘발유와 경유, 타이어에 대한 세금이 올랐고 트럭과 버스 판매세도 올랐다. 세금 인상은 타이어 재생에 쓰이는 카멜백 고무Camelback rubber에도 적용되었다. 그리고 대형트럭에 대한 연간 등록 수수료 제도도 도입되었다.

다시 말해서, 이 법안은 아이젠하워가 지지했던 법안과 그다지 비슷하지 않았다. 행정부에서 시스템의 자금조달의 주요 역할을 했던 것도 대통령이 아닌, 프랭크 터너였다. 아이젠하워는 병원에 있었고, 이번에는 회장염 수술을 받은 후 회복 중이었다. 그는 1956년 6월 29일 월터 리드 육군병원Walter Reed의 병실에서 참관인도 없이 혼자 조용히 이 법안을 승인하는 문서에 서명했다. 토머스 맥도널드와 허버트 페어뱅크가 첫 보고서를 작성한지 18년이 지난 후, 그리고 의회가 그 보고서를 공식화한지 12년이 지난 후에야 주간 고속도로는 비로소 본격적인 궤도에 오르게 되었다.

도로관리국 직원들은 모두 터너의 성공을 당연하게 받아들였다. 국장직을 맡게 된 커티스 대령은 1956년 5월, 업무능력 평가에 이런 내용을 썼다. "터너 씨는 다양한 종류의 어려운 임무를 훌륭한 지혜와 요령, 능력을 이용해 성공적으로 수행했습니다. 뿐만 아니라, 휴일도 없이 근무하며 개인의 시간을 도로관리국의 책무를 위해 투자해 주었습니다. 특히, 위원회가 고속도로 법안을 고려할 수 있었던 것은 그의 훌륭하고 철저한 기술적 지침 때문이었습니다. 또한 국회위원들과 그의 개인적 유대관계는 도로관리국에 대한 실질적인 의회의 신뢰와 지지를 얻는데 큰 도움이 되었습니다."

최종 투표가 실시되기도 전에, 커티스는 터너에게 750달러의 수표를 지급했다. 공무기관의 장려금 프로그램의 일부로서 상무부에서 승인한 것 중에서는 최고 금액이었다. 터너의 견해는 위원회가 법안을 이해하는데 큰 힘이 되었다. 겸손을 겸비한 능력은 구성원들에게 사실상 모든 유용한 전략과 강한 신뢰를 주었다. 공공서비스를 위한 그의 헌신은 많은 이들의 존경을 얻었다.

그리고 터너는 또 다른 작업을 하고 있었다. 1955년 전체에 걸쳐, 클레이 위원회가 보고서를 작성하고 백악관이 배포를 위해 물밑 작업을 하는 동안, 그리고 의회가 이전의 고속도로 법안을 부결하는 동안, 도로관리국의 도시계획가들은 도로망의 노선들을 개선하는데 집중하고 있었다. 1955년 1월, 도로관리국은 주정부가 제출한 요청서를 받았다. 그 요청서에는 승인된 잔여분 3천7백 킬로미터의 주간 고속도로 지분을 40개 주에 배분해달라는 내용이었다. 하지만 그에 대해 아직 결정된 바가 없었다.

대부분의 고속도로 관련부처는 모든 준비가 되어 있었다. 10년 중 많은 시간을 도시 노선을 계획하는데 투자했기 때문이었다. 도로관리국은 9월에 결과를 공개했다. '도시 구역의 추가 노선을 포함한 주간 고속도로 국가시스템 종합현황General Location of National System of Interstate Highways Including All additional Routes at Urban Areas'이라는 제목이 붙은 얇은 책이었다. 제목은 세 가지 내용을 담은 만큼 길었다. 책에는 도로망이 깔린 모든 주요 도시의 간략한 지도가 들어있었고, 지도에는 주간 고속도로의 예상 경로가 검고 굵은 선으로 그려져 있었다. 엔지니어가 읽기에도 제목이 너무 길었기 때문에, 곧 그 책은 커버 색깔에 따라 '옐로우 북Yellow Book'이라는 이름으로 불리게 되었다.

이 책을 획기적인 문서로 만들려는 의도는 없었다. 터너는 훗날 이렇게 일축했다. "이 책은 도로관리국에서 보기 위해 만든 일반적인 단순기록 같은 것입니다. 실제로 도로가 생길 지역을 파악하기도 전에, 도시지역을 위해 남겨둔 노선을 그림으로 나타낸 것일 뿐입니다. 이 노선은 절대 확정된 노선이 아닙니다. 실제 경로가 어떻게 될지는 아직 확실히 말할 수 없습니다."

사실상 그려진 경로는 대략적이었다. 예를 들면, 포트워스Fort

Worth는 현재의 전체 순환도로와는 전혀 유사하지 않은 도로에 의해 부분적으로 주위가 둘러져 있었다. 교차도로는 북쪽과 동쪽에서부터 마을로 내려오고 있었고, 서쪽의 도로 역시 실제와 전혀 맞지 않았다. 터너의 부모님 집을 넘어가는 도로만 현실과 거의 비슷하게 그려져 있었다.

여전히 우리는 어떤 주간 고속도로가 1955년에 승인된 도로에 해당되는지 알아볼 수 있다. 그리고 대부분의 지도가 비슷한 방식으로—세인트루이스와 샌안토니오, 그리고 리치몬드 도로와 털사와 디모인, 노펙 도로, 그리고 포틀랜드와 래피드시티, 로어노크 도로 등— 단순화 되고 형식화 된 것을 알 수 있다.

도로관리국 내에서는 큰 문제든 아니든 간에, 외부에서 '옐로우 북'은 대단한 반응을 일으켰다. 특히 도시 주간 고속도로에 대한 논의가 어떻게 강철과 콘크리트로 변모하는지를 처음 본 주지사나 의원들의 반응이 컸다. 그들에게는 그 모호한 지도가 경이로운 미래처럼 보였다. 터너도 그 사실을 알고 있었다. 1955년 후반 그해의 고속도로 법안이 좌절된 후, 도로관리국은 의회의 모든 구성원에게 '옐로우 북'을 배포했다.

제12장 자동차 기술의 진화

1956년 미국의 신생아 수는 엄청나게 늘어났다. 그 시기 미국 여성들은 일인당 3.7명의 아이를 낳았고, 가족들이 늘어나 도시는 점점 좁아지게 됐다. 전쟁이 끝나고 몇 년 후, 아메리칸 드림은 사각형의 잔디밭과 장미 화단, 테라스 바비큐 그릴을 소유하는 쪽으로 바뀌었다. 이런 이상에 대한 요구에 부응하기 위해 건설사들은 모든 도시의 주변 경지를 사들이고 그 위에 판에 박힌 집들을 줄줄이, 수없이 많이 지었다. 멀리 떨어진 새 구역에서 직장으로 통근하기 위해 이용되는 도로는 적절치 않았다. 소수의 도시에 있는 몇 개의 짧고 과적된 고속화도로를 제외하면, 마을 변두리로 향하는 주도로는 좁을 뿐만 아니라, 오늘날의 차량과는 다른 탈 것들로 복잡했다.

현대의 신차들이 일반적으로 스파크 플러그 교환 없이 16만 1천 킬로미터를 주행할 수 있고, 차량 수명 연한 동안 그 두 배의 거리를 주행할 수 있다는 것을 생각해보자. 엔진은 점화장치의 상태나 압력의 최대치, 그리고 최적의 힘 등을 확실히 보장하기 위해 천 분의 일 초 단위로 측정된다. 차체는 충격을 견딜 수 있고, 내부의 공기는 순환이 되어 깨끗하고, 부식 방지 처리가 되어 있다. 칼 피셔가 1900년에 뉴욕 모터쇼가 끝나고 집에 돌아가던 길에 몰았던 뻣뻣하고 힘이 부족하며—이 차의 마력은 한 자리 숫자였다— 자주 고장도 나고 소리도 시끄러웠던 자동차나, 또는 3년 후 호레이쇼 넬슨 잭슨 박사Dr. Horatio Nelson Jackson가 국토를 횡단하게 될 덮게 없는 윈턴Winton과 더불어 앞서 말한 모든 자동차들을 만나보기로 하자.

옛날 자동차와 현대 자동차 간의 중간쯤 되는 자동차는 아이젠하워가 1956법에 서명한 후 가을에 판매되었던 모델에서 찾아볼 수 있다. 1957년형 포드와 플리머스, 같은 연식의 디소토DeSoto와 캐딜락, 크라이슬러 그리고 특히 상징적이었던 쉐보레Chevy 등이 있다. 이 모델들은 이제 주간 고속도로 작업이 시작되었을 때 국내 도로를 다니기에는 덜컹거리는 마차만큼이나 오래된 차들이었다. 또한 이 모델들과 현대의 신차는 칼 피셔가 처음 탔던 그 차와 이 모델들만큼 차이가 난다.

먼저 쉐보레를 살펴보자. 1957년형의 쉐보레는 여느 소형차, 중형차, 대형차와는 달랐다. 게다가 쉐보레의 유일한 모델이었던 콜벳Corvette은 쉐보레 그 자체였다. 당시에는 임팔라, 쉐빌, 노바 등처럼 독특한 이름이 없었다. 대신 하나의 테마를 다양하게 변형시킨 차들이 엄청나게 많았다. 쉐보레는 2도어 세단이나 4도어 세단, 2도어 하드탑(지붕이 금속으로 된 차)이나 4도어 하드탑, 2도어 6인승 왜건Wagon이나 4도어 6인승 왜건, 4도어 9인승 왜건, 2도어 노마드 '스포츠' 왜건, 그리고 컨버터블Convertible을 출시했다. 이 모델들은 외장과 내장에 따라 세 등급으로 나뉘었다. 빈약한 인테리어에 차체에 약간의 크롬 장식만을 더한 이코노미컬150, 좀더 안락한 좌석과 약간의 장식이 더해진 미들라인210, 그리고 모든 것이 최고급 사양으로 장착되어 있고, 자동차 측면에는 반짝거리는 알루미늄 선을 따라 금빛 장식이 달린 벨에어Bel-Air가 있었다.

왜건만 놓고 봐도, 한 모델에 열두 가지가 넘는 옵션이 있었다. 선택할 수 있는 옵션은 6실린더 엔진, 256 세제곱인치 크기의 V8 엔진, 1957년 모델과 함께 소개된 터보-파이어 283엔진과 함께 2배럴 카뷰레터, 고성능의 4배럴, 그리고 생산된 차에 처음으로 적용된 최초의 연료 분사 시스템 등이 있었다.

이러한 다양한 사양들은 모두 최신식이었다. 가장 인상적이었던 것은, 쉐보레에 지느러미가 달린 것이었다. 크고 크롬이 둘러진 그 지느러미는 트렁크나 해치의 끝 쪽에서 30cm정도 돌출되어 있었다. 지느러미는 너무 억지스럽고 크기가 커서 차와 어울리지 않았더라면 우스꽝스럽고, 엉뚱해 보여서 빛을 보지 못했을 것이다. 차체에 상상력이 발휘된 부분은 또 있었다. 후미등은 전투비행기의 배기관을 닮아 있었고, 크롬으로 만든 사격조준기 모형이 둥근 후드에 붙어 있었다. 범퍼 가드는 옵션에서 선택하는 고무 탄도가 붙여져 있었지만 옵션을 선택하지 않은 경우에는 십자선 모양의 쇠막대였다.

쉐보레에서 생산된 차는 공통적인 약점을 가지고 있었다. 현대 표준에 따르면, 옛날에 생산된 차들은 빨리 부식됐으며 제조과정에 실수가 많아 항상 위험이 따랐다. 쉐보레는 "3배 터빈 발동Triple-

Turbine-Takeoff"이 가능한 새로운 터보글라이드 자동변속장치와 결합된 소형 블록 V8을 출시했다. 쉐보레는 이 엔진을 두고 "배부른 고양이처럼 조용하고 크림처럼 부드러우며 운전자의 요구에 빠르게 반응한다."고 설명했다. 하지만 뜨거운 여름날 쉐보레의 1957년형 모델이 후드를 열고 라디에이터에서 수증기를 뿜어내며 도로가에 서 있는 모습을 흔히 볼 수 있었다. 당시의 온도조절 장치는 신뢰도가 낮은 것으로 악명이 높았고, 라디에이터도 마찬가지였다. 신차도 예외는 아니었다. 겨울에는 얼어버린 도로 위에서 줄줄이 멈춘 차들을 흔히 볼 수 있었다. 연료 라인이 얼어서 멈췄거나, 제대로 작동하지 않는 연료펌프 때문이었다. 타이어는 펑크가 나기 쉬운 튜브로 만들어졌다. 나일론 줄로 만든 타이어는 구멍이 잘 나고 빨리 마모되었으며 사이드월Sidewalls(타이어의 접지면과 테두리 사이 부분) 역시 약했다.

가솔린과 공기를 섞어 연소를 일으키는 카뷰레이션Carburetion은 부품이 불안하게 작동했다. 연소에 필요한 스파크를 발생시키기 위해서는 접점과 간극, 그리고 양치식물처럼 물을 운반하는 배터리가 필요했다. 쉐보레의 차는 무거운 스프링(차량의 노면으로부터 받는 충격을 완화해주는 현가장치) 때문에 덜컹거렸고 젖으면 작동을 멈춰버리는 석기시대 유물 같은 브레이크에 의존해야 했다. 미미한 바닷바람이나 도로의 염분에도 녹이 슬었다. 누적 운행거리가 4만8천 킬로미터가 되면 차량은 이미 낡을 대로 낡아버렸고, 주행기록계가 6자리가 되는 일은 아주 드물었다.

쉐보레도 마찬가지였다. 1957년형 모델은 충돌시 에너지를 흡수하지 못했다. 그 차는 허머 H3보다 약 30센티미터 더 긴, 엄청나게 큰 엔진이 달린 2톤가량의 공성망치나 마찬가지였다. 조향축 Steering Column(핸들의 조작력을 조향 기어에 전달하는 축)은 운전사의 가슴뼈를 노리는 창이었고, 안전벨트가 없어 탑승자는 금속으로 얇은 층을 이룬 좌석 여기저기에 부딪히기 일쑤였다.

이런 차가 도시에 연결된 좁은 미국의 고속도로 위에 수백만 대씩 있는 다니는 모습을 상상해보자. 갑작스럽게 나타나는 커브 길에 대응하거나 안전하게 정지하기에는 차가 너무 무겁고 크고 통제하기도 힘든데다 도로에는 소와 말이 차와 함께 지나다니고 교차로는 시도 때도 없이 교통체증을 일으킨다. 쉐보레는 이런 것들에 대처하기에는 장비가 부실했다. 이런 차로 길고 지루한 휴가를 떠나는 것을 상상해보라. 정지신호는 적당한 속도를 유지하려는 당신을 당황스럽게 만들고, 도로사정이 괜찮은 곳이라도 트랙터와 속력을 내지 못하는 트럭이 도로를 독차지하고 꽉 막고 있다. 뉴욕에서 마이애미까지 가려면 이런 극한의 도로를 4일 동안 달려야 하고, 미 대륙을 횡단하려면 거의 2주가 걸린다. 이런 상황에서 새 주간 고속도가 진입램프에서 느릿느릿 움직이는 차량들을 자유롭게 해방시키는 것이 얼마나 새롭고 훌륭할지 상상해보자.

주정부가 프로그램에 편승하는데는 오랜 시간이 걸리지 않았다. 한 달이 채 지나지 않아 대통령은 연방지원고속도로법, 1956에 서명했다. 주정부는 8억 달러 가치 이상의 프로젝트를 진행하게 되었고, 입찰을 공고하기 위해 많은 준비를 했다. 아이젠하워는 매우 만족스러워했다.

도로관리국장 커티스는 모든 일이 신속히 시작될 거라는 기대는 하지 않았다. 그는 취재 기자에게 이렇게 말했다. "실제 공사가 몇 달 안에 시작되겠지만 특정 소수지역일 뿐입니다. 하지만 주간 고속도로는 미국 전체로 빠르게 퍼져나갈 것 입니다. 완전한 규모로 작업하는 것과 수많은 개별 프로젝트들이 하룻밤 사이에 완성될 순 없습니다."

하지만 아이젠하워는 인내심이 없었다. 그는 프로젝트를 신속히 진행시키기 위해 새로운 담당자를 투입하기로 결정했다. 대통령이 바라는 인물은 상원의 동의를 받아야하고 도로관련 업무에서 뛰어난 경륜을 갖춰야 했다. 대통령의 지시에 따라 의회는 연방 고속도로 담당행정관 직책을 만들었다. 행정관은 도로정책에 대해 백악관에 조언을 하고, 커티스가 매일 행해지는 도로관리국의 업무를 운영하는 동안 주간 고속도로 프로그램을 감독할 사람이어야 했다.

그해 10월, 그 직책이 '세계 최고의 도로설계사'에게 갈 것이라는 말이 나왔고, 언론이 지명한 바에 따르면 그는 뉴욕 출신으로, 미국 최장인 845킬로미터의 뉴욕의 유료 주간 고속도로를 설계한 버트람 탈라미Bertram D. Tallamy였다. 큰 키에 콧수염을 기른 탈라미는 공직을 맡기 전에 민간 사업부문에서 수년간 성공적인 경력을 쌓았다. 그는 뉴욕 고속도로 설계 표준을 수정하는 프로젝트에 참여했고, 여러 도시의 지역계획 및 간선도로 개발 작업에도 참여했다. 그리고 마침내 국가 전체에 걸친 공무를 감독하게 되었다. 그는 1년에 64,374킬로미터를 달릴 정도로 열성적인 드라이버였다. 탈라미는 6년에 걸쳐 고속도로를 설계하고 건설했다. 그는 걷는 것도 좋아하는 사람이었다. 뉴욕에서부터 버펄로까지 이르는 687킬로미터의 고속도로 전체를 걸어서 완주한 일도 있었다.

탈라미는 국가의 부름에 응하고 싶었지만 뉴욕에 남은 일이 있어 뉴욕에 몇 달 더 머무르기로 했다. 그 사이에 아이젠하워는 다른 유명 엔지니어를 불러들였다. 그 엔지니어는 매사추세츠 출신의 존 볼프John A. Volpe로 국제적인 건설회사를 세웠고, 그 후에는 3년 동안 매사추세츠 주의 공공사업을 감독했던 사람이었다. 볼프는 대통령과 함께 성경에 손을 얹고 차관보급인 국가 고속도로 관련 최고위직을 맡을 것을 선서했다. 볼프는 탈라미와 상의하면서 이곳저곳에 수정을 가했다. 주정부의 요구에 유연하게 대응하기 위해 대부분의 결정을 현장사무소에서 하게 했다. 부서는 나뉘었고 직무가 바뀌었다. 1957년 1월 1일, 프랭크 터너는 승진했다.

터너는 이제 부국장이자 최고 엔지니어가 되었다. 도로관리국 내 직원들 중에서는 커티스 바로 다음이었고, 실질적으로 최고운영책임자(COO)였다. 공식적으로 보자면, 주간 고속도로에 대한 책무는 연방 고속도로 행정관이 맡아야 했지만, 현실적인 문제 때문에 실질적으로는 터너가 맡게 되었다. 터너의 책무에 대한 공식 설명에 따르면, 그는 역사상 가장 큰 고속도로 프로그램에 대한 '평가 및 진행에 특별한 책임'을 가지며, '설계와 건설의 새로운 구성을 포함해, 진행 허가 절차, 자금, 기술 인력의 채용 및 활용, 국가 전체 고속도로 시설에 대한 조직 구성 및 협력'에 관한 제반사항을 수행해야 했다.

직급과 책무가 바뀌었지만 터너는 변한 것이 없었다. 항상 버스로 통근했고, 겉모습은 그저 중간급 공무원 같았다. 조용하고 작은 키에 어두운 색의 기성양복을 입고 터질 것 같은 서류가방을 든, 워싱턴에서는 흔하게 볼 수 있는 그런 모습이었다.

1956년 7월, 여기저기서 공사의 첫 삽이 떠지자, AASHO는 형태를 결정할 주요 설계 특성을 채택했다. AASHO는 그 특성을 도로관리국이 1930~1940년대에 했던 작업에서 그대로 따왔다. 외딴 서부지역을 제외한 접근이 제한된 입차 교차로 형태의 인터체인지에 최소한 4개 차선이 있는 분리된 고속도로였다. 1개 차선은 3.6미터 넓이였고 경사로와 제방, 시야 거리는 평지에서 시간당 112킬로미터의 속도에 맞춰 계산되었다.

도로관리국과 AASHO는 기존에 번호를 붙인 고속도로와 구분하기 위해 새 고속도로에 이름을 붙이는 일에도 심사숙고했다. 그들은 많은 조언을 받았다. 뉴멕시코 주의 한 공무원은 기존의 도로에 붙은 숫자를 새로 조정하는 것이 운전자들을 헷갈리게 할 수도 있다며, 글자를 사용할 것을 제안했다. "이렇게 하면 한 자리 수로 최대 26개의 경로를 지정할 수 있습니다. 동시에 혼란을 피할 수도 있지요." 26개의 글자가 다 소진되면 시스템은 두 글자 조합을 이용할 수 있었다.

하지만 에드윈 제임스Edwin W. James's의 1925년 식 시스템은 30년 동안 잘 이용되고 있었다. 숫자가 달린 고속도로를 따라가는 것은 간단하고, 논리적이었다. 일반 시민들은 도로시스템을 쉽게 이해했고 운전하고 있는 고속도로의 번호로 위치를 간단하게 인지할 수 있는 것에 편리함을 느꼈다. 미국의 고속도로 기술자들은 이미 잘 적용되고 있는 것을 바꾸려 하지 않았다.

그래서 AASHO의 노선 번호 지정 소위원회는 기존에 지정된 번호를 재활용할 것을 제안했다. 제임스의 체계처럼 동서 주간 고속도로는 짝수를 붙이되 가장 긴 주요 도로의 숫자는 0으로 끝나게 하고, 남북 고속도로에는 홀수를 붙이되 주요 경로는 1이나 5로 끝나게 하는 것이었다. 새 고속도로에서 바뀌는 것은 순서뿐이었다. 가장 낮은 숫자는 최남서쪽으로, 가장 높은 고속도로가 있는 곳이었다. 샌디에이고에서부터 블레인, 워싱턴으로 향하는 제5번 주간 고속도로는 최서단에 있는 주요 남북 주간 고속도로가 될 것이고, 대략 기존의 101번 고속도로와 동일한 경로를 사용하게 되었다. 제95 주간 고속도로는 기존 1번 고속도로와 나란히 최남단에 위치할 것이었다.

구 고속도로와 겹치는 숫자를 볼 수 있는 유일한 장소는 미국의 중앙을 가로지르는 넓은 도로와 미시시피 강 양옆을 따라 놓인 321킬로미터 정도의 고속도로였다.

50번대와 60번대의 비슷한 번호로 두 지역이 혼잡해지는 것을 피하기 위해 I-50과 I-60이라는 번호를 사용하지 않기로 하고, 모든 주에서 같은 번호를 가진 주간 고속도로와 기존 고속도로는 없을 것이라고 발표했다.

숫자는 모두 한 자리 또는 두 자리로 구성되었다. 보조도로를 구분하기 위해 세 자리 숫자를 쓰게 된 것은 1년이 채 지나지 않아서였다. 양끝이 연결되는 주간 고속도로의 번호 앞머리에 짝수가 붙여진 순환도로와 환상선, 한쪽 끝이 주요 도로와 연결되는 번호 앞머리에 홀수가 붙여진 지선에 세 자리 숫자가 쓰였다.

서부에서 동부, 그리고 남부에서 북부로 향하는 고속도로에만 번호가 붙여진 것은 아니었다. 도로 자체에도 번호가 붙여졌다. 미국의 남부 또는 서부 국경에서 북부 또는 동부로 향하는 도로에는 0으로 시작하는 숫자가 붙여졌는데, 이는 터너의 어린 시절 경험에서 따온 것이었다.***

이렇게 해서 시스템은 왼쪽에서 오른쪽으로, 아래에서 위로 그려지게 되었다. 보스턴 시민들은 4,987킬로미터로 가장 긴 제90번 주간 고속도로가 보스턴의 공항 근처에서 시작한다고 생각할 수 있겠지만, 다른 사람들은 시애틀에서 시작하고 보스턴의 공항 근처에서 끝난다고 생각할 수도 있다.

새로운 시스템으로 보면, 제90번 주간 고속도로와 다른 동서부 노선의 두 고속도로가 태평양 연안에서 대서양 연안까지 계속 이어졌다. 제10번 주간 고속도로는 로스앤젤레스에서 플로리다의 잭슨빌로, 제80번 주간 고속도로는 링컨 고속도로의 대부분을 가리며 샌프란시스코에서 뉴욕으로 놓일 예정이었다. 네 번째로 제40번 주간 고속도로는 로스앤젤레스에서 두 시간 정도 떨어진 바스토우Barstow의 외딴 사막에서 노스캐롤라이나 주의 윌밍턴으로 가는 거리를 단축시켜 주었다.

제20번(텍사스 주의 켄트에서 사우스캐롤라이나 주의 플로렌스로 향하는)과 제70번(덴버에서 볼티모어로 향하는)은 꽤 많은 거리를 가로지르지만 미 대륙 전체에 걸친 것은 아니었다. 제30번 주간 고속도로는 주요 고속도로와 거의 연결되지 않아 포트워스에서 리틀록까지 단 590킬로미터만 놓이게 되었다. 번호가 붙여진 기존의 미국 고속도로처럼 주간 고속도로는 그 방식이 엄청난 기대를 불러일으켰다.

*** 터너는 수년 동안 출구에도 이정표에 따른 번호가 붙여져야 한다고 주장했다. 많은 주정부가 이에 동의하지 않았고, 순차적 번호를 더 선호했다. 2009년 이후에야 연방정부가 터너의 방법을 시스템의 표준으로 삼을 것을 결정했다. 하지만 7개 주는 여전히 출구에 순차적 번호를 사용하고 있으며, 2020년 번호가 바뀔 때까지 사용하게 될 것이다.

도로에 붙여진 번호와 주간 고속도로 시스템의 화려한 새 로고가 같은 날 소개되었다. AASHO 소위원회는 새롭고 다양한 형태와 색상을 가진 주간 고속도로 표지판에 대한 아이디어로 호응을 얻었다. 하나는 인접한 주 모양의 외곽선 안에 노선번호가 써진 디자인이었고, 다른 하나는 튜턴 독수리 모양 안에 노선번호를, 마지막으로 세 번째는 커다랗고 뚱뚱한 대문자 I에 노선번호가 써진 디자인이었다.

소위원회는 표지판을 4개로 줄이고, 일리노이 주 시골길 옆에 세워 날씨와 시간에 관계없이 볼 수 있도록 만들었다. 채택된 것은 텍사스 주 고속도로부의 선임연구원 리처드 올리버Richard Oliver의 아이디어였다. 이 아이디어는 지금까지도 약간만 변형되어 여전히 빨간색과 흰색, 파란색으로 된 방패 모양으로 널리 사용되고 있다. 이 표지판은 기존의 표지판보다 세련되고 단순하며 흰색으로 경계와 글씨가 구분되어 있고, 가느다란 붉은 선이 표지판 위에 써진 '주간 고속도로Interstate'를 받치고 있고, 주 이름과 노선 번호가 붙은 파란색 부분은 균형이 잡혀있었다.

    AASHO는 색상에 무척 민감하게 굴었다. "흰색은 노란 빛이나 은빛을 띠지 않아야 하고 붉은색은 약간 오렌지빛을 띠는 것이 색맹인 사람에게 도움이 된다."고 지적했다. 그리고 주된 색상은 "과도한 보라빛이나 회색빛을 띠지 않는 제대로 된 파란색이어야 하고, 낮 시간대와 마찬가지로 밤 시간대에 헤드라이트 빛에서도 잘 보일 수 있는 색이어야 한다."고 주장했다. 결국 AASHO는 리처드 올리버의 디자인을 선택했다.

터너와 동료들은 출구를 알려주거나 가까운 도시의 남은 거리를 알려줄 도로망의 다른 표지판에 대해 심도 있는 논의를 진행했다. 도로관리국은 약 2년 동안 표지판에 대한 실험을 진행해오고 있었다. 1955년 3월과 4월, 도로관리국은 어두운 주차장에서 1951년식 폰티악Pontiacs을 몰고 각각 다른 서체와 위치의 여섯 단어—장애물, 농장, 해군, 정지, 구역, 오리—로 조합된 표지판을 실험할 지원단을 모집했다. 실험 결과는 특정 서체가 다른 서체보다 알아보기 쉽다는 것을 보여주었고, 글자 간격이 넓을수록 운전자가 파악하기 쉽다는 사실을 보여주었다.

이제 색깔과 디자인을 결정해야 했다. 탈라미는 그가 뉴욕 고속도로에서 사용했던 파란색을 선호했다. 도로관리국의 다른 직원들은 초록색을 선택했다. 이 문제는 또 하나의 실험으로 해결되었다. 워싱턴의 완공되지 않은 구간을 따라 파란색, 초록색, 검은색으로 만든 표지판을 세워 놓고 2주 동안 수백 명의 자원 운전자들이 표지판을 인식하는 실험이었다. 10명 중 6명이 초록색을 선택했고, 전체가 대문자로 된 글자보다는 소문자가 섞인 쪽을 선택했다. 탈라미는 1958년 1월 초록색 위에 흰색 글씨가 써진 디자인을 채택했다.

도로 표면을 표준화하는 작업이 남아있었다. 도로관리국은 1950~1951년 사이 메릴랜드에서 일련의 마모시험을 진행했고, 1952~1954년 동안에는 아이다호에서 아스팔트 표면에 대한 3백만 달러 규모의 실험을 시행했다. 하지만 주간 고속도로와 같은 큰 규모의 프로그램에는 보다 포괄적인 실험이 필요했다. 도로관리국은 가장 오래 가는 도로포장을 위한 자재의 혼합과 두께를 결정해야 했고, 동시에 주정부와 합의를 이루지 못했던, 도로가 견딜 수 있는 최고의 무게도 밝혀내야 했다.**** 터너는 고속도로 연구위원회를 돕기로 했고, 현재까지도 역사상 최대 규모로 기록되어 있는 토목공학 실험을 제안했던, 지금은 AASHO의 이사가 된 옛 아칸소의 동료 알프 존슨Alf Johnson과 함께 협조하기로 했다. 도로관리국과 협력사는 시카고 서부의 평지에 포장재의 조합과 두께, 기반 층에 따라 836개의 테스트 구역으로 구분한 여섯 개의 순환 형 테스트 트랙을 지었다. 그 후 도로관리국과 협력사는 육군수송부대 1개 중대 병사들의 지원을 받아 126개의 트럭을 타고—픽업 트럭에서부터 견인 트럭까지 다양한 트럭이 있었고, 모든 트럭에는 콘크리트 블럭이 실려 있었다—테스트 트랙을 돌게 했다. 하루에 19시간, 2년 동안 하루도 빠지지 않고, 직선 코스에서는 시간당 56킬로미터를, 곡선 코스에서는 시간당 48킬로미터를 유지하며 달렸다. 누적 운행거리는 27,358,848킬로미터까지 쌓였다.

그 과정에서 3억 개의 데이터가 천공 종이테이프에 기록되었을 때, 전자계측기에 트럭으로 인한 압력이 측정되었다. 커다란 벤딕스 사의 컴퓨터가 기록을 판독하는 동안, AASHO 도로 검사관들은 도로포장 표면의 거칠기와 고르기를 0점은 통과 불가능, 5점은 유

**** 이는 도로 무게 제한이 무분별하고 임의적이었던 사실을 보여준다. 여섯 개의 주에서는 트럭이 통고무 타이어를 달고 달리던 1920년대 초반에서야 도로 무게를 제한했다. 당시의 통고무 타이어는 트레이드폭 인치당 360킬로그램의 무게를 견딜 수 있는 것으로 알려졌고, 출시된 것 중 가장 폭이 넓은 타이어는 14인치였다. 이는 차축의 각 끝에 타이어가 달려있기 때문에, 한 타이어가 견딜 수 있는 최대 무게가 5,080킬로그램이라는 의미가 된다. 법률상 차축 당 제한 무게는 10,160킬로그램으로 정해져 있었다. 불행하게도 이 수치는 트럭을 보호하는데 도움이 되는 숫자였지만 도로를 보호하는 수치는 아니었다. 1950년대까지 통고무 타이어를 단 트럭은 수십 년간 달릴 수 없었다.

리 같이 매끄러움으로 나누어 다섯 단계로 점수를 매겼다.

여섯 개 트랙에 대한 실험을 완료한 후 얻은 당연한 결론은 더 두꺼운 노면과 노상(路床; 포장을 지지하는 포장 하부의 지반)이 더 튼튼하다는 것과 트럭이 도로를 망가뜨리는 방식이 예측 가능하다는 것이었다. 훗날 터너가 설명했듯이, "우리는 꽤 간단한 방정식을 도출했습니다. 주행 숫자 X가 기간 Z에 걸쳐 손상(Damage데미지) 총량 Y를 발생시킨다는 것입니다."

이 실험에는 한계가 있었다. 한 지역과 제한적인 기후에서 다소 짧은 기간에 진행했고, 실험 방법이 한정된 조건—통행량 예측과 특정 도로포장을 위한 다양한 차량—만큼만 충분했기 때문이다. 연방고속도로관리국의 비공식 사학자였던 리처드 와인그로프Richard Weingroff는 이렇게 지적했다. "인간은 종종 예상되는 결과를 무시하는 나쁜 습관을 가지고 있다."

마찬가지로, 이 실험은 오늘날 우리가 다니는 주간 고속도로 표면에 엄청난 기여를 했다. 그리고 지금까지도 일정 정도 도로에 기여하고 있다. 가장 큰 네 개의 테스트용 순환도로는 군인들이 실험을 하는 동안 공사 중이었던 동서를 연결하는 제80번 주간 고속도로에 통합되었다. 나머지 테스트용 도로 중 하나였던 1번 순환도로는 일리노이 주의 오타와에 1.6킬로미터 정도만 남아있다.

1번 순환도로는 트럭이 달리지 않은 유일한 도로였다. 이 도로는 단지 날씨에 따른 영향을 실험하기 위한 도로였다. 50년 이상 시간이 흐른 후, 테스트용 도로에는 자갈이 굴러다니고 콘크리트 틈새에서 자란 잡초들이 무성하게 되었다. 하지만 내가 2008년 여름에 그 곳에 들렀을 때, 몇 군데는 포장이 되어 있었다.

토머스 맥도널드는 훌륭한 연구 결과에도 그다지 기뻐하지 않았다. 그는 워싱턴을 떠난 이후 텍사스 M&A대학에서 오늘날 '텍사스교통연구소Texas Transportation Institute'로 알려진 국내 선두의 운송 싱크탱크 연구소를 설립하며 새로운 경력을 시작했다. 맥도널드의 직함은 수석연구원Distinguished Research Engineer이었으며, 연구소의 모토는 '생각하고, 제안하고, 조언하고, 이끄는' 것이었다. 그는 연구기술자를 고용하고 도서관을 지었다. 그는 5천 달러짜리 큰 차를 몰고 하루도 빠짐없이 출근하는 것으로 캠퍼스 내에서 정평이 나 있었다.

맥도널드와 캐롤라인 풀러는 1953년 11월 결혼 후, 캐롤라인의 여동생 제인과 함께 칼리지 스테이션에 살림을 차렸다. 그들은 그들이 오랫동안 함께 일하며 만들었던 고속도로를 타고 함께 많은 여행을 했다. 부부는 1년에 15개 주를 걸쳐 9,656킬로미터를 달렸다. 그는 갈수록 편안함을 느꼈다.

하지만 한편으로는 늙어가고 있었다. 원인 모를 고통스러운 질병 때문에 미네소타의 마요 클리닉에 잠시 입원을 했다. 나중에 그는 친구에게 보내는 편지에 이렇게 썼다. "그 병원에 가길 정말 잘했어. 클리닉의 직원들은 자신감을 불어넣어줬고, 내가 꾸준히 노력한다면 어떤 어려움이라도 성공적으로 극복할 수 있을 거라는 확신을 가지게 되었다네."

그는 1957년 4월 5일, 일리노이의 동료에게 쓴 편지에서도 다른 질환에 대해 긍정적인 반응을 보였다. "몇 주 전에 내 몸에 바이러스가 들어왔는데, 내가 병원에 가지 않아 이 바이러스들이 화가 난 모양이야. 그래서 얘들이 내가 의사에게 이런 저런 권고사항을 듣게 하려고 내 몸에 감염 놀이터를 만든 것 같아."

그로부터 이틀 후 맥도널드는 건강상태를 정확히 알게 되었다. 그날 저녁 그는 캐롤라인과 제인, 그리고 다른 부부와 함께 즐거운 시간을 보내고 있었다. 멋진 레스토랑에서 저녁 식사를 한 후, 텍사스 A&M대학의 학생기념관에서 열리는 연극을 보기 위해 잠시 기다리는 동안 시가를 피웠고… 그는 그 자리에서 그렇게 죽었다.

캐롤라인은 너무 충격을 받은 나머지, 맥도널드의 시신이 첫 번째 부인이 잠들어 있는 워싱턴으로 보내졌을 때에도 동행하지 못했다. 캐롤라인을 대신해 텍사스 A&M 대학의 깁 길크리스트Gibb Gilchrist가 유골함을 들고 워싱턴으로 갔다. 워싱턴의 유니언 역에는 프랭크 터너와, 허버트 페어뱅크, 그리고 다른 관리국 직원들, 주정부 고속도로 공무원들과 산업계의 주요 인물들로 이뤄진 대규모의 대표단이 길크리스트와 유골함을 기다리고 있었다.

그들은 아침식사를 한 뒤, 맥도널드의 자녀들을 메릴랜드의 슈틀랜드에 있는 애너코스티어 강The Anacostia River 건너에 있는 시더힐 공동묘지Cedar Hill Cemetry로 태워가기 위해 장례식장에 잠깐 들렀다. 맥도널드는 생전에 자신의 장례식은 간소하게 하고 꽃은 필요 없다고 말했었다. 하지만 이번에는 직원들이 그의 말을 따르지 않았다. 대략 200명의 사람이 그를 추모하기 위해 묘지에 모였고, 그를 추모하기 위한 꽃이 사방에 널려있었다.

관을 운구하기로 한 사람 중에는 터너와 페어뱅크도 있었다. 장로교 목사가 짧은 추모사를 했다. "이 남자를 칭찬하기에는 적절한 장소와 때가 아닐 것입니다. 그러기 보다는, 그를 따랐던 사람들에게 그가 인류와 조국을 위해 해냈던 위대한 업적을 계속 이어 달라고 부탁을 해야 할 때입니다."

그리고 여러 장문의 추모사들이 이어졌다. 《워싱턴 포스트 Washington Post》에는 이런 내용의 기사가 실렸다. "그는 그를 기억하는 기념비로서 영원히 존재하는 유산을 동료들에게 남겼다. 목적에 관계없이 자동차나 트럭을 모는 사람이면 누구나 '미국 모든 도로의 아버지'라는 타이틀을 가진 조용하지만 강력했던 이 훌륭한 사람에게 빚을 진 것이다." AASHO의 알프 존슨은 다음과 같은 말로 맥도널드를 인정했다. "그는 미국을 세계에서 고속도로와 교통 부문에서 선두에 서게 한 장본인이었습니다."

페어뱅크는 이후 조직에서 가장 영예스러운 AASHO의 토머스 H. 맥도널드 상의 최초 수상자가 되었을 때 헌사를 발표했다. 국장의 오랜 부사수였던 그는 병을 앓고 있었다. 1954년 여름, 여동생과 이탈리아에서 휴가를 보내던 중 페어뱅크는 의사도 밝혀내지 못한 질병을 얻었고, 떨쳐내지 못했다. 그는 질병 때문에 1955년에 퇴직해야 했고, 계속해서 질병 때문에 많은 제약이 생겼다.

"맥도널드 씨의 이름이 붙여진 상이라면 어떤 상이라도 제게는 큰 의미입니다. 저는 지난 6~7개월 동안 제 시간의 대부분을 맥도널드 씨의 생애와 업적을 살펴보면서 보냈습니다." 페어뱅크는 맥도널드가 축적해놓은 서류를 검토했던 것이다. "그의 커리어가 시작된 1904년, 고속도로 건설이 막 시작되는 시기이자 자동차 시대의 초장기부터 7개월 전 그가 우리 곁을 떠났던 그날까지, 그의 생애 반세기 이상에 걸쳐 그가 몸 바쳐서 바라왔던 모든 순간이 결실을 맺는 중이었습니다. 이번 자료를 통해 전에 없던 확신을 얻었습니다. 선지자라는 이름을 받을 자격이 있는 사람이 있다면 그 사람은 바로 맥도널드 씨일 것입니다. 실질적으로 티끌 하나의 하자 없이 공공사업을 관리한 공무원이 있다면 그 사람은 바로 맥도널드 씨일 것입니다. 우수한 자질의 엔지니어, 통찰력 있는 경제학자, 숙련된 외교관, 그리고 신뢰할 수 있고 성실한 관리자의 특징을 모두 합쳐져 위대한 고속도로 엔지니어가 만들어졌다면 그 사람이 바로 토머스 맥도널드 씨일 것입니다."

루이스 멈포드와 로버트 모지즈

1956 법이 상정된 지 1년째 되던 날, 도로관리국은 시스템 경로의 51,500킬로미터에 대한 검토를 마치고 이를 승인했다. 대략 3,220킬로미터에 대한 공사가 진행 중이거나 시작 단계에 있었고, 건설업자들과 천 개 이상의 교량을 건설하는 계약을 맺었다. 이로써 거의 26억 달러에 달하는 예산이 교량 건설에 배정되었다. 이제 연방고속도로관리국을 통솔하게 된 버트 탈라미의 보고서에는 이렇게 쓰여 있었다. "공사는 만족스럽게 진행되고 있으며, 스케줄은 차질 없이 진행되고 있습니다."

서류상으로는 프로그램이 활발하게 돌아가는 듯했다. 하지만 더 빠르게, 더 멀리 운전하는 것에 목마른 사람들에게는 그렇게 보이지는 않았다. 대부분의 미국인들에게는 차가 없다는 것이 생각할 수도 없는 일일 뿐만 아니라, 끔찍한 일이 되어가고 있었다. 유류 가격은 떨어지고 소비자의 지갑은 풍족해지면서, 자동차에 관한 사람들의 요구는 끝이 없는 것처럼 보였다. 수천 개의 자동차 극장이 생겨났다. 드라이브인 은행(Drive-in Bank, 운전석에 앉아 창구 업무를 볼 수 있는 은행)이 생겼고, 드라이브인 세탁소도 생겼다. 운전석에 앉은 손님에게도 햄버거와 맥주를 서빙하는 드라이브인 레스토랑도 생겨났다.

디트로이트는 이 수요를 겨우 따라잡고 있었다. 수년 간 산업 전망은 굉장히 낙관적이었지만 새로운 철강에 대한 수요를 제대로 예측하지 못했다. 1953년에는 580만대의 차량이 팔렸고, 1954년에는 550만대의 차량이 팔렸다. 그런데 1955년에는 740만대가 팔려 기록을 넘었다. 클레이 위원회가 소집될 때까지, 미국에는 3.5명당 한 대의 차와 18명당 한 대의 트럭이 있었다. 《사이언스 다이제스트Science Digest》지에서는 미국에 있는 화물자동차의 끝과 끝을 모두 연결해서 늘어놓으면 321,870킬로미터에 달하는 긴 줄이 만들어질 것이라고 주장했다.

차량을 구매하고 유지하는 비용이 가족들의 생계비 중 높은 비중을 차지하게 되었다. 1956년에는 평균 노동자 세후 수입의 7.3퍼센트를 차지했지만, 그 비율은 점점 늘어갔다. 차는 엄청난 양의 철과, 납, 아연, 고무, 옥수수, 그리고 밀랍을 소비했다. 뿐만 아니라, 자동차산업은 매년 1천7백만 마리의 양털, 50만 마리의 소가죽과 자동변속기 사용에 필요한 엄청난 양의 호두껍데기를 필요로 했다.

대부분의 주간 고속도로가 아직 공사에 착수하지 못했을 때, 기존의 고속도로는 쏟아져 나온 신형 자동차들의 홍수로 이미 숨이 막힐 정도의 체증을 겪고 있었다. 하루 통행량 10만 대를 염두에 두고 설계된 할리우드 고속도로는 개통 후 1년 만에 예상 수치의 절반을 채웠다. 13킬로미터 정도의 정체는 샌프란시스코-오클랜드 만 교량 구간에서는 흔히 볼 수 있는 일이었다. 뉴욕의 조지 워싱턴 교(橋)에서 몬티첼로에 이르는 도로에는 차량이 135킬로미터—실제로 그랬다—에 이를 정도로 줄지어 서있었다.

추산에 의하면, 연료와 엔진의 노후, 생산성 및 매출 손실에 대한 뉴욕에서의 총비용은 10억 달러 이상이었다. 그 추산에 따르면 운전자들이 정체에 묶여있는 동안 미국 도시에서 소비되는 총 연료의 4분의 1이 소비된다는 것이었다. 1970년이 되면 뉴요커들이 개활지에 이르기 위해서는 하룻밤을 꼬박 운전해야 한다는 추정도 있었다. 말이나 마차로 가는 게 더 빠를 정도였다.

새 고속도로가 충분히 빨리 완성될 수 없는 것은 놀라운 일이 아니었다. 미국인들은 자동차의 모든 것을 사랑했고, 운전을 좋아했고, 선택한 곳이면 어디든 경로나 시간에 상관없이 떠나는 충동을 만끽했다. 그리고 주변 상황이 온전히 자신의 통제 안에 있는 것을 좋아했다. 미국인들은 세상을 자유롭게 돌아다닐 수 있었음에도, 세상으로부터 지켜지고 보호받고 있었다. 땀에 젖어 악취가 심한 낯선 이에게 개인적 공간을 방해 받지 않고, 무의미한 대화에 고통 받을 필요도 없이, 라디오에서 흘러나오는 음악소리를 들으며 안전하게 다닐 수 있었다.

미국인들은 움직이는 감각과 소리, 열린 창문을 통해 들어오는 여러 느낌의 공기, 커다란 엔진이 부릉거리는 소리에 흥분했다. 그들은 크롬장식으로 나타나는 격차와 소득, 지위, 성적 매력을 드러낼 수밖에 없는 각 자동차 모델의 명칭까지도 자연스럽게 받아들였다.

자동차를 싫어할 이유가 무엇이 있겠는가? 미국인들은 이런 차이를 기꺼이, 열정적으로 받아들였다. 그들은 자동차를 사는 것을 당연하게 생각했다. 직장에서 멀거나, 교통이 복잡한 곳에 집을 사지 않았고, 대중교통을 멀리했다. 이는 어쩌면 배부른 디트로이트의 부패한 자본가, 또는 정경유착의 음모, 그것도 아니면 누군가가 그렇게 조종했을지도 모르겠지만 사람들은 그렇게 스스로의 길을 택했다. 그들은 항상 이미 가지고 있는 것보다 더 나은 것을 원했다.

이제 미국인들은 그들이 자동차로 더 쉽게 즐길 수 있도록 해줄 무언가를 원했다. 그들이 원하는 것은 주간 고속도로였고, 맙소사, 그것이 당장에 나타나기를 바라고 있었다.

이러한 보편적인 열망에 반대의 목소리를 내는 사람 중에 루이스 멈포드Lewis Mumford가 있었다. 25년 전, 벤튼 맥케이Benton MacKaye와 도시 없는 고속도로를 제안했던 멈포드는 그 사이에 유명한 미술 및 건축비평가가 되어있었고 도시계획을 평가할 수 있는 위치에 있었으며, 유명한 사상가이자 작가가 되어있었다.

그의 어린 시절 환경을 보면 아무리 낙관적으로 생각하더라도 성공하기는 쉽지 않을 것 같았다. 혼외자식으로 태어난 그는 귀가 얇고 이기적인 어머니 밑에서 자랐다. 충치 때문에 늘 고생이었고, 말라리아와 결핵도 걸렸다. 그는 전문대를 잠깐 다니다가 그만두었고, 아예 학교 쪽은 생각하지 않았다. 그는 그 당시로서는 매우 드문 길을 선택했다. 독학으로 문학을 공부하고, 학위는 없지만 훌륭한 지성인이 되었으며, 책과 멘토 그리고 똑똑한 친구들이 모인 서클로부터, 그리고 이곳저곳을 다니며 직접 경험함으로써 많은 것을 배울 수 있었다.

시작은 걷는 것부터였다. 멈포드에게는 어렸을 때 은퇴하신 새 할아버지가 어퍼 웨스트 사이드Upper West Side의 아파트에서 그를 데리고 일일 탐험을 떠날 때 형성된 습관이 남아있었다. 일일 탐험의 장소는 센트럴파크, 메트로폴리탄 미술관, 미국 자연사박물관, 리버사이드 드라이브Riverside Drive의 서쪽, 커다란 나무와 허드슨 강을 내려다보는 크고 화려한 집들이 있는 산책로 등이었다. 당시의 어퍼 웨스트 사이드에는 곳곳에 닭들이 풀려 있었고, 채소 텃밭이 가꿔졌었다. 이런 경험은 멈포드가 학교에 들어가기 전까지 덜컹거리는 자동차를 볼 때마다 역효과를 낳기도 했다. 그는 마치 백 년 전의 시대에서 온 소년처럼 외쳤다. "말을 가져와!"

해가 지나면서 멈포드가 관찰하는 범위가 넓어지기 시작했다. 인부들이 고층빌딩을 짓는 공사현장, 나란히 서있는 아일랜드 다세대주택을 따라나있는 길을 말발굽 소리를 흉내 내며 걸어 다녔다. 당시 뉴욕은 오늘날의 여느 도시들처럼 친숙한 도시였다. 음식물과 거름 냄새, 도축장의 냄새가 공기를 채우고, 상인과 트럭 운전기사들이 소리치고, 티격태격하는 커플들과 뛰노는 어린이들을 흔히 볼 수 있는 도시였다.

그러나 멈포드의 눈앞에서 이 모든 것이 바뀌어버렸다. 전차는 도시를 더욱 크고 넓게 만들었다. 그는 이스트 리버East River를 넘어 퀸즈로 가 청과물 농장과 습지, 부동산 팻말이 박힌 어수선한 숲과 개간지를 가로지르는 손수레 트랙을 보았다. 이곳도 머지않아 수백, 수 천 채의 집들이 들어설 자리였다.

지하철 공사는 1900년에 시작되었다. 몇 년 지나지 않아 전철이

할렘을 넘어 브롱크스Bronx까지 땅 밑으로 다니기 시작했다. 뉴욕 맨해튼은 극적인 변화를 겪고 있었다. 지금껏 없었던 높이의 건물들이 도시 중앙에 들어서기 시작했고, 양계장은 새로 들어서는 주택에게 자리를 내주었다. 모든 곳에 차와 트럭이 다녔고, 경적과 엔진, 브레이크가 내는 소음과 탁한 배기가스가 가득했다.

멈포드는 1914년 가을, 그의 이론에 틀을 세우기 시작했다. 도서관에서 『진화Evolution』라는 제목이 붙은 얇은 책을 발견했을 때였다. 책의 공동저자는 마른 체형의 수염이 있는 스코틀랜드인으로 이름은 패트릭 게디스Patrick Gedes―노먼 벨과는 무관한 인물이었다.―였다. 오늘날에는 현대 도시계획의 아버지로 종종 기억되는 인물이다. 사실 그는 생물학자였다. 그는 사람을 포함한 유기체가 살아온 맥락이나, 이렇게 만들어진 생명체의 메커니즘을 탐구하지 않으면 유기체를 학습할 수 없다고 믿었다. 사람의 경우에 최대의 매커니즘은 도시였다. 게디스의 관점에서 도시는 곰이 사는 동굴이나 토끼 굴, 또는 벌집과 같이 자연의 일부분이었고, 주민들의 삶이 얼마나 풍요로운가를 제대로 판단할 수 있는 곳이었다. 도시는 예산에 맞게 일을 처리할 뿐만 아니라, 길거리에서 범죄를 몰아내거나, 적당한 때에 쓰레기를 수거해가는 일들을 하기도 한다. 하지만 가장 중요한 역할은 인간의 상호작용을 용이하게 하는 것이다. 그리고 이것이 도시에 사람들이 모이는 첫 번째 이유이기도 하다.

도시 확장으로 인해 세워진 훌륭한 건물들은 기술이나 설계와 마찬가지로 사회학적 관점을 가지고 있었다. 건물의 규모와 방향, 인접한 이웃, 그것을 보고 있는 사람이 만들어내는 분위기는 이웃과의 관계를 가깝게도, 멀게도 만들 수 있다. 길의 크기와 가로수의 존재 여부, 건물의 밀집도 등 모든 것이 도시 페트리 접시에 있는 세균 배양액의 일부인 것이다.

멈포드는 열정적인 문하생이 되었다. 제1차 세계대전 끝날 무렵 잠시 해군으로 복무한 이후, 그는 《미 건축가협회 저널Journal of the American Institute of Architects》지에 주택 공급에 대한 짧은 글을 개제했다. 대부분의 내용은 게디스의 아이디어에서 따온 것이었지만 글은 멈포드의 확고하고 우아한 문체로 작성되어 있었다. 멈포드의 글은 《아메리칸 머큐리》, 《프리맨》, 《뉴리퍼블릭》지에 잇따라 게재되었고 그는 사회주의를 지향하는 《다이얼》이라는 소규모의 잡지사에 단기계약직원으로 일하게 되었다.

멈포드는 잡지사 에디터의 비서였던 갈색 눈을 가진 소피아 위튼버그와 사랑에 빠졌다. 길고 불안정한 연애 끝에 두 사람은 결혼을 했다. 같은 해인 1922년, 그는 첫 번째 책을 위한 아이디어를 떠올렸다. 『유토피아의 역사A History of Utopias』였다. 그는 3월 말까지 초안을 잡았고 6월에 원고를 완성했다. 그해 말, 책이 시중에 출판되었다.

멈포드 인생의 전환점은 1931년에 찾아왔다. 대학 중퇴자였던 그가 다트머스 대학Dartmouth College의 예술학 객원 교수가 되고 『갈색 시대The Brown Decades』라는 제목의 호평을 받은 책을 출판했을 때였다. 미국 남북전쟁 이후 번영하는 미국의 예술을 연대순으로 기록한 책이었다. 책의 출판을 축하해줬던 건축가, 시각 예술가, 작가 중에는 천재적인 도시계획 설계 사업가였던 프레드릭 로우 옴스테드Frederick Law Olmsted가 있었다. 그는 래드번이나 도시 없는 고속도로가 생기기 70년 전에 뉴욕의 센트럴파크에 보행자 도로와 마차 도로를 구분하기 위해 지하차도를 계획했던 사람이었다.

같은 해에 멈포드는 향후 20년을 투자하게 될 프로젝트를 시작했다. 훗날 그의 말에 따르면 이 프로젝트는 "지금까지 기계, 도시, 건물, 사회생활 그리고 사람들에 대해 구상해온 아이디어를 공통적인 틀 안에, 하나로 모으기 위해" 쓴 네 권의 책이었다. 첫 번째 책은 『기술과 문명Technics and Civilization』이라는 제목으로 인간이 기계에 대해 가졌던 초기의 관심과 그 이후의 관계 발전을 기술한 책이었다. 멈포드는 일상생활을 개선시키는 기계의 잠재력에 대해 낙관적인 입장을 드러냈다.

그는 또한 주간 잡지인 《뉴요커》에서 건축에 대한 정기 기고란인 '더 스카이라인'을 연재함으로써 독자를 늘리고 비평가로서의 명성을 굳혔다. 멈포드의 글은 칭찬이나 비판에 있어서 매우 직설적이었다. 그의 마음에 들지 않는 건축학적 요소에 대해서는 '새로운 판에 박힌 것New Cliche'이라고 칭하며 "얼마 지나지 않아 '폐기' 부서로 넘어갈 것"이라고 표현했다. 건설 계획 중이었던 교량에 대해서는 "확실히 폐기해버려야 하는 계획 중의 하나이며 다시는 언급되어서는 안 된다."라고 말하기도 했다. 뉴욕의 밀크바Milk Bar에 대해서는 "거대한 쓰레기 중에 가장 독창성 있게 만들어진 흉물스러운 것"이라는 비판을 서슴지 않았다.

멈포드의 '스카이라인'은 즉각적인, 그리고 꾸준한 인지도를 얻게 되었다. 《타임Time》지는 멈포드의 글을 가리켜 "미국에서 가장 통찰력 있고 냉혹하고 전문적인 건축 비평"이라고 칭찬했다. 그리고 이렇게 덧붙였다. "실수를 하거나 속임수를 쓰는 맨해튼의 건축가들은 아무도 그것을 알아채지 못할지라도, 비평가 멈포드는 이미 모두 알고 있음을 기억해야 한다." 얼마 지나지 않아 멈포드는 잡지의 예술 비평에 대처하는 글을 써달라는 요청을 받았다. 여기서도 마찬가지로 정기 기고란이 주어졌고, 멈포드는 미국 비평가들 중에서 유명 인사 반열에 올라선 명성을 얻게 되었다.

멈포드가 새로운 역할에 적응해가는 것과 같이 뉴욕은 불안할 정도로 빠른 속도로 그를 중심으로 계속 변화하고 있었다. 맨해튼 중부에 서있는 크라이슬러 빌딩과 엠파이어 스테이트 빌딩Empire State Building, 그리고 록펠러 센터Rockefeller Center는 변화를 주저하지 않았다. 교외지역은 롱아일랜드를 건너 동쪽으로 국가의 경제적 위기에도 멈추지 않고 조금씩 퍼져나가고 있었다. 몬탁에서 칼 피셔의 오랜 라이벌이었던 로버트 모지즈Robert Moses는 해변으로 마구 뻗어가는 넓은 공원 도로를 건설했다.

멈포드는 처음에 모지즈의 도로를 마음에 들어했다. 이 도로는 당시의 기존 고속도로와 가장 비슷하며, 도시 없는 고속도로였다. 매끄럽고, 평면 교차로가 없는 콘크리트로 포장된 4차선의 도로였으며, 운송차량과 버스가 많이 보이지 않았고(지하차도를 버스와 트럭 전용도로로 만든 덕분이었다), 도로의 우측면은 소란스러운 대도시의 모습에 가려져 있었다. 운행의 즐거움을 방해하는 광고판도 없었고, 뒤죽박죽 서있는 음식가판대도 없었다. 또한 모지즈가 전쟁 전의 진흙과 쓰레기가 널린 허드슨 강변을 공원이 놓인 고속도로로 개조한 것도 마음에 들었다. 멈포드는 이를 가리켜 '완전히 현대적'이며 '센트럴파크의 독창적 개발에 비견할 수 있는 대규모 도시계획의 훌륭한 작품'이라고 말했다. 웨스트사이드 고속도로의 인터체인지에 대한 그의 표현은 환희에 가까웠다. "설계의 핵심적인 시각적 요소는 바로 인터체인지이다. 이 입체교차로는 클로버잎 형태에, 층을 달리하고 있으며, 신속하고 원활한 움직임을 위해 필요한 커브 길을 가지고 있다."

하지만 멈포드가 이 같은 글을 쓰고 있는 어느 순간부터, 자동차와 모지즈에 대한 그의 관점은 바뀌기 시작하고 있었다. 교통 혼잡은 거의 마비상태였고 혼잡을 해소하기 위한 대책은 더욱 복잡했다. 얼마 지나지 않아 모지즈는 49킬로미터 넓이의 맨해튼을 가로지르는 거대한 고속도로를 제안하려 했다.

그중 하나는 30번가를 따라 놓여 마천루 사이를 가로지르는 도로였고, 다른 하나는 워싱턴 광장을 덮어버리는 도로였다. 그는 크로스-브롱크스 고속도로를 없애버리고, 수많은 아파트가 철거된 자치구의 중심부를 거쳐 철거된 배수로를 없애버렸다. 작은 상점들은 없애고, 인접한 지역들을 떨어뜨려 놓았다. 그리고 그는 브루클린과 퀸즈를 건너고 롱아일랜드의 위성마을까지 뻗은 서로 얽힌 비슷한 고속도로를 구상했다. 전국 각지의 도시—보스턴, 캔자스시티, 시카고, 포트워스 등—에서 도시 내부를 가로지르는 고속도로가 생기고 있었다. 하지만 모지즈의 뉴욕 고속도로와 교량은 그 규모와 2차 피해 면에서 다른 고속도로에 비해 엄청난 규모였다.

멈포드는 1947년 친구에게 보내는 편지에 이렇게 썼다. "여러 가지 측면에서 생각해보면, 모지즈의 구상이 도시에 더욱 해가 되었는지, 아니면 그 반대인지 솔직히 말하기가 쉽지 않다네." 하지만 곧 잡지에 실린 그의 글에서 멈포드가 어떤 결론을 내렸는지 드러나게 되었다. 이스트 강을 내려다보는 국제연합본부United Nations는

―모지즈가 깊게 관련된―은 별 볼일 없는 지역(멈포드의 표현에 따르면 '벼룩이 문 자국 같은 곳')에 건축학적인 측면에서 볼 때 뒤죽박죽으로 지어져 있었다. 울타리가 둘러진 수퍼블록(역주-교통을 차단한 주택 및 상업지구)에 르 코르뷔지에(Le Corbusier; 스위스 출신의 프랑스 건축가)풍의 고층 아파트가 가득 들어선 모지즈의 스튜이버선트 Stuyvesant 마을에 대해서 멈포드는 이렇게 표현했다. "도시의 새로운 주택 공급에 있어서 가장 대단하고 가장 암울한 형태이다. 이는 도시 재건의 캐리커쳐에 지나지 않는다. 또한 이 마을은 건축에 대한 심각한 통제를 보여주며, 상상할 수 없는 최악의 방식으로 정부가 만든 끔찍한 규격화를 상징한다."

모지즈는 이에 '터무니 없는 소리'이고 '말도 안 되는 허풍'이며 "그는 복잡하기만 한 이야기를 늘어놓는다."고 멈포드의 관점에 대응했다. 그리고 멈포드가 '황달에 걸려 있고 시기심으로 독이 올라 있는 사람'으로 뉴욕을 싫어하는 것이 틀림없다고 말했다. 그리고 그는 또 이렇게 덧붙였다. "그는 냄새 나는 둥지에 사는 슬픈 새입니다." 잡지는 멈포드가 논쟁에 하나하나 반박하며 쓴 각주가 달린 채 출판되었다.

이러한 설전 이후, 두 사람은 사실상 모든 것에 서로 동의하지 않았고 그 사실을 숨기지도 않았다. 모지즈는 고속도로와 교량 건설에 열정을 쏟았지만, 한 때 클로버잎 형태의 도로에게 찬사를 보냈던 멈포드는 도로계획을 가리켜 주민 간의 분열을 불러일으키고 비용과 시간의 낭비이며, 잠재적 사회비용 손실로 이어진다고 외쳤다. 또한 그는 더 빠른 속도의 자동차 도로에 대한 모지즈의 요구는 "일시적이며 헛된 임시방편일 뿐이며, 그렇지 않아도 부족한 학교와 병원, 노년층 가정과 도서관 및 다른 시설에 절대적으로 필요한 예산을 갉아먹고 있다"고 비판했다.

하지만 멈포드를 지지하는 사람은 없었다. 모지즈는 고속도로를 짓기 위해 풀이나 농작물이 베어져 기다란 띠 모양을 이룬 땅들을 편평하게 다지기 시작했다. 그는 컨설턴트로서 오리건 주의 포틀랜드와 코네티컷 주의 하트포드, 뉴올리언스도 같은 방식으로 진행했다. 운전자(점점 늘어나 거의 모든 사람을 뜻하게 된)들은 모지즈의 편인 것 같았다. 특히 뉴욕에서는 모지즈의 고속도로를 열광적으로 받아들였다. 선지자로서의 멈포드의 지위는 잡지 내에서만 그 힘을 발휘했다. 그의 칼럼은 도시 북쪽에 있는 모지즈의 소밀리버 고속도로에서 즐겁게 작업하고 있는 남자를 묘사한 쉐보레의 광고를 피해 다른 면에 실렸다.

하지만 몇몇 다른 사람들이 뉴욕에 새로운 고속도로를 건설하는 것이 교통체증을 완화시키는 것이 아니라 더 악화시킬 것이라는—실제로 차량을 더 들어오게 하는 것처럼 보이기 때문에—반대 의견을 냈을 때 멈포드는 동의했다. 또한 몇몇 사람들이 이제 자동차가 미국인의 삶을 편리하게 해주는 것이 아니라 더 복잡하게 만들고 대기를 오염시킨다는 의견을 제시했을 때, 멈포드—모지즈처럼 절대 운전을 배우지 않는—는 실제로 이 주장에 강력히 찬성하고 있었다.

멈포드는 1955년 《뉴요커The New yorker》지에 자동차의 유해한 측면을 강력하게 비판하는 글을 4개의 파트로 나누어 게재했다. 제목은 『엄청난 자동차의 붐The Roaring Traffic's Boom』이었다. 대부분의 내용은 롱아일랜드 고속도로를 건설하고 있고, 같은 지역에 교량 건설을 계획 중인 모지즈에 대한 공격성 글이었다. 이 지역은 멈포드가 첫 번째 칼럼에서 더 많은 차들이 이미 빽빽한 도로로 유입되어 "오전 10시 이후에는 적당히 건강한 보행자가 노련한 택시기사보다 더 빨리 도시를 가로지를 수 있을 것"이라고 예측했던 곳이었다. 그는 모지즈와 그의 동료들이 이제 막 걸음마를 배운 유아 수준이며, "이미 파산한 가정에 고아원 전체를 떠넘기는 것과 같다."고 비판했다.

멈포드의 분노는 뉴욕의 상황에만 국한되지 않았다. 전국에 있는 독자들은 멈포드의 글에 각자가 사는 도시와 지역 고속도로가 적용된 것을 찾아볼 수 있었다. 서두 부분에서 멈포드는 교량 건설 계획을 "도로와 클로버형 교차로, 교각이 뒤엉킨 거대한 스파게티 같은 고속도로들은 하늘에서 내려다보기에만 멋질 뿐, 그들은 어떤 마을을 지나가는지조차도 알 수 없을 것이다,"라며 비난했다.

두 번째 파트에는 "마치 교통수단이 사회적 공백을 메꿀 수 있는 것처럼" 행동하는 고속도로 엔지니어에 대한 비판이 있었다. "더 많은 도로와 교량, 터널을 건설함으로써 더 많은 차들이 더 빨리, 더 혼란스러운 지역 내의 더 먼 목적지로 여행할 수 있는 것처럼, 새롭게 더럽혀지고 엉켜버린 환경에서 탈출할 수 있는 수단이 더 많은 도로를 건설하는 일인 것처럼 주장하고 있다."

그는 또 이렇게 썼다. "현재 교통전문가들은 그저 표면적인 전문가일 뿐이다. 그들이 건설한 도로가 새로운 형태가 아니라, 여기저기 흩뿌려 놓은 모양인 것을 보면 알 수 있다. 혼잡을 해소하는 대신 그들은 혼란을 더 키웠다."

글의 세 번째 파트에서는 "뉴욕의 혼잡을 해소하기 위해 전문가들이 제안한 터무니없는 방법은 기존의 교통 경로의 수용치를 늘리고, 도시를 오가는 도로의 숫자를 늘리며, 주차 공간을 늘림으로써 문제가 해결될 수 있다는 단순한 개념에서 나온 것이다."라고 지적했다. 당시 도시는 거세지는 재건축 요구와 고용주의 과다한 인력고용, 상점, 공공편의시설 등의 확산으로 점점 더 복잡하고 다양해지고 있었다.

"우리는 지역에 있는 인구와 길거리 및 간선도로의 혼잡의 총량 사이에 아무 관련이 없는 것처럼 여겼습니다."

마지막으로 네 번째 파트에서 멈포드는 "무모한 주간 고속도로의 건설로 악화된" 도시의 혼잡을 동맥혈전에 비유해서 이야기 했고 다음과 같은 내용을 덧붙였다. "고속도로 엔지니어들은 현재 파티 주최자에게 휘둘리고 있다. 파티 주최자는 서로 안면이 없는 두 사람을 몰래 지켜보며, 그 둘을 어떻게 맺어줄지 생각하고 있다. 그렇게 하면서도 그녀는 다른 손님들을 밀치고, 사이로 비집고 들어가 대화를 방해하고, 집사가 들고 있는 칵테일 쟁반을 두드리며 두 사람을 당혹스럽게 만든다. 그냥 내버려두면 훨씬 더 행복할 두 사람을 말이다."

『엄청난 자동차의 붐The Roaring Traffic's Boom』은 많은 반응을 이끌어냈다. 미국인들은 불과 12년 전에 이 스마트하고 탄탄한 근거를 가진, 세간의 이목을 끄는 고속도로의 미래상에 대한 비평을 도시 교통문제를 해결해줄 방법으로 받아들이고 환영했다. 주간 고속도로 시스템이 실제로 드러나기도 전에 멈포드는 이 환상적인 도로들이 우리가 보존해야할 도시들을 어떻게 돌이킬 수 없도록 만들어 버릴지 우려했다.

언론과 대중이 자동차 시대의 구세주로 평가하는 고속도로 엔지니어 전체를 공격하는 글도 있었다. 멈포드는 분명 프랭크 터너와 그의 동료들에게 미치광이처럼 보였을 것이다. 그 작가는 고속도로 엔지니어를 모든 미국인의 삶을 개선하기 위해 최전방에서 헌신하는 공무원으로 볼 수는 없었을까? 수십 년 동안 고속도로가 없었다면 농부들은 고립되었을 것이고, 도시는 신선한 고기와 채소를 공급 받을 수 없었을 것이며, 의류와 가구, 가전제품 등 모든 것의 가격이 올랐을 것을 생각할 수는 없었을까? 그리고 또 하나 중요한 것은, 고속도로 엔지니어의 업무가 정부의 정책과는 별개라는 것을 알 수는 없었을까? 엔지니어가 낸 결론이 사실에 근거한 것이고 수치가 뒷받침되며 과학적으로 도출된 것이라는 것을 알 수 없었을까? 숫자들이 거짓말을 하지 않는다는 것을 알 수는 없었을까?

멈포드에게는 그렇지 않았다. 도시가 가진 유기적 측면과 도시의 공기, 도시의 특성, 도시의 감각을 믿는 멈포드에게 이 같은 논점은 사소한 연민에 지나지 않았다. 뿐만 아니라 그는 그가 계산한 수치를 제시하기도 했다. 새로 건설된 주간 고속도로는 4층 건물의 규모에 맞춰 설계된 뉴욕의 도로와 거리에 기준보다 더 많은 차량을 들여보냈다. 멈포드는 이에 대해 이렇게 썼다. "맨해튼은 초기부터 사실상 3층에서 10층 정도의 건물을 나란히 지어왔다. 만약 이 건물들의 평균 높이가 12층이라면 차선도로와 양 측면에 위치한 인도는, 원래의 비율에 따르면, 60미터의 넓이가 되어야 했다. 이것이 뉴욕 블록 표준의 전체 넓이이다."

멈포드의 글은 특히 주간 고속도로 공사가 예산으로 인해 잠시 휴식기를 가지는 동안 도시 자체의 고속도로를 건설하던 몇몇 도시에서 반향을 일으켰다. 공사로 인해 살던 곳을 떠나온 사람들과 도시가 분리되는 것을 본 사람들, 콘크리트와 철근의 통풍에 필요한 높이와 좁아진 진입로, 섬세한 레이스 작업처럼 형성된 순환도로 등으로 인해 고속도로는 공중에서 볼 때 가장 훌륭한 발명품이라는 것을 깨달은 사람들이 사는 도시였다. 그들에게 고속도로는 높은 쪽에서 바라볼 때만 아름답고 균형 잡힌 질서 있는 도로였으며 그렇지 않으면 그저 거칠고 어수선한 장소일 뿐이었다.

그 시점에 그런 생각을 가진 사람들은 소규모 집단일 뿐이었다. 대부분의 사람들은 인내심을 가지고 새 도로를 기다렸다. 1957년 늦여름, 언론에서 요란했던 주간 고속도로가 몇 군데서 드문드문 나타나기는 했지만 실제 시스템처럼 보이지 않았고, 추측해보자면 프로그램이 지연되고 있는 것 같다는 보도가 나오기 시작했다. 《U.S. 뉴스&월드 리포트U.S. News & World Report》지는 "공사기간이 처음 예상했던 13년보다 더 길어질 것처럼 보인다."고 보도했다. 잡지사인 《룩Look》지에서는 《U.S. 뉴스&월드 리포트》지의 보도에 이어 "이 정도 규모의 프로그램은 진행시키는데 시간이 오래 걸리기 마련"이라며 다음과 같은 보도로 독자들을 선동했다. "하지만 한편으로는 주정부와 연방정부는 고속도로 이용자로부터 더 많은 세금을 거둬들였습니다. 운전자들은 이런 의문이 드는 게 당연합니다. 정부가 만들어주기로 한 새로운 도로들은 다 어디에 있을까요?"

프랭크 터너는 이 프로젝트가 파나마 운하나 피라미드, 만리장성을 다 합친 것보다 더 큰 규모의 프로젝트이며 하룻밤 만에 지어질 수 없다고 반박했다. 그는 이렇게 설명했다. "각 단계에 필요한 시간이 있습니다. 도로를 계획하고, 노선에 대한 의견을 수집하고, 구조물들을 설계하고, 필요한 승인을 얻고, 새로운 고속도로가 지나가게 될 위치에 있는 공장과 집, 시설을 재배치하고, 입찰을 공고하고, 계약자를 선정하고, 자재를 기다리고 이 모든 것이 끝나야 결국 실제 공사가 시작되는 것입니다. 이미 고속도로를 위해 세금을 지불하신 국민 여러분들이 조금 더 기다려 주시기를 바랍니다. 1960년이면 이 프로젝트에 들어간 땀과 비용이 굉장한 결과로 나타날 것입니다."

주간 고속도로,
삶의 방식을 바꾸다

 그 후 다년에 걸쳐 연방정부에서는 3개월에 한 번씩 지도를 펴냈다. 여기에는 주(州)간 고속도로의 완성된 부분과 시공 중인 부분, 그리고 아직 공사가 시작되지 않은 부분의 경계를 나타내기 위해 서로 다른 음영이 사용되었다. 이 지도들을 모아서 플립북(Flip Book, 책이나 공책의 귀퉁이에 조금씩 다른 그림을 한 장씩 그려 빨리 넘기면 그림이 마치 움직이는 것처럼 보이도록 한 것)으로 만들어 휙휙 넘기면 도로망이 서서히 완성되는 모양을 볼 수 있었다. 제10번 주간 고속도로가 캘리포니아 주, 애리조나 주, 그리고 뉴멕시코 주의 사막을 지나 남쪽의 늪지와 덤불숲으로 점점 뻗어나가는 것을 볼 수 있었고, 제90번 주간 고속도로가 사우스다코타 주 남서부 및 네브래스카 주 북서부의 황무지를 통해 이어져 가는 과정도 볼 수 있었다. 제25번 고속도로가 콜로라도 주 로키산맥의 동쪽 면을 따라 북으로 향하는 모습도 보였고, 프랭크 터너가 일을 시작한 초기에 탐험했던 아칸소 주의 농촌 마을로 제30번 고속도로가 뻗어가는 것을 볼 수 있었다.

그러나 대부분의 사람들은 자신의 거처와 가까운 교외에서 새 고속도로를 경험했다. 이 시기에 벌써 교외거주자의 수는 많았고 계속해서 늘어나고 있는 추세였다. 1950년대 중반에는 이미 몇 세대가 교체된 상태였으며 전쟁이 끝나고부터는 폭발적으로 인구가 증가했다. 사실, 주간 고속도로가 생기기 전부터 수백만의 도시거주민들은 교외로 이주하고 있었다. 그들은 신선한 공기, 시원한 산들바람, 다리를 펼 수 있는 공간, 그리고 같은 비용으로 더 좋은 집을 살 수 있는 기회를 원했다. 또한 그들이 살고 있는 빽빽한 아파트촌은 전시(戰時)의 병영생활과 너무 닮아 있었기에 그곳에서 벗어나 마음의 안정을 취하고자 하는 갈망 또한 없지 않았다. 일본의 항복 이후에는 이전 15년에 비해 두 배나 빠른 속도로 주택들이 생겨났다. 그중 압도적으로 많은 주택들이 도시 외곽에 있는 숲을 깎고 밭을 밀어 만든 대지 위에 지어졌다. 1950년~1955년 사이에 168개의 대도시 주변지역은 28퍼센트 가량 성장한 반면 도시 중심부의 성장은 4퍼센트에도 미치지 못했다. 주간 고속도로의 잠정적 도심 노선이 건설되고 있었던 1963년에는 도시 주변을 둘러싼 교외의 인구가 도시 중심부의 인구를 넘어섰다.

새 주택의 건축은 빠르게 이루어졌고 가격도 저렴했다. 이것은 수백 대의 리버티 수송선(Liberty ships; 제2차 세계대전 때 미국이 대량 건조한 수송선)과 수천 대의 폭격기를 제조해낸 대량생산 기술 덕분에 가능한 것이었다. 이러한 생산 방법에 한 가지 단점이 있었다면 다양성이 부족하다는 것이었다. 비슷비슷하게 지어진 규격형

집을 개성 있게 꾸미는 것은 집주인의 몫이었는데 버지니아의 한 신문은 이를 두고 '대중 개인주의Mass Individualism'라 불렀다. 따라서 1955년대의 젊은이들은 10년 전이라면 꿈도 못 꿨을 법한 집을 소유하게 되었다.

전원도시 래드번Radburn의 디자인을 여기저기에 빌려다 썼기에 주택들이 생겨난 구획들 역시 다양하지는 않았다. 지형이 어떻게 생겼든지 간에 상관없이 콘크리트로 된 차선들은 똑같이 구불구불하게 지어졌다. 주요 거리로부터 갈라져 나와 형성된 막다른 골목 형태의 길도 있었는데 이는 마차와 수레가 다니던 시절에는 볼 수 없던 구조였다. 이것이 가능했던 이유는 사람들과 교통수단의 관계가 이전과 달라졌기 때문이었다. 래드번은 자동차가 일상과 분리되어 있던 시대에 생겨난 것으로 집의 뒤편에 차를 숨겨 놓는 것이 일반적이던 때였다. 그러나 당시 새로 떠오른 교외는 소음과 정체, 조밀한 도시의 나쁜 공기로부터 탈출구의 역할을 했고 그에 따라 가족 소유의 자동차는 주거지역의 필수요소로 자리 잡게 되었다. 이에 앞마당에 콘크리트 진입로가 들어서고 차고의 문이 도로변을 향하도록 지어져 지나가는 사람들이 주차된 차를 훤히 볼 수 있게 되었다.

볼티모어의 개발자인 제임스 라우즈James W. Rouse는 사람들이 도시를 벗어나는 과정을 간단하게 묘사했다. "한 농장이 팔리면 그 자리에 감자를 심는 대신 집을 짓죠. 그리고 다른 농장들도 똑같이 그렇게 되는 겁니다. 숲의 나무들이 잘리고 계곡이 채워지고 냇물은 우수거(빗물이 흐르는 배수 통로)에 묻히게 되죠. 학교에 학생들이 넘쳐나 또 하나의 학교를 짓고 교회도 하나 더 짓고… 교통량도 마구 늘어납니다. 그러면 도로를 넓히는 공사를 하고 길가에 주유소와 햄버거집이 수두자국 마냥 촘촘히 들어서겠죠. 그렇게 도시는 사정없이 뻗어나가는 겁니다."

이것은 1956년의 법안이 정식 채택되기 전부터 교외가 형성되고 있었고, 사람들은 중심가로부터 조금씩 벗어나고 있었으며 새로운 형태의 도시조직이 만들어지고 있었다는 것을 말해준다. 1956년 봄, 루이스 멈포드는 교외생활을 두고 "도시 중심의 삶보다는 약간 느슨하지만 자기 주도적 삶을 살기에는 도심보다 나을게 없고 집단적 문제해결 능력은 훨씬 부족해 질 것이다."라고 언급한 바 있다.

거주자들만 이주해 가는 것이 아니었다. 도시토지연구소Urban Land Institute의 통계에 따르면 전후(戰後) 호황기였던 1948년~1954년 사이에 도심의 소매업이 23퍼센트 성장한 반면 교외는 59퍼센트에 달하는 성장률을 기록했다. 그리고 1956년 10월, 미네소타 주 이다이나Edina의 트윈시티Twin Cities 외곽에 세계최초로 사방이 막히고 냉난방 조절이 가능한 사우스데일Southdale이라는 쇼핑몰이 탄생했다. 그 건물을 건축한 오스트리아 출신의 빅터 그루엔Victor Gruen은 세 개의 쇼핑센터를 더 지어 디트로이트의 재건을 도왔다. 사우스데일이 문을 연 지 한 달 후《비즈니스 위크Business Week》지는 교외에 너무 많은 쇼핑센터가 들어설까봐 우려의 목소리를 냈다. 이 모든 것은 아이젠하워가 서명한 법안의 잉크가 마르기도 전에 일어났다.

보통 주간 고속도로의 공사가 처음 시작되는 구역은 도심을 중심으로 반경 약 24~32킬로미터로 도시를 둘러싼 원형도로였다. 도시의 가장자리 구역이다 보니 통근차량이 거의 없어 주(州) 고속도로 책임부서들에게 이 작업은 비교적 쉬웠다. 기존에 개발되어 있는 부분이 상당히 미미했고 공사에 방해가 되는 장해물도 거의 없었다. 어떤 구역들은 순환도로가 너무 오래전부터 계획되어 있었던지라 주변의 사유지도 거의 매입된 상태였다.

그리하여 워싱턴 DC와 볼티모어, 세인트루이스와 휴스턴 그리고 애틀랜타의 고리형 도로가 만들어졌고 이는 도시의 규모와 모양에 대한 사람들의 인식을 바꿔 놓았다. 휴스턴은 더 이상 빠르게 번지는 더러운 얼룩이 아니었다. 가장자리가 암세포처럼 우둘투둘하지도 않았다. 지도에 나타난 휴스턴은 이제 제610번 주간 고속도로가 깔끔하게 가장자리에 둘러져 있는 모습이었다. 세인트루이스는 본연의 초승달 모양을 반영해 도시의 경계에서 30분 정도 떨어진 곳에 아치형의 도로를 지었다. 도시의 가장자리와 고속도로 사이에는 수십 개의 교외 주택구역이 생겨나 있었다. 신시내티는 세 개의 주를 지나게 될 135킬로미터 도로가 순환도로의 시작점이 되었다.

그러나 공사가 진행되고 있는 동안에도 이 순환도로들은 추가 개발에 대한 심리적 장벽을 형성했다. 대도시권역과 시골지역의 경계를 짓는 듯한 느낌이 강했는데 이것은 애틀랜타 주민들이 제285번 주간 고속도로를 페리미터(Perimeter, 둘레길)라고 부른 사실에서 잘 알 수 있다. 하지만 얼마 되지 않아 도시를 둥글게 둘러싼 도로들과 거기에서 도심을 향해 방사형으로 뻗은 도로들이 만들어지자 교외는 더더욱 멀리 퍼져나갔다. 이러한 팽창은 독특하고 새로운 유형의 개발로 이어졌다. 주택지구와 쇼핑센터들이 도로가에 우후죽순으로 아무렇게나 생겨나는 것이 아니라 주간 고속도로의 출구를 중심으로 지어지기 시작했다. 밴튼 맥케이Benton MacKaye가 비판했던 구(舊) 자동차 슬럼과 같이, 원하는 곳에서 들어가고 나올 수 없다면 많은 불편을 초래할 수 있기 때문이다. 개발자들은 이런 형태의 개발을 응집개발Nucleated Development라고 불렀다.

60년대 초기에 교외의 외곽 상공에서 아래를 내려다보면 여러 집단의 지역사회가 서로 몇 킬로미터씩 동떨어져 있어 마치 여러 개의 섬을 보는 것 같았다. 값싼 땅을 찾는 개발업자들은 이미 팽창 계획이 있는 고속도로 출구 지역을 사들여 돈을 벌었다. 이윽고 지역들 사이의 공간들은 새로운 주택, 학교, 상점과 오피스빌딩으로 메워졌고 미국 내에 있는 모든 대도시 외곽으로 거리가 생기고 잔디구장, 대형주차장들이 지어지기 시작했다.

도시의 가장 바깥쪽 둘레가 개발되자 농업에 종사하는 소도시들이 베드룸 커뮤니티(Bedroom Communities; 잠을 잘 때만 집에 오고 나머지 시간은 다른 곳에서 생활하는 인구가 많은 지역)로 변하는 것은 시간문제였다. 해리 트루먼의 고향인 미주리 주의 인디펜던스Independence는 한때 시골이었으나 제70번 주간 고속도로가 들어서면서 18개월 만에 1천5백 채의 주택과 열한 개의 아파트단지가 들어섰다. 애틀랜타 외곽의 농경지도 주택지구로 변모했다. 1950년 2,621명의 거주민이 있었던 텍사스 주의 리틀어빙Little Irving은 약 1만2천 달러에 침실 세 개를 갖춘 카리브해 스타일의 주택의 인기에 힘입어, 1961년에는 인구가 45,489명으로 불어났다. 《아키텍츄럴 포럼Architectural Forum》지는 1950년 "사람이 너무 없어 소들이 외롭다."라는 기사를 낼 정도였는데 반해, 훗날 그렇게 많은 사람들이 우후죽순으로 이주해오자 "여기는 집과 도로와 자동차와 아이들, 그리고 더 많은 집들이 지어질 것을 예고하는 안내 표지판들로 가득 차있다."라고 보도했다.

고속도로 출구 주변의 땅값은 미친 듯이 올랐다. 루이스빌Louisville의 외곽에 고속도로가 지어지기 3~4년 전, 교차로 주변 토지에 대한 수요 폭증으로 담배농가의 가격이 250퍼센트 이상 뛰었다. 한 번은 15배로 뛴 적도 있었다. 노스캐롤라이나 주의 로브슨 카운티Robeson County에서는 제95번 고속도로 주위의 땅값이 평당 1.4달러에서 21달러 이상으로 올랐다.

이 현상은 도시에서 한참 떨어진 시골지역도 마찬가지였다. 100년 전 철도의 등장으로 인해 일어났던 호황에 뒤지지 않는 것이었다. 제조업체들은 도시를 떠나 땅값이 싸고 대지가 넓은 교외로 옮겨갔다. 이 지역들을 따라 주간 고속도로가 이미 나 있거나 적어도 계획 중에 있었기 때문에 회사들에게는 유통망이 확보되어 있는 셈이었다. 펜실베이니아 주의 제80번 고속도로가 지나는 곳에는 공장들이 줄지어 생겨났다. 이동주택 회사 하나가 포츠빌Pottsville에, 미국 고무회사 빌딩이 윌크스배리Wilkes-Barre에, 일본의 한 플라스틱 기업이 헤이즐턴Hazelton에 자리를 잡았다. 크라이슬러사는 제90번 주간 고속도로와의 인접성을 이유로 일리노이 주의 조그만 마을 벨비디어Belvidere에 5천만 달러 규모의 공장을 지었고, 세인트루이스의 남서쪽에 있는 오자크Ozark 언덕이 제44번 고속도로와 가깝다는 이유로 거기에 조립공장을 하나 더 지었다. 캔자스 주의 동쪽에 듀퐁의 셀로판 공장과 홀마크Hallmark Co사의 선물포장 재료 공장이 위치하게 된 것은 제35번 주간 고속도로 덕분이었다.

버지니아 주의 댄빌Danville에서 시작해 애틀랜타로 가는 제85번 주간 고속도로가 지나는 구간에 있는 산업들은 호황을 누렸는데, 사우스캐롤라이나 주의 스파르탄버그Spartanburg에는 1년 사이에 새로 생겨나거나 확장된 공장의 수가 자그마치 서른한 개나 되었다. 이렇게 건설 붐이 일자 극심한 노동력 부족 현상이 일어났다. 숙소가 부족해 외부 인력을 고용할 수 없었고 새로운 숙소를 짓기 위해서는 노동력이 필요했다. 이런 진퇴양난의 상황에 처하자 기업들은 최후의 방법을 쓸 수밖에 없었다. 흑인들에게 더 나은 근무환경, 높은 임금과 새로운 기회를 제공한 것이다. 이는 전례 없는 일이었다.

제64번과 57번 주간 고속도로가 교차하는 일리노이 주의 버논산Mount Vernon에는 수많은 레스토랑과 모텔이 생겨났고 GM의 타이어공장이 1천8백 개의 일자리를 창출했으며 5백 명의 환자를 수용할 수 있는 종합병원도 들어섰다. 인구가 불어났고 그들의 수입은 두 배 가까이 늘어났다. 지역주민들은 라마다 인Ramada Inn의 라운지에서 매일 밤 라이브 음악을 즐길 수 있었다. 시장(市長)은 "제57번 주간 고속도로의 테이프를 끊은 날, 우리는 수도꼭지를 튼 것이나 다름없습니다."라고 말했다.

프랭크 터너가 약속했듯이, 전국적으로 도로망의 모든 부분에 공사가 진행되었다. 이렇게 긍정적인 진전에도 불구하고 터너와 그의 동료들은 예기치 못한 문제에 봉착했다. 연방정부와 주정부는 교외와 시골지역의 기존도로를 대체할 많은 도로를 계획했는데 매입해야 할 토지의 양이 그들의 예상을 훨씬 넘어선 것이다. 그들이 가진 자원이 크게 개선되지 않고서는 프로젝트가 진척될 수 없다는 것은 명백했다.

이 사실은 버지니아 주의 제81번 주간 고속도로를 예로 들어보면 잘 알 수 있다. 주 당국은 처음에 최남동부 지역과 동북지역을 이어주는 11번 고속도로를 개선하지 않으려 했다. 이 길은 브리스톨Bristol에서 테네시Tennessee 주를 거쳐 셰넌도어 계곡을 따라 로아노크Roanoke와 스톤튼Staunton을 거슬러 웨스트버지니아 주에 이르는, 좁지만 매우 중요한 역할을 하는 552킬로미터의 도로였다. 이 도로는 초기 유럽의 정착민들이 블루리지Blue Ridge 너머로 이동할 당시 이용했던 밸리로드Valley Road의 후손이라는 점과, 다니엘 분Daniel Boon이 서부를 향해 나아갈 때 이용했던 와일더니스 로드Wilderness Road의 후손이라는 점에서 역사적 중요성을 지닌다. 기본적으로 2차선이 놓여 있고 군데군데 3~4차선으로 확장된 이 길은 주정부 고위관리들이 보기에는 있는 그대로도 문제없어 보였다.

연방정부는 11번 고속도로 노선에 제81번 주간 고속도로를 놓을 필요가 있다고 그들을 설득했고 그러기 위해서는 4차선이 놓여야 한다고 했다. 하지만 수백 년에 걸쳐 많은 사람들이 11번 고속도로 주변에 정착해 있었기 때문에 그 길을 넓히는 것은 말처럼 쉬운 일이 아니었다. 농부들은 작물과 소들을 시장으로 수송하는데 그 길을 이용했다. 레스토랑과 가게는 지역주민들 뿐만 아니라 그 길을 지나는 여행객들로부터 수입을 얻고 있었다. 이미 지어져 있는 교회와 주유소도 많았다. 이 모든 것들의 진입로는 11번 고속도로와 이어져 있었다.

기존의 도로 위에 그대로 공사를 하게 되면 주간 고속도로가 건물의 코앞을 지나게 되며 건물 출입이 불가능해진다. 대부분의 건물은 다른 출입구가 없었으며 이는 큰 문제를 일으켰다. 세월이 흘러 터너는 그 상황을 회상하며 다음과 같이 말했다. "공공고속도로에 접근할 수 있는 권리는 재산법상 보호되어 있었습니다. 그러므로 이 땅들은 매우 가치가 높았죠." 운영되고 있는 레스토랑을 정부가 막아 손님이 오지 못하게 되면 그것은 접근권한의 문제가 아니라 생계를 빼앗기는 것과 같았다. 이렇게 되면 주정부에서 그 땅과 사업체를 몽땅 사들일 수밖에 없는데 상점주인들은 당연히 비싼 값을 부를 것이다. 상업용 부동산은 가장 높은 수익을 창출해주기 때문에 목초지나 다른 부동산보다는 가격이 비쌀 수밖에 없었다.

그렇다고 해서 농지를 저렴하게 살 수 있었다는 것은 아니었다. 터너는 "각 농장으로 이어지는 진입로도 농지 자체와 맞먹는 가격을 지불해야 할 가능성이 높았습니다."라고 말했다. 버지니아 주정부가 그 모든 접근권Access rights과 부동산을 샀더라면 아마 지금까지도 그 돈을 갚고 있을지도 모른다.

수많은 논의 끝에 그들은 토지와 건물을 사는 대신 다른 방법을 쓰기로 했다. 기존의 도로에서 몇 백 미터 떨어진 곳에 나란히 주간 고속도로를 추가하기로 한 것이다. 원래부터 도로가 있던 곳이 아니었기 때문에 이곳의 농가와 가게들은 접근권이라는 것이 없었고 정부는 최소한의 비용으로 도로를 지을 수 있었다.

이 방법은 전국적으로 도입되었다. 주간 고속도로의 4분의 3이 새로 지어져야 했다. 이것의 장점은 기존의 도로보다 더 곧게 지을 수 있다는 것이었는데 이로 인해 한 지점에서 다른 지점으로 가는 거리 역시 짧아졌다. 이렇게 해서 주간 고속도로는 애초에 계획했던 길이보다 1,773킬로미터 정도가 단축되었고 이는 곧 다른 곳에 도로를 더 지을 수 있다는 것을 의미했다. 원래 계획했던 64,400킬로미터에 더해 의회는 1,600킬로미터를 추가로 승인해 주었고 여기에 남은 1773킬로미터를 더하니 기존의 도로망에 9개의 도시 간 고속도로를 더 짓기에 충분한 길이가 되었다. 피츠버그에서 펜실베이니아 주의 이리Erie를 잇는 164킬로미터의 고속도로가 추가되었고 이는 훗날 제79번 주간 고속도로가 되었다. 노스캐롤라이나 주의 샬롯Charlotte으로부터 오하이오 주의 캔턴Canton을 잇는 노선도 추가되어 후에는 제77번 주간 고속도로로 알려지게 되었다. 가장 극적인 변화는 제70번 주간 고속도로에 나타났는데 덴버에서 로키산맥을 거쳐 유타 주의 코브포트Cove Fort까지에 이르는 880킬로미터가 연장된 것이었다. 또한 도시 내에도 몇 군데의 도로가 할당되었는데 이는 잠재적으로 위험할 수 있는 지역을 쉽게 통행하고자 하는 군(軍)의 희망을 반영한 것이었다.

그러나 여전히 해결할 재산권 침해 문제가 있었기 때문에 도로의 계획과 건설에 많은 시간과 비용이 소요되었다. 하나의 주간 고속도로를 놓기 위해 처리해야 할 건물이 75만 채나 되었다. 아이젠하워 대통령이 1956년 법안을 승인한 지 10개월 만에 정부는 부동산 매입을 위한 비용으로 3억 2,100만 달러를 책정했다.

정부에서 이런 엄청난 예산이 나왔으니 그것을 이용해 거금을 벌어보려는 사람이 있는 것은 당연했다. 처음으로 문제가 터진 곳은 인디애나 주였다. 주정부 고속도로위원회의 위원장이 내부정보를 유출한 것이다. 그는 정부가 매입 계획 중에 있는 땅을 지인에게 알려 정부보다 먼저 땅을 사게 한 다음 일반 시민들에게 거액에 팔아넘기도록 했다. 그 후 정부는 토지거래를 집중적으로 감시했고 이는 공사를 한층 더 지연시킨 원인이 되기도 했다. 이 문제는 쉽게 사라지지 않았다. 얼마 되지 않아 뉴멕시코 주에서는 예정된 고속도로 주변의 땅값이 감정가의 30배로 치솟는 일이 일어났고 도로공사는 중지되었다.

더 많은 문제들이 잇달았다. 1956년 법률의 한 조항에는 상무부가 매 2년마다 비용 조정에 관한 내용을 의회에 보고하도록 되어있었는데 첫 보고서는 1958년 1월에 제출되었다. 그렇지 않아도 도시 노선의 견적을 낮게 잡아놓은 데다가 건설비용과 통행권 매입가까지 치솟아, 270억 달러였던 원래의 예상비용은 376억 달러로 껑충 뛰어올라 버렸다. 주간 고속도로 건설비용이 1.6킬로미터 당 평균 1백만 달러가 되어버린 것이다.

새로운 수치에 깜짝 놀란 의원들은 주정부들이 연방정부의 돈을 함부로 굴리고 있거나 어디선가 부패가 일어나고 있는 것이 틀림없다고 결론지었다. 미네소타 주 출신의 민주당의원인 존 블랫닉John A. Blatnik은 다음과 같이 당시의 상황을 회상했다 "국회의원들이 줄지어 거칠고 과격한 연설을 했습니다. 주정부들이 국민들의 세금을 책임감 없이 흥청망청 쓰고 있다며 맹렬히 비난했죠." 이렇게 격렬한 반응이 일자 1959년 의회는 연방지원 고속도로 프로그램을 감시할 특별 소위원회Special Subcommittee를 조직했다. 이 위원회를 이끈 사람은 전직 고등학교 화학교사인 존 블랫닉John Blatnik이었다. 그는 CIA의 전신인 전략관리국Office of Strategic Services에 소속되어 제2차 세계대전에 참전하기도 했었다.

블랫닉을 포함한 열두 명의 소위원회 위원들은 관련 업무에 매우 열성적이었으나 그들이 일을 처리하는 방식은 적대적이고 대립적이었다고 훗날 터너는 회상했다. 언론들은 눈에 불을 켜고 달려

들었다. 1960년대 미국에서 인기가 많았던 잡지 《리더스 다이제스트Reader's Digest》는 '위대한 고속도로, 엉망진창이 되다'라는 제목의 글을 실어 화제가 되었다. 미숙한 도로관리국의 감독 하에 '쉽게 얻은 것은 잃기도 쉽다'는 속설처럼 주정부 관료들이 수행한 이 고속도로 프로그램은 뇌물과 무능함으로 얼룩진 '수십억 달러짜리 실패작'이라는 비난의 글이었다. 또한 지금까지의 상황으로 판단해 볼 때, 우리 모두가 바라는 아름다운 꿈을 이루기 위해서는 하던 일을 잠시 멈추고 어떻게 하면 최대한 낭비와 부패, 그리고 어리석음과 결별할 수 있을 지 곰곰이 자성해 볼 시간을 가질 때라고 했다.

1962년 2월, 잡지 《퍼레이드Parade》도 그 뒤를 이었다. 폭로 전문가인 잭 앤더슨Jack Anderson이 '고속도로 강도 사건'이라는 제목으로 쓴 이 기사에는 블랫닉이 "부정부패가 고속도로 프로그램에 스며든다."라고 한 말이 인용되어 있었다. 마지막으로 이 사건을 보도한 것은 NBC 방송국의 데이비드 브링클리David Brinkley인데 그는 이 혐의를 다룬 특별 프로그램을 방영했다.

한편 위원회는 부정부패를 적발했다. 뉴멕시코 주에서 하청업체들이 도로담당 관료들을 함부로 대하면서 향후 10여 년 동안 공사를 하며 지켜야 할 건설 사양과 품질관리 등의 규약을 공공연히 무시하고 있었던 것이다. 주정부는 이에 반대할 정도의 지식이 없었으므로 그들이 하는 대로 둘 수밖에 없었다. 뉴멕시코 주의 고속도로 담당부서는 직위만 높았지 아무런 훈련도 받지 않은 무능한 사람들이 운영하고 있었다. 몇몇 정치인들은 도로포장 재료를 테스트하는 방법을 몰라 기존재료를 그냥 사용하는데 동의했다고 고백했다. 심지어 부서에서 가장 선임인 한 간부도 자신의 일에 대해 아무엇도 모른 채 프로젝트를 완료했다는 것을 인정했다. 고속도로 프로그램의 한 축이 내려앉고 있는데도 주정부에서는 아랑곳하지 않고 그저 승인해 준다는 사실도 알게 되었다.

도로관리국은 뉴멕시코 주가 정상을 찾을 때까지 자금 지원을 중단했고 매사추세츠 주와 오클라호마 주에도 같은 처분을 내렸다. 정부 관료들도 인간이기에 큰 돈 앞에서 무너지는 것은 어떻게 보면 당연히 생길 수 있는 일로 여겨지긴 했지만 그래도 흔히 일어나는 문제는 아니었다. 실제로 위원회가 면밀히 조사해 봤을 때 대부분의 주정부들은 청렴한 것으로 나타났다.

그래도 도로관리국에서는 안전장치로서 방문 점검과 자재 검사를 실시했고 회계감사부와 조사부를 만들었다. 전직 FBI(미국연방수사국) 직원이 이끈 이 두 부서는 사기나 담합 등을 조사하는 역할을 했다. 통행권 매입 및 위치 선정을 담당하는 부서는 도로 공사에 필요한 땅이 정직하고 합리적인 가격으로 매입했다는 것을 그들에게 증명해야했다.

》》》

터너에게는 유감스러운 일이지만, 블랫닉의 조사는 부정부패와 낭비에만 국한되지 않았다. 그는 '전국적이고 국가방위를 위한' 이 고속도로가 군사적인 목적을 수용할 수 있는지도 조사했다. 특히 고가도로에 탱크와 군 트럭이 다닐 만큼의 너비가 되는지가 조사 대상이었다. 도로관리국이 애초에 설정한 4.27미터는 위원회의 회의가 있은 직후 4.87미터로 변경되었다. 그러나 그보다 더 많은 공간이 필요한 군 차량도 있었다. 블랫닉 위원회는 뭔가 잘못되었다는 느낌을 받았다. 왜 방위 고속도로로서의 역할을 제대로 할 수 없는 도로를 만든단 말인가. 한 트럭회사 사장은 고가도로가 너무 낮아 직원들이 애틀러스 미사일Atlas Missile을 캘리포니아에 있는 공장으로부터 플로리다 발사장으로 수송하는데 9일이나 걸렸다고 증언했다. 트럭들은 유압완충 장치가 갖추어져 있어 교량 밑으로 지나갈 수 있긴 했지만 그것도 타이어의 바람을 좀 뺀 후에야 겨우 가능했다는 것이다. 국방부의 요구를 무시했다는 증거가 여기 있지 않느냐고 위원회는 쏘아붙였다.

터너는 어리석은 사람이 아니었다. 그는 "저를 포함한 모든 근로자들은 이런 일들을 수년간 해 왔습니다."라고 하면서 씁쓸하게 설명을 시작했다. 도로관리국뿐만 아니라 군 측 역시 모든 차량이 다리 밑을 지나갈 수 없을 거라는 사실을 벌써부터 알고 있었다는 것이었다. 그러나 그들은 정말 소수의 차량만이 방해를 받는 것이고 어차피 군에서도 군용차량이 주간 고속도로를 이용하는 것을 크게 원하는 것은 아니라는 사실에 동의했다. 그래서 양측은 수십억 달러를 들여 높은 고가도로를 짓느니 차라리 대안으로 노선을 하나 더 만들기로 한 것이다. 높이가 높은 차량들은 고가도로를 돌아서 다이아몬드 형 교차로를 이용하거나 주간 고속도로와 나란히 놓인 지선도로를 이용할 수 있다고 했다. 이 계획에 대한 도면은 이미 짜여 있었고 국방부에서도 이미 인지하고 있는 상황이었다.

터너의 눈에 블랫닉 위원회는 고속도로망의 방위 역할을 잘못 이해하고 있다는 느낌이 들었다. 블랫닉의 청문회에서와 마찬가지로 오늘날에도 이어지는 한 가지 속설은 주간 고속도로가 군대-터너의 말을 빌리자면 보병부대인지 뭔지 하는 갈색 유니폼을 입은 청년들-의 빠른 이동을 목적으로 고안되었다는 것이다. 하지만 사실은 사람을 옮길 목적보다는 물건을 수송할 목적이 더 강했다.

여전히 인터넷상에서 떠돌고 있는 또 한 가지 통념은 주간 고속도로의 매 8킬로미터마다 한 번씩 일직선으로 뻗은 길이 나오는데 그 이유가 국가 비상사태 때 전투기들이 활주로로 이용하기 위해서라는 것이다. 이 사회적 통념은 아마도 고속도로 통행권을 사들이던 초기에 도로관리국과 공군 측이 실제로 진행했던 회의에서 흘러 나온듯하다. 터너는 나중에 사실을 이야기했는데, 당시 정말로 고속도로가 활주로 기능을 할 수 있도록 만들라는 압박을 심하게 받았고, 또 그렇게 하려고 자신은 최대한 노력했다는 것이었다.

도로관리국은 이 목표를 달성하기 위해서 바람의 방향과 땅의 경사도, 그리고 방해물을 고려해 도로를 휘어지게 만들려 했고 매 64~80킬로미터마다 4.8킬로미터의 활주로가 나올 수 있기를 희망했다. 심지어 독일에 팀을 보내 아우토반을 조사하기도 했다. 그러나 결과적으로 그것은 불가능하다는 결론에 이르렀다. 교통량을 놓고 봤을 때 주간 고속도로는 도무지 그 두 가지 역할을 할 수 없었다. 고속도로는 육상교통만을 위한 것이었다.

인간 장애물

고속도로 전쟁의 서막

주정부들과 도로관리국은 토지매입과 도로 공사를 진행하면서 적잖은 어려움을 겪었는데, 그중 시골지역 및 인구가 적은 교외지역에서 겪은 난관은 중심도시들에 비하면 아무것도 아니었다. 특히 100년 이상 된 도시인 프로비던스Providence와 필라델피아, 보스턴과 시카고, 샌프란시스코, 클리블랜드와 디트로이트는 동네가 밀집되어있고 거리는 좁았으며 산업 간 협동이 강했다. 이러한 19세기 도시에 도로를 놓기 위해 지역사회를 불도저로 밀어버린다는 것은 가혹한 행위였다.

엔지니어들은 워싱턴 주의 중심부인 시애틀에 제5번 주간 고속도로를 건설하기 위해 오랫동안 이어져온 지역사회를 파괴했다. 제95번 주간 고속도로가 델라웨어 주의 윌밍턴Wilmington을 지나도록 하기 위해 중심가를 가르고 수백 개의 주택과 기업체뿐만 아니라 네 개의 유서 깊은 교회도 철거했다. 세인트루이스의 많은 흑인 거주지역도 하나의 주간 고속도로 때문에 무너졌다. 뿐만 아니라 한 유명한 이탈리아 소수민족 주거지의 시내 중심가가 넓고 깊은 도랑을 사이에 두고 미시시피 강변과 분리되어 한쪽에서는 차가 쌩쌩 달리게 되었다.

맥도널드가 경고했듯이 도시에 주간 고속도로를 건설하는 것은 고통을 불러왔다. 허버트 페어뱅크의 고향이자 도시 고속화도로의 모델이었던 볼티모어도 이런 고통을 피해갈 수는 없었다.

50년대의 볼티모어는 지금과 마찬가지로 강인한 모습의 산업항구도시였는데 동북쪽의 도시들이나 남부의 자매도시들과 많이 닮아있었다. 17세기 후반에 훌륭한 항구에 정착한 이 도시는 펜실베이니아 주와 오하이오 주의 경작지로 편리하게 이동 가능하다는 장점이 있었다. 처음에는 담배 선적의 중심지로 시작해 나중에는 옥수수 및 다른 곡물로 확대되었고 그렇게 계속 성장해나가 1800년대 초반에는 미국에서 두 번째로 큰 도시로 자리매김했다.

다른 식민 정착지들과 마찬가지로 볼티모어의 거리는 좁고 삐뚤며 도로가 교차하는 곳은 각도가 어정쩡해 운전자들에게는 끔찍한 곳이었다. 심지어 남북전쟁 전에도 그런 상태였다. 종전 후 볼티모어의 인구는 1백만 명에 육박하게 되었고 그들의 대부분은 유명한 브릭로우하우스(Brick Row Houses; 서로 옆으로 다닥다닥 붙여 벽돌로 지어 놓은 비슷하게 생긴 주택들)에 집중되어 있었다. 미국에서 가장 중요한 두 개의 고속도로가 볼티모어를 지났다. 동서를 잇는 40번 고속도로와 대각선으로 남서쪽의 워싱턴과 북동쪽의 필라델피아를 이어주는 1번 고속도로였다. 볼티모어의 중심에 와서는 이 도로들이 지그재그로 아무렇게나 나있었다. 페어뱅크가 《톨로드 앤 프리로드Toll Roads and Free Roads》지에 쓴 기고문에 의하면 이 도로들은 '처음 이용한 사람들을 절망하게 했고 거주민들을 불편케 하는' 것이었다. 각각 다른 목적지로 향하는 자동차와 트럭과 전차가 홍수처럼 몰려들면서 교통 흐름이 원활치 않아 도로는 엉망진창이었다. 교통정체는 그야말로 가관이었다.

1944년, 볼티모어는 로버트 모지즈에게 해결책을 요청한 도시 중 하나였다. 그는 볼티모어 도로의 짜임새가 짜증날 정도로 이상하다는 것을 알게 되었다. 패탭스코 강The Patapsco이 남동쪽의 대부분을 차지하고 있었다. 체서피크 만Chesapeake Bay에서 내륙으로 이어지는 3.2킬로미터 폭의 하구는 도시로 진입해 세 갈래로 갈라져 있어 도시를 건너려는 사람들에게 큰 장애물이 되었다. 남쪽의 두 지류는 부두와 공장들이 있는 곳에서 끝났다. 나머지 하나는 북쪽으로 나있는데, 1814년 프랜시스 스콧 키Francis Scott Key가 영국군의 패배를 목격했던 장소인 포트 맥헨리Fort McHenry에서 갈라져 볼티모어의 중심지를 향해 북서쪽으로 굽어있었다. 가장 좁은 마지막 지류의 양옆으로는 조선소, 주조공장, 그리고 오래된 벽돌집과 창고들이 줄지어 있었고 왼쪽으로 한 번, 오른쪽으로 한 번 방향이 틀어진 후 사각형으로 푹 꺼진 곳에서 끝이 났다.

오늘날 이 이너하버Inner Harbor는 볼티모어의 명소이다. 고층 아파트와 사무실, 상점, 레스토랑 그리고 국립수족관National Aquarium으로 둘러싸인 이 항구는 밤이 되면 마치 마법과 같이 수면에 불빛이 그대로 반사되어 아름다운 장면을 연출한다. 유람선이 정박하는 부두 근처에는 많은 호텔이 들어서 있고 그로부터 몇 블록 떨어진 곳에는 그 유명한 오리올 파크Oriole Park가 있다. 하지만 1944년의 이너하버는 기름으로 더럽혀지고 쓰레기가 가득했으며 물에서는 악취가 났고 그 물만큼이나 더러운 단기체류자들이 살던 곳이라 근처에서 관광객을 찾아볼 수 없었다. 북쪽으로 몇 블록 떨어진 곳에 자리한 중심업무 지구는 이너하버와의 거리를 유지했다.

모지즈에게 닥친 하나의 문제는 도시 고속화도로를 어디에 놓을까 하는 것이었다. 남쪽 가장자리에서 시작해 이너하버를 따라 도심을 지나게 할 수도 있고 빽빽이 들어선 주거지역과 상업구역을 따라 북쪽으로 뻗어가게 할 수도 있었다. 그는 후자를 택했다. 남서쪽에서 볼티모어로 진입, 동쪽으로 급선회하여 나란히 나있는 프랭클린Franklin과 멀베리Mulberry 회랑지대(주요 도로나 강을 따라 나있는 좁고 긴 땅) 사이로 지면보다 낮은 6차선의 도로를 짓자고 그는 요구했다. 그것은 도시를 가로지르며 동쪽으로 쭉 뻗어 딱히 변하는 구간은 없었다. 그는 이 도로에 프랭클린 도시 고속화도로Franklin Expressway라는 이름을 붙였다.

이것은 화살처럼 일직선으로 뻗은 고속도로를 가능하게 했을 뿐 아니라 중심가의 서쪽에 밀집되어 있는 도시의 최고 빈민가를 쓸어내 버릴 것이었다. 일부 뒷골목에는 찢어지게 가난한 사람들이 살았고 쓰레기와 오랫동안 비우지 않은 화장실 냄새가 진동했다. "파리가 수천 마리씩 몰려다닌다. 쥐들은 시멘트라고는 없고 제멋대로 생긴 마당을 집으로 삼아 쓰레기더미 주위를 맴돈다. 개들도 아무렇게나 버려진 음식물 쓰레기를 뒤지고 다닌다. 뒷마당의 목재 울타리는 성한 곳이 없는데 그 이유 중 하나는 이것을 뜯어서 보온용으로 쓰는 사람들이 있기 때문이다."라고 《볼티모어 선Baltimore Sun》지는 보도했다. 페어뱅크의 예상대로 이런 빈민가는 헐값에 매입할 수 있기 때문에 프랭클린 도시 고속화도로는 비교적 저렴하게 건설할 수 있었다.

이 빈민가가 아무리 괴이할지언정 볼티모어의 많은 사람들이 모여 사는 지역이었기에 모지즈의 제안서가 완성되기 몇 달 전 이 계획은 거센 반대에 부딪혔다. 프랭클린 도시 고속화도로는 필요이상으로 많은 것들을 무너뜨릴 것이고 도시의 교통정체 문제를 해결하지 못할 것이라고 주장하는 시위대가 나타났다. 교통이 복잡한 곳은 동서 방향이 아니라 남북 방향이라는 조사결과도 있었다. 다른 사람들은 이 도로가 볼티모어를 '반으로 가르는 만리장성'이 될 것이라며 항의했다.

모지즈는 이런 사소한 걱정거리를 참아낼 만큼 인내심이 많은 사람은 아니었다. 그는 다음과 같은 글을 썼다. "물론 1만9천 명의 시민을 다른 곳으로 내모는 것은 나쁜 짓일지 모르지만 프랭클린 도시 고속화도로가 지나는 곳에 있는 빈민가는 지역사회의 수치입니다. 그런 지역이 없어지면 없어질수록 볼티모어는 더 건강한 도시가 될 것입니다. 그리고 누가 '도시를 반으로 가르는 만리장성'이라는 별명을 붙였던데, 그것은 내연기관이 생긴 이래 매번 새로운 공원도로나 중요한 길이 생길 때마다 거론되는 진부한 이야기입니다. 과거에 비슷한 이유로 자신의 지역사회 개발에 반대했던 사람들은 결국 나중에는 자신들이 붙인 칭호를 철회했습니다. 어떤 사람들은 설득이 불가능합니다. 그들은 자동차가 나쁜 것이라 생각하고 과거에 머물러 있으며 미래의 세대들에게 아무것도 남겨주지 않으려는 사람들입니다. 프랭클린 도시 고속화도로가 진정 볼티모어를 발전시킬 것을 확신합니다."

도시의 사업가들도 그의 계획을 거들어 이 도로는 '전 후(戰後) 번영으로 가는 열쇠'라는 내용의 소책자를 펴냈다. 시민들은 여전히 달가워하지 않았다. 시의회가 그 계획을 고려하고 있던 1945년 3월, 스피커를 든 반대자들의 긴 행렬이 이어졌고 이들은 함성과 반대의 메아리를 울리며 그들의 계획을 맹렬히 비난했다. 루퍼스 깁스Rufus Gibbs라는 여성은 《선Sun》지의 직원이자 칼럼니스트인 멘켄H. L. Menken이 쓴 신랄한 편지를 낭독했는데 그 내용은 프랭클린 고속화도로가 결국은 승인을 얻어낼 것이라는 사실이었다. 그는 이 도로의 계획자들이 유리한 위치에 있으며, 이 프로젝트가 완전히 엉망이라는 사실이 어쩌면 그들에게 유리하게 작용할 수도 있다며 비아냥거렸다.

다행스럽게도 멘켄의 예상을 뒤엎고 이 제안서는 승인받지 못했다. 그러나 그 계획의 중심이 되는 생각은 사라지지 않았다. 시 당국에서는 더 복잡한 방사형 도로와 고리형 도로를 궁리했다. 이 새로운 계획은 허버트 페어뱅크를 등장시켰다. 그는 자신의 고향에 있는 광고클럽에 볼티모어도 여느 오래된 도시와 마찬가지로 선택의 기로에 놓였다는 사실을 알렸다. 변화를 위해 주민들을 몰아내던지 아니면 도시가 서서히 죽어가도록 내버려 두던지 둘 중 하나였다. 그곳의 고용은 10년이 넘도록 제자리걸음이었다. 땅값은 급락하고 있었고 건물에 빈 공간이 넘쳐났다. 놀고 있는 곳이 너무 많아 돈이 급한 건물주들은 건물을 허물고 주차장을 운영하는가 하면 큰 백화점들도 판매에 어려움을 겪었다. 1920년대 이후로 새로운 오피스빌딩 하나도 세워지지 않았다.

페어뱅크는 "동맥이 막혔습니다. 동맥이 막히면 몸은 죽는 법입니다. 어떻게든 해야 합니다. 방법은 단 한 가지입니다. 바로 도시 고속화도로죠."라고 말했다. 바퀴의 중심에서 뻗어 나오는 바퀴살처럼 중심업무 지구를 중심으로 순환도로가 만들어지고 거기서 뻗어 나와 빠르고 자유롭게 흘러 먼 교외지역까지 이어지는 시스템이 필요했다. 페어뱅크는 "시스템 전체가 필요하지만 우리는 운 좋게도 첫 단계는 무엇인지 이미 알고 있다."고 했다. 프랭클린과 멀베리 사이를 지나는 도시 고속화도로였다. 그는 "우리는 이 제안이 매우 합리적이라는 사실에 만족스럽습니다. 이 계획은 승인될 것입니다."라고 말했다.

그러나 볼티모어의 시민들은 썩 만족스럽지 않았다. 몇 주 후 또 다른 시의회 모임에서 시 당국 소속의 대표 엔지니어가 주민들에게 야유를 받는 일이 벌어졌다. 그는 주민들의 입장도 이해가 가지만 그 프로젝트에 정부가 지원하는 수백만 달러의 돈을 그냥 거절할 수는 없는 노릇이라는 말을 했다. 그 지원금을 거절했다가는 앞으로 수십 년 동안 전국의 시 당국들과 주 고속도로 대표자들의 불평과 비난을 듣게 될 터였다. 연방정부의 돈을 거절할 수는 없었다.

이런 흥미로운 일이 진행되는 동안 조용하고 학구적인 젊은 흑인 과학자 조 와일즈Joe Wiles가 볼티모어로 이사를 오게 되었다. 그는 브룩클린Brooklyn 출신의 뉴요커였다. 그의 부모님은 바베이도스(Barbados; 중앙아메리카의 베네수엘라 북동쪽 카리브 해에 있는 섬나라)에서 온 이민자로 프로스펙트 하이츠Prospect Heights의 노동자 계층이 사는 지역에서 그를 키웠다. 그들은 와일즈와 그의 네 동생에게 배움과 봉사에 대한 열망을 심어주었고 지역사회는 지도 위에 있는 단순한 선 이상의 의미를 가진다는 생각을 불어넣어 주었다. 그리하여 젊은 와일즈는 브룩클린 컬리지Brooklyn College에 입학해 5학기 동안 생물학을 공부했고, 농구 장학금을 받아 애틀랜타의 모리스 브라운 컬리지Morris Brown College로 편입했다. 그는 의대에 진학하기 위해 애틀랜타 대학교Atlanta University에서 석사학위를 시작했고 뛰어난 성적을 냈다.

와일즈는 학교를 다니며 어쩌다 브루클린을 방문하곤 했는데 그때마다 그는 주로 공립학교 밖에서 농구를 하며 시간을 보냈다. 그러다가 지역 감독교회 목사의 딸인 에스더 오그번Esther Ogburn이라는 예쁜 여인과 눈을 마주쳤다. 하루는 와일즈가 자전거를 밖에 세워 두었는데 에스더의 아버지인 존 오그번John T. Ogburn이 운전 중 실수로 그것을 들이받는 일이 있었다. 이 일로 에스더와 조는 말문을 틀 수 있게 되었다. 그들은 나중에 교회 친목회에서 다시 만나 이야기를 나누었는데, 춤 솜씨가 대단했던 조는 교회 여학생들에게 인기를 끌었다. 곧 그는 에스더와 춤을 추게 되었고 그 둘은 매일 어울려 다녔다. 그러나 그것도 잠시, 조 와일즈에게 징병통지서가 날아오고 말았다.

그는 처음에 포트 베닝Fort Bennng에 배치되어 지능검사를 받았다. 간부단은 그가 부정행위를 한 것이 틀림없다고 판단했다. 그의 점수가 다른 병사들보다 훨씬 뛰어났고 아무도 뉴욕 말투를 쓰는 흑인이 똑똑할 것이라는 생각을 하지 못했기 때문이다. 그는 감독관들 앞에서 재시험을 봤고 앞 시험보다 더 높은 점수를 받았다. 간부들 중 한명이 "똑똑한 놈이 하나 들어왔네."라고 말했고 와일즈는 위생병 보직을 받게 되었다.

와일즈와 에스더는 그의 복무동안 계속 편지를 주고받았고 그가 해외로 파견되었을 때조차도 연락을 유지했다. 와일즈는 편지로 에스더에게 청혼했다. 독일이 항복하자 와일즈는 태평양으로 파견되었고 미국으로 휴가를 갈 수 있게 되었다. 그는 그 휴가를 이용해 에스더 아버지의 교회에서 결혼식을 올렸다.

전역 직후인 1946년 7월 그는 볼티모어의 동북쪽에 위치한 에지우드 아스널Edgewood Arsenal이라는 군용화학 및 생명의학 연구실에 일자리를 얻었다. 흑인용 거주지가 근처에 없었기 때문에 그들은 볼티모어의 서쪽에 원룸에서 가정을 꾸렸다. 그 집은 너무 작아 두 사람이 동시에 옷을 갈아입기도 불편할 정도였고 와일즈의 통근은 40번 고속도로로 한 시간이 걸렸다. 하지만 좋은 점도 있었다. 당시 흑인들의 쇼핑과 놀이 구역이었던 펜실베이니아 애비뉴Pennsylvania Avenue와 가까웠고 거대한 규모의 드루이드 힐 공원Druid Hill Park에 가기도 편리했기 때문이다. 그들이 결혼한 지 1년하고 조금 더 지났을 때 에스더는 그들의 첫 딸인 카르멘Carmen을 가졌다.

아이가 태어나자 와일즈 부부는 볼티모어의 북쪽 시골에 있는 마운트 워싱턴Mount Washington이라는 곳에 조금 더 큰집을 구했고 곧 이어 두 번째 딸 캐롤Carole을 낳았다. 얼마 지나지 않아 냉전으로 인해 한국 상황이 심각해지자 와일즈는 다시 군의 명을 받았다. 그는 계속 미국 본토에 배치되어 있었다. 부대에서 유일한 흑인이었던 와일즈는 에스더에게 백인 부사관들과 했던 대화를 편지로 썼다. 그는 백인들이 사는 집이 너무 부럽고 자신은 그들보다 나이도 많고 자녀도 두 명이나 되는데 그런 집에서 살지 못해 속상하다는 내용이었다.

백인 병사들과의 대화 속에서 그는 확고한 결심을 한다. 그는 에스더에게 "내가 가진 모든 재원과 에너지를 집을 사는데 쏟아 붙는 것이 우선순위가 되었어. 우리만의 집을 사서 편안하게 살 수 있도록 수리하는 거야."라는 편지를 썼다. 그리고 지출을 줄이고 가능한 한 돈을 많이 모으자고 했다. 그는 또한 자신이 생각하는 집의 자세한 모습을 그녀에게 말해 주었다. "아름다운 이층짜리 벽돌집에 시멘트로 된 지하 저장고와 침실 세 개, 넓은 앞마당과 페인트를 칠한 목재 벽이 있었으면 좋겠어. 거실과 식당에는 간접조명이 설치되어 있어야 하고, 리놀륨 바닥과 타일로 된 벽을 갖춘 현대적인 부엌, 형광등, 그리고 붙박이장도 있어야 해. 어때, 근사한 집이지 않아? 꿈은 꿀 수 있는 거잖아."

그는 꿈을 꾸었고 그 꿈을 이루었다. 군복을 벗고 에지우드로 돌아온 와일즈는 서부 볼티모어의 중산층 거주지역인 로즈몬트 Rosemont라는 곳에 자신이 꿈꿔왔던 집과 그야말로 똑같은 모습을 가진 집을 샀다.

와일즈의 가족은 볼티모어의 중산층 흑인들이 서쪽으로 이주해 오는 데 선구자 역할을 한 셈이었다. 또 많은 흑인 가족들이 그들의 뒤를 이었다. 도심(로버트 모지즈가 겨냥했던 바로 그 곳이었다)에 바짝 붙어있는 복잡한 거리와 골목에서 오랫동안 갇혀 지낸 그들은 안전하고, 나무그늘이 있고, 좋은 학교가 있으며, 최소한의 사생활이 지켜지는 곳, 40번 고속도로를 따라 나있는 백인 거주지에 살면서 그 모든 것을 가지게 된 것이다. 도시의 어떤 구역은 하룻밤 사이에 백인과 흑인의 인구비율이 바뀌기도 했다.

와일즈의 가족이 새 집으로 이사해 오고 곧 이어 다른 흑인들도 이동해오자 로즈몬트Rosemont에 남아있는 백인들은 급부상하는 다른 교외지역으로 떠날 채비를 했다. 와일즈가 상상했던 대로 자신의 새 집은 높은 이층짜리 벽돌 건물이었고 마당에는 진달래가 피어있었으며 집 앞에는 목재로 만들어진 현관이 크게 자리하고 있었다. 바람이 잘 통하는 식당과 거실, 습하지 않은 지하창고, 식탁을 놓기에 충분한 공간을 갖춘 훌륭한 부엌이 있었다. 한 대의 차를 주차할 수 있는 분리된 공간이 집 뒤쪽의 포장도로로 연결되어 있었다. 주위는 조용했고 교통량도 적었으며 인도는 안전했다. 사방에 나무와 꽃들이 조성되어있어 어디를 봐도 푸르렀다.

엘라몬트 가Ellamont Street는 한쪽으로만 집들이 들어서있어 현관의 맞은편에는 빽빽이 심어진 나무와 덤불이 보였다. 뒷골목 맞은편에 위치한 블록의 3분의 2정도를 차지하는 크기의 습지대에는 이리저리 엉켜있는 덩굴과 관목이 자리 잡고 있었다. 소문에 의하면 그곳에는 뱀들이 많이 살고 있다고 했다.

와일즈는 현관에서부터 캔버스 천으로 차양을 쳤고 여름밤을 즐기기 위한 철제 벤치를 놓았으며 지하실을 게임실로 탈바꿈시켰다. 그는 또한 콘크리트로 된 화초재배통을 가져와 에스더가 제라늄을 심을 수 있도록 했다. 그의 딸들은 빠른 시간에 많은 친구를 사귀었고 잭스 게임(Jacks, 공을 튕기면서 정해진 순서대로 공깃돌을 던져 올렸다 받았다 하는 아이들 놀이), 줄넘기, 자전거 타기 등을 하며 오후 시간을 보냈다. 와일즈 가족에게 이곳은 단순히 집 이상의 의미를 가지게 되었다.

이 지역이 좋긴 했지만 새로운 사람들이 들어오고 기존의 사람들이 빠져나가면서 와일즈는 중요한 무언가가 빠진 듯 한 느낌을 받았다. 새로 이사 온 주민들은 공유하는 추억이 없고 공통의 전통도 없으며 지역사회의 모습이 어떠해야 하는지에 관한 공감도 형성되어있지 않았다. 오래된 나무들은 많았지만 새로 생긴 주택지구 같다는 느낌을 지울 수 없었다. 그리하여 1952년 그는 몇몇의 이웃들과 함께 로즈몬트지역개선협의회Rosemont Neighborhood Improvement Association라는 단체를 조직했다. 와일즈는 조근 조근한 말투와 수줍은 성격에도 불구하고 그 모임의 리더가 되었다.

그 협회는 한 달에 한 번씩 회원들의 집에서 모임을 가졌고 주말에는 다함께 동네 청소에 나섰다. 주택 사이 여기저기에 산재해 있는 공터와 남쪽으로 휘어가는 철도 주위에 잡초가 무성한 노지를 주로 청소했다. 또한 노인들 집의 유지보수를 도왔고 서로의 자녀들을 지켜봐 주었다. 이런 참여문화는 지역사회를 더 강하게 만들었다. 로즈몬트는 도시 내에 있는 촌락 같았다.

와일즈는 항상 무엇을 개선시켜야 좋을 지 판단을 내리는 데 능한 사람이었다. 로즈몬트 주민들은 지역의 청소년들도 지역에 도움이 되는 조직을 갖추는 것이 좋겠다 싶어 카데트 오브 아메리카 Kadets of America라는 단체를 만들었다. 이는 젊은 애국자 소년 집단으로 군대식 행진훈련을 실시했다. 몇 년 후 와일즈는 카르멘과 캐롤을 포함한 소녀 군단도 만들어 일주일에 두어 번 훈련을 시켰다. 그는 항상 그렇듯 이 일을 진지하게 여겼고 소녀들은 주말을 이용해 다른 지역에서 온 군단과 경합을 벌이기도 했다.

와일즈와 주민들은 그들의 블록 중앙에 자리한 정글지대가 공간만 차지했지 아무런 쓸모가 없다고 여겨 그것을 아예 없애버리자는 결론을 냈다. 덤불과 큰 풀들을 제거하고 나니 2,450여 평의 경사진 땅이 나왔다. 그들은 시 당국을 설득해 꺼진 부분을 메우게 했고 마침내 편평한 공터를 얻게 되었다. 협회는 나무 주변에 꽃을 심고 피크닉 테이블도 들여 놓았다. 그곳은 지역의 보물이 되었다.

와일즈는 계획 성립의 중요성과 목표달성을 위한 노력의 가치를 두 딸에게 가르쳤다. 그들의 집을 보면 와일즈의 꼼꼼한 성격을 알 수 있었다. 마당에는 산뜻한 잔디와 꽃들이 자라고 있었고 지하실은 벽판과 목욕시설, 그리고 바를 갖췄다. 와일즈의 체계적인 성격은 에지우드 생명의학 연구실에서 이룬 그의 성과에도 잘 드러나 있었다. 그는 꾸준히 승진했고 또한 따로 시간을 내 과학학술지를 펴내 성장시켰는가 하면 분사식 접종 주입기를 발명해 특허를 내기도 했다.

로즈몬트가 위기에 처했을 때 그의 침착한 결단력은 큰 도움이 되었다. 첫 번째 위기가 찾아온 것은 와일즈 가족이 이사 온 지 5년째 되는 해였다. 로즈몬트지역개선협의회는 박스 공장이 철로근처에 들어설 것이라는 사실을 알게 되었다. 와일즈와 500여명의 지역주민들은 근처 침례교회에 모여 항의 집회를 가졌다. 그들은 시의회와의 만남을 가졌고 고려해보겠다는 그들의 약속을 받아냈다. 그런데 알고 보니 그 구역은 지난 25년간 공장구획으로 지정되어있었던 곳이라 의회도 달리 손쓸 방도가 없다는 것이었다. 협의회는 이 기회를 빌려 구획 설정을 바꿔 공장 인가를 해제하고 아파트도 들어서지 못하도록 추진시키려 했다. 또한 시 당국을 어떻게 설득시킬지도 고심했다.

거의 비슷한 시기에, 뒷마당이 공한지와 연결된 집을 소유한 와일즈와 다른 스물다섯 세대의 가족은 교육청에서 그들의 집을 허물고 초등학교를 지으려 한다는 사실을 알게 되었다. 와일즈는 차라리 엘라몬트 가의 맞은편에 있는 숲을 없애는 게 어떠냐고 그들을 설득했다.

그렇게 구사일생으로 그들은 집을 빼앗기지 않을 수 있었다. 그러나 이것은 앞으로 닥칠 일들의 전주곡에 불과했다.

옐로우 북에 나와 있는 볼티모어의 지도는 동서 도시 고속화도로 문제를 부활시켰다. 거기에는 40번 고속도로에 더해 도시의 중앙을 가로지르는 또 하나의 일직선 고속도로가 묘사되어 있었는데 이것은 로즈몬트의 남쪽 경계를 형성하고 있었다. 그러나 1956년 가을, 제70번 주간 고속도로의 공공통행료를 기획했던 도시계획가들이 완전히 다른 노선을 택해버렸다. 40번 고속도로 주변의 상업용 건물을 매입하려면 큰 비용이 들기 때문에 그들은 로즈몬트의 서쪽에 있는 두 공원을 지나는 노선을 택했고, 거기서 남쪽으로 꺾어 프랭클린-멀베리 회랑지대에서 40번 고속도로와 만나게끔 만들 계획이었다. 이 과정에는 로즈몬트의 중심을 통과하는 작업도 포함되어 있었다.

제70번 주간 고속도로가 원래의 제안서대로 진행되었다면 와일즈의 집에서 소리치면 들릴 정도의 거리에 지어졌을 것이다. 남쪽으로 엘라몬트 가를 건너 현재 계획 중에 있는 초등학교 뒤쪽으로 나오도록 만들 계획이었던 것이다. 그렇게 되면 앞마당에서는 도로밖에 보이지 않을 터였고 고요함은 사라지는 것이며 한 동네가 반으로 갈라지는 것이었다. 원래 이 고속도로는 880채의 집들을 밀어버릴

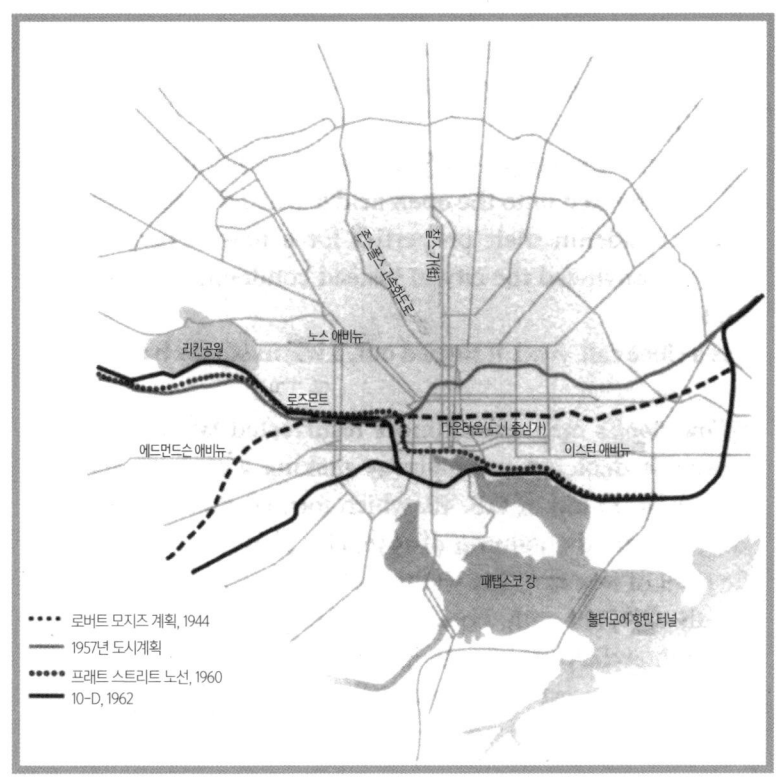

1962년 까지 주 행정관들은 볼티모어를 동서로 지나는 고속도로에 대한 여러 제안들 중 네 개를 고려했다. 이 네 개 중 세 개가 공통적으로 리킨공원(Leakin Park)과 조 와일즈의 동네이자 중산층 지역인 로즈몬트를 지났다.

예정이었기 때문에 어떻게 보면 와일즈는 운이 좋은 편이었다.

와일즈와 이웃들은 지난 10년간 수십 개의 도시고속도를 위한 제안서가 제출되었다는 것을 알고 있었고 이번 계획 또한 다른 의견에 밀려 사라질 수도 있다는 것도 인지하고 있었다. 로즈몬트는 진정한 성공사례였다. 가계수입은 도시평균을 웃돌았고 주민들은 대부분의 다른 지역에 비해 학력이 높았으며 주택소유의 비율도 평균이상이었다. 왜 이런 지역을 타킷으로 삼는 것인지 이해할 수가 없었다.

로즈몬트 밖에서는 아무도 이 사항을 의아해하지 않았고 물론 주민들의 의문에 대답을 해주는 사람도 없었다. 언론과 대다수 시민들의 분노는 동쪽 백인지역에 계획된 도로에 집중되어 있었다. 제70번 주간 고속도로는 도심 근처의 역사적 장소인 마운트 베르논 플레이스Mount Vernon Place와 조지 워싱턴George Washington 대통령의 첫 기념비를 에워쌌고, 남북 방향으로 지어지고 있는 미래의 제83번 주간 고속도로와 만나게 될 계획이었다. 이 교차점은 호화롭게 지어질 예정이었다. 정부는 여기서 계속 동쪽으로 밀고나가 여섯 개의 지역을 없애고 수천 명의 시민을 이주시킬 계획이었다. 이 중 볼티모어의 시민들로부터 가장 큰 분노를 산 것은 타이슨 거리 Tyson Street를 없애버리고 6차선 도로를 놓을 것이라는 계획이었다. 이 타이슨 거리는 한 집단의 예술가들과 전문가들이 버려진 집들을 리모델링을 해 멋진 예술 거리로 변모시켜 전국적 찬사를 받은 곳이었기 때문이다.

처음에는 설계자들이 파스텔 블록(Pastel Block; 타이슨 거리의 별칭)을 지나지 않도록 조정해 볼 수 있을 것 같다고 말했으나 나중에는 주간 고속도로를 8차선으로 만들겠다는 더 강화된 계획을 들고 나왔다. 1957년 여름, 시 당국은 타이슨 거리의 미래가 어둡다고 말했다. 설상가상으로 그들은 제70번 주간 고속도로가 2층으로 지어질 것이고 도시 내를 지나는 대부분의 구간에서 60미터 정도 높이의 고가도로가 차지할 것이라고 했다.

이런 상황이 올 때까지 그 누구도 볼티모어 시민들에게 고속도로가 왜 필요한 지, 그렇다면 노선과 계획이 어땠으면 좋겠는지 하는 질문을 한 적이 없었다. 정부에서 마음대로 만든 설계도를 시민들에게 던져줬을 뿐이다. 시민들이 자세한 사항을 들었을 때는, 도로의 필요성 여부라든지 어디에 어떻게 도로가 지어질 것인지에 관한 계획이 이미 결정된 상태라 어떻게 바꿀 수도 없어보였다. 볼티모어 시민들은 이런 대우를 받는 것이 못마땅했고 이를 온 세상에 알렸다. 곧 들어설 만리장성을 비난하는 편지가 신문사로 쏟아졌고 마운트 베르논의 건물주들은 그 도로가 불필요한 흉물이라고 비난했다. 한 시민단체는 집을 잃은 사람들을 어떻게 처리할 지에 관한 계획이 없다는 사실에 불같이 분노했다. 결국 50명으로 이루어진 시민대표단이 시 당국의 불투명한 일처리와 오만을 폭로할 목적으로 버스를 빌려 워싱턴 DC로 향했다.

이 상황은 시장인 토머스 달레산드로 주니어Thomas D'Alesandro Jr.에게는 감당키 힘든 일이었다. 그는 설계자들에게 예전의 제안서들을 살펴보고 논란의 소지가 다분히 덜한 제안서를 찾으라고 지시했다. 그들은 루이스 멈포드로부터 청하지도 않은 충고를 받았다. 로즈몬트의 서쪽 공원들을 지나는 주간 고속도로의 노선을 책망하는 내용을 담은 그의 편지는 《랜드스케이프 아키텍처Landscape Architecture》지에 실려 있다. "지금 당신들의 지역사회에 일어나고 있는 일은 타당한 이유 없는 파괴의 전형적 사례입니다. 이런 상황은 전국적으로 번지고 있습니다." 그는 엔지니어와 시 당국 관료들을 '불도저 정신을 가진 사람들'이라며 손가락질 했고 '더 많이 부술수록 더 많은 개발이 이루어진다고 믿고 있는 사람들'이라 비난했다.

그는 또한 "이 엔지니어들이 조금이나마 도시계획에 대해 아는 것이 있다면 주간 고속도로가 도시 내로 절대로 들어와서는 안 된다는 것을 알 것입니다. 큰 도시지역은 피하되 도시에서 주간 고속도로로 진입할 수 있는 구간을 많이 만들어 놓아야 한다는 것도 알아야 합니다."라고 덧붙였다. 그는 다른 방식으로 도로를 설계하더라도 도시에 해가 될 것이라고 주장하면서 고속도로가 공원을 앗아가는 것 정도는 아주 작은 피해에 속한다고 말했다.

도시계획가들은 이 말에 동요하지 않았다. 그들은 볼티모어 서쪽 공원 근처에 1만8천 평이 넘는 대지를 매입했다. 주간 고속도로가 도시의 중심을 뚫고 지나갈 것인가 아닌가 하는 사항은 바뀔 가망이 있을지언정 로즈몬트를 지나는 노선은 이미 확정된 것이었다.

도시 고속화도로

　20세기 미국의 삶을 정의하는 정착과 이동의 양식은 이 시기 즈음에 완성되었다. 교외지역은 급성장했다. 집을 구매하려는 사람들뿐만이 아니라 근로자들에게도 마찬가지였다. 도심의 일자리는 나아질 줄 몰랐던 반면 대도시 외곽은 일자리가 넘쳐났다. 공장과 창고부지 가격이 저렴한 외곽으로 퍼져나갔고 소매점들도 이동 인구를 고려해 교외에 소규모 지점을 만들거나 아예 문을 닫고 외곽으로 옮겨갔다.
　이런 국면은 과세를 해야 하는 도시들에게 큰 걱정거리를 안겨주었다. 예상했겠지만 이것이 1950년대에 시의 경계를 외곽으로 팽창하려는 도시들이 많았던 이유이다. 그들은 교외주택지의 인구를 끌어들이려 했다. 해결이 힘든 또 하나의 딜레마는 대중교통수단이었는데, 이는 사람들이 일이나 오락이나 쇼핑을 위해 같은 목적지로 갈 때만 효과가 있었다. 교외에는 집들이 밀집되어있지 않았고 직장도 사방에 흩어져 있다 보니 하나로 이어진 철도 같은 대중교통수단이 적자를 보고 운영한다 치더라도 자동차에 대한 의존성을 줄여주기는 힘들었다.

그럼에도 샌프란시스코와 워싱턴 DC와 같은 몇몇의 도시에서는 경 철도나 지하철 시스템을 연구했다. 교통정체 해결을 위해 좀 더 급진적인 해결책을 고려한 도시들도 있었다. 포트워스Fort Worth의 공익시설 관계자들은 쇼핑몰 개척자인 빅터 그루엔Victor Gruen을 고용해 이 문제를 의뢰했는데, 그의 생각은 중심가에 자동차 출입을 아예 금지시키자는 것이었다. 주민들은 중심업무 지구를 둘러싼 순환도로까지 차를 몰고 와서 그곳에 마련된 여섯 개의 대규모 환승주차장에 세워놓고 사무실이나 가게까지는 도보로 가라는 것이었다. 걷기 힘든 사람을 위해 셔틀용 전동 자동차가 운행될 것이고 배달 서비스는 지하에서 이루어지도록 했다. 그루엔은 "어떤 거리는 뻗어가면서 점점 좁아져 쇼핑몰이 될 것입니다. 다른 거리들은 넓혀지고 다채롭게 포장될 것이며 여기에 나무를 심고 수영장도 만들 것입니다. 이것은 건물들로 둘러싸인, 도심에서 눈에 띄는 보석과 같은 존재가 될 것입니다."라고 설명했다.

그것은 좋은 생각이었고 많은 사람들의 환호를 받았다. 그러나 그들이 놓친 것이 있었으니 대규모로 주차장이 여러 개 지어진다 할지라도 일일 통근자의 절반 정도밖에 수용할 수 없다는 것이었다. 나머지 반은 버스를 타고 와야 했다. 이미 시골지역까지 뻗을 대로 뻗어나간 포트워스는 인구의 17퍼센트만이 대중교통수단을 이용하고 있었기 때문에 이 계획은 가망이 없어보였다.

시 행정관들은 이러지도 저러지도 못하게 되었다. 미국 도시의 모양은 점점 변하고 있었다. 이 새로운 모양에 알맞은 단 하나의 교통수단은 이 변화를 가져온 동인(動因)인 자동차였다. 그런데 너무 많은 자동차가 등장하다보니 더 넓고 많은 고속도로를 건설하는 것만이 해결책인 듯 했다.

1957년 9월 코네티컷 주의 하트포드Hartford 외곽에서 고속도로 관계자들이 처음으로 도시 고속화도로에 관한 전국적 회담을 가졌을 때 미국의 대도시를 살리는 것은 그들의 몫이라 믿었다. 그리고 그들에게는 그 목표를 달성할 만한 전문지식이 있었다. 그들은 모든 사람들이 같은 생각을 가졌으리라 짐작하고 회담에 참석했다.

그런데 예상치 못한 복병이 기다리고 있었다. '새로운 고속도로: 대도시 지역의 문제점'이라는 주제의 회담은 코네티컷 제너럴생명보험사Connecticut General Life Insurance Company의 새 본사 건물에서 열렸다. 그 회사는 하트포드의 중심가에서 블룸필드Bloomfield 외곽의 널찍하고 현대적인 34만평의 대지로 막 옮겨왔던 차였다. 그곳은 시원하고 바람이 잘 통했으며 럭셔리한 장소로 첫 회의를 갖기에는 안성맞춤이었다.

첫 연설자는 위에서 시키는 말만 했다. 회장의 오랜 친구이자 오랫동안 자동차산업을 지지해 온 파이크 존슨Pyke Johnson은 "이미 경이로운 속도로 진행되고 있는 교외화는 사라지지 않을 것이고 계속 증가해 나갈 것입니다. 교외와 도심을 잇는 최고수준의 고속도로를 건설하게 되면 도심이 잃어버린 상업적, 오락적 기능을 다시 찾아오는데 확실히 도움이 될 것입니다."라고 주장했다. 또 다른 한 사람은 도시 고속화도로를 '지역사회에 의미를 부여할 지형적 큰 기회'라고 부르면서 도시 고속화도로 계획을 칭송했다. 마지막으로 버트 탈라미Bert Tallamy는 "주간 고속도로는 도시의 문제를 치유해 줄 가장 위대한 단 하나의 도구가 될 것이고 우리의 도시를 빛나게 해줄 세기의 기회를 제공할 것입니다."라고 참석자들에게 말했다.

이어 "이 고속도로 건설로부터 도시가 최대의 이익을 얻으려면 주의할 것이 있습니다. 아무리 조심한다고 해도 반대하는 세력이 등장할 것입니다. 그들의 대부분은 나중에 가서 새 도로계획가들의 천재성을 알아차리고는 빨리 테이프를 끊고 싶어 안달이 난 지지자로 변신할겁니다. 그리고는 자신들은 한 일도 없으면서 공을 차지하려 들겠지요."라고 덧붙였다.

반대세력은 곧 나타났다. 도시계획가들이었다. 그들은 자신들은 고속도로 관계자들을 구세주라 여기지 않는다는 사실을 확실히 했다. 오히려 그들은 도로가 지나가는 도시 측에서 세부적인 계획을 세우기 전까지는 도시 고속화도로 건설을 중단하라고 요구했다. 이제껏 아무도 생각지 못한 일이었다. 어디에 도로가 놓이면 좋을지를 시에서 모른다면 도대체 주정부가 어떻게 안단 말인가?

그들의 비판은 대체로 확고하면서 정중했다. "고속도로 계획에 있어 과거에는 공학적 기능이 많이 강조되어 있었고 전체적인 그림에 관해서는 너무 무관심했습니다."라고 한 도시계획가가 말했다. 두 점을 잇는 가장 짧은 선이 운전자들을 만족시키는 것은 맞을지 모르나 이를 위해 공원을 가르고 개울을 더럽히고 지역사회를 내모는 것이 어떻게 정당화될 수 있는가? "미국의 고속도로는 고속도로 엔지니어들의 손에 맡기기에는 너무 중요한 사안이었나 봅니다."라고 한 주택보호 운동가가 조금 더 가혹하게 말했다.

그것은 회의의 마지막 연설자의 등장을 위한 전주곡에 지나지 않았다. 청산유수의 말솜씨를 가졌으나 단호하고 항상 시니컬한 루이스 멈포드가 등장했다. 그는 공손함 따위는 생략하고 회의 분위기를 완전히 바꿔놓았다.

》》》

한 달 전만해도 그는 자신이 많은 글을 기고한《뉴 리퍼블릭New Republic》이라는 잡지에서 한물 간 사람 취급을 받고 있었다. 그가 최근에 펴낸 책『인간의 변모The Transformation of Man』는 관심을 거의 받지 못했다.《뉴 리퍼블릭》지는 멈포드에 대해 "문학, 건축, 도시 분야에 대해 그가 초기에 쓴 유명한 글들은 놀라우리만치 신선한 시각을 제공했지만 최근에 출판된 책은 윤리, 이상, 형이상학을 논하면서 인간의 조건과 삶의 수행에 대한 설교만을 늘어놓고 있다. 이것이 그가 존경을 잃은 이유이다."라는 글을 게재했다.

1957년 8월 그의 평판이 벼랑 끝에 몰려 있었다면 9월 11일에는 단호하게 한 발짝 앞으로 내디딘 격이었다. 블룸필드에서 그가 주간 고속도로 프로그램을 비난한 것은 공식석상에서는 처음 일이었다. 이것은 프로그램이 시작된 지 일 년이 지난 후였다. 이 연설은 후에 '고속도로의 반란Freeway Revolt'이라 불리게 되었다. 멈포드는 도시계획가로, 반(反)스프롤(Sprawl; 도시의 시가지가 도시 교외 지역으로 무질서하게 확대되어 가는 현상) 운동가로, 그리고 교외 생활양식의 비판자로 그 당시에 이르기까지 사랑받고 있었다.

그는 단상에 오르자마자 정곡을 찔렀다. "탈라미와 그의 동료들은 자신들이 무슨 짓을 하고 있는지도 모릅니다. 그러지 않고서야 어찌 저렇게 태평스럽고 오만하게 말하겠습니까? 주간 고속도로 프로그램은 우리 미국의 도시에 구원이 아닌 재앙을 가져올 것입니다. 그들의 계획은 고속도로에 대한 연구도 제대로 하지 않은 채 만들어졌습니다. 교통수단에 대한 연구는 이루어지지도 않았습니다. 일차원적인 생각을 가진 자들의 실수라고 할 수 있죠. 이것으로 혜택을 받는 유일한 것은 우리 도시의 거리를 막아버리는 '멋지고 버릇없는 마차'이자 '각 가정에 존재하는 정부(情婦)'인 자동차들일 테지요. 도시를 살리고 싶습니까? 그러면 도로 공사는 잊으십시오. 해결책은 도시생활에 인간적 척도를 되돌려놓는 것입니다."라고 그는 회의장에 모인 사람들에게 말했다.

그는 "빠른 선택이 필요합니다. 자동차가 우리를 도시에서 몰아내던지, 그렇지 않으면 우리가 자동차를 도시에서 몰아내던지 둘 중 하나입니다. 우리 국민들은 '삶의 목적이 무엇인가?'라는 질문에 현명하게 답해야 합니다. 결국 우리는 자동차를 돌려보내야 합니다. 정부는 쫓아내고 부인과 사는 게 맞지요."라고 말하며 연설을 끝맺었다.

이 연설을 마지막으로 회의가 끝났다. 멈포드의 발언은 너무 큰 메시지를 담고 있어 거기서 회의를 끝내는 것이 이상하게 느껴질 정도였다. 충격에 휩싸인 고속도로 관계자들이 재정비를 하는 동안 멈포드는 《아키텍츄럴 레코드Architectural Record》지에 자신의 연설을 '고속도로와 도시'라는 제목의 칼럼으로 써냈다. 50년이 지난 지금에도 오래되었다는 느낌이 들지 않는 글이다. "얼마 전 국민들이 260억 달러의 고속도로 프로그램에 찬성하는 투표를 했을 때, 그 상황을 두고 할 수 있는 가장 너그러운 생각은 그들이 자신이 무슨 행동을 하고 있는지 쥐꼬리만큼도 알지 못한다는 것이었다. 향후 15년 이내에 그들은 틀림없이 자신의 잘못을 깨달았을 것이다. 그때가 되면 우리의 도시와 시골에 가해진 피해를 바로잡기에는 너무 늦을 것이다. 잘못된 구상과 터무니없는 불균형은 산업과 교통수단이 효율적으로 체계화하지 못하게 만드는 장애물이 될 것이다."

그는 또한 '방위 고속도로'라는 명칭이 허울만 그럴싸하지 눈꼴 사나울 정도로 부정직한 이름이며, 도시 고속화도로가 지나는 곳은 상처로 가득하게 될 것이라며 1956년 법률을 단호하게 비판했다. "넓고 긴 땅을 네잎클로버 형 도로와 다층구조의 교차로와 도시 고속화도로 건설에 갖다 바치는 것은 기차가 승객과 화물을 도시 안으로 싣고 왔을 때와 같은 경우이다. 소중한 도시 공간을 엉망으로 만들어버리는 것이다. 그들은 공터만 집어삼킨 것이 아니라 사람들이 살고 있는 공간까지 앗아가 버렸다. 미래의 역사학자들은 우리 세대를 '불도저와 몰살의 시대'라 부르지 않을까 싶다. 고속도로의 건설이 초목과 인류에 가져오는 결과는 토네이도나 원자폭탄이 미치는 피해와 맞먹을 것이다."라고 그는 덧붙였다.

"최악의 문제는 그 모든 파괴행위가 교통정체를 완화시키지 못할 것이라는 데 있다. 도시 고속화도로는 극복해야할 폐해를 더 널리 퍼트리는 도구이다. 교통정체를 일으키는데 애초에 한몫했던 기업들이 결국에는 스스로 견디다 못해 수많은 도시 고속화도로와 주차장을 버려둔 채 도시에서 빠져나가는 때가 올 것이다. 이런 종말의 날이 올 때까지 폐해의 확장은 멈추지 않을 것이다. 이것은 원한으로 쌓아올려진 피라미드이다. 콘크리트 도로의 무덤이며 죽은 도시 위로 나있는 경사로이다."

하트포드 회담에서 한 대 얻어맞은 통증이 아직 가시지 않은 고속도로 관계자들은 1958년 10월 시러큐스 대학Syracuse University의 사가모어 센터Sagamore Center에서 모임을 한 차례 더 가졌다. 멈포드와 그의 비평가 동료들은 참가자 명단에서 제외되어 있었다. 그렇게 되니 5일에 걸쳐 열린 고속도로 및 도시개발에 관한 제1차 회의First National Conference on Highways and Urban Development는 사랑의 회동 같은 느낌이 들었다. 반대자가 없으니 고속도로 관계자들은 모두가 협조적으로 동조하고 있다는 생각에 뿌듯했다. 그들은 그 자리에 참석한 시 공무원들과 고속도로 개발단계에 있어 상호 협조를 약속했다.

그들은 또한 도로 건설은 방대한 도시계획의 일부일 뿐이고 논의 중인 다른 사항들도 국민들에게 알려야한다는 사실에도 동의했다. 파이크 존슨은 "기존 설정했던 계획이 다른 대안들보다 왜 우수한 지를 국민들을 설득하기 위해 비용과 이익에 관한 설명이 이루어 질 것입니다. 고속도로 이용자와 지역사회라는 두 가지 견지에서 각 계획이 어떤 장점과 단점을 가지고 있는지도 고려하고 평가할 것입니다."라고 요약했다.

물론 이것은 공원이나 강 또는 병충해 등 사람들이 좋아하고 싫어하는 것들을 수치화 할 수 있고 모든 것을 돈으로 측정 가능하다는 가정 하에서만 이루어질 수 있는 것이었다. 그들은 회의의 성공적인 열기가 미처 식기도 전에 계획이 실현 불가능하다는 사실을 깨달아야 했다.

이 시기, 샌프란시스코의 고속도로 행정관들은 제480번 주간 고속도로 작업에 한창이었다. 이는 동쪽 해안으로부터 솟아나온 배이 브리지Bay Bridge와 남쪽 해안의 골든게이트 브리지Golden Gate Bridge를 이어주는 고속도로로 오래전부터 계획돼 왔던 것이었다. 101번 고속도로가 샌프란시스코 만 입구에서 골든게이트 브리지를 지나가고 있었다. 고속도로 엔지니어들에게 제480번 주간 고속도로의 노선은 매우 합리적으로 보였다. 이 6.4킬로미터의 도로는 오래된 부두와 창고가 즐비한 해안을 감싸고 상업지구의 가장자리를 둘러 도시의 양끝을 이어주었다. 주간 고속도로가 차지하는 공간을 줄이기 위해 주정부는 2층 구조로 된 고가식 고속도로Skyway를 짓기로 했다.

고속도로를 묘사한 신문기사를 읽는 것과 완성된 도로를 직접 보는 것은 하늘과 땅 차이였다. 샌프란시스코의 시민들은 이 도로의 공사를 허가한 것이 큰 실수였다는 것을 너무 늦게 깨달았다. 낮은 건물에 조금 가려지긴 했지만 그래도 반짝이는 만과 알카트라즈섬Alcatraz Island을 내려다 볼 수 있는, 세상에서 제일가는 도시 경관을 자랑했던 해안가가 있던 자리에 밋밋한 회색의 콘크리트가 우뚝 솟았다. 가장 높은 부분은 샌프란시스코의 역사적 선창가인 엠바카데로Embarcadero로부터 17미터의 높이였다. 그것은 하루 종일 주위를 그늘지게 했고 시내와 부두를 단절시켜버렸다. 애초에 중심가가 형성된 것이 이 부두 덕분이었는데 그 둘 사이에 장벽이 생긴 것이다. 뿐만 아니라 그것은 사람들이 사랑해 마지않는 페리 빌딩Ferry Building의 코앞을 지나갔다. 이 건물은 1906년 지진에도 살아남았고 수십 년간 모임의 장소를 제공해 왔던 곳이었다.

수만 명의 샌프란시스코 시민들에게 엠바카데로 고속도로는 도로라기보다는 차라리 생체해부에 더 가깝게 느껴졌다. 청원서가 남발하고 항의가 줄을 이었다. 시 행정관들도 시민들과 같은 분노를 느꼈다. '주택 철거, 거주 지역 파괴, 주민들과 사업체의 강제 이주'를 이유로 1959년 1월 27일 감독위원회Board of Supervisors는 아직 공사가 시작되지 않은 제480번 주간 고속도로의 서쪽 3분의 2를 포함하여 도시 내 계획되어있는 열 개 중 일곱 개의 고속도로에 반대하는 결의안을 승인했다.

한편 이것은 정부보조금 2억8천만 달러를 거부하는 것이었는데, 시 당국에서는 거의 상상도 못할 일이었다. 이 사건은 전국적으로 이슈가 되었다. 그래서 도시를 통과하는 호화 고속도로를 건설하려던 주정부의 야망은 거기서 접을 수밖에 없었고, 원치 않는 도시 고속화도로가 들어서려는 다른 지역들에서도 주민들의 항의가 거세어졌다.

고속도로 관계자들은 샌프란시스코가 이 일로 대가를 톡톡히 치를 것이라 예견했다. 전 캘리포니아 고속도로 준비위원장은 "문제는 교통입니다. 고속도로에 잘못이 있는 것은 아닙니다. 고속도로를 짓는 것은 학교나 시청, 병원이나 다른 공공시설을 짓는 것과 다를 바 없습니다. 공공의 이익이 실현되는 것이 마땅한 거지, 피해를 보는 몇 사람들의 권익을 따져서는 곤란합니다."라고 말했다.

감독위원회는 같은 입장을 고수했다. 엠바카데로 고속도로는 텔레그래프 힐Telegraph Hill 근처에서 중단되었다.《샌프란시스코 크로니클The San Francisco Chronicle》지는 "그 도로의 추악함이 너무 명백히 보이고 있어 심지어 고속도로를 하루라도 빨리 짓자고 소리

높여 주장했던 사람들조차 등을 돌렸다. 그것이 부식되어 지역전체에 해를 미칠까 두렵다."라는 글을 실었고 완성된 2.4킬로미터를 허물어버리자는 캠페인을 벌였다.

멈포드는 이 상황을 은근히 즐겼을 것이 분명하다. 마침내 그와 뜻을 같이하는 사람들의 수가 불어난 것이다. MIT 교수인 존 하워드John T. Howard는《아메리칸 시티American City》지의 독자들에게 "한 고속도로가 대도시의 거주 적합성과 효율성을 개선시키지 못하고 오히려 악화시킨다면 비록 충분히 교통량을 해결하고 사람들이 원하는 곳으로 쉽게 갈 수 있다하더라도 그것은 지역사회에 폐해가 되는 것이다."라고 충고했다.

멈포드가 하고 싶은 말이었다. 주요 언론사들도 합세했다.《더 네이션The Nation》지의 기자인 데이비드 코트David Cort는 "모든 도시 고속화도로는 많은 사람들이 도로 반대편에 접근할 수 없게 만든다. 자신이 좋아하는 곳에 갈 권리를 빼앗기는 것이다."라고 말하며 '미국의 만리장성'이라고 비난했다. 하퍼Harper는 "가솔린 자동차는 미국을 운전해 다니기에 적합한 나라로 만들고 있다. 사람들이 살기에도 적합한 나라인지 아닌지는 안중에도 없다."라는 기사를 올렸다. 곧 미국 상원위원으로 오랜 기간 활약하게 될 다니엘 패트릭 모이니한Daniel Patrick Moynihan 교수는 도시 고속화도로의 건설을 너무 서둘렀다는 내용이 담긴 다음과 같은 글을《리포터Reporter》라는 잡지에 실었다. "대도시마다 고속도로 설계가 되어 있고 불도저가 지나갔다. 사람들은 도시 고속화도로 지지자들이 도시에 미칠 영향을 무시했다고들 하는데 그것은 사실이 아니다. 단순히 묵인한 것도 아니었다. 그들은 이 계획에 기뻐 미쳐 날뛰었다."

작가 존 키츠John Keats가 1958년에 자동차에 대해 쓴 중요한 비평서 『버릇없는 마차Insolent Chariots』는 멈포드가 하트포드 연설 때 지어낸 어구를 차용해 제목으로 쓴 것이었다. 멈포드 개인적으로도 계속해서 공격을 이어갔다. 그는 1959년 11월 《뉴요커》지에 '고가도로가 한계였다'라는 글을 썼다. 구체적으로 그가 겨냥한 것은 스태튼 섬Staten Island과 브룩클린을 잇는 로버트 모지즈의 베라차노-나로즈 교Verrazano-Narrows Bridge였지만 볼티모어나 샌프란시스코, 그리고 다른 많은 도시들에도 적용되었다. "이 다리를 짓게 되면 브룩클린 베이 리지Bay Ridge 구역의 팔천 명 정도가 갈 곳을 잃게 된다. 이 사람들 이외에도 그 지역에 고가 고속도로가 들어섬으로 인해 자신의 삶이나 사업에 부정적 영향을 받는 사람들이 많을 것이다. 엔지니어들에게 있어 브룩클린은 빠르게 지나갈 수 있는 곳 이외에 무슨 의미를 가지는가? 거주민들의 평화와 시설을 해치면서까지 브룩클린에 도로를 놓아서 얻는 것이 도대체 무엇인가? 고속도로 엔지니어들이 꿈꾸는 세상은 불도저들이 바삐 움직이고 수십 톤 트럭들이 다니지 않는 곳이 없는 곳일 것이다. 자연을 훼손하고 우리의 아름다운 도시를 파괴하기에 이보다 좋은 프로젝트는 없을 것이다."

» » »

도시 고속화도로의 비판자들 중 가장 예기치 못한 사람은 바로 이 프로젝트에 가장 많이 영향을 끼친 인물이었다. 샌프란시스코에서의 시민들의 항의와 볼티모어와 다른 도시들에서 벌어진 논란, 백악관에서 몇 블록 떨어진 곳에 도시 고속화도로를 만드느니 마느니 하는 언론의 보도 등으로 미루어 봤을 때 드와이트 아이젠하워가 주간 고속도로의 도시진입 계획을 몰랐다는 것은 상상하기 힘들다. 게다가 정작 1956년 법안을 승인한 것은 아이젠하워 본인이지 않은가! 서명하기 전 분명히 읽어보았을 것이다.

그러나 소식통에 의하면 그는 1959년 봄이 되어서야 그가 상상했던 고속도로와 실제로 만들어지고 있는 고속도로에 큰 차이가 있다는 것을 깨달았다고 한다. 하루는 그가 리무진을 타고 워싱턴을 떠나 캠프 데이비드(Camp David; 메릴랜드 주에 있는 미국 대통령 전용 별장)로 떠나는 길에 도로 공사가 진행 중인 곳에 차가 정체되어 꼼짝 못하게 되었다. 그는 무슨 일이냐고 물었고 주간 고속도로가 건설되는 중이라는 답변을 들었다. 이것은 그가 생각했던 시골 위주로 도로가 나 있으면서 도시 간을 잇는 미국식 아우토반이라고 하기에는 고속도로가 워싱턴과 너무 가까웠다. 화가 난 아이젠하워는 어떻게 된 건지 설명을 요구했고 그 도로는 그가 승인한 프로그램에 속하지 않는다는 것이었다.

또 다른 추정은 더욱 극적 요소가 없다. 아이젠하워 대통령이 세인트루이스 지역의 계획자인 할랜드 바솔로뮤Harland Bartholomew의 발표를 듣고 도시 고속화도로에 대해 알게 되었다는 것이다. 바솔로뮤는 전에 지역 간 고속도로위원회에서 근무했고 현재는 수도에서 고속도로 설계를 담당하는 사람이었다. 어떤 것이 사실인지 간에 아이젠하워는 불만족스러웠던 것 같다. 그리고 그 시간, 블랫닉이 조사를 시작하고 있었을 때 주간 고속도로에 또 다른 거대한 위협요소가 행정부 내에서 피어났다.

1959년 6월 중순, 아이젠하워는 오랜 친구이자 통행료 징수 옹호자인 존 브래그던John S. Bragdon으로부터 한 통의 편지를 받았다. 도로 상황에 대해 논의를 해 보자는 것이었다. 육군 소장으로 제대하고 대통령 산하 공공사업계획 자문위원으로 있던 브래그던은 최근에 버트 탈라미와 서신으로 왕래를 해오던 터라 아이젠하워에게 편지의 내용을 다음과 같이 전해 주었다. "탈라미는 주간 고속도로가 도시의 모든 교통문제를 해결하기 위해 고안된 것이 아니라는 데 동의한다더군요. 하지만 처음부터 의도적으로 주간 고속도로가 도시를 관통할 수 있게 만들었다고 주장했습니다."

브래그던은 도시 노선을 재고하고 다른 잠재적 문제점들도 짚어볼 수 있도록 위원회를 만들자고 제안했고 대통령은 이에 동의했다. 아이젠하워는 7월 초 브래그던에게 편지를 써 연방정부 고속도로의 정책, 방법, 그리고 작업기준이 국가적 목표와 일치하도록 폭넓은 검토에 착수하도록 지시했다. 구체적으로 말해 위원회에서 도시 노선을 잘 살피고 고속도로 관계자들이 도로계획가들과 조화롭게 협조할 수 있도록 해달라고 했다. 만약 주간 고속도로의 방향을 다시 설정해야 한다면 그렇게 할 수 있는 방법이 뭐가 있는지도 제안해달라고 했다.

브래그던은 고속도로 계획 전체를 처음부터 다시 검토해 볼 생각인 것 같았다. 그는 마치 배고픈 개가 먹이에 달려들 듯 이 기회를 잡았다. 열아홉 명의 정직원을 고용한 그는 고속도로 시스템이 갖춰야 할 이상적인 조건의 목록을 작성했다. 우선 고속도로는 지역 내 이동이 아닌 도시 간 이동을 목적으로 지어져야 했다. 그는 순환도로만 도시 내에 허락되어야 한다고 믿었다. 그는 또한 1956

년 법안이 승인되었을 때 의회에서 고속도로가 도시로 진입할 것이라는 사실을 인지하고 있었는지가 궁금해서 행정부를 샅샅이 뒤져 입법취지가 담긴 서류를 몽땅 찾아오도록 했다. 1944년에 작성된 지역 간 고속도로라는 제안서에는 주간 고속도로가 도시에 진입한다는 내용이 명확하게 나타나 있었고 문서의 어휘 선택을 보았을 때도 의회가 그 사실을 알았다는 데 의심의 여지가 없었다.

그렇다고 치더라도 1944년에 승인된 도로망은 도로관리국에서 확장시킨 것이었다. 지금 고려중인 엄청난 규모의 도시 고속화도로는 의회에서 의도했던 것이 아니었다. 그는 도로관리국에서 도시 고속화도로를 포함하는 공식적인 도시계획을 내놓을 때까지는 도로 공사를 중단하자고 상무장관인 프레드릭 밀러Frederick H. Mueller를 설득시켰다. 탈라미를 포함한 도로관리국은 이 사실이 마음에 들지 않았다. 브래그던은 의회와 반대 입장에 서게 된 것이다. 그 프로그램의 바탕이 되는 모든 연구는 '미국에 가장 필요한 고속도로는 도시 고속화도로'라는 내용을 담고 있었다. 의회는 그 연구보고서를 검토했고 옐로우 북의 지도들도 확인했다. 의회는 도시 내에 고속도로를 짓고 싶어 했다.

브래그던은 본격적으로 임무에 착수했다. 1959년 10월, 그는 도시 고속화도로에 관한 자신의 생각을 담은 제안서를 만들었다. 외부 순환도로가 최우선 순위였다. 내부 순환도로는 연방정부 보조금으로 지어야 했다. 10월이 가기 전, 그는 고속도로망 전체의 규모를 줄여야 한다는 결정을 내렸다. 1956년 승인된 예산에 맞게 도시 간 고속화도로를 지으려면 총 거리를 줄이는 수밖에 없었.

브래그던의 직원들이 도로관리국의 현장 사무실에 나타나기 시작했다. 그러자 오랫동안 고속도로 관련 일을 해온 도로관리국 직원들은 자신들의 프로젝트가 흔들리고 있다는 느낌을 지울 수가 없었다. 대통령과 브래그던이 한 배를 탄 것을 알았더라면 아마 그들의 불안감은 더 커졌을 것이다. 아이젠하워와 회의를 가진 브래그던은 그해 11월, "주간 고속도로가 의미를 갖는 것이 가장 중요하며 도시 내의 노선은 전적으로 시 당국에서 조정, 결정하는 것이 원래의 의도였음을 알린다."라는 내용의 공식 보고서를 발표했다. 그는 12월, 한 걸음 더 나아가 주간 고속도로는 정체가 심한 곳을 피해야 하고 4차선 이상은 최소화해야 하며 6차선을 절대 넘어서는 안 된다고 강조했다. 몇 주 후, 그는 공사의 비용을 맞추기 위해 통행료를 징수하자는 아이디어를 부활시켰다.

1960년 4월 아이젠하워 대통령이 위원회의 보고를 듣기 위해 백악관에서 주최한 회의는 프로그램 전체의 형태가 바뀔 수도 있는 중요한 자리였다. 브래그던은 열일곱 장의 차트를 준비해 왔다. 그가 신호를 보내면 부하직원이 한 장씩 뒤로 넘기는 형식으로 발표가 진행될 예정이었다. 도로관리국을 대표하는 발표자는 탈라미였다. 두 사람은 그날 일어난 일에 대해 서로 다르게 묘사했다. 수십 년이 흐른 후 한 인터뷰에서 탈라미가 말하길 아이젠하워 대통령이 듣다듣다 지쳐 발표를 끊고 고속도로 행정관에게 차례를 넘길 때까지 브래그던의 장황한 연설이 계속되었다는 것이었다. 탈라미는 대통령이 시간을 너무 많이 뺏기는 것 같아 초조해 하는 모습이 보였다고 기억했다. 그래서 그는 형식적인 절차는 제외하고 옐로우 북을 꺼내들었다. 그는 개표가 시작되었을 때 모든 의원의 책상에 옐로우 북이 놓여 있었다고 말했다. 그는 책을 펼쳐 몇 장의 지도를 보여주면서 여러 도시에서 뻗어 나오는 굵고 검은 선을 지적했다. 이에 놀란 아이젠하워 대통령은 정말로 그 책이 모든 의원의 책상에 있었냐고 물었고 탈라미는 틀림없다고 답했다. 아이젠하워는 갑자기 화를 내며 "회의는 끝났습니다, 여러분."이라고 말했다. 주간 고속도로를 바꿔보려 했던 브래그던의 노력도 이렇게 끝이 나고 말았다.

브래그던은 그 회의를 다르게 기억했다. 인터뷰 당시 꽤 나이가 많았던 탈라미와는 달리 그는 회의가 끝나고 이틀 후에 이 이야기를 신문에 실었다. 그는 "시 당국에 연방정부의 자금을 지원하기로 한 약속과 옐로우 북으로 인해 그 프로그램은 의회에 팔린 것이나 다름없다는 사실을 이제 깨달았습니다. 복잡한 도시 내에 고속화도로를 놓는 것은 내가 원래 생각했던 것과는 정 반대되는 것입니다. 이렇게 될 줄은 상상도 못했습니다. 클레이 위원회 보고서Clay Committee Report를 받았을 때 꼼꼼히 읽어보았습니다. 그것이 내가 후원하는 프로그램의 이름을 달고 광범위한 시내 노선망을 놓는데 이용될 줄은 꿈에도 몰랐습니다."라고 아이젠하워가 한 말을 인용했다.

탈라미는 주간 고속도로의 개념은 전혀 새로운 것이 아니며 1939년부터 개발되어 왔던 것이라면서 중간에 끼어들었다. 이에 대통령은 그렇긴 하지만 자신은 이 계획을 들어본 적이 없다고 답했다. 브래그던은 "결론적으로 아이젠하워 대통령은 프로그램이 그의 바람과 반대로 전개되었다는 것과 실제로 상황이 그가 손쓸 수 없을 지경에까지 이르렀다는 사실에 다시 한 번 실망감을 표했다."라고 했다.

아이젠하워가 그 프로그램을 승인하는 순간에 도시 고속화도로에 대한 사실을 알지 못했다손 치더라도 어떻게 그때 이래로 계속 모르고 지냈을까? 브래그던의 말이 사실이라는 것을 증명하는 아이젠하워의 발언이 있다. 그는 백악관에 입성하기 전에는 고속도로 프로그램에 대해 몰랐다고 했고, 자신이 승인한 계획을 제대로 이해하지 못했다고 했다. 그는 최근에야 사실을 알았다는 것을 인정했다. 그는 세부사항을 중시하는 사람은 아니었다.

얼마 지나지 않아 브래그던은 민간항공위원회Civil Aeronautics Board로 일자리를 옮겼다. 1961년 케네디가 백악관에 입성하기 며칠 전 그의 후임자는 12페이지의 보고서를 제출했지만 아무 일도 일어나지 않았다. 그러나 브래그던 장군의 노력은 헛되지 않았다. 그가 이끌었던 위원회의 자문위원들은 주간 고속도로는 교통수단 프로그램이기보다는 고속도로 프로그램이었고 기존 고속도로보다 더 큰 문제점을 해결하지는 못한다며 불평을 늘어놓았다. 이러한 관점은 가까운 미래에 큰 지지를 얻을 것이고 브래그던이 말한 고속도로 구상에 있어서 계획의 중요성과 도로와 환경, 그리고 지역사회 간 조화의 중요성은 곧 법률로 제정될 것이었다.

고속도로와 패스트푸드

제17장

1981년 늦여름 어느 새벽, 나는 제44번 주간 고속도로에서 미주리 주의 콘웨이Conway행 출구로 방향을 틀었다. '사악한 합금의 집합체, 형편없는 배선, 그리고 녹'으로 정의할 수 있는 나의 애마 엠지 미젯MG Midget을 타고 경사로의 꼭대기에 있는 텍사코 주유소에 올랐다. 대학 시절 여자친구와 함께 로스앤젤레스로부터 시작한 자동차 여행이 사흘째 접어들었고, 나는 사막을 건너 로키산맥 남부를 지나는 동안 고장 잦은 것으로 소문난 이 스포츠카를 잘 다뤘다는데 우쭐해 있었다. 우리의 목적지인 세인트루이스는 네다섯 시간 정도의 거리였고 비교적 운전하기 쉬운 길이었다.

맥쉐인McShane이 운영하는 텍사코Texaco는 엄청나게 컸다. 정비소도 갖춰져 있었고 '리틀 라운드 파이의 고향Home of the Little Round Pies'라는 광고 문구가 붙은 카페도 있었다. 주유를 하려고 차를 세우고 보니 아직 영업시간 전이었다. 텍사코의 종업원을 제외한 다른 생명체는 찾아볼 수 없었다. 돈을 지불한 후 시동을 걸고 입구가 있는 경사로로 건너가자마자 차가 섰다.

20분 동안 이리보고 저리보고 간곡히 차에게 통사정한다고 해서 시동이 걸리지는 않았다. 보닛을 열고 가만히 쳐다본다고 되는 일도 아니었고 내리막길에서 밀고 올라타서 클러치를 밟아도 소용없었다. 엔진이 잠시 털털거리는 소리를 내더니 이내 멈춰 버렸다. 우리는 길가에 차를 세워두고 다시 텍사코로 올라갔다. 정비공은 두 시간 후에 출근한다고 했다. 그저 주유소 주차장의 가장자리에 앉아 기다렸다. 해가 떠올랐고 기온은 갑자기 급상승했다. 곧이어 콘크리트가 가열되어 피부가 따끔거렸다. 자가용, 트럭과 캠핑카들이 주차장으로 줄지어 들어왔고 휘발유냄새로 가득 찼으며, 주유가 끝났음을 알리는 소리와 휴가를 즐기는 가족들의 떠드는 소리가 들렸다.

이윽고 주유소 직원들이 출근해서 내 차를 견인해왔다. 젊은 정비공이 보닛을 열어 보더니 정말 듣고 싶지 않았던 말을 했다. "이 차종은 한 번도 만져본 적이 없는데…" 그는 그래도 한 번 보자며 오전 내내 차를 들여다보더니 연료펌프에 이상이 있다는 진단을 내렸다. 그는 안타깝게도 교체할 부품이 없어 미안하다고 했고 이 상황에서 내가 할 수 있는 일은 엄마에게 전화해 세인트루이스로 데리러 와달라고 하는 것밖에 없었다.

우리는 그 주차장에서 몇 시간을 더 보내야했다. 우리가 앉아있는 곳은 지대가 높아 목초지가 동쪽의 빽빽한 숲 쪽으로 뻗어있는 광경을 내려다 볼 수 있었다. 더 멀리는 나무가 우거진 언덕과 오자크 산맥The Ozarks의 등성이가 보였다. 주간 고속도로의 운전자들을 제외하고 사람이라고는 찾아볼 수 없었다. 온종일 차들이 쌕 지나가는 소리와 브레이크를 밟는 소리밖에 듣지 못했다. 그래서 우리는 좀 더 가까이에 있는 경사로를 오르고 내리는 차들을 관찰하기로 했다. 햇빛을 피하기 위해 카페에 들어가 한숨 돌리고 리틀 라운드 파이도 맛보았다. 그리고 우리는 정적 속에서 그저 그렇게 멍하니 앉아있었다.

수년이 흐른 후 나는 리틀 라운드 파이가 콘웨이Conway의 중심가에 있는 카페에서 탄생했다는 것을 알게 되었다. 66번 고속도로가 남서쪽의 미주리 주에서 콘웨이를 통해 나있을 적의 일이었다. 이 파이는 히트를 쳤고 마더로드를 지나는 여행자들로부터 조금이나마 콘웨이를 알리는 계기가 되었다. 그때 차가 고장 났더라면 우리의 기다림은 훨씬 더 견딜 만 했을 것이다. 심지어 재미도 있을 것 같다. 지금처럼 낯선 이들이 잠시 들렀다 가는 외딴곳에서 시간을 보내기 보다는 근처의 마을에 가서 사람들과 어울릴 수 있었을 것이다.

주간 고속도로가 생기자 자가용 운전자들과 트럭 운전기사들은 더 이상 콘웨이를 지나지 않게 되었다. 애초에 리틀 라운드 파이의 고객 대부분이 지나다니는 운전자들이었던지라 카페는 곧 교차로로 이전해 나왔다. 주유소도 마찬가지였다. 1981년이 되자 콘웨이 상업의 대부분이 도시의 가장자리로 옮겨와 북적거리게 되었다. 그곳은 중심가에서 멀리 떨어져있었지만 점점 인구가 늘어나기 시작했다.

도시는 우리가 앉아있는 곳으로부터 동쪽 끝에 있어 보이지 않았다. 그날 전에도 제44번 주간 고속도로를 몇 차례 운전 했었고 그 후로도 수없이 그곳을 지나다녔지만 시가지를 본적이 없었다.

그것은 전국적인 현상이었다. 전국적으로 주간 고속도로가 들어서자 국도에 있던 구멍가게들은 손님이 사라져가는 것을 지켜볼 수밖에 없었다.

1965년 《플로리다 트렌드Florida Trend》 잡지에서는 "주간 고속도로망은 이전 국도의 교통량을 다 흡수해 가버리고 이전 국도에 자리 잡은 상점들의 피를 말려가며 지역이 죽어가도록 버려둔다."라고 주간 고속도로를 비난했다. 66번 고속도로를 달리다 잠시 머무르기 좋았던 오클라호마 주의 쿼포Quapaw를 지나가는 사람이라면 중심가에 비어있는 상점들과 폐업한 주유소들을 볼 수 있을 것이다. 제40번 주간 고속도로가 그 마을을 비켜가는 바람에 생긴 일이다. 2만8천 달러에 사서 파산한 모텔은 5천 달러에 내놓아도 사가는 이가 없다. 텍사스 주의 동부 80번 고속도로에서 주유소를 운영하는 사장은 근처에 제20번 주간 고속도로가 생기자마자 80퍼센트의 고객을 잃었다. 네브래스카 주에 위치한 링컨 고속도로의 긴 구간은 제80번 주간 고속도로가 생기자 4분의 3의 교통량이 증발해 버렸다. 네온사인이 즐비한 코네티컷 주의 베를린 유료고속도로 Berlin Turnpike도 제91번 주간 고속도로가 생기자 그 많던 차들이 순식간에 반으로 줄어 작은 모텔들은 문을 닫을 수밖에 없었고 두 개의 하워드 존슨즈(Howard Johnson, 미국의 유명한 호텔과 레스토랑 체인)은 적막한 대지에 고립되는 신세가 되었다.

콘웨이와 같은 운명에 처한 도시들은 고속여행(이동)의 새로운 경제 속에서 승자이기도 하고 패자이기도 했다. 지나가는 사람들로부터 벌어들이는 수입은 나쁘지 않았으나 중심가에 있을 때와는 달랐다. 미주리 주 분빌Boonville의 버사 애믹Bertha Amick이 겪었던 일을 다른 수천 명의 사람들도 겪었다. 애믹은 키트 카슨Kit Carson이라는 모텔의 주인이었다. 도시의 반대편에 제70번 주간 고속도로가 생기자 그녀의 사업은 불필요하게 여겨졌고 스물두 개의 방 중에서 열네 개를 닫았다. 그녀의 아들인 휴는 제70번 주간 고속도로 주변에 3천6십 평의 땅을 사 애틀랜타 모텔Atlanta Motel을 지었는데 그곳은 매일 만실이었다.

작은 도시의 쇼핑지역은 고속도로에만 손님을 빼앗긴 것은 아니었다. 새 고속도로의 배가된 속도와 편리함에 멀리 떨어진 대도시들도 갑자기 가까워져 버린 것이다. 대도시인 레바논Lebanon으로 가는 시간이 반으로 줄었는데 신학기 새 옷을 굳이 콘웨이에서 살 이유가 어디 있겠는가? 제81번 주간 고속도로를 타고 잠시면 로아노크로 갈 수 있는데 왜 선택의 폭이 좁은 이글락Eagle Rock에서 쇼핑을 하겠는가?

수십 년 전 고속도로가 지어질 때 포함되지 못했던 도시들은 중심에서 멀어져갔다. 네바다 주의 리다Lida를 기억하는가? 리다는 가장 가까운 주간 고속도로와 직선거리로 265킬로미터가 넘게 떨어져 있다. 그곳만큼 인적이 드문 곳도 거의 없다. 오늘날 리다에서 가장 가까운 크래커 배럴(Cracker Barrel; 미국의 체인 레스토랑)은 359.5킬로미터나 떨어져있다.

그렇다. 새 도로가 생기면서 인구가 늘어나고 번창하는 곳이 있는가 하면 그로 인해 고난을 겪는 곳도 있다. 주간 고속도로는 육류와 농산품을 농장에서 직접 시장까지 수송하는 과정을 편리하게 해주었지만 도로의 통행권으로 인해 농부들이 잃은 땅은 엄청났다.

주간 고속도로 1.6킬로미터 당 3만 7천에서 4만 9천여 평에 이르는 땅을 집어삼켰다. 관계자들에 의하면 아이오와 주에서만 1,142킬로미터의 도로를 놓는데 약 3천2백만 평의 경작지가 훼손되었다고 한다.

주간 고속도로는 인접한 땅을 조심스레 피해가거나 하지는 않았다. 농장을 가로지르며 4차선의 도로를 사이에 두고 땅을 갈라버렸다. 1964년 켄터키 주 고속도로 담당부서의 연구에서는 제64번 주간 고속도로의 29킬로미터 구간에서 54건의 '농지의 단절'이 발생했다. 농지의 분할이 너무 심해서 그중 4분의 3이 분리된 한 쪽 땅을 팔아버렸다. 어떤 경우는 두 친척이 서로 붙어있는 같은 땅을 소유했었는데 고속도로가 중간에 들어선 탓에 각자의 집까지 가려면 12킬로미터를 돌아가야 했다.

드디어 1962년 여름, 2만 킬로미터 이상의 고속도로가 이용 가능했고 매주 평균 약 55킬로미터씩 더 만들어지고 있었다. 이것의 경제적 효과는 실로 엄청났다. 공사에 10억 달러가 쓰일 때마다 연간 4만8천 개의 일자리가 창출되었고 생각지도 못할 양의 자원이 소비되었다. 1천6백만 배럴의 시멘트, 50만 톤 이상의 강철, 9천 톤의 폭약, 약 4억6천5백만 리터의 석유제품, 그리고 뉴저지 주 전체를 무릎까지 덮을 정도의 흙이 사용되었다. 또한 7천6백만 톤의 골재를 집어삼켰는데, 몇몇 관계자들은 당시 너무 많은 돌을 사용해 미래의 주간 고속도로 개선작업에 사용될 돌이 부족할 것이라고 예견하기도 했다.

새로운 고속도로를 짓는 일은 동일성을 연구하는 일이나 마찬가지였다. AASHO와 도로관리국은 고속도로의 구석구석을 단일화시키기 위해 협력했다. 가드레일, 휴게소, 심지어는 경계에 있는 풀의 높이까지도 동일하게 맞추었다. 도로중간에 있는 풀은 7.62센티미터에서 20.32센티미터로, 갓길에 있는 풀은 7.62센티미터에서 25.4센티미터 사이로 정해져 있었다.

터너는 모든 주의 도로가 완전히 동일해 표지판을 보지 않는 이상 자신이 어느 주에 있는지도 알 수 없을 정도라는 사실에 큰 자부심을 느꼈다. 운전자가 낯선 지역에 와서 혼란을 겪을 필요가 없기 때문이었다. 이 안전한 도로는 예상치 못한 상황이 벌어진다거나 갑자기 다른 방식으로 뭔가를 해야 한다거나 하는 경우가 없었다.

실제로 이 도로들은 이 세상에 존재하는 모든 도로 중 최고로 안전했다. 1961년 도로관리국에서 실시한 연구에 따르면 도시 고속화도로에서의 사망률은 이전 고속도로의 절반가량밖에 되지 않았다. 시골지역에 나있는 주간 고속도로는 이전 도로와의 사망률차가 더 컸는데, 옛 도로가 1억6천 킬로미터 당 8.7명의 사망률을 보였다면 새 도로는 같은 길이 당 3.3명의 사망자밖에 내지 않은 것이다. 전반적으로 봤을 때 신(新) 도로는 구(舊) 도로보다 2.5배 정도 안전하다고 할 수 있었다. 모든 것이 완공되면 적게 잡아도 1년에 5천 명의 목숨을 살리는 것이었다.

계속되는 고속도로 관련 예측을 모두가 마음에 들어 하는 것은 아니었다. 비평가들은 제한된 접근이 현실이 되기 오래 전부터, 그리고 밴튼 맥케이가 '도시 없는 고속도로'를 제안한 해부터 고속도로의 무익성을 주창해왔다. 노스캐롤라이나 주의 《채플 힐 위클리 Chapel Hill Weekly》지에는 1930년 "개선이 빠르게 이루어지는 만큼 고속도로 여행은 무미건조해지는 경향이 있다. 여행객들을 잠시 무기력상태에 빠지게 하고 동면하는 한 무리의 거북이처럼 활력을 잃게 만들 것이다."라는 글이 실렸다.

주정부들의 주의 깊은 기하학적 연구는 이 효과를 더 증대시켰다. 비판자들은 도로가 일직선이어야 한다고 제안했지만 항상 일직선(엔지니어들은 이런 길을 탄젠트라 불렀다)이 될 수는 없었다. 물론 그런 곳도 있었다. 네브래스카 주의 제80번 주간 고속도로는 116킬로미터 정도가 직선이었고 다른 곳에도 30분에서 한 시간 정도는 직선으로 달릴 수 있는 도로가 많았다. 그렇지 않은 곳조차도 곡선이 완만하고 도로가에 제방이 잘 마련되어 있어, 직선인지 곡선인지 눈치 채기도 힘들 정도였다. 아주 몇몇의 경우를 제외하고는 곡선도로도 원심력을 유발할 정도의 각도가 아니라서 옆으로 넘어간다는 느낌을 전혀 받지 않았다.

시간이 흐르면서 도로관리국은 완만한 물결모양의 도로가 탄젠트Tangents보다 우월하다는 시각을 가지게 되었고 각 주의 파트너들에게도 이 관점을 주입시키려했다. 그들은 비교적 편평한 시골길조차도 곡선의 도로로 잘만 만들어 놓으면 다양한 목표를 성취할 수 있다고 믿었다. 솟은 지형을 뚫기보다는 돌아감으로써 수백만 달러를 절약할 수 있었고, 원래의 지형을 바꾸려하기 보다는 그대로 따라가는 것이 보기에 더 좋을 수도 있고 운전하기에도 더 즐거울 수 있다는 것이었다. 또한 도로가 너무 직선일 때의 지루함에서 생기는 졸림 현상도 방지할 수 있었다.

잡지 《체인징 타임스Changing Times》는 "어떤 운전자들은 길게 뻗은 도로를 지나며 마법에 걸린 듯 잠이 들고, 거의 최면 상태로 자기 주위에서 어떤 일이 일어나고 있는지에 대한 인식이 흐려지는 경우도 있다."라는 경고의 글을 썼다. 미국자동차협회는 "이 한 가지 요인이 우리가 신문에서 보는 고속도로 다중차량 연쇄 추돌사고의 대부분을 차지한다."고 말했다. 구부러진 시골 고속도로는 운전자의 손을 바쁘게 할 뿐만 아니라 집중할 수 있게 해줘 본능적으로 자신의 속도를 인식하게 했다. 상하의 곡선도 마찬가지였다. 올라갔다 내려갔다 하면서 지평선의 단조로움을 피할 수 있고 땅을 편평하게 만드는 데 들어가는 비용을 줄일 수도 있었다. 도로가 고저의 기복 없이 일직선이어야 한다는 것도 너무 표준화되어 있었다. 각 곡선은 최소 반경이 정해져 있으며, 곡선과 직선이 만날 때는 운전자가 의식적으로 운전대를 돌리지 않아도 되도록 매끄럽게 연결되어야 했다.

물론 비평가들이 말하는 안전하고 매끄러운 도로의 단점은 틀린 말이 아니었다. 그러나 오랫동안 자동차여행이 단조로운 방향으로 흘러가고 있었다는 것 또한 사실이었다. 수백 년 전 제대로 된 길도 없는 땅을 온종일 걸어 다니며 이것저것 관찰한 순례자가 자동차 여행자들 보다 보고할 내용이 훨씬 많았을 것이다. 동식물의 세세한 특징들, 대지의 형태, 그리고 마을과 논밭의 소리와 냄새 등을 직접 경험할 기회를 가졌기 때문이다. 나무껍질에 자라는 이끼, 힘차게 흐르는 냇물 소리, 오후의 햇살이 숲의 바닥에 만드는 무늬 등을 다 관찰했을 것이다. 살금살금 다가가다가 실수로 사슴과 곰을 놀라게 했을 수도 있고 새들의 노래를 마음껏 즐겼을 수도 있다.

세월이 좀 더 흘러 말을 타고 등장한 여행객도 자신의 눈에 비친 광경을 이야기할 수 있겠지만 도보여행을 한 사람에 비하면 아무래도 제한적일 것이다. 걷는 것 보다는 속도가 빠르기 때문에 여유롭게 거니는 사람들만이 볼 수 있는 세세한 것들은 지나칠 가능성이 높았을 것이다. 그 이후에 나온 역마차의 승객은 더 빠듯한 경험을 했을 것이다. 정해진 도로에서 벗어날 수 없었을 뿐 아니라 창밖으로 움직이는 장면만 볼 수 있었고 게다가 마차의 불편함과 도로의 울퉁불퉁함까지 더해져 경치에 집중하기도 힘들었을 것이다.

기차는 유리판으로 된 창과 빠른 속도로 여행객을 바깥풍경과 더욱 분리시켰다. 그러나 지금의 고속도로를 첨단 수준의 자동차로 달리는 여행객은 출발지에서 목적지까지 이동하는데 할애할 시간을 줄이는 데에만 신경을 쏟았다. 원한다면 환경으로부터, 그리고 다른 승객들로부터 쉽게 자신을 격리시킬 수 있었다. 주유를 할 때와 식당에 갈 때만 낯선 사람들과 부딪히면 된다. 소리, 냄새, 그리고 온도까지 완전히 격리시키는 것이 가능했다. 운전자를 둘러싼 세부적 경치는 너무 빠르게 지나가거나 너무 멀어서 보이지 않거나 그렇지 않으면 너무 산만해서 제대로 즐기기 힘들었다. 잘 관리된 도로너머 팔만 뻗으면 닿을 거리에 풍경이 있었지만 운전자는 그런 시골의 자연과 하나가되기 보다는 그 속을 뚫고 지나가는 게 다였다. 존 스타인벡John Steinbeck이 1962년에 집필한『찰리와 함께한 여행Travels with Charley: In Search of America』에는 "우리가 단지 고속도로만을 이용해 전국을 여행한다면, 뉴욕에서 캘리포니아 주까지 가면서 아무것도 보지 않을 수도 있다."라는 유명한 문장이 들어있다.

수치로 나타낼 수 있는 결과를 맹신하는 터너에게 있어 프로그램의 장점들은 반박 불가한 것이었고 단점들은 단지 의견에 지나지 않는 것처럼 보였다. 그는 존 스타인벡이 주간고속도로를 즐겼는지 아닌지 하는 문제에 관심을 쏟을 만큼 한가하지 않았다. 사실 그의 저서 중 한 권이라도 읽을 틈이 없었다. 그는 아침 일찍 버스를 타고 출근해 약 열두 시간에서 열네 시간을 근무했다. 퇴근 후 그는 메이블과 함께 사는 집으로 돌아와 옷을 갈아입고 저녁뉴스를 시청한 뒤 저녁을 먹었다. 거의 매일 밤마다 그는 회의 일정이 있었는데, 고속도로에 관한 회의이거나 프리메이슨 집회의 일원으로서 참가하는 것이었다. 회의가 없는 밤에는 서류가방을 열어 10시 30분, 늦으면 11시까지 일을 했다.

운전의 단조로움을 피하고자 하는 사람들은 도로자체 이외에도 천편일률적인 것이 있다고 지적했다. 중심가에서 시작된 소형 상점들이 전국 체인회사들처럼 고속도로의 출구 쪽으로 이전해온 탓에 상가들의 모습이 마치 스텐실로 찍어낸 듯 똑같아졌다. 그때까지만 해도 도로가에서 가장 맛있는 식당을 찾는 방법은 대형 화물트럭과 경찰차가 주차된 곳을 택하면 된다는데 의문의 여지가 없었지만 지금은 휴게소마다 거의 같은 식당들밖에 없었다. 로고나, 자기만의 색깔, 구별되는 지붕의 모양, 또는 건물에 다른 시각적 특징을 주어 식당들을 구분할 수 있었다. 주유소도 이런 방법을 사용했다. 체인점의 디자인은 정부기관의 신호체계만큼이나 표준화되어 있었다.

이런 변화를 초래한 기업들의 목표는 표준화였다. 고객들이 예상한 그대로의 경험을 제공하는 것이다. 이 점에 있어 프랭크 터너의 의견도 같았다. 1952년 멤피스의 외곽에 처음으로 홀리데이 인 Holiday Inn이 생겼다. 지역 주택건축업자인 케몬스 윌슨은 그의 아내와 다섯 자녀를 스테이션웨건에 태우고 워싱턴으로 떠났다. 가는 길에 본 숙박업소들이 좁고 불편하며 비싸다고 느낀 그는 1954년 호텔사업을 시작해서 1957년 프랜차이즈 영업권을 팔기 시작했다. 1년 후 전국적으로 50개의 지점이 생겨났고, 이듬해에는 두 배로 불어났다. 1968년이 되자 지점의 수는 1천 개가 되었고 그중의 반은 고속도로 출구 경사로에 자리했다.

하워드 존슨 역시 교차로에서 주축을 이루며 큰 성공을 누렸다. 제2차 세계대전 당시 식량배급제로 인해 열두 개 정도의 지점만 남기고 문을 닫을 수밖에 없었으나 곧 다시 당당히 부활했다. 그들의 주홍빛 지붕은 서쪽으로 뻗어가 9백 개 이상의 지점이 문을 열었고 그중 절반 이상은 커피숍과 뒤쪽으로 모텔까지 갖추게 되었다. 유료고속도로는 호조(Hojo; Howard Johnson의 줄임말)의 주 무대가 되었다. 펜실베이니아 주 이외에도 메인 주, 뉴저지 주, 오하이오 주의 최신 주간 고속도로를 이용하는 여행객들은 하워드 존슨즈의 트레이드마크인 조개튀김을 항상 맛볼 수 있었다.

스터키는 서둘러 외딴 교차로에 용변이 급한 사람들을 위한 화장실 사업을 시작했다. 얼마 되지 않아 그는 350개의 지점을 냈고 항상 청결함을 유지했다. 이윽고 운전에 지치고 시간에 쫓기는 여행객을 겨냥한 경쟁자가 등장했다.

1940년 맥도널드는 딕 맥도널드Dick McDonald와 맥 맥도널드Mac McDonald 형제가 캘리포니아 주의 샌 버나디오San Bernardino의 66번 고속도로에 처음 매장을 열었다. 그러나 밀크셰이크 기계 판매자였던 레이 크록Ray Kroc이 그들로부터 독점판매권을 사겠다고 했던 1954년까지만 해도 네 개의 지점밖에 없는 상태였다. 십 년 후 그들은 5백 개의 점포에서 막대한 수익을 끌어오게 되었다.

크록이 맥도널드 사업을 시작한 해, 첫 버거킹도 탄생했고 당시에는 인스타 버거킹Insta Burger King이라 불렸다. 마이애미에 생긴 첫 지점에서 버거와 셰이크를 개당 18센트에 팔았다. 버거킹의 설립자 중 한명인 제임스 맥라모어James McLamore도 샌 버나디오를 방문했고 크록과 같이 맥도널드 형제의 심플한 메뉴와 효율적인 서비스에 관심을 쏟았다. 맥도널드는 또 다른 전국 체인회사들에 큰 영향을 미쳤다. 그들의 시스템이 완성되었을 무렵, 해병대 참전용사 출신의 글렌 벨Glen Bell이라는 사람도 샌 버나디오에서 햄버거 가게를 하다가 멕시코 음식인 타코로 전향을 한 상태였다. 그는 자신의 멕시코 요리점을 체인화해서 파트너들에게 팔았다. 이 과정을 계속 반복한 그는 1962년 마침내 타코벨Taco Bell을 열었다.

플로리다 주와 테네시 주 그리고 텍사스 주에 왓어버거스Whataburgers가 생기고 캘리포니아 주에서는 칼스주니어Carl's Jr.와 인앤아웃버거스In-N-Out Burgers가 문을 열었다. 데어리 퀸즈Dairy Queens와 버거 셰프스Burger Chefs 그리고 로이 로저스Roy Rogers도 독감처럼 퍼졌다. 왜일까? 인스턴트 음식이 수백만의 고객을 끌어 모은 이유는 무엇일까? 우선은 싼 가격 때문이었다. 1957년 버거킹의 와퍼Whopper가 처음 등장했을 때의 가격은 37센트였고 맥도널드의 기본 버거는 15센트밖에 되지 않았다.

하지만 그것보다 큰 이유는 처음 자동차 캠프장이 등장했을 때와 마찬가지로 빠른 속도와 간소함에 대한 요구가 커진다는 데 있었다. 고속도로를 이용해 빠르게 이동하고자 하는 사람들은 까다롭고 오래 걸리는 레스토랑에 앉아 낭비할 시간이 없었다. 대신, 15분

만에 햄버거를 먹고 나올 수 있다면 많은 시간을 절약할 수 있었고 음식을 포장해 와 운전을 하면서 먹을 수 있다면 금상첨화였다.

이러한 체인점들은 효율적인 대량생산을 추구했는데 이는 사람들이 항상 같은 품질의 음식을 기대한다는 사실을 반영했다. 맛이 좋든 나쁘든 사람들은 한결 같은 것을 선호했다. 물론 고속도로에서 빠져나와 맛집을 찾아 나설 수도 있다. 운이 좋으면 기가 차게 맛있는 커피가 있는 식당을 발견할 수도 있고, 이루 설명하기 힘든 맛을 가진 육즙이 가득하고 큰 앵거스 버거Angus Burger를 파는 카페를 찾을 수도 있으며 소도시 도로변의 유명한 리틀 라운드 파이를 먹을 수도 있다. 그러나 한편으로는 식중독에 걸릴 가능성도 없지는 않았다.

그리고 사실 맥도널드의 커피는 끝내주게 맛있다. 와퍼도 꽤 괜찮다. 하디스Hardee's의 시나몬 롤은 칭찬할만하다. 이 음식들은 찾아 나설 필요도 없이 항상 교차로에 있었다. 오래 머무를 필요도 없었다. 패스트푸드와 고속도로는 공생관계였다. 고속도로는 패스트푸드점에 손님을 데려왔고, 패스트푸드점이 있기에 고속도로는 최대한 효율적으로 운영될 수 있었다.

체인점이 보이지 않는 몇 개의 인터체인지도 있긴 하지만 아주 소수였다. 드물지만 인터체인지 자체가 목적지인 경우도 있었다. 사우스캐롤라이나 주의 딜런Dillon은 가장 큰 주간 고속도로가 지나감으로써 야심찬 도시로 성장해가고 있다.

제95번 주간 고속도로와 301/501번 고속도로가 만나는 곳에 알란 셰이퍼Alan Schafer라는 사람이 멕시코를 테마로 만든 '국경의 남쪽South of the Border'에는 네온사인으로 장식된 거대한 솜브레로(Sombrero; 챙이 넓은 멕시코 모자)가 61미터의 높이로 우뚝 솟아있다. 그 밑에는 솜브레로 모양의 스테이크 레스토랑이 있다. 30여 미터의 키에 솜브레로를 쓴 조각상이 기념품가게 앞을 지키고 있는데 차들은 그의 다리 사이로 들어올 수 있다. 모텔 투숙객들은 솜브레로 모양의 일광욕실로 둘러싸인 수영장을 이용할 수 있다. 밤이 되면 솜브레로, 선인장, 그리고 로켓 모양의 네온사인이 불을 밝힌다. 불꽃놀이와 고무로 만든 고래, 등 긁개 등을 파는 슈퍼마켓이 즐비하다.

도로가에서 '국경의 남쪽'을 알리는 재미있는 광고판도 많이 볼 수 있지만 실제로 그 장소에 가보기 전까지는 그 대단함을 알기 어렵다. 볼티모어와 올랜도Orlando 사이의 제95번 주간 고속도로를 이용해 봤다면 캄캄한 밤을 밝히는 형광 빛의 솜브레로와 노란 글자로 쓰인 익살스러운 표현이나 너무 솔직해서 웃긴 광고판들을 많이 봤을 것이다. 30분 정도 운전해가면 '삐드로와 캠프를(Camp Weeth Pedro; 멕시코 사람들이 with의 발음을 어려워해 Weeth로 발음하는 것을 이용한 익살스러운 표현.)'이라는 광고판을 볼 수 있다. '삐드로의 날씨정보: 오늘은 쌀쌀하고 내일은 더움(Pedro's Weather Report: Chili Today, Hot Tamale, Chili는 멕시코 요리의 일종으로 쌀쌀하다는 뜻의 chilly와 발음이 같다. Tamale 역시 멕시코 요리중의 하나이다. 여기서 tamale는 tomorrow와 발음이 비슷하다는 것을 이용해 쓰인 익살스러운 표현이다.)'이라는 광고판도 보이고 '이런 곳은 처음 보실 거예요(You never sausage a place, 'you never saw such a place'와 같이 두 문장의 발음이 비슷한 것을 이용해 소시지 가게를 홍보하고 있다.)'라는 약속을 하는 광고판에는 거대한 입체 폴란드식 소시지가 달려있다. 40여 년 동안 '사우스 오브 더 보더(국경의 남쪽)'를 알리는 수십 개의 재미있는 광고판이 이 도로가에 나타났고 사우스캐롤라이나 주와 노스캐롤라이나 주를 가르는 경계에 가까워질수록 광고판은 점점 많아진다. 이들은 도로가의 소나무와 향나무를 완전히 가리고 재미없는 담배 할인 광고나 성인물 가게 광고를 능가한다. 지난 몇 년간 조금 줄어들긴 했지만 절정의 인기를 누렸던 90년대에는 커브를 한 번 돌 때 여덟 개의 광고판을 동시에 볼 수 있을 정도였다.

이런 광고판들은 사우스 오브 더 보더를 실제보다 축소시켜 말하는 것이다. 맨 처음 보이는 것은 솜브레로 타워로 강철로 지어진 다리, 유리로 된 엘리베이터, 거대한 솜브레로로 이루어져 있다. 일단 주간 고속도로에서 빠져나오면 주유소, 오락실, 그리고 뻬드로의 커피숍, 뻬드로의 피자 앤 샌드위치, 뻬드로 식당, 더 솜브레로, 더 페들러 스테이크 하우스The Peddler Steak House, 뻬드로의 아이스크림 파티 등의 수많은 레스토랑을 볼 수 있다.

기념품가게(마지막으로 세었을 때 13개 였다)에는 조그만 부처상, 선정적인 볼링용 수건, 작은 양주용 유리잔, 열쇠고리 등이 진열되어 있고 할인을 해준다는 표지판들이 여기저기 붙어있어 억지로라도 사야할 것 같은 분위기를 조성한다. 조그만 돼지 조각상을 원하는가? 바구니 안에서 카드놀이를 하는 돼지들이 삼베 주머니에 들어있다. 불꽃놀이를 원하는가? 여기는 전국에서 가장 큰 불꽃놀이 상점이고 쓰레기통만큼 큰 불꽃놀이 장치도 판매되고 있다. 모든 것을 여유롭게 구경할 수도 있다.

사우스 오브 더 보더 모터 호텔South of the Border Motor Hotel은 넓은 방과 긴이 주차장이 갖춰져 있다. 헐값에 이용할 수 있는 20개의 신혼부부용 스위트룸은 침대머리에 거울이 달려있고 샴페인도 준비되어 있다.

사우스 오브 더 보더는 지난 60년간 1억1천2백만 명의 여행객을 받았다고 추정하는데, 이 말이 맞는다면 43만평 남짓의 이 지역은 전국적으로 손꼽히는 관광명소인 것이다. 이것은 계획된 일이 아니었다. 1949년, 인접한 노스캐롤라이나 주의 한 카운티가 금주를 선언했다. 그곳의 밀러Miller 맥주 유통업자였던 셰이퍼는 갑자기 재고는 넘쳐났고 거래는 중단 상태가 되어버렸다. 그래서 그는 주경계에 3천7백 평가량의 땅에 가로 5.5미터 세로 11미터의 콘크리트 블록으로 된 건물을 짓고 사우스 오브 더 보더 맥주창고South of the Border Beer Depot라는 이름을 지었다. 장사는 활기를 띠었다.

주류 관계자들은 그 이름을 마음에 들어 하지 않았다. 셰이퍼는 간판을 떼어내고 드라이브인 맥주창고Beer Depot for Drive-In라는 이름으로 바꿨다. 그리고는 몇 종류의 샌드위치를 메뉴로 하는 식당을 지었다. 몇 년 후 내가 방문했을 때 그는 "그릴드 치즈, 그릴드햄, 땅콩버터와 잼. 그게 메뉴의 전부였죠. 탄산음료와 커피, 그리고 물론 맥주도 있었지만요."라고 말하며 그때의 기억을 떠올렸다. 1950년대 초반의 어느 날 밤 현금이 부족했던 한 판매원이 찾아와 거래를 제안하지 않았더라면 그곳은 그냥 밀러 맥주를 팔기 위한 조그만 가게 정도로 남아있었을 것이다. 이 낯선 사람은 자신에게 뉴욕으로 가는 데 필요한 현금을 준다면 자신이 가진 샘플을 주겠다는 것이었다. 셰이퍼는 밖으로 나가 그의 차로 걸어갔다. 차에는 동물인형이 가득했다. 셰이퍼는 "5배 정도 싼 가격에 그 동물인형들을 샀습니다. 그리고 가게 선반에 전시해 놨죠. 3주 만에 인형들은 모조리 다 팔렸고 나는 '세상에!'라는 말밖에 나오지 않았습니다."라고 말했다.

그는 301/501번 고속도로를 따라 음식과 맥주를 홍보하는 광고판을 세우기 시작했고 쉼터를 찾는 관광객들이 몰려들었다. 1954년, 40개의 방을 갖춘 첫 모텔이 문을 열었다. 3년 동안 하루도 빈 방이 없었다. 제95번 주간 고속도로가 생겨났을 때는 첫 기념품 가게를 열었다. 그는 원래의 식당에 인조가죽으로 만든 칸막이를 설치하고 솜브레로 모양의 샐러드 바를 추가해 오늘날 솜브레로의 모습을 갖추기 시작했다.

처음으로 주간 고속도로가 생기기 시작한 시절, 주로 캐딜락과 링컨이 주차장을 메웠고 셰이퍼는 벨보이 서비스와 파3 골프 코스까지 갖춰 손님들을 만족시키려 애썼다. 마침내 뒤쪽에 위치한 북적대는 창고와 그의 사무실(S.O.B라는 글자가 적힌 겨자색의 급수탑 아래에 있다.)까지도 다 연결되어 사우스 오브 더 보더는 하나의 작은 비즈니스 왕국이 되었다. 그는 계속해서 밀러와 하이네켄 맥주의 지역 유통을 독점했고 자신의 가게에서는 그 두 브랜드만 팔았다. 에이스-하이 광고사Ace-Hi Advertising에서 모든 광고판을 만들었는데 모든 문구는 셰이퍼 자신이 썼다. 그리고 그는 조금 떨어진 곳에 트럭 전용주차장을 열었다. 그것은 돈을 벌기위한 것이 아니라 사우스 오브 더 보더의 주차장에 관광객들이 더 많이 주차할 수 있도록 하려는 조치였다.

그럴 리는 없지만 혹시나 고객들이 광고판을 보지 못하는 것에 대비해 셰이퍼는 주간 고속도로의 가장자리에 거대한 총천연색의 움직이는 화면을 설치했다. 2001년 그가 백혈병으로 숨을 거두기 전, 그가 사용한 24,576개의 전구의 한 달 전기세는 자그마치 11만 달러였다.

어느 오후 내가 솜브레로에 들러 점심을 먹고 있을 때, 한 무리의 멕시코 사람들이 들어와 두세 테이블 건너에 앉았다. 그들은 메뉴를 해독하기 힘들어 직원들의 도움을 받고자 했으나 스페인어를 할 줄 아는 사람이 아무도 없었다.

볼티모어의 선택

한편 볼티모어에서는 중심가의 재개발을 촉진할 방법을 찾던 시 당국 관료들이 찰스센터Charles Center라고 불리는 선명한 검은색을 띤 주상복합건물에서 깜짝 놀랄 뉴스를 발표했다. 그 건물은 상업지구의 남쪽 가장자리에 위치하고 있었는데 그 발표 이후 즉시 급부상했다. 그 프로젝트는 도시의 동서 고속도로에 대한 즉각적인 파문을 일으켰다. 1959년 7월,《선Sun》지는 도시계획가들이 비밀리에 중심가의 북쪽 대신 남쪽을 지나는 제70번 주간 고속도로의 노선을 논의 중에 있다고 밝혔다. 그렇게 되면 타이슨 거리는 피해 가고 찰스센터에 바짝 붙어가게 되는 것이다.

이 새로운 비밀노선은 이너하버Inner Harbor의 북쪽 해안을 따라 고가도로 형태로 지어질 계획이었다. 그러면 중심가는 해안으로의 접근이 효과적으로 제한되고, 남북을 잇는 제83번 주간 고속도로와 부두 근처에서 교차할 수 있었다. 그들은 그 고속도로가 볼티모어의 엠바카데로Embarcadero 도시 고속화도로가 될 것이라고 했다. 그때만 해도 엠바카데로 도로가 도시의 가장 중요한 자산을 가리는 콘크리트 장막이 될 것이라는 사실을 아무도 몰랐다. 정부 관료들과 건설업자들은 이 계획에 만족했다. 어쨌든 이 도로가 중요한 것을 망치거나 누군가에게 해를 입히는 건 아니었으니 말이다. 이너하버는 더럽고 불결했다. 물론 동쪽 강변의 몇몇 집들을 철거해야 했으나 오래된 집들이었으므로 큰 손해를 보는 것은 아니었다.

1960년 1월, 고속도로 계획자들이 쓴 보고서 동서 도시 고속화도로를 위한 연구Study for an East-West Expressway가 정식으로 발표됐을 때, 글의 어투로 미루어보아 저작자가 운전자 중심의 성향을 띤다는 것을 알 수 있었다. "일반적인 도시의 거리에서 운전을 하는 것은 꽤 따분하고 우울하다. 도시 고속화도로를 운전할 때는 활기차고 신이 나기까지 한다. 매우 복잡한 지역을 멈추지 않고 빠르게 달릴 수 있다는 즐거움도 있지만 도시 고속화도로는 흥미롭고 아름다운 도시의 경관을 볼 기회를 제공한다.… 그 도로를 달리는 것은 짜릿한 경험이 될 수 있다."라는 내용이 주를 이루었고 다른 의견을 갖고 있는 사람들의 입장에 대해서는 한마디도 언급되지 않았다.

시 당국은 지역 토건회사 세 군데를 지정해 이 보고서를 검토하도록 했다. 또한 그들에게 다른 대안이 있다면 보고서의 제안과 비교해 봐달라고 했다. 그 과정에서 엔지니어들은 훨씬 좋은 아이디어를 생각해냈다. 그리하여 1961년 10월, 볼티모어는 또 다른 고속도로 제안을 고려하게 되었다. 여태껏 고려했던 제안들 중 이번 것이 가장 크고 호화로웠다. 10-D라는 별명이 붙은 이 도로는 제70

번 주간 고속도로가 서쪽의 두 공원과 로즈몬트를 통해 도시 내로 진입해 프랭클린과 멀베리의 회랑지대를 따라 서부 볼티모어의 대부분을 지나도록 하는 계획이었다. 중심가를 피해 남쪽으로 굽어진 후 이너하버를 지날 때까지 계속해서 남쪽으로 가다가 결국에는 워싱턴으로부터 올라오는 제95번 주간 고속도로와 만나는 것이다. 그렇게 이 두 개의 길이 합쳐져 하나의 거대한 도로가 되어 동쪽으로 구불구불 가다가, 도시에서 최고로 아름다운 전망을 자랑하는 돔 모양의 페더럴 힐Federal Hill이 있는 항구의 남쪽으로 이어진다. 거기서 제70/95번 주간 고속도로는 이너하버의 가장 좁은 지점인 낮은 둑길을 건너게 된다. 제83번 주간 고속도로도 남쪽으로 연장해 제70/95번 주간 고속도로와 만나게 하는 것이다. 이것은 여러 경사로와 입체교차로가 강물 위에 혼재하는 형식이었다. 총 14개의 차선을 갖출 이 도로는 볼티모어의 금문교The Golden Gate Bridge가 되어 세계적으로 유명해 질 것이었다.

물론 부작용도 있었다. 이너하버는 카누와 소형보트 정도만 접근이 가능했다. 하나의 예외 지점은 예인선과 소형요트 정도가 지나갈 정도의 높이가 되는 46미터 너비의 공간이었다. 그리고 이전에 나왔던 계획들과 마찬가지로 10-D 역시 사람들을 이주시켜야 했는데 이번에는 더럽고 범죄가 많기로 알려진 강변구역이었다. 하지만 이전의 계획들에 비하면 이번 노선은 일손이 비교적 적게 필요할 것 같았다. 이동해야 하는 주민의 수가 4,800명 미만이었기 때문이다.

비즈니스 관계자들은 이 계획에 황홀해했다. 시장도 지지했다. 도시의 공공시설 담당자는 이 노선이 도시에 가장 이익이 되는 길이라고 선언했다. 그러나 시민들은 또다시 반대했다. 서쪽에 있는 백인동네 아홉 곳은 소매를 걷어붙이고 제 70번 주간 고속도로의 두 개의 공원 진입에 반대했다. 숲이 우거지고 덩굴이 엮여있는 리킨 공원은 동부에서 손꼽히는 도시 속 자연이었고 그윈즈 폭포공원Gwynnes Falls Park의 개울 주변은 개발제한 구역으로 지정되어 있었다. 이너하버의 동쪽 주민들 역시 이 소식이 달갑지 않았다. 이들 지역은 소수민족 거주지들의 집합체로 이탈리아, 그리스, 그리고 폴란드 민족이 오래전부터 살고 있었고 퀼트로 만든 듯한 모양을 하고 있었다. 주민들은 대부분 노동자였고 자신들의 거주지에 긍지를 느끼는 사람들이었다. 두 주먹을 꽉 쥔 주민들은 자신들의 거주지를 정부에서 마음대로 없앨 수 있다고 생각하는 데에 몹시 분노했다. 이런 동네 중 하나인 펠즈 포인트Fells Point는 18세기 건물들이 많아 건축계의 보물이라 생각하는 상류계급 사람들의 애착은 남달랐다.

시 당국에서는 로즈몬트와 프랭클린-멀베리 회랑지대 주위의 주민들의 분노가 고조되고 있다는 것을 알고 있었지만 큰 걱정을 하지는 않았다. 그 지역은 흑인거주지였기 때문이다.

그 계획에 대한 청문회가 있기 며칠 전, 볼티모어의 공공시설 담당자인 버나드 워너Bernard Werner는 시위는 받아들여지지 않을 것이라고 선언했다. "소수의 주택 철거 없이 도시 고속화도로를 지을 수는 없습니다. 우리가 어디에 도로를 짓던 간에 누군가는 희생을 할 수밖에 없습니다." 사람들은 계속 항의했다. 분노한 1천3백여 명의 볼티모어 시민들은 세 시간 동안 야유를 보냈고 10-D의 주창자들을 괴롭혔다. 그중 가장 최악의 반응을 얻은 것은 한 토건회사 대변인이 "이 공사로 영향을 받는 지역들은 이미 빈민가로 알려져 있는 곳입니다."라는 말을 꺼냈을 때였다. 《선Sun》지는 다음과 같이 보도했다. "그의 연설에 주민들은 야유로 화답했다. 중간 중간에 '누구 맘대로?' 또는 '내 집은 빈민가가 아니다'라는 구호도 외쳤다."

청년상공회의소 대변인이 고속도로 계획을 지지하는 짧은 연설을 마쳤을 때, 강당의 무대에 앉아있던 시의원 윌리엄 보네트William Bonnett는 자리에서 일어나 마이크를 빼앗아 쥐고는 "이 연설자는 볼티모어 카운티의 교외 출신이 틀림없다."며 못마땅함을 드러냈다. 《선Sun》지는 또다시 '보네트 의원이 마이크를 잡자, 워너가 말렸지만 의원은 계속해서 자신의 말을 이어나갔다. '이 고속도로로 인해 1만5천 명의 사람들이 거리로 내몰리게 생겼습니다. 이 사람들의 말을 들어봐야 합니다.' 이 말에 워너는 마이크를 빼앗았고 보네트를 자신의 자리로 돌려보냈다. 시민들은 "그가 말하도록 두어라"라고 외치며 워너에게 야유를 보냈다.

의회의 중심인물인 볼티모어의 조지 팰런George H. Fallon은 이런 다툼은 피할 수 없는 것이라 생각했다. 그는 그해 말에 열린 AASHO 연례회의에서 "이 도로 프로그램이 미국의 모든 사람에게 영향을 미칠 것이기 때문에 수많은 논란이 있는 것은 당연합니다. 이런 논란은 피할 수는 없지만 이에 대비할 수는 있습니다. 자신의 의견을 상대방에게 잘 설득력하려고 노력함으로써 논란을 최소화시킬 수는 있지만 논란을 없앨 수는 없습니다."라는 말을 했다. 자신의 고향을 떠올리며 한 말임에 틀림없었다.

이런 열띤 반응에도 불구하고 주 도로위원회는 크게 동요하지 않았다. 그들은 도시 고속화도로의 이너하버 구간은 일단 손대지 않고 논란이 없는 서쪽 구역인 공원과 로즈몬트 지역부터 공사를 시작하도록 했다.

존 브래그던의 보고서가 관료주의의 수렁에 빠져버린 지 1년이 지난 후. 미국 상무부와 주택자금금고Housing and Home Finance Agency가 공동 수행한 연구에서 그의 핵심 주제들이 다시 떠오르기 시작했다. 주제는 도시의 대중교통 문제였다. 1962년에 발표된 이 문서는 브래그던이 언급했듯이 미국의 도시계획 속에는 반드시 교통 관련 계획이 포함되어야 한다는 내용이 들어있었다. 또한 이것을 지키지 않는 도시들은 연방정부로부터 보조금을 받지 못하도록 하자는 제안이 있었다.

이 제안이 나온 것은 주간 고속도로망의 도시 진입이 이론으로부터 실행에 옮겨질 때였다. 애틀랜타, 디트로이트, 클리블랜드. 인디애나폴리스, 보스턴, 마이애미의 주택소유자들과 아파트 거주민들, 그리고 사업가들은 자신들이 이 교통문제에 장애가 된다는 것을 알았으나 그들이 취할 수 있는 조치가 딱히 없었다. 대부분의 지역에서 결정을 내리는 사람들은 주 소속 고속도로 엔지니어들과 기술 분야의 전문가들이었다. 이들은 정치인이 아니라서 시민들의 분노에 영향을 받지 않았고 기술적 연구와 통계자료, 비용-이익 분석자료 등이 그들의 입장을 대변해 주었다. 뿐만 아니라 공공청문회는 관중들이 이해하지 못하는 용어로 가득했다.

고속도로 계획은 대부분의 경우 독립적이었다. 전체적인 도시계획과는 별개로 존재했고 다른 형태의 교통수단과도 단절되어 있었다. 고속도로를 건설하는 데 있어 더 포괄적 접근 방법을 사용하라는 압박은 빠르게 증가했다. 1962년 4월, 케네디 대통령은 공동 보고서의 내용을 빌어 대중교통수단에 관한 그의 첫 메시지를 의회에 전했다. 펜실베이니아 주의 허쉬Hershey에서 6월에 열린 고속도로 관련 회의에서는 "도시 고속화도로는 그것이 지나는 지역을 무시한 채 독립적으로 계획되어서는 안 된다."는 결론이 났다.

10월에는 1962년 승인된 연방지원고속도로법이 1965년에 수정된다는 발표가 있었다. 주정부와 지역사회가 협력하여 포괄적인 대중교통수단 계획을 계속 만들어 나갈 것이 아니라면 상무부장관은 5만 명 이상이 사는 도시에는 도시 고속화도로를 승인하지 않을 것이라는 내용이었다. 협동성Cooperative, 포괄성Comprehensive 그리고 지속성Continuing이라는 이 세 가지 요구조건(3-C requirement)은 도시계획가들에게 고속도로가 파괴적인 것이 아닌 도시생활을 개선할 수 있는 도구가 될 수도 있겠다는 희망을 심어주었다.

이 새로운 법안에도 불구하고 볼티모어의 흑인거주지를 통과하는 제70번 주간 고속도로의 노선은 기정사실화 되어있는 것 같았다. 1964년 중반, 노선을 선정하는 것은 어렵지 않았다. 전쟁 이후 제안되었던 모든 고속도로 계획에 포함된 프랭클린과 멀베리 회랑지대의 주민들은 자신의 집과 땅을 빼앗길 것이라 생각해 관리를 소홀히 하기 시작했고 결국 이 지역은 엉망진창이 되었다. 이 현상은 주변으로 퍼져나가 이웃의 동네들도 비슷한 모습이 되었다. 볼티모어의 시민들은 "미래의 제70번 주간 고속도로는 철거 팀이 도착하기도 전에 이 지역을 무너뜨렸다."라고 씁쓸하게 말했다.

그해 가을, 주정부와 연방정부는 10-D 도로의 건설을 승인했다. 젊은 변호사이자 시의원인 톰 워드Tom Ward는 주정부의 도로담당자들을 '공공의 적'이라 부르며 그의 동료들에게 도시 고속화도로의 예산을 삭감하라고 촉구했다. 그의 제안은 표결에 부쳐졌고 그는 22 대 1로 패배했다. 그러나 그는 도시공원위원회가 고속도로의 노선을 검토해보고 싶어 한다는 핑계로 한 번, 그리고 도시기획위원회에게 조그만 조정사항을 검토해 달라고 요구하면서 또 한 번 공사의 시작을 늦추는데 성공했다. 그로 인해 공사 지연은 아주 중요한 요소가 되었다. 그 덕택에 반대자 모임이 결성되는 시간을 번 것이다.

볼티모어의 저항은 미국 전체에 울려 퍼졌다. 내슈빌에서는 제40번 주간 고속도로가 도시의 북쪽 흑인거주지를 통과하도록 예정되어 있었는데 그렇게 되면 100블록 정도가 고립되고 오랫동안 자리 잡았던 흑인 상권이 파괴되는 것이었다. 볼티모어의 저항에 영감을 받은 주민들은 미국흑인지위향상협의회(NAACP, National Association for the Advancement of Colored People)의 도움을 받아 테네시 주의 고속도로관리국에 차별 소송을 제기했다. 서쪽으로 몇 시간 떨어진 멤피스의 시민들도 동물원과 골프장, 피크닉 공간이 마련된 산림 지정 보호구역인 오버튼 공원Overton Park을 밀어버리고 6차선의 고속도로가 들어선다는 사실에 동요하기 시작했다. 도시를 가로지르는 고속도로인 메이슨-딕슨 라인Mason-Dixon Line을 지어 흑인거주지를 격리시키려던 필라델피아에도 시위대가 생겨났다. 하버드대학과 MIT사이를 지나 중산층의 주택이 모인 지역을 뚫고 지나는 주간 고속도로 계획을 세웠던 매사추세츠 주의 케임브리지Cambridge도 마찬가지였다.

뉴올리언스에서는 유명한 프렌치 쿼터French Quarter를 둘러 잭슨

스퀘어Jackson Square와 미국에서 가장 유서 깊은 성당에 초 근접하는 고가 고속도로가 계획되었는데 이에 반대하는 집회 또한 점점 불어났다. 연방주택관리국Federal Housing Authorities에서 이 프로젝트는 문화유적 지역에 '지극히 유해한 결과'를 가져올 것이라고 판단했음에도 불구하고 시 당국과 주정부는 아랑곳하지 않고 자신들의 계획을 밀어붙였다.

제70번 주간 고속도로를 위해 필요한 땅과 주택을 법적으로 몰수하기 위한 첫 단계인 공청회가 볼티모어에서 열렸을 때, 550명의 시위대가 참가해 농성하는 바람에 그 공청회를 이끌던 시위원이 자리를 떠나고 말았다.《선》지는 이번 회의에 볼티모어 내 모든 도시 고속화도로의 계획이 반영되었다며 "그 계획은 산산조각 났다."라고 보도했다.

조 와일즈Joe Wiles의 이름이 신문에 오른 적은 거의 없다. 그러나 볼티모어 대학University of Baltimore의 지역 역사자료를 뒤져보면 그의 이름을 자주 볼 수 있다. 그는 조용하면서도 집중 있게 지역사회 활동을 하고 항상 뒤에 머물면서 핵심적인 역할을 했다. 소란을 떨기보다는 설득과 끈기의 힘을 믿는 사람이었다. 그의 지휘 하에 로즈몬트 지역개선협의회는 도시 고속화도로의 방어에 모든 힘을 쏟았다.

도시 고속화도로로 인해 이주해야하는 사람들이 공정한 조처를 받을 수 있도록 프랭클린-멀베리의 주택소유자들은 '재위치 찾기 행동운동(RAM; Relocation Action Movement)'을 결성했고, 와일즈와 로즈몬트 지역개선협의회도 여기에 가담했다. 자신들의 거주지를 잃으리라는 것은 확실해 보였다. 그러나 거기에 대해 공시가 정도의 보상밖에 해주지 않으려는 정부에 주민들은 격노했다. 이주하는 대부분의 사람들이 가난하다는 사실을 알면서도 국가에서는 이사 비용조차 대주지 않고 지금 살고 있는 집보다 비쌀 게 뻔한 새 집을 알아서 찾으라는 식의 무책임한 행동을 취했기 때문이다.

이런 부당한 대우에 시 당국의 태만한 주택조사까지 더해져 상황은 더욱 악화되었다. 주택의 상태가 나빠졌고 이는 주변 지역의 가치를 떨어뜨렸다. 이것은 이주해야하는 사람들이 보상받을 수 있는 금액이 빠르게 줄어든다는 것을 의미했다. 몇 주 지나지 않아 주민들의 항의가 거세지면서 몰수지역 이외의 시민들도 합세해 '재위치 찾기 행동운동'의 인원은 수백 명으로 불어났다.

또 다른 시위대가 도시 전체에 퍼지기 시작했다. 톰 워드와 몇 명의 부유한 협력자들은 페더럴 힐과 몽고메리 및 펠즈 포인트 보호협회Society for Preservation of Federal Hill, Montgomery, and Fells Point를 설립해 도시의 동남쪽 지역의 귀중한 18세기와 19세기의 건물들을 지키는데 전념했다. 이들은 공적으로는 도시 고속화도로의 폐해를 두고 시 당국과 실랑이를 벌이면서 뒤로는 이 지역을 새로 만들어진 국가사적지National Register of Historic Places에 등록하기 위해 애쓰고 있었다. 두 개의 신흥단체가 같은 전쟁의 다른 두 전투장에서 싸우게 되었다. 하나는 서부 볼티모어에서 생겨난 가난한 흑인단체였고 나머지는 동부 볼티모어에서 만들어진 부유한 백인단체였다.

프랭크 터너와 그의 동료들은 여러 도시에서 이런 시위가 벌어지는 것을 목격하고는 실망과 좌절에 빠졌다. 도로관리국은 탄생 초기부터 기술적 지식을 축척하고 정치로부터의 독립을 기초로 삼아왔다. 이것이 그들에게 힘을 실어주는 원동력이었다. 그들은 40년 이상 어디에 어떻게 도로를 놓아야 할지 판단을 한 조직이었다. 그리고 이에 의문을 제기하는 사람은 없었다. 국민들은 이 조직에 힘을 실어줬고 도로에 관한 모든 임무를 위임했다. 그들은 그 역할을 잘 수행해왔고 국민들은 만족해왔다. 1966년, 미국은 전 세계 승용차의 57퍼센트를 소유했고 운행거리가 약 1조 4,838억 킬로미터에 달했으며 도시 간 이동의 92퍼센트가 자동차로 이루어졌다. 재미삼아 드라이브 하는 것이 미국인들 사이에서 최고 인기 있는 야외활동으로 손꼽혔다.

도로관리국이 주어진 임무를 소홀히 했다고 상상해보라. 얼마나 난장판이겠는가? 그런데 이제 와서 그들의 업적이 전국적으로 비난을 받고 있다. 월간지 《애틀랜틱 먼스리The Atlantic Monthly》는 미국의 고속도로가 웨스트버지니아 정도 규모의 땅을 차지하고 있다는 것이 나쁜 일인 냥 기사를 썼다. 《내셔널 리뷰National Review》라는 보수적 잡지의 기자들은 콧방귀를 뀌며 "도시 고속화도로는 복잡하고 규율이 없는 사회의 상징이 되었다. 존슨 대통령과 유달Udall 내무장관은 그들의 철없는 수하들을 제지할 때가 왔다."라는 기사를 썼다. 이외에도 수많은 언론이 도시 고속화도로 프로그램과 그 배후에 있는 정부기관에 의문을 제기했다.

게다가 『고속도로의 반란The Freeway Revolt』의 기고가 루이스 멈포드도 있었다. 그의 분노는 어느 때보다 더 컸다. 1961년, 그는 『역사 속의 도시: 도시의 기원, 변모와 전망The City In History: Its Origins, Its Transformation, and Its Prospects』이라는 657페이지 분량의 걸작을 펴냈다. 이 책은 도시 고속화도로를 '서민들을 강제로 이주시켜 그들의 보편적인 삶을 망가뜨리고, 도시의 흙먼지를 중심지로부터 더 멀리 날려 보내는 데만 도움을 주는 깔때기'라고 표현하고 있다. 많은 비평가들은 이 책을 그의 작품 중 최고의 수작(秀作)으로 꼽았다. 이 책은 다음 해 내셔널 북 어워드National Book Award를 수상했고, 1964년 존슨 대통령은 그에게 미국 시민으로서 최고의 영예인 자유훈장Presidential Medal of Freedom을 수여했다. 1966년《뉴욕리뷰 오브 북스(New York Review of Books; 미국의 격 주간 서평지)》에 실린 '미국인 식으로 죽는 법The American Way of Death'이라는 글에서 멈포드는 "이 종교(도로)의 힘과 영광을 입증하기 위해 미국인들은 경건하게 눈을 감고 5만9천 명의 생명을 희생시키고 3백만 명을 회복 불가능한 상태의 불구로 만들 준비가 되어있다."며 비난을 멈추지 않았다. 랄프 네이더Ralph Nader의 칼럼 '어떤 속도에서도 안전하지 않다Unsafe at Any Speed'에는 자동차 그 자체에 대한 통렬한 비판이 실려 있었다. "자동차는 인구를 여러 지역에 적당히 분배함으로써 사회에 가치 있는 기여를 할 수도 있었으나 오히려 도시뿐만 아니라 시골에까지 가장 큰 위기를 안겨주었다. 이것은 악몽이다. 공기는 치명적인 일산화탄소를 포함한 독성이 가득한 배기가스로 오염되고 휘발유로부터 나온 납 성분이 물을 오염시켜 북극지방 까지도 위협을 받고 있다. 낮 동안 자동차로 통근하는 사람들은…."

그는 주간 고속도로의 백해무익한 단조로움을 경멸하고자 특별히 공간을 할애했다.

"똑같이 정해진 속도에 똑같은 너비를 가진 단조로운 도로는 똑같은 졸림을 선사하고, 운전자들은 똑같이 에어컨을 틀고 달리며,

똑같은 하워드 존슨즈, 똑같은 주차장, 똑같은 모텔을 볼 수 있다. 얼마나 빠른 속도로 달리건, 혹은 얼마나 멀리 운행하든지 간에 운전자는 사실 집을 떠나지 않은 것과 같다. 풍경의 다양성을 제거해 버리고 산이나 바다 같은 절경을 익숙한 쇼핑센터 정도로 만들어 버리는데 수고를 아끼지 않았다. 다시 말해, 자동차를 운전하는 것은 여태껏 존재했던 이동 중 가장 정적(靜寂)인 이동이라고 말할 수 있다."

도로관리국에서 일하는 사람으로서 이런 말을 듣는다면 당연히 사기가 꺾일 것이다. 꼭 도로관리국 소속이 아니라 고속도로에 관련된 누구라도 그럴 것이다. 터너는 사적인 감정이 개입된 듯한 공격성 발언이 특히 신경 쓰였다. 평생 공무원으로 일하면서 그들의 인생을 시민들과 지역사회에 바쳐온 사람들이 한 가지 생각만 하는 비정한 자들로부터 매도당한 것이다. 그들이 행한 노력은 도시를 망치고 주민들 가슴에 상처만을 남겼으며 이미 부유한 석유회사, 자동차 제조사, 트럭운수회사의 배만 불렸다는 것이었다.

터너는 "고속도로 관계자들이 원하는 것이 오직 고속도로만을 건설하는 것뿐이라고 하는 것은 말도 안 되는 발언입니다. 우리가 왜 결과 따위는 무시해버리고 그냥 밀어붙이자 라는 생각을 하겠습니까? 일부러 우리가 공원을 파괴하고 대학의 캠퍼스를 가로지르고 황야와 냇가를 없애고 수만 명의 힘없는 시민들과 사업주들을 가차 없이 몰아낸다는 것은 정말 터무니없는 생각입니다."라며 분노했다.

터너는 주민들이 고속도로 건설에 관련해 쏟는 열정과 노력에 대해 조금이라도 알아준다면 이렇게 도로관리국이나 건설업자들을 비난하기는 힘들 것이라고 생각했다. 그는 공공의 이익을 위해 일하고 있었다. 그는 《하이웨이 유저Highway User》라는 잡지에 "아시다시피, 고속도로는 국민을 위한 것입니다. 고속도로가 사람들과 멀리 떨어져있을 이유가 없습니다. 단순히 말해, "고속도로는 곧 국민입니다." 고속도로의 목적이 사람들을 쓸어내려는 것이라 생각하는 사람들은 고속도로를 잘못 이해하고 있거나 우리가 고속도로를 어떻게 생각하는지를 모르는 것입니다."라는 말을 했다.

그는 국민들을 분노케 한 것이 고속도로만의 문제는 아니라고 생각했다. 더 큰 무언가가 있는 것이 틀림없었다. 반(反)고속도로 감정은 그가 매일 밤 메이블과 함께 시청하는 뉴스를 장악하고 있던 미국 문화의 구조적 변화의 일부였다. 그는 "우리는 소용돌이치는 과도기에 살고 있습니다. 이 변화의 시기에 옛 것의 가치는 의문스럽게 여겨집니다. 지금은 히피족과 마리화나와 환각제, 기성체제를 거부하는 사람들과 교사들의 파업, 인종 폭동과 약탈의 시대입니다. 가정은 파괴되고 수백 년 동안 우리가 알고 존중했던 도덕률은 바뀌거나 버려지고 있습니다. 종교마저도 의문시되는 지금 고속도로에 대해 의문을 가지는 것은 어떻게 보면 당연한 것입니다."라는 글을 썼다.

그렇다고 마음이 덜 아프지는 않았으나 적어도 왜 자신이 비난을 받는 것인지 이해하는데 도움은 되었다. 터너는 가혹한 비난의 말들을 사적으로 받아들이기보다는 균형감을 유지하려 노력했다. 그리고 많은 경우 평정심을 되찾았다. 그가 버스를 타지 않는 날은 아들 짐Jim을 데리고 출근했다. 짐은 아버지가 고속도로 프로그램을 공격하는 이들에게 침착하게 대응하는 것에 깊은 인상을 받았고 아버지의 열린 사고에 또 한 번 감명 받았다. 1967년 초 터너가 다시 승진했을 때 그는 많은 연설과 인터뷰를 통해 타인에 대한 공감과 분별력 있는 시각을 설파했다.

그는 1967년 8월 서부 쪽 주정부 고속도로 담당자들에게 "우리는 지난 몇 년간 인간과 사회적 가치에 대해 많은 것을 들었습니다. 그것들을 그저 이야기로만 수용해서는 안 됩니다. 도로가 사람과 물자를 수송하기 위해서만 지어진 때가 있었다면 그 시기는 오래 전에 끝났습니다."라는 연설을 했다.

《하이웨이 유저》지에서 그는 본인이 시위대의 일원이 된 듯 한 말을 했다. "도시 내에 억지로 고속도로를 밀어 넣고는 '어머! 미안해요. 다른 데로 이사 가셔야겠어요. 이 일이라는 게 어떤지 아시잖아요. 항상 가난한 사람들이 방해가 되지요'라고 한다고 해서 일이 해결되는 것은 아닙니다. 우리는 냉정하게 고속도로 관계자들이 깨달은 바를 전달해주죠. 저희들도 정말 힘들게 알게 된 사실을 말입니다. 하지만 사람들은 가만히 앉아 보고 있지만은 않을 거라는 사실도 잘 압니다."

터너의 새 직책은 공공도로 총책임자였다. 서류상으로는 토머스 맥도널드가 14년 전 떠났던 직책과 거의 똑같아 보였지만 도로 관리국은 변했고 정부 내 위상 역시 달라졌다. 주간 고속도로 프로그램과 다른 연방 지원 시스템을 감독하는 것 이외에도 터너는 내각의 일부가 될 미국 교통부Department of Transportation를 조직하는 데에 몇 개월을 쏟아 부었다. 1967년, 도로관리국은 미국 교통부 소속으로 이관되었다. 새로운 구성의 일환으로 도로관리국은 새 연방 고속도로 행정부의 일부가 되었다. 터너는 여러 도시에서 문제가 발생하고 있다는 사실과 주간 고속도로 엔지니어들의 고삐가 풀려 있다는 사실 때문에 이 추가적인 감독업무가 자신에게 주어졌다고 생각했다. 그 기원이 무엇이 됐건 교통부는 정부에서 네 번째로 큰 부서였고 60억 달러에 달하는 예산과 9만 명에 이르는 직원을 갖췄다. 이 모든 것이 교통 수단이라는 하나의 목표를 위해 존재했다.

교통부의 새로운 장관은 앨런 보이드Alan S. Boyd였다. 그는 플로리다 주 출신의 변호사로 민간항공위원회의 의장을 역임했다. 린든 존슨 대통령은 그를 '미국의 국가적 교통 시스템을 바로 잡고 성공적으로 이끌어갈 최고의 적임자라고 추켜 세웠다. 새로운 연방 고속도로 관리자이자 터너의 직속상관은 리포터 겸 칼럼니스트 출신으로 《스크립스-하워드Scripps-Howard》 신문사에서 교통시스템을 담당, 뛰어난 경력을 쌓았던 로웰 브릿웰Lowell K. Bridwell이었다. 그는 블랫닉 위원회의 조사에 대한 기사를 장기간 기고하기도 했었다. 그를 발탁한 것은 탁월한 선택이었다. 그는 도로관리국의 정책에 관해 속속들이 알고 있었으며 누구에게도 개인적으로 잘 보일 이유가 없었다. 엔지니어가 아니었으므로 고속도로를 사회적 효과와 교통 수용능력이라는 관점에서 볼 수 있었다. "우리는 사람과 물자를 빠르고 비교적 안전하며 경제적이고 편리하게 수송할 수 있는 우수한 시설을 짓는 방법을 알고 있습니다. 그러나 우리가 지금 고속도로를 계획하고 위치를 선정하고 설계하는 방식은 오늘날의 사회 체계에 맞지 않습니다. 미래의 사회는 두말할 것도 없고요."라고 그는 말했다. 그는 또한 "고속도로를 계획한다는 것은 모든 것을 수치로 나타내는 것이 아니며 그렇게 할 수도 없습니다. 모든 요소에 숫자가 할당될 수는 없습니다. 도로의 설계는 엔지니어들만의 몫입니다. 그러나 계획과 위치 선정에는 엔지니어링 이상의 많은 고려 사항이 있어야 합니다."라고 덧붙였다.

》》》

볼티모어의 고속도로 프로그램이 모든 당사자들의 마음을 아프게 한다는 것을 깨달은 지역 건축업자들은 메릴랜드 주 관료들의 설득에 나섰다. 제70번 주간 고속도로를 건설하는데 있어 다른 직종에 종사하는 사람들과 협력하면 조금은 나아지지 않을까 하는 생각이었다. 그들은 사회학자, 경제학자, 조경전문가 그리고 다른 여러 분야의 전문가들과 힘을 합쳐 '디자인 콘셉트 팀Design Concept Team'을 만들고자 했다. 그들은 여러 학문 분야가 참여하는 접근법을 사용함으로써 새로운 도시 고속화도로가 로마의 급수용 수도Roman Aqueducts처럼 도시의 주요 기념비가 되어 오랫동안 지속되기를 바랐다.

이 도시 고속화도로를 총괄하는 시 당국과 주정부의 담당자는 사실 어떤 의견이라도 받아들일 준비가 되어있었다. 연방정부 보조금을 사용해야 하는 마감일이 1972년으로 정해져 있었는데 도시 고속화도로의 진행은 늦어지고 있었기 때문이다. 제때 보조금을 다 쓰려면 2년 이내에 4천 가구를 이주시켜야하고 새 집을 찾아주어야 했다. 주택뿐만 아니라 90여 개의 사업체, 일곱 개의 교회, 그리고 9천8백여 평의 부두를 철거해야 했다. 29킬로미터의 고속도로와 17개의 인터체인지를 지으면서 113킬로미터의 공급처리관과 케이블을 이전시키는 엄청난 작업이었다.

팀 구성원들의 세부작업 사항 논의는 1967년이 되어서야 끝이 났다. 메릴랜드 주의 엔지니어 팀과 다국적 건축기업이 이끄는 이 팀은 4개의 파트너로 구성되었다. 팀의 리더는 샌프란시스코 출신의 나다니엘 오윙즈Nathaniel A. Owings였다. 자동차에 대한 그의 견해는 멈포드와 매우 유사했다. 그는 "주간 고속도로 시스템이 해결한 문제보다 만들어 낸 문제가 더 많습니다. 전국적으로 지역사회와 공원과 사적지 등을 가르고 파괴했습니다. 한 가지 비극은 시 당국이 이상하게 조바심을 느끼며 자신의 지역사회를 망가뜨리는데 서둘러 일조하고 있다는 사실입니다."라는 글을 올렸다.

팀은 연방정부에서 대부분 제공한 480만 달러로 최대한 볼티모어의 사회적, 경제적, 인종적 필요에 맞추어 도시 고속화도로를 지으려 했다. 그러나 이것은 애당초 무리한 생각이었다. 《선》지의 리포터이자 칼럼니스트인 제임스 딜츠James D. Dilts는 "볼티모어의 구조에 6차선 또는 8차선의 고속도로를 조화롭게 섞어 놓는 것은 전기톱을 페르시아산 카페트에 조화롭게 혼합하는 것만큼이나 어려운 일입니다"라며 이 프로젝트가 얼마나 가망이 없는지를 설명했다.

1967년 여름, 25세의 스튜어트 웩슬러Stuart Wechsler라는 이력이 화려한 브롱크스Bronx 출신의 백인청년이 나타났다. 그는 연좌 농성, 집세 거부운동, 노동쟁의, 몇 번의 체포, 징역, 구타 등에 연루되어 있었으며 편견이 심한 플로리다 주민들에게 납치를 당한적도 있었고 얼굴에 총이 겨누어진 경험도 몇 차례 있었다. 이 모든 것이 인종평등회의Congress of Racial Equality 활동의 일부였다. 그는 뉴욕의 대학 시절에 이 민권단체에 합류했고 60년대 초 뉴욕과 동부 연안에서 인종평등을 강력히 주장하고 다녔다. 그는 흑인 투표권을 옹호하기 위해 남부로 가있던 상태였다. 2년 후, 인종평등회의에서는 그에게 더 힘든 과제를 분담했다. 바로 볼티모어였다.

60년대 중반 볼티모어는 인종문제에 대해 이중적인 면을 가지고 있었다. 로즈몬트 가까이에 있던 놀이공원을 포함한 많은 모임 장소들은 이제 막 통합된 상태였고 주변의 지역과 학교에서는 인종 간 조화가 거의 보이지 않았다. 백인들과 흑인들 사이의 긴장감은 종종 극에 달했다. 프랭클린-멀베리 회랑지대에 인종평등회의의 사무실을 차린 지 얼마 되지 않아 웩슬러는 이 도시 고속화도로가 인종문제를 안고 있음을 깨달았다. 로즈몬트가 중산층의 백인동네였다면 절대로 거기에 고속도로 건설을 추진하지 않았을 것이다. 백인의 도로를 위해 흑인의 집이 희생되는 고전적인 경우였다.

그리하여 웩슬러는 로즈몬트와 프랭클린-멀베리에 주택매입이 적정가격으로 이루어질 수 있도록 도움을 구하면서 '재위치 찾기 행동운동'의 요청에 열렬히 응했다. 시 당국이 건물철거 조례를 승인한 1967년 6월 초, 웩슬러는 조 와일즈와 그의 동지들을 도와, 그들이 쫓겨 나는 집에 대한 보상을 공시가격 대신 대체 배상가격으로 받을 수 있도록 시청에서 대규모 집회를 열었다. 웩슬러는 시 당국을 볼티모어의 베트남이라 불렀고 이 집회는 '재위치 찾기 행동운동'이 시 당국을 상대로 처음 맛본 승리였다. 시장인 시어도어 맥켈딘Theodore R. McKeldin은 워싱턴으로 가서 주택매입자금을 받아내겠다고 약속했다. 그해 10월 시장은 그 약속을 행동으로 옮겼다. 그는 버스 한 대에 시 공무원 대표단, 로즈몬트와 프랭클린-멀베리 회랑지대의 주민들 그리고 웩슬러와 와일즈를 태우고 연방도로관리국으로 순례를 떠났다. 그들은 브릿웰과 보이드 장관을 만났다. 연방정부는 적절한 대체 지불 승인이 있을 때까지 제70번 주간 고속도로에서의 주택철거 유예를 선언했다.

1968년 1월, 디자인 콘셉트 팀이 "로즈몬트를 지나는 도시 고속화도로의 노선은 지역에 너무 큰 지장을 주기 때문에 다른 대안을 찾는 것만이 이에 대한 합리적인 방안이 될 수 있다"라는 결론을 내림으로써 주민들은 더 큰 승리를 맛보았다. 팀은 노선을 남쪽으로 옮기자며 세 가지의 대안을 내놓았다. 첫 번째는 기존의 40번 고속도로를 따라 그 지역의 남쪽 가장자리를 두르는 길로 옐로우 북에서 이미 언급된 바 있는 노선이었다. 이 노선은 로즈몬트에서 이주하는 주민의 수를 반으로 줄여줄 수 있었다. 두 번째 의견은 로즈몬트의 서쪽 가장자리를 둘러 수천 명의 백인이 묻혀있는 웨스턴 묘지Western Cemetery를 돌아가는 길이었다. 이 길을 택하면 첫 번째 대안보다 훨씬 더 적게 주택들을 철거할 수 있으며 원래의 계획에서 700만 달러를 절약할 수 있었다. 마지막은 묘지를 밀고 지나가는 것인데 이렇게 하면 211개의 주택만 매입하면 되었다.

마틴 루터 킹Martin Luther King의 암살로 인해 볼티모어에 소요사태가 일어난 지 2주도 되지 않아 보고서가 나왔다. 적어도 이론상으로는 인종 사이의 벽 허물기는 우선순위에 들어가 있었으나 정부관계자들은 새 대안을 거부했다. 주정부의 도로관리국장 제롬 울프Jerome B. Wolff는 "마음에 들든 아니든 제70번 주간 고속도로는 로즈몬트를 통과할 것입니다. 다른 노선을 선택하는 것이 더 많은 반대를 불러일으킬 것 같습니다. 우리는 처음부터 대안을 고려할 생각이 없었습니다. 지금의 계획은 이미 결정 난 것으로 보시면 됩니다."라고 조 와일즈에게 통보했다.

와일즈는 이 말에 얼떨떨해졌다. 어떻게 돈을 더 들여가면서까지 죽은 사람보다 산 사람을 쫓아내려고 하는 것인가? 이런 의문점들은 에스더와 나머지 '재위치 찾기 행동운동'의 회원들이 모인 저녁식사 자리에서 가장 지배적인 이슈거리였다. 그해 5월, 와일즈는 이런 의문 사항들을 담은 편지를 교통부장관인 보이드에게 보냈다 그의 성격답게 공손한 글이었지만 로즈몬트는 고결한 곳이라는 주장과 로즈몬트의 주민들은 그곳에 머물기를 원한다는 강력한 청원이 담겨있었다.

프랭크 터너로부터 답장이 왔다. 어떻게 봐도 실망스러운 편지였다. 터너의 그동안의 생각과 발표한 논평 등을 보면 그가 국민을 위한 사려 깊은 자세를 취해왔다고 보았으나 그가 와일즈에게 보낸 편지에는 그를 무시하는 생각이 담겨있었다. "이래서 정부 관료들이 욕을 먹지"하는 생각이 들게 만드는 글이었다. "귀하가 제안한 대로 대안의 노선들을 연구해 보았습니다. 디자인 콘셉트 팀은 원래의 노선에 집중한 설계 아이디어를 내야한다는 결론에 이르렀고 이로써 지역 환경에 기여하고 현명한 사고와 모든 기술을 포함하는 최종 설계 도안이 만들어져 공공과 민간영역에 만족할만한 이익을 남겨 줄 것입니다."

《선》지는 이 편지를 물고 늘어졌다. 짐 딜트는 "이런 난해한 글을 어떻게 이해하란 말인가? 디자인 콘셉트 팀이 로즈몬트를 파괴할 것이라고 한 노선이 도대체 어떻게 지역 환경에 기여한단 말인가? 무슨 지역? 무슨 환경? 참 상상력도 좋다."라는 비난의 기사를 썼다.

모두 좋은 질문들이다. 터너는 지난 40년 동안 시민들의 항의를 받은 적 없이 중요한 결정을 내려왔고 오직 동료 엔지니어들이나 소수의 지역사회 지도자들의 동의만 얻으면 되었다. 그가 생각하기에는 이들이 가장 잘 아는 사람들이었다(터너만 그렇게 생각한 것은 아니었다). 그 집단 외 사람들의 주장에는 반응하고 싶지 않고 어떻게 반응해야 하는지도 몰랐던 것 같다. 모두의 동의를 얻는다는 것은 추상적인 이론에 지나지 않았고 실제로 자신이 행하는 것 사이에는 큰 괴리가 있었다.

실망스러운 대답을 얻은 '재위치 찾기 행동운동' 회원들은 자신들의 바람이 이루어지지 않을 것이라는 인상을 받았다. 그해 여름, '포장도로의 금권정치가들'과 '콘크리트의 정복자들'이라고 비난하던 웩슬러는 볼티모어의 다양한 반(反)도시 고속화도로 단체들을 하나로 뭉칠 때가 왔다고 생각했다. 8월 초 종일 회의를 가지면서 동부 볼티모어 주민들과 서부 볼티모어 주민들은 재위치 찾기 행동운동, 지역개선협의회 관련 단체들, 소규모의 반(反)도로 건설 모임들, 시민단체, 여성유권자동맹The League of Women Voters 등 20개 이상의 단체를 거느리는 새로운 상부조직을 설립했다. 그들은 이 조직을 파괴반대운동Movement Against Destruction 또는 줄여서 MAD라고 불렀다.

웩슬러가 의장으로 와일즈가 부의장으로 선출되었고 젊은 국선변호사 아트 코헨Art Cohen이 대변인 역할을 했다. 이 조직은 '도로'

라는 한 단어 때문에 모인, 공통점이 없는 사람들이 마구 섞여 있는 집단이었다. 백인사회의 활동가로 대학을 중퇴한 웩슬러, 가정적인 한 흑인 남성, 그리고 오벌린 대학Oberlin College을 거쳐 예일대 법대 Yale Law를 나온 코헨. 이 지도자 셋만 봐도 이 조직이 얼마나 임의적인 사람들의 모임인지 알 수 있다.

여전히 로즈몬트를 통과하고 이너하버를 건너는 노선이 신경 쓰였던 디자인 콘셉트 팀은 1968년 8월, 또 다른 대안을 내놓았다. 서쪽의 공원을 통해 도시로 들어온 뒤 남쪽으로 꺾어서 로즈몬트와 묘지를 두른 다음 더 큰 활모양으로 중심가를 두르는 것이 어떤가? 그리고 패탭스코 강Patapsco River의 지류가 중간과 북쪽으로 나뉘면서 부두가 줄지어 있는 반도 쪽으로 방향을 틀어 포트 맥헨리 Fort McHenry 근처의 다리를 건너는 것이 어떤가? 이렇게 하면 로즈몬트의 5백 세대를 포함, 1천4백 세대의 집이 철거되는 것을 막을 수 있었다.

시 당국은 이 제안을 받아들였다. 12월이 되자 《선》지는 10-D 계획이 사실상 무산되었다고 보도했다. 30년 가까이 동서 도시 고속화도로의 노선을 탐색하던 볼티모어는 다시 한 번 새로운 계획에 착수했다. 몇 번이나 노선이 바뀌고 또 바뀌었는지 이제 언론이나 정부에서도 셀 수 없을 정도였다. 같은 달, 아트 코헨은 MAD의 회장을 맡게 되었고 시민으로서는 유일하게 비공개 회의에 초대되었다. 디자인 콘셉트 팀은 시장인 토머스 달레산드로 3세Thomas D'Alesandro III에게 제안된 노선의 몇 가지 변형 형태를 보여주었다. 회의가 끝날 때, 시장은 3-A라는 이름이 붙은 노선을 선택했는데 이는 포트 맥헨리를 지나 다리로 강을 건너면서 로즈몬트를 살리는 길이었다. 그러나 프랭클린-멀베리 회랑지대를 구하지는 못했다. 제170번 주간 고속도로라는 채찍은 이 두 거리가 있는 동쪽으로부터 중심가의 서쪽까지 밀고나갈 것이었다. 3-A는 도시 동남쪽의 강가를 따라 나 있는 동네도 구제하지 못했다. 이 지역에는 제83번 주간 고속도로가 6차선의 고가도로 형태로 이어질 계획이었다.

그러나 예상했던 대로 이 계획 역시 지속되지 못했다. 포트 맥헨리의 가장 높은 부분인 성조기의 깃대가 30미터인데 8차선의 2층짜리 다리가 55미터의 높이로 우뚝 솟으면 역사적인 장소에 그림자를 드리운다며 국립공원관리청National Park Service에서 반대하고 나섰던 것이다. 도시의 가장 중요한 사적지를 관리하는 기관에 아무도 이 계획을 알리지 않았던 것이다. 비슷한 시기에 내무부는 위험에 처한 동남쪽 지역들 중 가장 오래된 펠즈 포인트를 국립역사지구National Historic District로 지정했다. 국립역사지구로 지정된 구역에는 한 번도 고속도로가 들어선 적이 없었다.

1969년 8월 초, 볼티모어 시 당국과 주정부는 제70번 주간 고속도로의 로즈몬트 노선의 해결을 위해 세 번의 공청회를 열었다. 지역 고등학교에서 열린 이 회의는 사람들로 가득했고 시끌벅적했다. 개회식에 도착한 코헨은 강당의 오른쪽에는 백인들, 왼쪽에는 흑인들이 앉아있는 것을 보았다. 볼티모어에서 이렇게 두 인종이 집단으로 만난 것 자체가 신기했다. 백인 대표가 일어나 네 선택지 모두가 신성한 웨스턴 묘지를 지나간다는데 불평을 했다. 그의 말에 한 흑인 노인이 일어나 "잠시만, 지금 죽은 사람 걱정을 하는 것이오? 나는 내가 사는 집을 잃게 생겼는데"라고 했고 이에 백인은 "그러

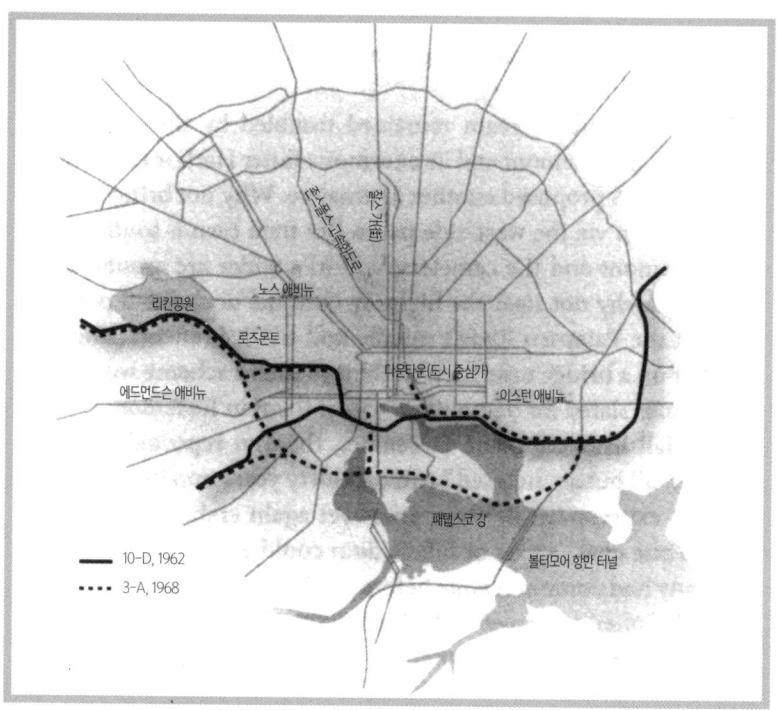

디자인 콘셉트 팀의 3-A 제안을 따랐다면 지금은 볼티모어의 대표지가 된 이너하버를 살릴 수 있었다. 그러나 그렇게 했더라면 그곳에 오랫동안 거주해왔던 동남쪽 강가의 주민들과 서쪽의 흑인지역이 곤욕을 치렀을 것이다.

니까 우리는 지금 공통의 문제를 가지고 있군요. 그 문제는 바로 이 고속도로입니다."라고 받아쳤다.

서민 출신의 상원의원이자 근로자 위주로 이루어진 고속도로 반대 모임인 동남부지구 반(反)고속도로위원회Southeast Council Against the Road의 공동창립자인 바바라 미쿨스키Barbara Mikulski도 펠즈 포인트의 대표단과 함께 그 자리에 있었다. 그녀는 도시 동부에서 분쟁을 불러일으키는 것으로 유명했다. 연설을 하던 백인 남성은 예인선의 승무원이며 제2차 세계대전 참전용사였다고 그녀는 회상했다. 그리고 그가 흑인들이 앉아있는 쪽으로 돌아보며 "저는 전장에서 함께 싸웠던 동료들에게 이렇게 손을 내밉니다. 우리는 또 하나의 전쟁을 치루고 있습니다. 이번 전쟁도 함께 싸워 이길 수 있습니다."라고 말했다고 한다. 그리고는 로즈몬트의 대표에게 손을 뻗었다. 강당은 박수소리로 가득해졌고 백인과 흑인 모두가 의자에서 일어나 강당의 한가운데로 모여들었다.

이것은 큰 변화의 순간이었다. 고속도로를 두고 일어난 분쟁에서 처음으로 시민들이 하나가 된 것이다. 많은 이들은 이것이 볼티모어의 역사 이래 첫 화합이라고 했다. 분리되어 있었던 시위의 메아리는 이제 하나의 우렁찬 목소리를 가지게 되었다. 그때 이래로 공청회가 열릴 때면 인종에 상관없이 연설자들은 같은 의견을 발표했다. 그들은 특정 노선을 원하지 않는 것이 아니라 도시 고속화도로 자체를 원하지 않았다. 한 여성 발표자는 공청회를 진행하는 관료들에게 "당신들은 딱 한 가지 좋은 일을 했습니다. 바로 백인과 흑인이 하나가 되게 한 것이죠. 아름다운 화합입니다."라고 말했다.

한 볼티모어 시민은 고속도로 관계자들이 계획을 계속 추진해 나간다면 흑인해방자원군Black Volunteer Liberation Army에서 군대를 보낼 것이고 전쟁이 시작될 것이라고 선언했다(연설자는 "농담이 아닙니다. 믿어도 좋습니다."라고 말했다). 화합의 기쁨이 너무 컸기에 흑인이고 백인이고 할 것 없이 큰 박수가 울려 퍼졌다.

조 와일즈는 마냥 기뻐할 수만은 없었다. 프랭클린-멀베리 회랑지대에 사는 사람들에게는 너무 늦었기 때문이다. 고속도로가 생기든 그렇지 않든, 그 지역은 이미 황폐해져서 철거가 불가피해졌다. 지어지지도 않은 도시 고속화도로는 그가 사는 지역에 높은 통행료를 징수한 셈이었다. 원래의 철거 예정 구역에 있던 5백 명의 로즈몬트 주민들은 그들의 집에 대한 보상을 받고는 그 지역에 신경을 꺼버렸다. 집들은 비어있고 마당에는 잡초가 무성하며 길거리에는 쓰레기가 넘쳤다. 그 마을은 도시 고속화도로의 접근을 오랫동안 막아왔지만 쇠퇴의 길을 걷게 된 것은 이러나저러나 마찬가지였다.

고속도로의 안전 문제

제19장

　물리적 어려움이 있긴 했지만 시골지역에서는 도로망의 빈틈들이 계속해서 콘크리트로 채워지고 있었다. 볼티모어에서 3천2백 킬로미터 정도 떨어진 곳에는 유타 주의 샌 라파엘 스웰San Rafael Swell을 가로지르는 제70번 주간 고속도로가 놓여졌다. 서로 이어지는 것이 불가능해 보이는 여러 협곡과 산마루에 역사상 처음으로 포장도로가 놓인 것이다. 땅을 측량하러 나온 사람들이 시골 오지에서 우연히 만난 양치기에게 거기에 고속도로를 놓을 계획이라고 말했을 때 양치기는 웃다가 쓰러질 뻔 했다는 이야기도 있다. 이 양치기를 포함해 그 계획에 의문을 품었던 사람들은 오래지않아 알래스카 고속도로Alaska Highway 이래로 가장 위대한 개척정신이 발휘된 프로젝트가 완성되는 장면을 목격했다.

　동쪽으로는 로키산맥이라는 난관에 부딪혔다. 첫 번째는 다코타 호그백Dakota Hogback이었는데 이곳은 사암과 찰흙으로 이루어진 커다란 산마루로 산악지대와 덴버 외곽에 위치한 대초원지대의 경계를 표시하는 지역이었다. 제70번 주간 고속도로가 지나가게 하려면 아름다운 자연의 많은 부분을 깎아내야 했다. 그러나 그 산마루 속에는 뜻하지 않은 행운이 기다리고 있었다. 불도저가 지나간 자리에서 파스텔 색상의 성층암이 발견되었고 그 속에는 공룡시대의 여러 식물화석이 자리하고 있었다. 이 역사의 창이 매우 훌륭했던 나머지 그곳은 예기치 않게 관광명소가 되어버렸다. 콜로라도주 고속도로 당국은 산을 깎아낸 자리에 계단식으로 형성된 부분은 방문객들이 올라가 볼 수 있도록 그대로 두었다.

서쪽으로는 더 큰 문제가 있었다. 제70번 주간 고속도로가 대륙 분수령Continental Divide를 가로지르는 곳에 위치한 러브랜드 패스Loveland Pass라는 곳이었다. 수십 년 동안 운전자들은 좁고 꼬불꼬불한 6번 고속도로를 이용해 16킬로미터 거리를 30분 동안 손에 땀을 쥐며 그 산을 올라야 했다. 1963년 가을, 인부들은 스트레이트 크릭 터널Strait Creek Tunnel을 형성하는 두 개의 터널 중 하나의 공사를 시작했다. 2.7킬로미터 이상을 화강암, 활석, 그리고 찰흙 등으로 이루어진 암석을 파고들어야 했는데, 이는 이제껏 전 세계에서 이루어진 유사한 프로젝트들 중 가장 높은 고도인 3.35킬로미터에서 진행되었다.

여기저기 굴러다니는 돌덩이들, 얼마만큼의 통풍이 필요할 지를 두고 일어난 엔지니어들 간의 논쟁, 노동자의 갑작스런 작업 중단(이것은 터널 작업 중 본 한 여자 때문이었는데 광부들과 터널 채굴업자들은 이것을 액운이라 믿었다.), 그리고 상상도 못할 크기의 돌덩이를 폭발시키고 뚫으면서 생기는 일반적인 문제들 덕분에 이 2차선의 터널을 하나 뚫는데 십여 년이 소요될 터였다. 높은 고도 때문에 이 작업은 일주일에 6일 동안 24시간 내내 교대작업으로 진행되었다.

낮은 고도에서도 진행되는 작업도 있었다. 워싱턴의 스노퀄미 패스Snoqualmie Pass는 캐스케이드Cascade를 통과할 제90번 주간 고속도로의 노선으로 채택되었다. 서부 메릴랜드 주의 사이들링 힐Sideling Hill에서는 제68번 주간 고속도로가 지나기 위해 103미터가 넘는 깊이를 뚫어야 했고 이것은 몇 킬로미터 떨어진 곳에서도 보일 정도의 작업이었다. 제40번 주간 고속도로는 테네시 주에서 노스캐롤라이나 주로 꿈틀거리며 올라갔다 내려가기를 반복하며 그레이트 스모키즈The Great Smokies를 건너갔다.

햇빛에 말라비틀어진 바스토Barstow와 니들즈Needles 사이에 있는 캘리포니아 주의 모하비사막Mojave Desert에는 1.2킬로미터에 육박하는 고도에 화강암과 화산암이 뒤섞여 있는 브리스톨 산악지대Bristol Mountains가 제40번 주간 고속도로의 앞길을 막고 있었다. 운전자들은 사막지대를 통과할 각오를 하지 않는 이상 매우 긴 우회로를 이용해야했다. 66번 고속도로와 산타페 철도Santa Fe Railroad는 이 산을 피하기 위해 멀리 남쪽으로 돌아 300여 미터의 오르막을 올라야 했다. 산타페 철도 관계자들은 더 일직선으로 뻗은 그리고 더 편평한 철로를 간절히 원했지만 그렇게 하려면 3.2킬로미터의 터널을 뚫던지, 아니면 152미터의 땅굴을 파든지 해야 했다. 둘 중 어느 쪽을 선택하더라도 비용이 너무 많이 들었다.

산타페 철도는 원자력위원회Atomic Energy Commission에 도움을 요청했다. 그들은 마침 평화적으로 원자력을 사용하는 것에 대해 자긍심을 가지고 있었을 뿐만 아니라 아주 대담한 계획도 품고 있었다. 원자폭탄을 이용해 산을 뚫는 것은 어떨까하는 것이었다. 머지않아 캘리포니아 주 고속도로부서California State Division of Highways에는 이 계획에 관심이 있냐는 전화가 걸려왔고 그들은 이 제안에 흔쾌히 응했다. 이것은 곧 캐리올 프로젝트Project Carryall로 알려지게 되었다.

이 프로젝트를 위해 엔지니어들과 과학자들로 이루어진 연구팀이 모였고 1963년 가을 그들은 스물두 개의 원자폭탄을 조심스레 설치해 브리스톨을 자신들이 원하는 대로 폭발시킬 수 있을 것이라는 데에 동의했다. 각각의 폭탄은 20에서 200킬로톤에 해당하는 폭발력을 가지고 있었다. 두 단계에 걸친 폭발로 520억 리터의 산을 증발시킬 것이고 3.2킬로미터 길이의 연쇄적 분화구가 생길 것이며 이 분화구들은 깊이가 약 104미터, 바닥의 너비가 100미터 가량 될 것이었다. 복선의 철도와 주간 고속도로를 놓기에 충분한 공간이었다. 폭풍우가 올 때 땅에 흐르는 빗물을 모으기 위한 저수지를 짓기 위해 스물세 번째 원자폭탄이 사용될 수도 있었다.

일반적인 도구를 사용해 이 모든 굴착 작업을 하려면 수년이 걸릴 것이었다. 원자폭탄을 이용함으로써 작업을 순식간에 끝낼 수 있고 비용도 36퍼센트나 절약된다. 폭발이 끝난 후 주정부에서 해야 할 일은 뒤처리뿐이다. 비교적 쉬운 일이다. 대부분의 잔해는 70센티미터를 넘지 않는다. 물론 돌멩이들이 미사일처럼 날아다닐 수도 있고 땅 밑의 진동으로 남쪽에 있는 앰보이Amboy 지역 건물에 금이 가거나 장식품을 떨어뜨릴 수도 있다. 그러나 이런 위험 요소는 조금만 고민을 해보면 해결될 수 있는 문제들이었다.

이 프로젝트에 사용될 폭탄은 히로시마와 나가사키에 사용되었던 원자폭탄을 합친 것 보다 최소 60배 이상 큰 것이었기에 요즘의 시선으로 볼 때 너무 낙천적인 주장이 아닌가 생각할 수도 있다. 그러나 엔지니어들은 자신감이 넘쳤다. "캐리올 지역에 대한 우리의 지식을 바탕으로 방사능, 낙진, 충격파, 그리고 지면 충격과 같은 안전 위험에 대해 이미 조사가 이루어진 상태이고 건축적으로나 인명 피해 쪽으로나 큰 위험은 없을 것이라는 결론이 났습니다." 라고 고속도로 관계자는 말했다.

관계자들에 의하면 이 프로젝트는 단순하고 깔끔한 폭발이었다. 어떤 근거가 있는지는 모르겠지만 그들은 다른 방사능 분출 형 폭발보다 안전할 것이라고 장담했다. 현장직원들은 폭발이 일어나고 4일 후 풀타임 근무에 착수할 것이라고 했다. 작업은 1968년에라도 당장 시작될 수 있었다. 그렇게 되면 그해 여름에 도로가 완공될 수 있는 것이었다. "연구팀은 이 프로젝트가 기술적으로 실현 가능하다고 결론지었습니다. 가능합니다. 안전하게 이루어질 수 있습니다."라고 캘리포니아 주 고속도로 관계자는 말했다.

이런 '할 수 있다.'라는 정신은 높이 살 수밖에 없다. 정부에서는 소련과의 핵무기실험금지조약에 서명하고 있는데도 고속도로 관계자들은 비밀리에 원자폭탄 프로젝트를 꾸미고 있었던 것이다. 이들은 화력이 약한 다이너마이트와 불도저를 이용하기로 결정될 때까지 2년 정도 더 이 계획을 밀고 나갔다. 제40번 주간 고속도로의 캐리올 구간은 1973년에 이용이 가능해졌다.

이 원자폭탄 이야기가 한동안 대중들에게 알려지지 않은 것이 터너에게는 다행이었다. 그렇지 않아도 1960년대 후반 치솟는 주간 고속도로 비용에 대해 너무 많은 비난이 쏟아져 골머리를 앓고 있었기 때문이다. 1965년에는 468억 달러였던 것이 3년 후에는 565억 달러에 이르렀고 이것은 1956년에 예상했던 총 금액의 두 배였다. 1970년에는 122억 5천만 달러, 1972년에는 60억 달러가 더 들었고 1975년까지 들어간 총 비용을 합하면 900억 달러라는 엄청난 액수였다. 비용의 증가는 여기서 멈추지 않았다.

터너는 또다시 심한 반발에 부딪혔다. 이 프로그램의 최고 장점이라 생각했던 안전문제에 관한 비난이었다. 주간 고속도로에서 일어난 치명적인 세 건의 사고 중 두 건은 차량이 (주로 오른쪽으로)길을 비켜나가 고정된 물체를 들이받은 사고였다. 도로가에 있는 위험한 물체에 부딪히는 사고를 제외하면 대부분의 사고는 목숨을 빼앗기는 정도는 아니었다. 이것은 60여 년 전 칼 피셔가 인디 경주 개회식에서 뼈저리게 느낀 것으로 얻은 교훈이었다. 그런데 알고 보니 도로위의 장애물들은 고속도로 건설업체들이 배치해 놓은 것이었다.

차량 한 대가 물체를 들이받아 사고가 나는 경우, 첫 장애물의 30퍼센트가 가드레일이었다. 이 통계수치는 가드레일 자체가 매우 위험할 수도 있다는 생각을 부추겼다. 이에 더해 브롱크스 출신의 조 링코Joe Linko라는 텔레비전 수리공은 뉴욕의 주간 고속도로를 운전하며 보았던 잠재적 위험요소들을 사진으로 찍어 나열했다. 끝부분에 완충장치가 없는 가드레일은 자동차를 뚫어버릴 수 있었다. 그밖에도 강철로 만들어져 유연성 없는 표지판 기둥, 도로가에 우뚝 솟아있는 가로등, 밖으로 노출되어있어 잠시 딴 짓을 하던 운전자가 빠져버리기 딱 좋은 콘크리트 배수로 등이 있었다.

1967년, 링코의 사진들은 여전히 연방정부 지원 프로그램의 하원 특별소위원회House Special Subcommittee를 이끌고 있던 존 블랫닉의 눈에 띄었다. 링코는 고위층들이 모인 자리에서 증언을 하게 되었고 다음과 같은 건설적인 의문들을 제기했다. 고가도로가 가까이에 있는데 왜 표지판을 거대한 강철 받침대에 달아 두는가? 전봇대의 콘크리트 토대부분은 왜 지면 바로 위에 솟아있는 것인가? 교량의 교대(橋臺)가 왜 도로를 혼잡하게 만드는가? 왜 표지판 받침대는 충격을 흡수하도록 설계하지 않았는가? 이에 공감하는 듯 블랫닉이 "기술이 부족한 부분이 어디인지 또한 상식이 결여되어 있는 부분은 어디인지 가늠하기 어렵습니다."라고 말했다. 그는 또한 도로 건설의 진행속도가 빨라서 그랬다는 것은 변명에 불과하다는 것을 안다고 덧붙였다. "자동차와 충돌 시 가로등, 표지판 받침대 등이 탄력 있게 넘어지도록 설계하는 것이 무겁고 견고하게 만드는 것보다 오래 걸리는가?" 라는 질문도 던졌다.

　안전을 중요시 하지 않는 것 같다는 얘기가 나오면 터너는 발끈했다. "안전은 우리가 가장 중요하게 여기는 사항입니다. 너무 핵심적인 요소라 고속도로 프로그램에서 별개로 떼어내 따로 부서를 만들지도 않았습니다. 안전은 모든 작업 과정에서 확인해야할 필수불가결한 사항이기 때문입니다."라고 그는 말했다. 주간 고속도로의 어떤 부분도 우연히 만들어진 것이 아니었다. 표지판은 왜 그렇게 큰가? 작은 표지판은 읽기가 힘들고 그러므로 사람들이 운전에 집중하지 못하게 된다. 유용하거나 목숨이 달린 정보를 전달하려는 게 아니라면 애초에 표지판이 있을 이유도 없었다. 표지판 기둥은 왜 그렇게 두껍고 단단한가? 돌풍에 잘 견뎌 표지판이 날아가는 사고를 방지하기 위해서였다.

그래도 링코가 가져온 증거는 주목할 만 했다. 주간 고속도로는 지금도 안전한 편이지만 더 안전하게 만들 수 있었다. 터너는 위험 요소들을 고칠 것이라 했고 그 약속을 지켰다. 충격을 받으면 뒤로 넘어지도록 설계된 표지판 기둥은 곧 모든 연방정부 지원 프로젝트에 필수 요소로 도입되었고 터너의 옛 직장인 텍사스교통연구소 Texas Transportation Institute에서 개발되었다. 기둥 아랫부분의 연결부위는 갑작스레 큰 바람이 불면 끊어질 수 있어 표지판 바로 아래에 플라스틱으로 접철한 부분이 좌우로 흔들리도록 설계했다. 금속 가드레일의 끝부분은 땅속으로 박히게 하거나 도로 반대쪽으로 굽어진 완충장치를 갖추게 되었다. 고속도로의 출구와 장애물 근처에는 엔지니어들이 충격 감쇠기라고 부르는 완충장치를 구비했다. 이것은 보통 모래나 물을 가득 채운 큰 통 여러 개를 모아놓은 형식이었다. 보기에 아름답지는 않았지만 콘크리트나 강철에 비하면 봐줄 만 했다.

그리고 주정부들은 줄줄이 '저지 장벽Jersey barrier'이라는 것을 도입했다. 이것은 약 81센티미터 높이의 콘크리트 담이었는데 문제가 있는 구간에 약 2.4미터의 길이로 놓을 수 있었으며 원하는 자리에다가 만들거나 트럭으로 쉽게 수송해 올 수 있었다. 이름에서 짐작할 수 있듯이 이것은 뉴저지 주에서 1959년에 도입되었다. 앞부분에 경사가 진 것은 빠르게 달리는 상황에서 옆에서 오는 차와 충돌했을 때 넘어지지 않도록 하기 위함이었다. 이론상으로는 차체가 콘크리트에 닿기 전 자동차의 타이어가 경사에 올랐다가 경사에 의해 다시 도로로 착지한다는 것이었다.

이런 논란은 도시 고속화도로에 빚어지는 소동에 비하면 아무런 문제도 아니었다. 시민들의 저항이 너무 고질적인 것이 되어버려 1968년 연방정부와 주정부는 전국을 아우르는 디자인 콘셉트 팀을 구성했다. 그들의 목표는 도시 고속화도로와 미국의 각 지역들이 조화롭게 공존할 방법을 모색하는 것이었다. 볼티모어와 마찬가지로 도로의 존재 자체에 불만인 도시들도 많았는데 이들에게는 도로가 어떤 형태인지 어느 노선을 택하는지는 중요하지 않았다. 그들이 원하는 것은 모든 고속도로를 없애자는 것이었다.

『고속도로와 도시The Freeway and the City』라는 제목의 위원회 보고서를 보면 이렇게 거센 시민들의 반대에도 그들의 대처가 얼마나 안일했는지 알 수 있다. 보고서에는 "최고의 간선도로는 기존의 지역사회를 해치지 않는 선에서 합리적인 비용으로 좋은 교통 서비스를 제공하는 것이다."라는 밋밋한 문장이 들어있었다. 그들의 핵심 제안은 도시 고속화도로의 규모를 줄이고 길가와 습지대에 조경을 하고 대량으로 수목을 심자는 것이었다. 덤불과 흙무더기로는 MAD나 다른 반(反)도시 고속화도로 단체를 진정시킬 수 없었다.

터너의 상사 로웰 브리드웰Lowell Bridwell은 나름대로 자신만의 해결책을 강구했다. 그는 자신이 '창의적 연방주의'를 표방한다는 사실을 사람들에게 알렸다. 이는 이전에는 고속도로 관계자들에게만 국한되었던 결정권을 지역 당국과 시민들에게도 나눠준다는 의미였다. 이제 그는 연방정부는 시위대들과 직접 이야기하고 주정부와도 협상을 할 용의가 있다고 말했다.

제310번 주간 고속도로가 프렌치 쿼터French Quarter와 너무 가깝다는 이유로 소동이 이어지던 뉴올리언스는 그의 정책을 시험해 볼 수 있는 좋은 기회였다. "연방정부는 주정부에게 '지역 시위는 신경 쓰지 않아도 된다.'고 말할 수도 있었으나 이 새로운 방법은 그런 게 아니었습니다. 우리는 뉴올리언스로 가서 지역의 상황을 알게 되었고 해결책을 찾기 위해 주정부에 내리는 지시사항을 변경했습니다. 연방정부 사람들은 이 문제를 해결하기 위해서라면 무엇이든 할 준비가 되어있으므로 해결책이 곧 나올 것입니다."라고 브리드웰은 말했다.

언론에서 뉴올리언스의 도로에 붙인 '파괴'라는 별명의 '도시 고속화도로'에는 주정부 예산을 할당하지 않겠다는 것이 이들의 최종 결론이었다. 몇몇의 주정부 관계자들은 연방정부의 이러한 결정이 마음에 들지 않았다. 그러나 터너는 그런 불만에 아랑곳하지 않았다. 터너의 방식으로 하지 않는다면 고속도로도 없는 것이었다. "제가 원하는 것은 모든 사람이 화합할 수 있도록 리더십을 발휘하는 것입니다. 적어도 스물다섯 개의 도시가 심각한 문제를 안고 있습니다. 이 상황을 우리가 나 몰라라 한다면 고속도로 관계자들은 모든 것을 잃고 말 것입니다."라고 그는 말했다.

워싱턴 DC의 도시 고속화도로 중 가장 논란이 되고 있던 쓰리 시스터즈 브리지Three Sisters Bridge를 계획하던 브리드웰은 창의적 연방주의를 실행하느라 그 일을 제쳐두고 건설업자들과 흑인들 사이의 문제를 해결하기 위해 내슈빌로 날아갔다(쓰리 시스터즈 브리지는 훗날 고속도로 프로그램에서 완전히 제외되었다).

의회 또한 1968년 연방지원고속도로법을 만들어 고속도로 건설에 있어 주민들의 의견이 한층 더 반영될 수 있도록 했다.

1956년 이래로 각 주의 고속도로 담당부서는 대도시나 소도시 또는 마을을 지나거나 둘러가는 노선을 결정할 때 공청회를 여는 것이 필수였다(또는 적어도 그런 기회를 제공해야 했다). 프로그램의 초기에 주민들에게 있어 공청회는 울며 겨자 먹기로 마음에 들지도 않는 주간 고속도로 계획을 받아들이게끔 만드는 형식적인 자리였다.

1956년 법안의 의도는 공청회에서 나온 의견을 수렴하여 해당 지역의 경제적 효과를 고려하는 것이었다. 이에 반해 1968년 새로 입안된 법안은 해당 지역의 경제적, 사회적 효과 및 환경에 미치는 영향뿐만 아니라 도시개발의 목적이 지역사회가 가진 목표와 일치하는지도 고려해야 한다고 서술하고 있었다. 주간 고속도로가 자신의 지역에 들어오지 않을까봐 우려하는 사람들의 문제를 해결할 것이 아니라 자신의 지역에 너무 가까이 들어오는 것을 걱정하는 사람들로부터 의견을 받아내는 것이 이 새로운 공청회에서 할 일이었다.

이러한 새로운 움직임은 1968년 10월에 공식화되었고 연방 고속도로관리국은 새로운 법안을 담고 있는 규정집을 펴냈다. 그들은 모든 연방정부 고속도로 프로젝트에 한 차례가 아닌 두 차례의 공청회를 실시하도록 했다. 첫 번째는 납세자들이 고속도로의 위치에 대한 의견을 내는 자리였고, 두 번째는 고가도로 형식으로 올릴지, 땅 높이에 놓을지, 아니면 땅 밑으로 지을지, 조경은 어떻게 하면 좋을지 등 고속도로의 크기와 형태에 대해 논의하는 자리였다.

공청회는 주정부 관료들에게 있어 프로그램의 지연만 초래했을 뿐만 아니라 모욕적이기까지 했다. 공청회를 어떻게 실시하는지는 그들도 잘 알고 있었다. 시민들의 참여를 구하는 방법도 알고 있었다. 주정부에서 담당하도록 되어있는 일을 연방정부에서 하나하나 간섭할 필요는 없었다. 하지만 정말 그들의 화를 돋운 것은 따로 있었다. 브리드웰은 창의적 연방주의를 한 단계 더 끌어올렸다. 이제부터는 스물한 개의 이유에 근거해 주정부의 고속도로 결정에 불만이 있는 사람은 연방정부에 직접적으로 항소할 수 있다는 것이었다. 지역의 특색이나 부동산의 가치, 자연 환경, 역사적 건물, 보존구역, 또는 주택이나 사업체의 재배치 등을 주정부가 제대로 고려하지 않았다고 판단될 때 사람들은 항소를 할 수 있었다.

AASHO의 회장 존 모튼John O. Morton은 "어떻게, 그리고 왜 연방정부에서 한 사람의 행동으로 인해 압도적 대다수의 바람과 요구사항이 무시될 수 있는 규정을 만든 것인지 이해가 가지 않습니다."라고 말했다. 그의 말에도 일리가 있었다. 너무 흔한 이유들로 항소가 가능했기 때문에 모든 주간 고속도로 프로젝트가 하나도 빠짐없이 항소 당할 것이 분명했다. 프로그램은 계속해서 지연되고 주간 고속도로는 절대 완성되지 못할 것 같았다.

새로운 규정들은 현실적인 이유로 불쾌하기도 했지만 모튼의 말에 따르면 주정부 관계자들을 정말로 혼란과 충격에 빠뜨린 것은 이 항소 과정이 연방정부와 주정부의 협력을 암묵적으로 부인한다는 사실이었다. 둘의 관계가 완전히 균형을 이룬 적은 없었다. AASHO와 주정부들은 항상 기술적 연구와 도로 관련 제반사항에 있어 연방정부에 크게 의존해 온 터라 주정부가 계획을 구체화하는데 있어 연방정부의 영향력이 작용할 수밖에 없었다. 그러나 연방정부 지원 계획이 이 정도로 파트너들을 작아 보이게 만든 것은 역사상 처음이었다.

AASHO의 이사인 알프 존슨Alf Johnson은 프랭크 터너와 함께 아칸소 주의 도로 건설 작업을 했을 때부터 절친한 사이였다. 둘은 고속도로 프로그램에 있어 연방정부가 지휘를 하고 주정부는 부차적인 역할만 한다거나 연방정부의 대리자 역할 정도만 한다고 생각하는 교통부의 새 인물들을 함께 비난하곤 했었다. 존슨은 "연방정부는 우리에게 일처리 방식을 하나하나 지시하려 듭니다. 작업 후 남은 쓰레기를 처리하는 방법이라든지, 사고가 났을 때 어떻게 해야 하는지까지 간섭하려 합니다."라고 불만을 토로했다. 텍사스 주를 포함한 몇몇의 주는 연방정부 프로그램을 중단하겠다고 노골적으로 말하기도 했다. 그러지 않을 이유가 어디 있는가? 워싱턴에서는 이미 협력관계가 끝난 것처럼 행동하고 있지 않은가?

50개의 모든 주에서 워싱턴으로 반대의 메시지를 보내거나 혹은 특사를 파견했다. 브리드웰은 이에 굴복했다. 린든 존슨 대통령의 임기가 며칠 남지 않은 시점에서 그는 프랭크 터너와 함께 항소 과정을 없앤 정책을 승인했다. 그러나 50년 이상 지속되어 오던 연방정부와 주정부 사이의 협력관계는 이미 금이 간 상태였다.

1968년 법은 주간 고속도로를 다른 방식으로 바꿔놓았고 그 변화는 지속되었다. 도로의 한도를 65,983킬로미터에서 68,397킬로미터로 늘렸다. 그리고 원래의 시스템으로부터 노선을 변경하는데 추가적으로 804킬로미터가 더 승인되었다. 마지막으로, 합당하다 여겨질 시, 시스템의 기준에 맞게 완공되었으면 어떤 고속도로라도 교통부장관이 주간 고속도라는 명칭을 붙일 수 있도록 허락했다. 이렇게 추가된 도로들은 정해진 거리 제한에서 제외되었다.

이렇게 해서 7만4천 킬로미터를 넘는 도로망을 구축할 메커니

즘이 생겨난 것이다. 향후 몇 년간 의회에서 몇 백 킬로미터를 더 추가 승인하기는 했으나, 우리가 알고 있는 오늘날의 주간 고속도로는 이 시점에 잉태되었다고 볼 수 있다.

환경보호주의와 고속도로

제20장

1969년 리처드 닉슨Richard Nixon이 대통령으로 당선되자 고속도로를 감독하는 역할을 맡고 있던 정치인들은 할 일을 잃고 말았다. 앨런 보이드가 맡고 있던 교통부장관 직은 매사추세츠 주지사인 존 볼프John A. Volpe에게로 넘어갔다. 그는 1956년 아이젠하워가 연방 고속도로의 임시 행정관으로 임명했던 사람이었다. 로웰 브리드웰의 자리는 연방정부 내 최고수석 엔지니어이자 볼프와 13년 동안 함께 일해 온 인물인 프랭크 터너에게로 돌아갔다.

터너가 이 자리에 임명된 것은 누구나 인정하는 부분이었다. 그는 연방정부에서 일한지도 거의 40년이 되었을 뿐더러 그가 위험을 무릅쓰고 알래스카로 갔던 일은 도로관리국의 역사상 가장 야심찬 모험이었기 때문이다. 《아메리칸 로드 빌더American Road Builder》지는 그를 '정치를 넘어선 능력을 보유한 훌륭한 공무원'이라 불렀고 '지혜가 필요한 곳에 프랭크 터너가 보내졌다.'라고 덧붙였다.《엔지니어링 뉴스 레코드Engineering News-Record》지는 그를 '베테랑 선수'라 칭했다.

고속도로 분야 이외에는 그의 이름이 잘 알려져 있지 않았다. 그를 비난하는 몇 안 되는 사람들도 고속도로의 발전에 그가 미친 영향력을 알고 있었다. 뿐만 아니라 미국인들이 1억1백만 대의 차량을 소유하고 연간 1.6조 킬로미터를 달리게 된데 대한 터너의 기여도를 잘 알고 있었다. 그는 흠잡기 힘든 사람이었다. 권력이나 자기 홍보에 무관심했고, 정치적 이유보다는 전문지식이 결정의 원동력이 되어야 한다는 '혁신 시대Progressive Era'에 대한 믿음이 있었기에 비판할 거리를 찾기가 쉽지 않았던 것이다. 그가 사람들보다 숫자를 더 잘 이해한다고 말해보라. 그는 동의할 것이다. 측량에 집착하는 과학인이라고 말해보라. 그는 당신에게 감사할 것이다. 그가 고속도로 로비 활동과 사랑에 빠졌다고 말해보라. 그는 자신의 아들 짐에게 "아들아, 내가 50년 동안 사랑해왔던 사람은 한 명 뿐이란다." 라고 말했을 때와 같이 재치 있게 받아칠 것이다.

또는 1969년 3월, 상원 공공사업위원회Senate Public Works Committee 앞에서 열린 청문회에서 말했던 것처럼 2억5백만 국민을 위해 고속도로 로비 활동을 한 사실을 인정할 것이다. 그는 상원의원들에게 다음과 같이 말했다. "그것은 꽤 강력한 로비 활동이었다고 생각합니다. 그리고 이런 로비에 여러분과 제가 즉각적으로 반응해야 한다고 믿습니다. 이 로비 활동은 국민들이 더 나은 고속도로 프로그램을 원한다는 것을 말해줍니다. 단순히 더 많은 도로를 지어달라는 것이 아니라 더 나은 도로를 세우고 그 도로들을 더 잘 활용할 수 있게 해 달라는 것입니다."

청문회를 통해 그가 새로운 자리에서 마주할 문제점들이 이미 예측된 것이었다. 그의 일은 누군가에게 해를 끼치는 것이 아니었다. 위원회의 위원들은 터너의 기술적 지식과 솔직한 답변에 수년간 의존해왔고 그의 말에는 모두가 만장일치로 동의했다. 하지만 도시 고속화도로에 대한 주민들의 항의는 그가 겪는 문제들 중 대단히 심각한 부분이었다. 그는 낙관적인 태도를 유지하려 최선을 다했다. "도로 공사 과정에 있어 분쟁은 피할 수 없는 부분입니다. 위치를 선정하는데 있어 매우 힘든 결정을 내려야 했던 적이 여러 번 있었죠. 정말 선택의 여지가 없었습니다. 누군가에게 피해를 줄 수도 있을 것입니다. 이 일은 수술을 하는 것과 비슷합니다. 고통을 감수하는 수밖에 없습니다."

터너의 계산으로는 분쟁이 일어나고 있는 지역을 다 합쳐봤자 240여 킬로미터밖에 되지 않았고 그것도 16개 도시에 나눠져 있었다. 애틀랜타에 6.4킬로미터, 피츠버그와 디트로이트, 인디애나폴리스에 각각 짧은 구간, 그리고 클리블랜드 외곽에 있는 상류도시 셰이커 하이츠Shaker Heights에도 한 구간 있었다. 뉴아크에 고리형 도로와 뉴욕에 몇몇 구간, 그리고 웨스트버지니아 주의 찰스턴에도 하나의 분쟁지역이 있었다. 제40번 주간 고속도로로 인해 인종차별 문제가 불거진 내슈빌의 싸움도 계속되고 있었고 멤피스의 오버튼Overton 공원을 지나는 노선도 문제를 겪고 있었다. 6차선의 고가도로 건설로 보스턴을 추할대로 추하게 만든 중앙간선 프로젝트 Central Artery를 두고 《포춘》지는 '존재하는 모든 죄악을 담아 지은 듯한 도로'라고 불렀다. 워싱턴 DC에도 논란이 되는 지역이 몇 군데 있었는데, 특히 터너의 집과 멀지않은 교외에 있는 알링턴을 지나고 포토맥 강을 건너 조지타운으로 들어가는 제66번 주간 고속도로의 연장선이 문제가 되었다. 물론 샌프란시스코와 볼티모어도 빼놓을 수 없었다.

터너는 "전체 도로망 중에서 논란이 된 부분은 0.5퍼센트도 채 되지 않습니다. 상대적인 관점에서 매우 적은 수치이고 이 예외의 상황들이 도시지역의 문제점을 대표하는 것도 아니고 프로그램 전체의 문제를 대표하는 것도 아닙니다." 라며 몇 번의 시위가 일어난 장소들은 예외일 뿐이고, 이 도시들이 많은 주목을 받고 있는 동안 프로그램의 대부분은 빠르고 매끄럽게 진행되고 있었다는 사실을 강조했다. 그리고 매주 논쟁이 일어나는 구간의 두 배 길이만큼의 도로가 다른 곳에 지어지고 있고 모든 사람들이 대단히 기뻐하고 있다고 덧붙였다.

이 모든 것은 사실이었다. 주간 고속도로 3분의 2가 완성되었다. 중서부의 시골지역에 뻗어있는 장거리 도로 및 동부와 서부 해안에 위치한 도시 간을 잇는 도로들은 이미 교통이 분주했다. 터너가 말한 대로 추가적인 15퍼센트가 현재 공사 중에 있고 나머지는 설계 중 또는 통행권 매입 중에 있거나 계약을 성사하고 실제 공사에 착수할 준비가 완료된 상태였다.

논란이 되고 있는 도로의 거리는 짧았으나 그 도로로 인해 피해를 받는 사람들의 수는 결코 적지 않았다. 도시 고속화도로 시위는 주요 도시들과 수백만 명의 주민이 관련된 문제였다. 터너가 아무리 이 문제를 줄여 말한들 조용히 사라질만한 문제가 아니었다.

당시에는 크게 두드러지지 않았지만 분위기는 시위대들 쪽으로 기울고 있었다. 볼티모어에서 펠즈 포인트가 사적지로 지정되자 도시 고속화도로의 건설은 큰 난항을 겪었다. 사적보존운동가들을 만족시키기 위해 고속도로 시공자들은 수십 개의 옛 건물들을 하나하나 해체한 후 도로 완공 후 원래대로 차곡차곡 재조립해 주겠다는 제안을 했던 것이다. 터무니없이 비싼 제안이었다. 비용이 주요 이슈거리가 되고 있었다. 로즈몬트의 경우와 같이 시 당국과 주정부에서 수백만 달러를 들여 산 건물과 땅이 노선의 변경으로 쓸모 없어지고 있었고, 12년 동안의 우유부단한 정책과 내분으로 2억 달러로 추산되었던 도시 고속화도로의 예산은 10억 달러를 훌쩍 넘어가 있었다. 인구의 감소, 학교 문제, 급수와 하수 시설의 노후화, 그리고 범죄와 가난이 만연한 도시에 이런 비용을 들인다는 것이 사치로 보이기 시작했다. 이대로 프로그램을 밀고 가는 것은 대담한 정치적 판단을 필요로 하는 것이었다.

미국 곳곳의 오래된 도시들도 비슷한 문제에 시달리고 있었다. 이런 장소들에서도 볼티모어 경우와 마찬가지로 정치적 의지가 무너지고 있었다. 이때 전국적으로 나타난 여러 경향이 합쳐져 주민들의 생각을 뒤바꿔 놓았다. 사적지의 보존은 지식계급 층을 넘어 모든 사람들의 이유가 되었다. 베트남 전쟁은 국민들이 정부를 불신하게 만들었으며 시민단체는 불만이 있으면 거리로 나가 시위하고 소송을 걸도록 부추겼다. 그러나 가장 중요한 것은 환경보호의 물결이 전국적으로 확대되고 있다는 사실이었다.

헨리 데이비드 소로우Henry David Thoreau를 비롯해 환경보호를 근거로 반대했던 사람들은 늘 존재했었다. 그러나 제대로 된 집단운동으로서의 환경보호주의는 몇 년이 채 되지 않은 상태였다. 이는 심각한 기름 유출, 대기오염, 그리고 수질오염 등으로 인해 대두되었고 1962년 레이첼 카슨Rachel Carson의 베스트셀러『침묵의 봄 Silent Spring』이라는 작품으로 더 기세를 몰아갔다. 여전히 20세기 언론이 선정한 최고 걸작으로 손꼽히는 이 작품은 미국인들이 '환경'을 '자연'이나 대정원 이상으로 재정의하는데 큰 도움을 주었다. 환경은 그들이 매 순간을 즐기는 장소였다. 그들이 숨 쉬는 공기, 마시는 물, 먹을 음식을 재배하는 땅, 또 그들 주변에 존재하는 소리나 냄새나, 빛, 이 모든 것이 환경이었다. 자연을 찾으러 옐로우스톤 공원까지 갈 필요는 없었다.

『침묵의 봄Silent Spring』에는 주간 고속도로가 언급되어있지 않았지만 그 책을 읽은 독자들은 고속도로 프로그램에 대한 시각의 틀이 바뀌었다. 환경은 섬세하고 연약한 것이라 사람들이 무심코 내리는 결정 하나하나가 흔적을 남겼다. 예를 들어 콘크리트와 강철로 구불구불하게 지어진 거대한 고가도로가 대자연에 남긴 흔적을 지우는 것은 만만한 작업이 아닐 것이다.

카슨의 책이 출판되고 얼마 지나지 않아 환경보호주의에 대한 연방정부의 첫 공식 인정이 있었다. 그것은 매우 고무적인 사건이었다. 이때부터 모든 연방 지원 프로젝트는 고속도로를 계획할 때 물고기와 야생동물에 미치는 영향을 고려했다는 것을 인증해야만 했다. 사실, 이 규정의 힘은 미미했다. 동물들을 보호하기 위한 아이디어만 동반되면 충분했지 특별히 어떤 양식과 행동을 요구하는 것은 아니었기 때문이다. 그것은 대외용으로 내보이기에 좋았을 뿐 연방정부나 관계자들이 일을 처리하는 방식에 있어 바뀐 것은 하나도 없었다.

일 년 후 1964년에는 관계자들이 도로 위치를 선정할 때 모든 합리적인 노선을 고려하고, 각각의 사회적, 경제적, 그리고 환경적 영향을 따져보라는 지시가 있었다. 이것 또한 환경에 대한 국민들의 관심을 해결해 주는 듯 했으나 그에 상응하는 적절한 행동이 요구되지는 않았다. 엔지니어들에게 계량화 할 수 있는 것과 없는 것을 비교하고 고려해보라고 할 때 나올 결과는 뻔했다.

교통부를 발족한 1966년의 법안에는 연방정부와 주정부가 자연의 아름다움을 보존해야 한다는 구절이 담겨있었다. 또한 교통부 장관은 공원이나 휴양지역, 야생동물과 물새의 쉼터, 또는 사적지가 있는 땅에는 프로젝트를 인가할 수 없도록 한 구절도 있었지만 달리 실현 가능한 신중한 대안이 없는 경우는 예외였다. 이런 경우에는 공원의 훼손을 최소화 할 수 있도록 가능한 모든 계획을 프로젝트에 포함시켜야했다. 이것은 당장은 아니었지만 훗날 큰 영향을 미쳤다. 이 법안의 문구가 너무 모호해서 고속도로 관계자들은 일의 절차를 수정할 필요성을 느끼지 못했다. '실현 가능한 신중한 대안'이란 정확히 무슨 뜻인가? 공원들은 여전히 인기 있는 고속도로 노선이었다.

터너가 처음으로 연방 도로관리국 행정관으로 입사했을 때는 아직 고속도로 문화에 환경 관리라는 요소가 없던 때라고 말할 수 있다. 연방 도로관리국의 비공식 역사가 리처드 와인그로프Richard Weingroff는 "우리가 지금 '환경' 또는 '생태계'라고 부르는 산과 강 같은 요소들은 단지 장애물에 불과했습니다. 그 시대에 있었던 최고의 엔지니어링 기술과 건설장비로 극복해야 하는 것이었죠."라고 말했다.

그러나 터너가 인준 받기 몇 달 전, 워싱턴의 헨리 잭슨Henry 'Scoop' Jackson이 이끄는 내무위원회Interior and Insular Affairs라는 또 다른 위원회에서 환경보호에 대한 커져가는 국민들의 열망을 구체화시킬 방법에 골몰하고 있었다. 잭슨의 해결책은 미국의 자연자원을 보호하는 국가적 환경 법안을 만들고 3인으로 구성된 환경위원회 Environmental Quality를 구성하는 것이었다. 이는 미국의 건강과 안녕에 기여하는 요소에 근거한 환경적 추세를 연구 분석하고 그것들의 원인과 영향에 초점을 둔 대통령 직속 부서였다.

터너의 인준 후 한 달이 지난 1969년 4월, 잭슨의 환경 자문위원 중 한 사람이자 인디애나 대학Indiana University 교수인 린턴 콜드웰Lynton K. Caldwell은 대통령의 사무실은 위원회의 장소로 적합하지 않을 것 같다는 의견을 냈다. 연방정부의 프로젝트와 프로그램을 구상단계에서부터 검토하면서 필요시에는 압박을 가할 수 있는 독립적인 조직체로 운영되는 것이 국민들에게 더 이익이 된다는 것이 그의 생각이었다. 수정된 법안은 '행동을 강요하는 메커니즘'이라는 별명이 붙었다. 환경에 영향을 미칠 가능성이 있는 프로젝트를 구상하는 연방정부의 기관은 그 계획이 가지는 잠재적 영향의 특성과 영향을 최소화하거나 제거할 수 있는 방법을 제시해야 하고, 줄일 수 없는 영향이라면 프로젝트를 감행할 가치가 있는지를 설명하는 보고서를 작성해야했다. 이것이 오늘날 우리가 알고 있는 '환경영향평가보고서'이고 이 법안이 가진 진짜 힘이었다. 이로써 정부가 프로젝트에 접근하는 방식이 완전히 바뀌게 되었다.

닉슨 대통령은 1970년 1월 1일, 국가환경정책법National Environmental Policy Act에 서명했다. 그는 "지금 여기에 우리가 직면한 상황은 극도의 산업화가 진행된 부유한 국가들 중에서 우리 미국이 가장 큰 위험에 처해있다는 것입니다. 우리는 돈이 많기 때문에 자동차를 소유할 수 있고, 공기와 물을 오염시키는 모든 것을 가졌기에 이 나라를 치명적인 세상으로 만들 위험성도 있습니다."라고 서명식에 모인 소수의 언론인들에게 말했다.

그가 자동차를 콕 집어서 예로 든 것은 그 당시 자동차와 고속도로들이 환경에 부정적 영향을 미치는 부산물을 많이 생산해 내고 있다는 것이 명백했기 때문이다. 로스앤젤레스에서는 40년대 이후로 스모그가 사람들의 눈을 따갑게 하고 목이 타들어가게 하는 원인이었다. 매연이 너무 심해 시민들은 제2차 세계대전 중 일본에서 화학무기를 사용했다고 생각할 정도였다. 자동차와 트럭의 배기가스가 여러 소도시에 더러운 갈색 먹구름을 드리우고 있었다. 캘리포니아 주 고속도로 관리부는 70년대에 콘크리트 소음 벽을 실험했는데 산 호세San Jose의 제680번 주간 고속도로를 지나는 트럭의 소음이 너무 심해 마치 쓰레기 처리장에 귀를 박고 있는 것 같았다. 가장 심했을 때에는 휴대용 드릴보다 시끄러웠다.

큰 도로들은 배수와 수질을 엉망으로 만들어놓았다. 콘크리트는 홍수에 속수무책이었고 염분과 기름이 빗물에 섞여 내려가면서 근처의 연못과 시내를 오염시켰으며 침습성 잡초가 무성해졌다. 시골을 지나는 주간 고속도로는 작은 포유류 동물들과 거북이, 양서류 등에게 넘을 수 없는 장벽이 되어버렸다. 한 연구에 따르면 작은 동물들에게 있어서 분리된 4차선 도로는 폭이 그것의 두 배인 강물이 놓여있는 것이나 다름없다고 했다. 자동차로 인한 동물들의 대재앙이 점점 다가오고 있었고 머지않아 사냥으로 죽는 동물의 수를 초과할 것이었다.

새로운 규정을 따르느냐 마느냐 하는 것은 터너에게 달려있었다. 사상 최초로 그와 동료들은 경제적, 기술적 측면뿐만이 아니라 수치화 할 수 없는 환경요소와 가치를 적절히 고려하라는 요구를 받은 것이다. 터너는 이번에도 새 법안이 정말로 절실하다고 여기지 않았다. 그는 정부에 마지막 남은 구식 사고방식의 소유자 중 한 명이었다. 그에게 있어 교통이라는 것은 정부의 필수적 기능이기에 주간 고속도로는 그야말로 헐값이라는 것이다. 국민들의 시간을 아껴주고 때로는 목숨을 살리기도 하며 물자를 실어 나르는 데에도 사용되니 이것을 값으로 환산하면 거저먹기라는 것이다. 그는 납세자들이 낸 세금에 이자까지 붙여 돌려받는 경우는 고속도로가 유일하다고 자랑스럽게 말했다. 고속도로 공사로 인해 발생하는 피해는 충분히 보상하고도 남는다는 것이 그의 지론이었다.

게다가 터너는 고속도로 프로그램이 이미 높은 환경적 기준을 엄수하고 있다고 생각했고 법이 생긴다고 해서 딱히 변할 것은 없을 것이라고 했다. 그는 새 법률이 발효되고 3주 후에 있었던 연설에서 "고속도로 관계자들은 우리가 가진 사회적 책임을 인지하고 있고 거기에 대한 대안을 마련하고 있다는 것을 확실히 알려드리고 싶습니다."라고 말했다. 14개월 후 그는 "급부상하고 있는 우려에 대해 우리는 빠르게 대응하고 있습니다. 단순히 듣기 좋은 말만 하는 것이 아니라 실제로 의미 있는 방법을 모색하고 있습니다. 우리는 1956년 제정된 법률 조항을 맹목적으로 따르고 있는 것이 아닙니다. 프로그램을 진행하면서 몇 건의 중요한 사항들은 수정을 했습니다. 지난 15년간 미국은 크게 바뀌었고 우리 고속도로 관계자들 역시 그에 발맞추어 변화했습니다."라고 말했다.

사실, 교통부는 새 정책을 준수했다. 제정 후 첫 2년간, 환경위원회에 제출된 환경영향평가보고서의 과반수가 연방 고속도로 행정부에서 나온 것이었다. 그러나 그들은 이 정책에 담겨 있는 본래의 참 뜻을 실행한 것은 아니었다. 공공이익단체의 비영리과학센터에서 교통부의 76개의 환경영향평가보고서를 분석한 결과, 조사의 결과보다는 주장이, 연구보다는 의견이, 사실보다는 일반론이 실려있었다. 대부분의 보고서에는 대중교통에 있어 고속도로에 이외의 대안이 언급되어있지 않았고 그중 3분의 1은 지역사회 파괴에 대한 언급이 한마디도 없었다.

한편 볼티모어의 고속도로 분쟁은 리킨 공원으로 장소가 옮겨졌다. 나무가 우거지고 덩굴이 무성한 160만여 평의 이 야생 공원은 도시에서 가장 크게 트인 공간이었다. 제70번 주간 고속도로가 서쪽으로부터 이 공원을 뚫고 들어올 계획이었고 이것은 오랫동안 기정사실화 되어있었다. 시에라 클럽(Sierra club; 미국의 자연환경 보호단체)의 도움으로 공원 주변에 사는 주민들은 리킨 공원 도시 고속화도로 진입 반대 자원봉사단 볼프(VOLPE; Volunteers Opposed to the Leakin Park Expressway, 이니셜이 교통부장관의 이름과 같았다.)를 결성해 4킬로미터의 곡선도로가 동부 주요도시의 유일한 자연공원을 파괴하려는 데 맞섰다.

그들은 단단히 각오가 되어있었다. 멤피스의 시민들은 오버튼 공원을 지나는 제40번 주간 고속도로의 노선에 대해 시 당국과 테네시 주 고속도로 관계자들을 상대로 소송을 걸었고 이는 대법원까지 가게 되었다. 이 소송의 가장 중요한 쟁점은 주정부에서 1966년의 교통부 법령에 명시된 대로 '실현 가능하거나 신중한 대안'을 제시하지 않고서 제40번 주간 고속도로가 도시에서 가장 아름다운 자연을 훼손하도록 승인했다는 것이었다. 연방정부는 대안이 신중했던가를 고려할 때 공원의 보존 문제와 대체 노선의 비용을 비교해야 한다고 주장했다. 대체 노선은 공원을 통하는 길보다 더 멀고, 주택과 사업체들이 있는 지역을 지나야했다. 고속도로 관계자들은 비용을 앞세운 수치화로 시위대들을 압박해 나갔고 항상 이 논리로 그들을 굴복시켰다.

그러나 이번에는 달랐다. 1971년 봄, 대법원은 만장일치로 하급법원들의 판결을 뒤집었다. 공원은 특별한 보호가 필요하며 공원이 아닌 곳에 도로를 놓는 것은 항상 비용이 더 든다는 이유를 들고 있지만 다른 대체 노선을 선택함으로써 잃는 손실이 막대하지 않다면 주간 고속도로를 건설할 때 공원을 피해야한다고 판결했다. 재판관은 "이 법령의 존재 이유는 자연환경보호가 무엇보다도 중요하다는 것을 나타내기 위해서이다"라는 판단을 내렸다.

또한 볼프와 협력단체들은 리킨 공원 노선을 막기 위해 연방법원에 소송을 제기했고 그 소송의 이름은 볼프대 볼프(VOLPE v. Volpe)였다. 멤피스의 경우와 마찬가지로 법원은 공원에 도로를 놓는 작업을 모두 중단하라는 판결을 내렸다. 고속도로 담당부서에서 도시 고속화도로의 위치와 효과에 대한 추가적인 공청회를 열기 전에는 작업이 계속될 수 없었다. 조 와일즈는 프로그램 전체를 철회하라고 촉구했고 이는 많은 주민들의 바람이기도 했다. "정부에서 빼앗아간 땅을 지역사회에 반환하라. 그리고 그 땅에 대한 결정권을 주민들에게 줘야한다."라고 그는 주장했다.

주민들의 반대로 로즈몬트를 잃고 터무니없는 비용 때문에 펠즈 포인트를 포기하고 소송으로 인해 리킨 공원의 개발을 정지당한 시 당국은 설사 어떻게 도시 고속화도로를 놓는다 해도 1977년에 발효될 대기오염 기준에 부합할 수 없을 것 같아 보였다. 미국환경보호청The Environmental Protection Agency에서는 기준에 맞추려면 볼티모어의 주행거리를 5분의 1로 감소시켜야 한다고 말했고 도시의 중심에 세 개의 주요 주간 고속도로가 만나는 교차점을 놓으려는 3-A 계획은 이 목표와 상반된다고 경고했다.

1973년 초, 서부 볼티모어 출신의 불같은 성격의 교사 캐롤린 타이슨Carolyn Tyson이 이끌던 MAD는 변호사를 선임해 연방법원에 3-A 도로망 전체를 막으려는 소송을 제기했다. 그들은 이 계획이 이익보다는 결국 파멸을 가져온다고 주장했다. 이는 공원을 지나는 노선에 대한 '실현 가능하고 신중한 대안'도 고려되지 않았을 뿐만 아니라 환경적 손실을 최소화하기 위한 노력도 없었고 협정된 교통계획에 따르지도 않았다고 강조했다. "3-A시스템의 유무에 대해 주민들의 의견을 묻는 공청회가 한 번도 열린 적이 없다."라는 주장도 나왔다.

법원은 고속도로에 유리한 판정을 내렸지만 이 시점에 프로젝트의 반대자들은 굉장한 단결력을 보여주었고 많은 문제점들을 제기했을 뿐만 아니라, 실제로 문제들이 복잡하게 얽혀 있어 문제해결 비용이 엄청날 것이었다. 그리하여 많은 전문가들이 평생을 바친 이 동서 도시 고속화도로 프로젝트는 35년간 꾸준히 진행되어 오던 끝에 자신의 무게에 못 이겨 쓰러지고 만다.

마지막 타격은 1977년에 일어났다. 펠즈 포인트를 지나는 연장선을 짓자는 제안서가 메릴랜드 주 문화재보존 담당 존 피어스John N. Pearce에게 제출되었다. 그는 "끔찍한 제안서이고 고쳐 쓰기도 힘들 것 같습니다. 지금 이대로 도로가 없는 편이 낫겠습니다."라고 자신의 의견을 기술했다. 그렇게 고속도로 전쟁은 막을 내렸다.

대중교통 수단의 미래

　연방 고속도로국 국장으로 지낸지 2년째 프랭크 터너는 많이 지쳐있었다. 그는 평생을 도로관리국에서 일했고 수십 년간 전국의 고속도로망 건설에 헌신해 온 데 대한 보상도 받은 것도 사실이었다. 그러나 그가 지금까지 기울였던 노력과 미래에 대한 희망은 수포로 돌아가고 있었다.

　도시 고속화도로에 반대하는 세력이 걷잡을 수 없을 지경에 이르자 1971년 그는 존 볼프에게 "우리를 믿고 맡겨 주십시오. 소요가 일어나는 것은 눈먼 비평가들이 우리 프로그램을 폐지하기 위해 여론을 조성하는 겁니다."라는 메시지를 보냈다.

　이는 온순하지만 심한 스트레스에 시달리던 터너의 입에서 자주 튀어나오는 말이 되었다. 1972년 한 연설에서 그는 "고속도로를 반대하는 사람들은 잘못된 정보를 믿고 있습니다. 그게 아니라면, 그들은 어떤 이유를 대서라도 무언가에 반대하거나 아무 이유 없이 싫어하는 광신자이거나 호사가들입니다."라고 말했다.

터너 역시 도시 고속화도로의 길이를 연장하는 것만이 정답이 아니라는 것을 인정했다. 스스로 그런 결론에 도달한 것이고 양보할 생각도 있었다. 그러나 그의 프로그램을 비판하는 사람들 중 다수가 가능한 대안으로 철도를 꼽았다. 터너는 이것에는 찬성할 수 없었다.

그는 대중교통에 반대하는 입장은 아니었다. 하나의 교통수단이 모두의 필요를 충족시킬 수는 없는 것이라며 대중교통을 옹호하기도 했다. 사실 그는 버스에 대해서는 낙관적 견해를 가지고 있었다. 그러나 그는 철도에 기반을 둔 교통수단은 거금을 들일 만큼 수요가 충분치 않을 것이라고 생각했다. 그에 대한 부분적인 이유는 철도가 시시각각 바뀌는 사람들의 이동 패턴에 맞춰질 수 없다는 것이었다. 도시의 모습은 전차들이 다니던 시대와는 많이 달라져 있었다. 예전에 비해 도시가 외곽으로 훨씬 뻗어나가 있었기 때문에 고정된 철도가 사람들을 목적지로 데려다 주기에는 역부족이라는 것이었다.

반면 버스는 합리적인 선택이었다. 50~60대의 버스가 3~4천 대의 자동차 몫을 할 수 있었고 집 근처까지 접근이 가능했으며 필요에 따라 노선 조절도 가능했다. 고속도로에 이미 이루어진 투자 덕분에 기반시설 건설에 추가적인 비용이 크게 들지도 않을 것이었다. 고속도로를 달리는 버스의 수를 증가시킴으로써 고속도로의 증설 같은 추가 수요를 줄일 수도 있었다.

항상 그렇듯, 버스에 대한 그의 열정은 연구와 통계를 기반으로 했다. 그는 1962년에 진행했던 연구를 인용해 버스와 지하철이 같은 비용으로(인당 1.6킬로미터를 이동하는 데 3.2센트) 사람들을 수송할 수 있지만 버스를 운행하는데 들어가는 비용이 훨씬 더 저렴하다고 말했다. 워싱턴 DC에서 업무를 시작한 이래 계속해서 버스로 통근했던 그는 버스에 대한 개인적 경험도 있었다. 인준 이후 몇 달간 그는 대도시 고속화도로에 버스를 이용할 방법을 모색했고, 여러 도시들의 버스 시스템 연구를 지지했으며, "오늘 버스를 타고 출근한 사람이 몇 명이나 됩니까?"라는 질문을 시작으로 교통부 본부에서 회의를 자주 열었다.

1969년 9월, 하찮아 보이는 버스가 도시 교통수단의 미래라는 터너의 견해를 지지하는 워싱턴 DC의 교외지역에서 버스 시범운행이 개시되었다. 그의 지원에 힘입어, 버지니아 교통부는 셜리 고속도로Shirley Highway라고도 불리는 제95번 주간 고속도로의 중앙에 양방향 운행이 가능한 차선들을 버스전용도로로 지정했다. 이것은 대성공을 거두었다. 《워싱턴 포스트Washington Post》지가 워싱턴DC로 향하는 17.7킬로미터의 아침 통근 길에 자동차와 버스로 시험운행을 해보았는데 버스가 자동차보다 32분이나 빠르다는 결과가 나왔다. 이윽고 셜리의 버스 이용자 수는 자동차 운전자 수를 능가했다. 이 실험으로 인해 고속도로의 일일 교통량이 3,140대 줄었고 1천7백 톤의 오염을 감소시킬 수 있었다. 이로써 교통담당자들은 버스의 수를 네 배 증가시켜야 했다.

"버스가 정답입니다. 유일한 정답입니다."라고 터너는 말했다. 1970년 연방지원고속도로법은 인근 지역에 버스전용 도로를 짓도록 예산을 편성했고 터너는 여기에 고무됐다. "지금으로부터 몇 년 후 이 법안을 뒤돌아 봤을 때 정말 획기적인 사건으로 보일 것이라는 데 일말의 의심도 없습니다. 현재 우리가 1956년의 주간 고속도로 건설을 위한 연방 지원 고속도로 프로그램을 보듯이 말입니다. 그것은 고속도로의 발전에 있어 정말 역사적인 법안이었죠."라고 터너는 예측했다.

그의 흥분이 조금 지나친 감이 있기는 했으나 그의 아이디어가 긍정적인 방향으로 나아가고 있음에는 틀림없었다. 그는 왜 환경보호자들과 언론, 그리고 반(反)고속도로주의자들이 버스를 포용하지 않으려는지, 왜 철도에 기반을 둔 교통수단에 푹 빠져있는 것인지 도무지 이해할 수가 없었다. "오늘날 시민들이 요구하는 것은 노선과 스케줄의 무궁무진한 결합 가능성이며 이것은 어떤 교통수단이라도 노선과 목적지, 그리고 스케줄상의 융통성을 제공해야만 한다는 것을 의미합니다. 그러므로 중심지로부터 뻗친 바퀴살과 같은 고정된 철도시스템에 요금을 지불하는 사람이 없는 것입니다. 요금함을 채우지 못한다는 사실은 고객들이 원하는 것을 제공하지 못하고 있다는 반증이 아닐까요? 철도를 짓느니 가난한 사람들에게 자동차를 공급하거나 푸드 스탬프(정부가 저소득자들에게 주는 식료품 할인 구매권)처럼 택시쿠폰을 지급하는 편이 비용이 훨씬 적게 들어갈 것입니다."

개착공법(땅을 판 뒤 필요한 공사를 하고 위쪽을 덮어서 다시 지면을 만드는 방법)으로 만들어진 지하철인 워싱턴 메트로Washington Metro는 터너의 희생양이 되었다. 그것은 원래 약 158킬로미터 길이로 계획되었고 30억 달러의 비용이 소요될 예정이었다. 이는 백인 정착 이래 그 지역의 도로를 건설하는 데 든 비용과 맞먹었고 달리 말해 한 가정 당 4천 달러를 부담하는 것과 마찬가지였다. "워싱턴

내 총 교통량의 5퍼센트밖에 수용하지 못하면서 지출은 너무 어마어마한 것이 아닙니까? 메트로가 존재하는 동안 그 빚의 연간 이자로만 매년 새해 첫 날에 5천 대의 버스를 살 수 있습니다."라고 그는 말했다.

그의 의견이 합리적으로 보였음에도 그는 논쟁에서 밀리고 있었다. 버스에 대한 그의 지지가 더 거세어질수록 철도와 지하철 지지 세력에 더 가속도가 붙는 듯 했다. 설상가상으로 비평가들과 시 당국, 그리고 국회의원들은 철도를 고속도로 기금으로 건설해야 한다고까지 주장했다. 터너는 이 의견에 광적으로 반대했다. 기금이라는 단어가 쓰인 데는 이유가 있다는 것이었다. 의회와 운전자들 사이에 '유류세는 도로 건설에 사용될 것'이라는 약속이 존재했고, 약속은 꼭 지켜져야 한다는 것을 그는 굳게 믿고 있었기 때문이다.

이러한 주장에도 도시 교통문제를 해결하기 위한 방안으로 철도를 선택하는 사람들이 있다면야 그는 반대할 생각은 없었다. 따로 기금을 하나 더 만드는데 반기를 들 생각도 없었다. 그러나 주간 고속도로의 돈으로 철도를 건설한다는 데에는 절대 찬성할 수 없었다. 반대편은 고속도로 기금을 교통시설 전체가 아닌 고속도로에만 배정한 것은 납세자들을 기만하는 행위라고 주장하며 이는 현명한 지출이 아니라고 했다. 사회적 폐해를 조장하는 도로의 기반시설에 세금을 사용하는 것이 말이 되느냐며 비평가들은 의문을 제기했다. 주류세에도 똑같은 원리가 적용된다면 술로 벌어들이는 세금은 술집을 짓는데 쓰여야 하는 게 아닌가 하는 것이 뉴욕의 대표자인 조너선 빙햄Jonathan Bingham의 논리였다.

이런 전쟁을 치르는 동안 터너는 국가환경정책법안National Environmental Policy Act에 대한 교통부의 반응을 이끌어내느라 애를 먹었을 뿐만 아니라 개인적인 문제로 고생하고 있었다. 1962년, AASHO로부터 토머스 맥도널드 상을 수상했을 때, 터너는 많은 공을 메이블에게 돌렸다. "어떤 남자도 혼자서 이 상을 얻을 수 없습니다. 제 아내를 대신해서 이 상을 받게 되어 기쁩니다. 그녀는 제가 이룬 업적과 교통부 업무에 가장 큰 도움을 준 사람입니다."라고 그는 겸손하게 수상 소감을 밝혔다.

하지만 그때조차도 메이블의 상태가 좋지 않다는 것은 명확했다. 터너와 자녀들은 그녀의 문제가 필리핀에서부터 있었던 것임을 알 수 있었다. 그곳에서 그녀는 종일 감정의 기복이 심했고, 마음을 닫았으며, 급격히 소심해졌다. 어떤 때는 사람을 만난다는 생각만으로도 이루 말할 수 없는 불안감에 휩싸이기도 했다. 어떤 날에는 퀀셋(Quonset; 반원형 막사)을 떠나기도 힘들었다. 미국으로 돌아온 후 몇 년간 그녀의 불안은 점점 커져만 갔다. 생각은 희미해지고 집을 떠나는 것에 대한 공포는 참을 수 없이 괴로워졌다. 자녀들이 성장하여 떠나자, 그녀는 심하다 싶을 정도로 터너에 의존했다. 주간고속도로가 전국에 놓이고 그의 업무량이 극에 달했을 때도, 그는 아내를 돌보야 했다.

터너는 아내가 죽을 때까지 돌볼 것이라고 자녀들에게 약속했었다. 1972년 초, 메이블을 혼자 둘 수 없는 지경에 이르렀고 혼자서 두 가지 일을 해내기는 무리인 듯했다. 다른 도시로 업무 차 호출을 받을 때면 의사친구에게 연락해 검사를 핑계로 그녀를 병원에서 지내게 했다. 한번은 토론토에서 열리는 회의에 그녀를 데리고 나섰는데 가는 길에 그녀가 너무 혼란스러워하고 불안해하는 바람에 차를 돌려야 했다. 그는 일생 최악의 결정을 내려야했다. 아내를 요양원에 보낼 것인지. 아니면 일을 그만 둘 것인지 였다.

1972년 6월 21일, 그는 시력감퇴를 이유로 사직한다는 편지를 존 볼프에게 보냈다. 같은 날 닉슨 대통령에게 보낸 편지에는 아무런 이유를 달지 않았다. "43년 이상 연방 고속도로 행정부와 다른 부서에서도 근무해왔고 이제 공무원 은퇴 법령조항에 따라 6월 30일자로 사직하고자 합니다. 더 나은 미국을 만드는 데 제 평생을 바치게 되어 큰 영광이었습니다. 정부에서 가장 훌륭한 조직이자 가장 헌신적인 동료 곁을 떠나게 되어 매우 안타깝습니다."

그렇게 오랜 세월 근무했음에도 그의 나이는 고작 63세였다. 이것은 모든 신문사들이 그의 결정을 '갑작스러운 사직'이라 표현한 이유였다. 그러나 메이블의 문제가 아니었더라도 그의 은퇴 시기는 적절했다. 교통부의 업적은 공공사업 이라기보다는 위협으로 여겨지고 있었고 도시 고속화도로는 저항하는 도시들에 차례로 무릎을 꿇고 있었기 때문이다. 뿐만 아니라 전문지식을 갖춘 유일한 기관의 결정이라 터너가 믿어 의심치 않았던 것들이 뒤늦게 비난을 받고 있기까지 했다.

1972년 3월, 볼프는 고속도로 기금을 대중교통을 위해 쓰는 것에 찬성하며 매년 창출하는 거금 60억 달러 정도를 주간 고속도로 이외에 다른 곳으로 돌리겠다고 제안했다. 그의 갑작스러운 행동은 터너의 권위를 약화시켰다. 터너는 이제 잘 봐줘야 도로관리국과 보조가 맞지 않는 인물이었고 최악의 경우에는 별 볼일 없는 고루

한 사람처럼 보일 수 있었다.

연방정부와 주정부의 협력체제가 점점 와해되는 것에 터너 역시 괴로웠다. 상향식 접근법은 힘을 잃어가고 있었다. 교통부는 모든 것을 통제하려고 했고, 연방정부 행정관의 역할이 다른 무언가로 변질되고 있는 것처럼 보였다. 그들은 정치에는 강하고 실무적 지식과 기술은 약해져갔다. 이 같은 날이 왔을 때 터너는 그 자리에 더 이상 머물고 싶지 않았다.

사실, 더 성취할 일도 남아있지 않았다. 주간 고속도로는 약속한 대로 잘 완성되어가고 있었다. 고속도로는 빨랐다. 뉴욕에서 로스앤젤레스까지 운행시간이 1956년에는 79시간이었던 것이 62시간으로 단축되었고 해를 거듭할수록 짧아지고 있었다. 게다가 도로는 안전했다. 1929년 터너가 도로관리국에 합류했을 때 주행거리 1.6억 킬로미터 당 16건의 사망 사건이 일어났다면 지금은 차량의 수가 네 배로 증가했음에도 사망자 수가 같은 거리 당 5.5명으로 줄었다. 주간 고속도로만 따지면 2.52명에 불과했으며 매 해 감소하고 있었다. 큰 도로들은 효과적이고 편리했으며 튼튼했다. 터너가 재정을 담당할 당시 고속도로 프로그램은 우주 프로그램이나 원자력 에너지보다 더 예산이 많이 들어갔다.

터너가 사퇴한 다음 날, 대통령이 쓴 편지에는 수십 년에 걸친 그의 헌신에 대한 존경이 담겨있었다. 그가 있었기에 누구도 따라올 수 없는 주간 고속도로가 있고 그것은 미국의 발전과 번영에 있어 필수적인 요소로 남아있을 것이라는 내용이었다.

또한 "주간 고속도로망의 기획자로서 당신은 세계에서 가장 큰 공공사업을 진실함과 변함없는 헌신으로 운영해 왔다는 데 매우 특별한 자부심을 가져야 합니다. 이러한 업적은 모든 국민들과 정부의 동료들로부터 가히 존경받을 만합니다. 당신의 노고에 깊은 감사를 표하고 앞으로 하시는 일에 행운이 깃들기를 빌겠습니다."라는 내용이 담겨있었다.

그리고 터너는 바쁘게 살았다. 고속도로 관련 산업의 대변자 역할을 하는 도로정보프로그램 회사The Road Information Program Inc.의 이사로 고속도로 기금의 보호를 지지했으며 또 다른 로비그룹인 고속도로이용자연합회Highway Users Federation를 대표해 버지니아 주를 돌며 '교통체계의 산술'에 관해 연설했다. 그는 대부분 엔지니어로 이루어진 무명그룹No-Name Group의 조직자 중 한 명이었고 이 단체는 한 달에 한 번 조찬을 함께하며 모임을 가졌다. 또한 교통 관계자들의 비공식 점심모임인 로드 갱Road Gang에도 속해있었다. 이 단체는 한 달에 두 번씩 비공개로 이루어지는 모임을 가졌다. 1972년 11월 일반대중의 시선으로 공무원을 비판했던 그의 연설은 인기가 폭발해《아메리칸 로드 빌더American Road Builder》지에 실리게 되었고 그 잡지는 1쇄에 이어 추가로 2만 부를 더 찍었다.

젊은 고속도로 관계자들은 그의 자문을 받기 위해 알링턴으로 종종 날아왔다. 그들이 가져온 소식들과 신문에 실린 기사들은 감당하기 쉽지 않을 때도 있었다. 그가 두려워했던 대로 1975년 버스 구매를 위해 고속도로 기금이 풀렸고 그 다음 해에 이 자금은 모든 종류의 대중교통에 이용 가능해졌다. 터너는 메트로 같은 시스템이 무료로 그 돈을 쓸 수 있도록 내려진 결정에 대해 평생 동안 불평했다. 한편, 1973년 연방지원고속도로법은 아직 시공되지 않은 도시 고속화도로에 대한 철회 요구를 승인했고, 남겨진 예산은 교통수단 시스템으로 돌아가게 되었다.

터너는 생각에 잠길 시간이 거의 없었다. 메이블은 거의 잠을 자지 않았고 항상 집안을 이리저리 배회했다. 터너는 30분의 휴식시간도 갖기 힘들었다. 수년 동안 그는 아내를 먹이고 씻겼다. 그리고 그녀가 점점 작아지는 모습을 지켜보았다.

터너가 사직한 지 10년이 지난 후, 1982년 6월, 그녀는 심장병으로 세상을 떠났다. 처음으로 혼자가 된 터너는 알링턴의 주택에서 간소하고 조용하게 살았다. 그는 계속해서 버스를 이용했다. 메트로가 교외로 뻗쳤을 때 그는 그것을 이용하기도 했지만 여전히 "메트로는 몇몇 사람들에게만 유용하다."며 투덜거렸다.

가끔씩 그는 자동차로 그가 만든 주간 고속도로를 달리기도 했다. 그는 항상 오른쪽 끝 차선을 고수했다. 미국의 주간 고속도로를 완성한 프랭크 터너는 시속 80킬로미터를 넘기는 일이 거의 없었다.

1983년, 연방고속도로관리국은 버지니아 주의 맥린McLean에 위치한 연구동에 있는 한 건물에 프랭크 터너의 이름을 붙여주었다. CIA 본사 근처에 있는 시설물 전체의 이름이 터너 페어뱅크 고속도로연구소Turner Fairbank Highway Research Center로 바뀌었고 이로써 주간 고속도로의 콘셉트와 건설에 가장 많은 공을 들인 세 사람 중 둘에게 경의를 표한 것이다. 국장인 맥도널드의 이름이 빠진 것만 제외하면 이것은 터너에게 있어 그가 받은 가장 큰 영예일 것이다.

터너는 계속해서 활동적인 은퇴생활을 영위했다. 1984년 그는 AASHO(미국 주 도로 행정관협회AASHO는 미국 주 도로 및 교통행정관협회AASHTO로 이름이 바뀌었다)에 대형 트럭에 대한 새로운 아이디어를 제안했다. 각각의 차축이 견디는 무게를 조정해 도로의 손상을 줄일 수 있는 형태였다. 이것은 후에 '터너 제안Turner proposal'으로 알려지게 되었다. 이 시점에는 첫 주간 고속도로가 건설된 지 25년이 지나 있었고 견인 트레일러의 주간 고속도로 사용량은 교통부의 예상을 훨씬 뛰어넘었다. 이들이 특히 많이 지나다니는 구간은 무거운 압력에 의해 도로가 망가지고 있었다. 터너는 "도로시스템을 보호하기 위해서는 도로를 차량에 맞출 것이 아니라 차량들을 도로 사정에 맞게 바꾸려 노력해야 합니다."라고 주장했다.

몇 년 후, 여전히 이 문제에 대해 고심하던 그는 도로를 보호하고 교통 혼잡을 줄이기 위해 몇 개의 주간 고속도로에서 트럭과 승용차들을 분리해야 할 때가 왔다고 제안했다. 이 아이디어는 채택될 가능성이 있어보였다. 20년이 지난 지금까지도 몇몇 도로의 유지보수 비용을 줄이기 위한 방법으로서 여전히 검토 중 인 것으로 알고 있다.

한편, 마지막 남은 몇몇 구간의 공사는 계속 진행되었다. 이들의 대부분은 도시 시내이거나 자연생태학적으로 민감한 지역이었다. 1988년 6월, 뉴햄프셔 주에서는 제93번 주간 고속도로가 완공되었다. 그것은 공원 도로와 주간 고속도로의 형태가 번갈아가며 나타났고 화이트 산맥White Mountains의 프랑코니아 노치Franconia Notch를 통과했다. 수년 동안 환경운동가들은 차들이 지나가며 만들어내는 진동이 큰 바위 얼굴The Old Man of the Mountain을 허물어트리지 않을까 조마조마했다. 큰 바위 얼굴은 노인 얼굴의 옆모습을 닮은 화강암으로 시와 민속 문학의 주제가 되었고 뉴햄프셔 주 사람들은 이를 자신들의 자아상으로 여겨 공식적으로 자동차 번호판에 새기기도 했다. 이 독특한 산길은 큰 바위 얼굴을 다치지 않도록 지어졌으나 결국 2003년 무너져 내렸다.

이와 비슷하게 콜로라도 주의 행정관들도 협곡인 글렌우드캐니언 Glenwood Canyon을 지나는 제70번 주간 고속도로의 구불구불한 약 26킬로미터 구간에 큰 우려를 나타냈다. 이것은 덴버로부터 서쪽으로 241킬로미터 떨어진 지역에 약 488미터 높이의 거대한 석회절벽 사이로 콜로라도 강을 끼고 나있었다. 오래전인 1902년 이 협곡에 자동차 전용으로 지어진 도로가 하나 있기는 했다. 그러나 여기에 주간 고속도로가 들어선다고 하자 대부분의 사람들을 글랜우드의 취약성에 대한 우려를 감출 수 없었다. 1968년, 이 협곡을 지나는 노선이 유일한 선택이라는 연구결과가 나오자, 콜로라도 주의 국회의원들은 '인간이 만든 경이로운 기술'과 '자연의 경이로움'을 절충하는 선을 목표로 해달라고 요청했다.

시민들의 자문을 받아 고속도로는 그들이 원하던 대로 지어졌다. 선구적인 건설기술로 이 구간은 서른아홉 개의 다리를 지나고 세 개의 터널을 통과하며 협곡의 북쪽에 있는 바위 면을 둘러서 지어졌다. 이 놀라운 기술로 인해 협곡이 더 개선되었다고는 말할 수 없지만 협곡을 망쳐놓았다고도 할 수 없었다. 오늘날 이 구간은 세계에서 사장 아름다운 경치를 감상할 수 있는 도로중 하나로 손꼽힌다.

제70번 주간 고속도로의 글렌우드 캐니언 구간은 1922년 완공되었고 이것은 원래 계획된 주간 고속도로의 마지막 공사 중 하나였다. 멋진 마무리였다.

오늘날 볼티모어로 운전해 가보면, 도심에는 주간 고속도로가 지나지 않는다는 것을 알 수 있다. 제95번 주간 고속도로는 남쪽으로 지나간다. MAD의 동의로 그것은 강의 북쪽과 남쪽 지류 사이에 지어졌고 높은 다리가 아닌 터널을 통해 포트 맥헨리를 건넌다. 1985년 이 8차선의 터널이 지어졌을 때 그것은 세계에서 가장 큰 수중터널이었다. 남북 존스 폴즈 고속화도로Jones Falls Expressway라고도 불리는 제83번 주간 고속도로는 시내로, 또는 동남쪽의 오래된 지역으로 연장되지 않았다. 남쪽으로 가는 차량들은 프레지던트 스트리트President Street라는 대로로 보내졌고 이는 이너하버의 바로 동쪽에 위치한 원형교차로로 이어졌다.

제70번 주간 고속도로는 서쪽으로 리킨 공원의 가장자리까지 이어진 후 막다른 길로 끝이 났다. 길이 끊긴 부분은 통근자들의 주차공간이 되었고 거기서부터는 숲속으로 향하는 등산로가 이어졌다. 이곳은 주말이 되면 자전거를 실은 차량들과 등산객을 실은 버스로 만원을 이루었다. 도로가에는 로키산맥에서 이루지 못한 것을 볼티모어 사람들이 얻어냈다는 것을 기념하는 현수막이 걸려있었다. 유타 주의 코브 포트Cove Fort에서 서쪽으로 3,465킬로미터 길이의 고속도로가 건설되는 것은 결국 막지 못했던 것이다.

막다른 길로 끝난 제70번 주간 고속도로를 제외하고는 짧은 한 구간의 도시 고속화도로만이 오랜 진통 끝에 공사가 시작되었다. 제170번 고속도로의 한 부분이 옆으로 살짝 비켜난 것이다. 약 2.4킬로미터밖에 안 되는 짧은 4차선 도로로 다른 고속도로와는 단절되어 있었다. 사실 이 도로가 결국에는 3-A 도로망과 이어질 것이라는 희망을 가지고 지었지만 나머지 고속도로 계획이 철회되자 고립되고 말았다. 예상했겠지만 이 도로는 이미 황폐해진 프랭클린-멀베리Franklin-Mulberry 회랑지대를 통해 나있었다.

볼티모어 시민들은 그 도로를 '디치(The Ditch; 도랑)', 또는 도착지가 없는 고속도로The Highway to Nowhere'라고 불렀다. 둘 다 적절한 별명이었다. 2009년 여름 어느 토요일, 나는 이 도로에 몸을 실었다. 시내의 가장자리를 돌며 이 도로의 동쪽 끝을 찾아 헤맸고, 그곳을 찾은 후 프랭클린 도로로부터 내리막을 이용해 내려왔다. 그곳은 실제 도로라기보다는 헐리우드를 흉내 낸 것처럼 느껴졌다. 지표면보다 삼층 정도 낮게 놓였고 옆쪽은 완전히 콘크리트로 덮여있는 그 도로를 따라 서쪽으로 빠르게 달리며 열 개의 고가도로와 주간 고속도로 양식의 표지판을 지나니 2분도 채 되지 않아 로즈몬트의 동쪽에 있는 보통 지면 높이의 도로로 나와 있었다. 운전을 하는 동안에는 도시에서 가장 끔찍한 모습을 하고 있는 디치의 남쪽과 북쪽의 블록들은 보이지 않았다. 그곳에는 무성한 잡초사이로 날아다니는 패스트푸드 포장지, 깨진 유리병들, 뒤집혀 있는 쇼핑카트, 그리고 판자가 덧대어진 창들과 버려진 집의 문이 있었다. 이 장면은 주간 고속도로의 길에 놓여 고통스러운 시대를 겪어야 했던 서부 볼티모어 사람들의 슬픔과 그때까지 지속되어 온 삶의 단면을 보여준다.

도착지가 없는 고속도로는 1979년 이래로 이용 가능했다. 가끔씩 사람들은 그것을 메우자는 이야기가 나오기도 했지만 비용이 만만치 않아 쉽게 처리되지는 않을 것 같다. 따라서 주정부와 연방정부의 높은 기준에 맞춰 만들어진 이 특이한 도시 고속화도로의 유적은 누구에게도 도움은 되지 않으면서 계속해서 자리를 지키고 있다.

조 와일즈Joe wiles, 그의 딸들 말에 의하면 그는 이곳을 지날 때마다 고개를 절레절레 젓는다고 한다. 그는 불편함을 조용히 드러내며 누구도 사용하지 않는 괴상한 이 도로에 한때는 집들이 들어서 있었다는 것을 상기하곤 하는 것이다. 초호화 주택은 아니었지만 좋은 사람들이 사는 곳이었다. 그들은 시 당국의 계획에 어떻게 반대하는지 몰랐다. 그들이 정부의 결정에 반대할 수도 있다는 것을 깨달았을 때는 너무 늦은 후였다. 그들은 단체가 조직되기 훨씬 전에 이미 희생양이 되었던 사람들이었다.

자신을 드러내는 성격이 아닌 와일즈는 남이 먼저 입에 올리지 않는 이상, 분쟁에 대해 언급하지 않았다. 결코 로즈몬트를 보호하기 위해 자신이 보였던 조용하지만 끈질겼던 리더십을 내세우지도 않았다. 그런 생각을 할 시간도 이유도 없었다. 로즈몬트는 여전히 그곳에 있긴 했지만 분쟁 이후 예전의 모습을 찾을 수 없었다. 와일즈와 동료들이 쌓아올린 공동체의 유대감, 자부심과 결속력, 공익을 위해 함께 노력하려는 의지는 온데간데없었고 철거로 인한 도시의 황폐함만 계속 남아있었다. 그들이 떠난 425채의 집은 개량되고 새로운 주인을 찾았지만 한껏 멋을 부린 예전의 동네로는 돌아오지 않았다.

와일즈는 계속해서 지역개선협의회를 이끌었고 주민들에게 협조를 바라는 편지도 보냈다. 그는 계속해서 자신의 정원을 공들여 가꿨고 이웃 노인들의 정원 일도 도왔다. 1979년 은퇴한 후 그는 YMCA(기독교 청년회; Young Men's Christian Association)와 그의 교회에서 봉사했다.

그의 노력에도 불구하고 로즈몬트의 상황이 악화되자 딸들의 요청으로 그와 에스더는 리킨 공원의 바로 서쪽에 있는 노인 주택 지구로 이사를 갔다. 그는 관리자들에게 정원을 가꾸게 해달라고 요청했고 엘라몬트가에 살 때처럼 정성스레 그것을 돌보았다. 그러던 중 그는 뇌졸중으로 쓰러졌고 1998년 11월 임종을 맞게 되었다.

1996년 6월, 터너는 앨 고어Al Gore Sr, 헤일 보그스Hale Boggs, 그리고 드와이트 아이젠하워와 나란히 주간 고속도로의 창시자 중 한 명이라는 영예를 얻으며 당시 부통령이었던 앨 고어의 아들이 주최한 저녁 만찬 자리에 참석했다. 주간 고속도로가 40년째를 맞는 해였다. 만찬은 1919년 자동차 원정대가 워싱턴을 떠났던 장소인 일립스Ellipse의 막사 아래에서 진행되었다.

사실, 이것은 그저 1956년 법안의 기념일 일 뿐이었다. 주간 고속도로 시스템의 실질적 탄생을 담당했던 국장 맥도널드와 허버트 페어뱅크의 이름은 언급조차 되지 않았다. 그러나 주간 고속도로가 대다수 도로 창시자들의 예상을 넘어 단지 멋진 도로 이상의 중요성을 띠게 되었다는 것, 미국에 지대한 영향을 미친 변화를 이끈 핵심 요소라는 것, 그리고 그것이 미국의 모습을 재창조했다는 사실은 이 자리에서 바르게 짚고 넘어갔다. 도시 간의 거리를 단축시켜 준 것에 대해, 그리고 루이스 멈포드의 상상을 뛰어 넘은 도시의 성장에 대해 국민들이 감사해야하는 대상은 주간 고속도로라는 것이었다. 대도시 순환도로를 따라 가게와 사무실이 난무하는 주변도시와 교외의 인터체인지에 줄줄이 생겨난 대형 백화점들은 주간 고속도로로 인해 우후죽순으로 성장한 미국 도시의 단면을 잘 보여준다.

주간 고속도로 건설을 위해 강과 만이 길들여졌고 초창기 도로 설계가들은 감히 도전하지 못했던 오지의 늪지대까지 다스려졌다. 한때 도너파티(Donner Party; 1846년 개척자들이 캘리포니아 주로 가던 중 시에라 네바다 주의 눈보라에 갇혀 식인까지 했다는 사건)로 유명했던 시에라 네바다Sierra Nevada의 산길을 지금은 113킬로미터로 크루즈 컨트롤(주간 고속도로가 없었더라면 필요하지도 않았을 기능이다)을 설정하고 적절한 온도를 설정한 후 달릴 수 있다.

일립스 만찬이 있은 지 일 년 후, 건강이 악화된 터너는 알링턴의 집을 팔고 노스캐롤라이나 주의 골즈보로Goldsboro에 있는 아들 마빈Marvin의 식구들과 함께 살기 시작했다. 그는 암으로 투병했고 90세 즈음에는 서서히 치매가 오기 시작했다. 그러나 1999년 1월, 미국교통연구위원회Transportation Reasearch Board가 프랭크 터너 교통공로훈장Frank Turner Medal for Lifetime Achievement in Transportation의 첫 수상자로 터너를 지명했을 때, 그는 워싱턴까지 긴 발걸음을 했다. 이 시점에 그에게 연설을 하는 것은 무리였다. 그에게 마이크가 주어졌을 때, 그는 평생 자신이 해 온 일을 한 문장으로 압축했다. "즐거웠습니다."

그의 생각이 명료할 때에는 머릿속에 항상 엔지니어적인 사고가 도사리고 있음이 분명했다. 그해 말에 그는 침식이 빠르게 진행되고 있는 아우터 뱅크스Outer Banks의 해변에 불안정하게 서 있는 케이프 해터러스 등대Cape Hatteras Lighthouse를 개조한다는 계획을 읽었다. 20층 높이의 벽돌 구조물을 들어 올려 옮길 수 있다는 것에 그는 매료되었고 마빈에게 그곳에 데려가 달라고 부탁했다.

골즈보로와 아우터 뱅크스를 잇는 주간 고속도로는 없었다. 물결처럼 구불구불한 도로를 이용해 거기까지 가는 데는 네 시간이 걸렸다. 가는 내내 터너는 거의 잠만 잤다. 해터러스Hatteras 섬에 도착해 마빈은 등대 주변에 차를 댔다. 등대는 굴림판에 올려 빙하의 속도로 천천히 모래를 건너고 있었다. 마르고 연약한 터너는 차에서 내려 등대가 옮겨지는 모습을 가까이서 지켜보았다. 몇 분 동안 가만히 그 장면을 주시하던 그는 "어떻게 했는지 이제 알겠군. 제대로 잘 하고 있는 것 같구먼. 이제 나도 떠날 준비가 된 것 같네."라고 마빈에게 말했다.

주간 고속도로의
명(明)과 암(暗)

　1천3백억 달러를 투자해 미국이 얻은 것의 장점과 단점이 무엇인지는 여름 날 제40번 주간 고속도로를 이용해 테네시 주의 서쪽을 달려 보면 알 수 있다. 대부분의 여정은 순탄하고 경치도 훌륭하다. 그레이트 스모키즈Great Smokies의 안개 속을 헤치고 내려오면 목초지와 농경지가 펼쳐지고 먼 도시들을 지나고 두어 개의 작은 마을을 가로지른다. 미시시피로 다가갈수록 오르내리던 도로는 편평해진다. 패이거나 튀어나온 부분이 없는 아스팔트는 고속주행을 부추긴다. 도로의 표면은 매끄럽고 안정적이며 타이어가 굴러가는 소리는 조용하고 한결같다. 견인 트레일러들이 제법 많지만 불편하게 둘러싸인 느낌을 주지는 않는다. 별 노력 없이 쉽게 운전이 가능하다.
　내슈빌과 멤피스사이에는 분기점 82-A를 포함해 잭슨 시 Jackson에 기여하는 여섯 개의 인터체인지가 있다. 경사로를 지나면 네온사인이 즐비한 하이랜드 애비뉴에 올라 남쪽으로 향한다. 감각적으로 거부감을 일으키는 그곳의 희한한 광경은 주간 고속도로 전체에 퍼져있는 1만5천 개의 분기점을 통틀어 최악으로 손꼽힌다. 주변에는 와플 하우스와 타코벨, 쇼니즈Shoney's, 데어리 퀸Dairy Queen, 엑손Exxon, 피자헛, 슈퍼8 모텔, 레이스웨이 가스Raceway Gas, 라낀따 인LaQuinta Inn, 이그제큐티브 인 앤 스위츠Executive Inn and Suites가 정신없이 당신을 둘러싸고 있고 빨간색의 번쩍이는 네온 화살표는 트래블러스 모텔Travelers Motel의 지붕을 가리키고 있다. 가구점, 애완동물 미용실, 기타 상점들이 줄지어 들어서 있고 광고판과 전선들이 나머지 공간을 메우고 있다.

그곳의 전경을 본 적이 없던 나는 2008년 82-A 분기점에 있는 라마다 리미티드Lamada Limited에 방을 잡았다. 그곳은 쇼니즈의 바로 뒤, 하이랜드 애비뉴의 동쪽 끝 절벽에 자리 잡은 미니멀리스트적Minimalist인 호텔로 콘크리트와 콘크리트 블록으로 이루어져 있었다. 방은 얼룩진 벽과 겨자 색 이불, 짙은 공기청정제 냄새로 가득했다. 그리 아름답지 않은 바깥 풍경이 너무 잘 보인다는 것도 하나의 단점이었다. 이층에 자리한 내 방에서는 쇼니즈의 옥상 에어컨과 위성방송 수신 안테나가 내려다 보였다. 코앞에 펼쳐진 광란의 불빛과 자동차들, 도로 위를 희미하게 밝히는 붉고 흰 불빛의 웅웅대는 소리너머에는 82-B 분기점을 중심으로 하이랜드를 따라 상업지구가 형성되어 있었다. 거기에는 상점, 체인 레스토랑, 그리고 백화점 등이 즐비했다.

잭슨 자체는 여기서 2~3킬로미터 떨어져 있었다. 하이랜드의 남쪽으로 올드 히코리 몰Old Hickory Mall과 거대한 병원을 지나면 붉은 벽돌로 지어진 집들이 위엄 있는 카운티 법원을 둘러싸고 조그만 중심가를 형성하고 있었다. 내가 방문했을 때는 라이브 밴드의 컨트리 음악이 거리로 흘러나오고 있었다. 거리는 보행자들로 가득했는데 그 중 대다수가 잭슨즈 유니언 대학교Jackson's Union University의 학생임에 틀림없었다.

그러나 제40번 주간 고속도로에서는 잭슨이 보이지 않았으므로 라마다 리미티드에 나와 함께 투숙하는 대부분의 사람들은 잭슨을 보지 못할 터였다. 그 장소에 대한 투숙객들의 인상은 82-A로 시작해 82-A로 끝날 것이다. 이는 잭슨이 다른 곳들과 다른 점을 광고하기 보다는 수천 개의 다른 도시들과 구별하기 힘든 점들을 보여주는 입구로부터 시작된다. 외지의 브랜드들이 몰려있는 흉측한 장소이다. 이렇다 할 특징이 없는, 미국 어느 주의, 어느 주간 고속도로에서나 볼 수 있을 법한 밋밋한 광경인 것이다.

토머스 맥도널드와 허버트 페어뱅크는 이런 것에 대한 예상은 하지 못했을 것이다. 그들이 마음속에 그렸던 지역 간 고속도로 시스템과 달리 오늘날 고속도로는 그것이 지나는 지역과는 별개로 분리되어 있다. 몇몇의 드문 예외를 제외하고는 고속도로에서 지역의 특징과 고유성은 찾아볼 수 없다. 노스캐롤라이나 주 및 사우스캐롤라이나 주의 분기점에는 지역의 특징을 담고 있는 바비큐 식당 대신 아비Arby's나 칙필레Chik-Fil-A가 자리 잡고 있다. 작고 값싼 남부의 식당들은 주간 고속도로에서 몇 킬로미터나 떨어져 있고 그것도 와플 하우스나 크래커 배럴Cracker Barrel과 같은 체인 레스토랑에 밀리고 있다. 30년대에 유행하던 핫도그 가판대는 맥도널드로 대체되었다.

우리는 이런 판에 박힌 듯 똑같은 상점들을 일말의 주저 없이 이용한다. 체인점들과 이들이 밀집된 고속도로는 동일한 역할을 하기 때문이다. 예측한 그대로의 경험을 제공하고 좋건 나쁘건 놀랄 만 할 일이 일어나지도 않는다. 맥도널드의 커피가 맛있는 것을 이미 알고 있는데 왜 굳이 다른 데를 가랴? 웬디Wendy's의 샐러드가 만족스러울 것을 아는 사람이 왜 시간과 노력을 들여 지역의 레스토랑을 찾아다니겠는가? 햄튼 인Hampton Inn이 깨끗한 방과 좋은 침대, 그리고 뷔페식아침식사를 제공한다는 것은 모두가 알고 있다. 또한 대부분의 경우, 주차장에서 몇 발짝만 가면 체인 레스토랑이 있다. 그런데 좋은지 아닌지 확실치도 않은 지역 숙박시설을 찾아다니느라 고생할 필요가 있을까? 빠르고 양이 많은 타코벨을 두고 진짜 멕시코 음식을 왜 찾아다니겠는가?

인터체인지는 지역의 특색을 담고 있지 않았고 모든 곳이 다 비슷했다. 캘리포니아 주의 주간 고속도로를 빠져나갈 때 보이는 장면은 코네티컷 주에서 본 장면과 유사하다. 코네티컷 주 분기점에 없었던 것은 캘리포니아 주 분기점에도 없을 확률이 높다. 주간 고속도로는 우리가 어디를 가든 누구나 좋아할 수 있고 두루 적용되도록 만들어진 것을 선호하는 미국 문화의 정수를 보여준다.

지금 내가 하려는 말은 어떻게 보면 한탄이라고 할 수도 있다. 그러나 나 역시 이에 책임이 있는 한 사람이다. 자동차로 미국을 횡단한다면 나는 십중팔구 주간 고속도로를 이용할 것이다. 지역 고유의 맛을 느끼지 못하는 것은 아쉽지만 대신 속도와 안전이라는 장점을 얻을 수 있다. 또한 오랜 운전 후 애플비Applebee's가 모텔 근처에서 반짝이고 있다면 낯선 동네에서 가족이 운영하는 맛 집을 찾아 헤매지 않을 것이다.

주간 고속도로망이 지닌 여러 결함에 대해 사람들은 항상 많은 관심을 가졌다. 그러나 대단한 업적으로서의 주간 고속도로는 큰 주목을 받지 못하는 듯하다. 예를 들어 그것의 규모는 어마어마하다. 주간 고속도로는 5만5천개의 교량을 포함하고 있으며 이들 각각의 프로젝트는 야심찬 것이었다. 그 중 몇몇은 상상하기 힘들 정도로 힘든 공사였다. 제임스 강 어귀 위를 지나는 버지니아 주 햄튼 로드Hampton Road에는 모니터-메리맥기념교-터널Monitor-Merrimac Memorial Bridge-Tunnel이 지어졌는데, 제664번 주간 고속도로가 이 위를 통과한다. 이 6.4킬로미터의 구조물은 두 개의 인공 섬, 강의 표면으로부터 약 14미터 높이와 5.14킬로미터 길이를 자랑하는 구각교, 그리고 해수면의 13.7미터 아래에 지어진 1.46킬로미터의 쌍둥이 터널을 포함한다. 루이지애나 주의 아차팔라야 늪Atchafalaya Swamp을 지나는 제10번 주간 고속도로는 약 29킬로미터이다. 플로리다 주에 있는 8.8킬로미터 가량의 선샤인 스카이웨이교Sunshine Skyway Bridge는 탐파 베이Tampa Bay에서 53미터 이상 솟아있다.

약 50년 전 볼티모어의 엔지니어들이 말했듯이, 주간 고속도로는 숨이 멎을 정도로 아름다운 경관을 제공한다. 특히 도시 고속화도로에서 보는 시내는 장관이라 할 만하다. 프로비던스, 리치몬드, 애틀랜타, 댈러스, 또는 오클라호마시티의 어느 경치도 상업 지구를 두르는 고가도로 위에서 보는 절경에 비할 수 없고 세인트루이스의 제70번/64번/55번 주간 고속도로가 미시시피 강을 건너는 구간과 제376번 주간 고속도로가 피츠버그를 통과할 때 보다 아름다운 스카이라인은 드물다.

약 75,600킬로미터에 이르는 주간 고속도로망은 미국이 공공사업에 쏟아 부은 가장 위대한 투자를 상징한다. 주간 고속도로 건설에 있어 가장 많은 돈이 들어간 프로젝트는 원래 계획의 일부가 아니라 실수를 수정하는 프로젝트였다. 그것은 다름 아닌 보스턴의 '빅 딕Big Dig' 프로젝트로, 높이 솟은 형태로 지어 비난을 받았던 중앙 간선도로Central Artery를 기념비적인 터널과 다리로 교체한 작업이다. 오늘날의 제 93번 주간 고속도로는 보스턴 시내의 아래를 지난다. 이 작업은 이자를 포함해 220억 달러라는 엄청난 예산이 들었고 이것을 오늘날의 가치로 환산하면 파나마 운하 건설비용의 두 배 이상이 된다.

우리는 앞으로도 계속해서 여기에 돈을 쏟아 부을 것이다. 물론 새로운 도로를 짓기보다는 기존의 도로를 유지 보수하는데 말이다. 1986년 터너가 "고속도로의 마모되는 기간은 꽤 예측 가능합니다. 때가되면 도로들은 교체되거나 복구되어야 합니다."라고 주장한 것처럼 말이다.

여기에 좋은 사례가 있다. 2008년 3월, 한 검사관이 제95번 고속도로가 1.8미터 가량 갈라져 있는 것을 발견했다. 그것은 필라델피아를 지나는 구불구불한 고가도로 구간에 있는 콘크리트 표면으로, 틈새가 계속해서 빠르게 벌어지고 있었다. 금이 너무 깊고 넓어져서 콘크리트 내부의 보강용 강철이 보일 정도였다. 놀란 엔지니어들은 즉각적으로 그 주요 고속도로 3.2킬로미터를 양방향으로 폐쇄시켜버렸다.

이틀 동안에 하루 평균 18만4천 명의 이용자들이 8차선의 이 주간 고속도로 대신 2차선 우회로를 이용해야 했다. 이는 운전자들에게 너무 큰 불편을 안겼고 주정부는 동부의 모든 운전자들에게 다른 경로를 이용하라고 당부했다. 문제는 제95번 주간 고속도로의 교통량이 어마어마했고 대체 노선들은 몰려드는 승용차와 트럭들을 감당하기에는 시설이 미비했다. 상상을 초월하는 교통정체가 일어났다.

필라델피아뿐만이 아니라 다른 곳에서도 주간 고속도로의 노후화가 눈에 띈다. 다른 거리와 도로, 교량들과 마찬가지로 주간 고속도로 역시 소홀한 관리와 건설업자들의 예상을 뛰어넘는 교통량의 피해자가 되었다. 프랭크 터너는 이런 딜레마를 예상했었다. "주간 고속도로는 매일 매일 끊임없이 관리되고 대체되어야 합니다. 그것 자체로도 아주 큰 프로젝트입니다. 고속도로의 1.6킬로미터에는 수명이 있습니다. 30에서 35년 정도라고 봅니다. 도로의 과적, 금이 가고, 악화된 상태가 눈에 띄게 나타나는 것으로 미루어 볼 때 나이가 꽤 들었다는 것을 짐작할 수 있습니다."라고 1996년 그는 말했다.

터너가 이런 말을 하는 동안에도 재정난에 처한 주정부들은 도로 정비를 소홀히 했다. 콘크리트 도로의 금 간 부분을 수리하지 않은 채 방치하기 시작했고 도로 재포장의 주기는 길어졌으며 부실한 교량을 정비하거나 교체하는 대신 교통량을 제한했다. 도로를 사용하고자하는 차량의 수가 점점 늘어나고 있을 때조차도 그랬다. 주간 고속도로는 거리로 따지면 미국 전체 도로의 1퍼센트밖에 되지 않지만 미국인들의 1년 총 이동거리인 4조8000만 킬로미터의 4분의 1이 이 여기서 이루어졌다. 주간 고속도로를 왕복하는 무거운 트럭들이 늘어났고 이는 교량과 도로에 압박을 주었다.

제대로 정비되지 않은 도로의 사례를 찾는 것은 어렵지 않다. 2008년 여름, 나는 제80번 주간 고속도로를 타고 아이오와 주를 지나고 있었다. 그곳의 도로는 매끄럽고 흠이 없었다. 미시시피를 건너 일리노이 주로 들어서는 순간, 움푹 파이고 갈라진 틈이 너무 많아 달의 표면 같다고 해도 무리가 없을법했다. 운전대가 갑자기 홱 움직였고 서스펜션은 쿵쿵거렸다. 정해진 최저속도 이하로 속도를 낮출 수밖에 없었다. 아이러니하게도 이곳은 AASHO의 도로 테스트 구간과 멀지않은 곳에 있다는 것이었다. 마지막으로 남아있는 테스트 구간은 그 도로의 남쪽 갓길에 있었다.

일리노이 주에 있는 대부분의 주간 고속도로는 형편없는 상태였다. 다른 주들의 예도 몇 십 개는 들 수 있다. 필라델피아에서 보스턴으로 가는 제95번 주간 고속도로는 푹 파였고 쓰레기가 널려 있다. 루이지애나 주를 지나는 제10번 주간 고속도로 역시 콘크리트가 찌그러지고 휘어있어 롤러코스터를 타는 기분이다. 동서를 잇는 주요 트럭 노선의 중간점인 오클라호마 주의 제40번 주간 고속도로는 점차 붕괴되고 있었다. 또한 미시건 주의 보수공사 수준은 엉망진창이었다.

"솔직히 말해 지금 사정이 좋지 않아 우리가 거액을 투자해 만든 시스템을 소홀히 여기고 있는 실정입니다. 도로는 항상 제자리에 있을 것이고 항상 우리를 위해 제 기능을 할 것이라고 우리는 스스로를 안심시키고 있습니다. 물론 그렇지 않을 것입니다."라고 AASHTO(미국 주 도로 및 교통 행정관협회)의 전 회장인 톰 원Tom Warne이 내게 말했다.

6천 개에 육박하는 전국의 교량 중 4분의 1이 구조적으로 결함이 있거나 쓸모가 없어졌다. 이들 대부분은 50년을 보고 지어졌다. 2008년에 그 다리들은 건설된 지 평균 43년이 지난 상태였다. 그중 대부분은 주 도로이거나 카운티 도로였고 교통량도 비교적 적었다. 하지만 모두 다 그런 것은 아니었다. 2007년 1월, 제35W 주간 고속도로 교량이 퇴근 시간에 미시시피 강으로 무너지면서 13명의 목숨을 빼앗고 수백 명의 부상자를 낳았다. 이 사고는 노후화 때문이라기보다는 설계상의 결함으로 일어난 것이긴 하지만 모두에게 충격을 안겨준 것은 사실이었다. 조그만 시골 다리가 아닌 주간 고속도로였기 때문에 국민들의 충격은 더 클 수밖에 없었다.

전체 도로망을 완전히 정비하고 안전한 상태로 유지하는 데에는 큰 비용이 들것이다. 연방정부에서 이루어진 한 연구에 의하면 도로 노면을 복구시키기 위해서는 향후 50년간 정부의 모든 부서가 힘을 합쳐 일 년에 총 2,250억 달러를 부담해야한다고 한다. 그러나 이동의 96퍼센트가 자동차 또는 트럭으로 이루어지는 나라에서 현재 정부가 지출하는 금액은 이것의 40퍼센트밖에 되지 않는다.

궁극적으로 위험에 처한 것은 미국의 안전, 경제, 그리고 이동성의 토대이다. 또한 지금 도로를 재정비하지 않으면 나중에 가서 더 많은 비용이 들 것이다. 문제점을 방치한다면 재정비로 해결될 것이 재건설로 이어질 수 있기 때문이다. "재정비를 나중으로 미룬다면 지금 들어갈 돈의 세 배가 들 것입니다."라고 AASHTO의 이사 존 호슬리John Horsley는 말했다.

조지 부시George W. Bush 정부 당시 교통부장관이었던 매리 피터스Mary E. Peters는 고속도로 정비를 위해 큰돈을 끌어 모으는 것을 자신의 집을 수리하는 데에 드는 비용 마련에 비유하며 "집 천장에 구멍이 뚫릴 때까지 기다리지는 않을 것입니다."라고 말했다.

고속도로 수입이 줄어든 것은 이 문제를 더 악화시켰다. 연방 지원 프로젝트와 대중교통, 그리고 프랭크 터너의 은퇴 이후 다수의 다른 사용처에 배분되는 고속도로 기금은 유류세에 크게 의존하고 있었다. 그런데 2006년 이후 자동차 이용률이 하락해 거둬들이는 세금도 줄어들고 있었다. 이런 하락세의 주요 원인은 휘발유 값의 상승이었는데 이로 인해 자동차 사용에 대한 욕구가 줄어들 수밖에 없었다.

다른 한 가지 원인은 연료 효율성이 높은 차량의 등장이었다. 이는 환경에 도움은 되었지만 고속도로 기금 사정에는 악영향을 끼쳤다. 도로를 닳게 만드는 것은 일반 차량들과 똑같으면서 유류세는 적게 냈기 때문이다. 어쨌든, 2008년 가을, 수십 년 만에 처음으로 기금은 80억 달러의 적자를 보게 되었다.

그러므로 주정부의 고속도로 담당자들은 더 적은 돈으로 도로를 정비할 방법을 궁리했다. 미주리 주의 교통담당관 피트 란Pete K. Rahn이 생각해 낸 한 가지 방법은 고속도로가 계획되고 건설된 방식을 재조명하여 기준을 낮추면서도 품질을 유지하는 것이었다. 그가 말하는 것은 완벽한 프로젝트가 아닌 유용한 프로젝트였고 이것은 유용한 시스템을 형성한다는 것이었다. 이 '실용적 디자인 Practical Design'은 두개의 주에서도 차용했고 다른 몇몇 주에서도 눈독을 들이고 있다. 그는 "우리는 보통 최상의 디자인 기준을 적용하여 프로젝트를 진행하려 합니다. 그리고 여력이 되는 한 이 기준을 유지하려 하지요. 실용적 디자인 접근법은 최저의 기준으로부터 시작해 필요를 충족시키는 선까지 끌어 올리는 것입니다."라고 나에게 설명했다.

"달리 말해 포드 자동차면 충분할 것을 링컨을 만들려했다는 것이지요."라고 그는 덧붙였다. 몇 개의 프로젝트에서는 기존의 방법이나 새로운 방법이 동일한 기준을 만들어낸다. 차이가 거의 보이지 않는 경우도 있다. 예를 들어 산을 통과하는 고속도로는 기반암 위에 올려 질 것이므로 콘크리트의 노반을 더 얇게 깔 수 있다. 낡은 도로는 재건설을 하는 대신 단순히 덧댈 수도 있다.

펜실베이니아 주의 도로담당 행정관들은 '스마트 교통'을 외쳐댔다. 이것은 엔지니어들에게 도로 건설에 관한 모든 가정을 재검토하도록 하는 프로젝트였다. "예전에는 도로가 막히면 향후 25년 간의 교통량을 예측하여 그에 알맞게 차선을 추가했습니다. 지금은 어떨까요? 그런 방법을 사용할 만큼 충분한 자금이 없습니다."라고 펜실베이니아 주 교통부장 앨런 빌러Allen D. Biehler가 말했다.

이런 금전적 이유로 펜실베이니아 주가 오랫동안 필라델피아의 북쪽 교외에 계획해왔던 4억6,500만 달러짜리 고속도로를 건설할 수 없게 되자, 빌러는 다른 대안을 궁리했다. 그는 지역사회의 시민들과 논의한 끝에 13.5킬로미터의 다른 노선을 생각해 냈다. 원래의 계획보다 작지만 잔디와 나무, 자전거 길을 갖추어 더 여유로운 공원길을 짓는 것으로 원래 계획된 비용의 절반도 들지 않을 것이다.

또 다른 한 가지 사례는 몇 페이지 전에 잠깐 언급했던 중서부의 제70번 주간 고속도로이다. 1천2백 킬로미터 길이의 혼잡한 도로에 트럭전용 도로를 놓는 것이 도로의 안전과 수명에 어떤 영향을 줄 것인지를 놓고 엔지니어들이 연구를 진행 중이다. 무거운 차량들만 다니는 차선들을 보강한다면 승용차들이 다니는 도로에 드는 경비를 줄여줄 수 있을 것이다.

이런 프로그램들이 필요하긴 하지만 고속도로에 들어가는 비용과 이용자들의 필요 사이의 괴리를 메우려면 한참 멀었다. "우리는 미국인들의 삶의 방식을 바꿔 놓은 훌륭한 자산을 가지고 있습니다. 그러나 이 시스템을 유지하는 것은 매우 힘듭니다. 궁극적으로 도로는 더 많은 자금을 필요로 할 것입니다."라고 미주리 주의《란Rahn》지는 언급했다.

어떻게 돈을 벌어들일 수 있을까? 여기에 대한 한 가지 답변은 유류세를 운행거리 세금으로 전환하는 것이다. 소비하는 휘발유에 세금을 매기는 대신 운행거리를 계산해 세금을 부과하는 것이다. 이것은 운전자들이 실제로 얼마나 도로를 마모시켰는가를 측정할 수 있는 좋은 방법이다.

오리곤Oregon 주에서 진행된 한 연구에서는 세금을 주유소에서 징수한다면 큰 불편 없이 해결될 것이라는 결론을 내렸다. 차에 내장된 컴퓨터 칩이 펌프에 운행거리 정보를 주는 방식이다. 최근 휘발유를 넣은 후 얼마만큼의 거리를 달렸는지 자동으로 산정해 그 자리에서 세금을 징수하는 것이다. 이것은 공평하다고 할 수도 있지만 사생활 침해라는 곤란한 문제를 일으킬 수 있었다. 빅 브라더(Big Brother; 조지 오웰의 소설 '1984'에 등장하는 독재자)가 국민들의 움직임을 감시하는 또 한 가지 수단을 가지게 된다는 데에 모든 사람이 찬성하지는 않았다.

이보다 더 야심찬 제안은 '혼잡 통행료'였다. 이는 운전자들이 특정한 핵심 노선을 이용하는 것의 즐거움에 대해 세금을 부과하는 방식이다. 수요가 높을 때는 더 많이, 수요가 적을 때는 더 적게 징수한다. 이런 시스템은 각각의 차량에 구비된 전자장치에 의존할 것이며 톨게이트를 이용할 필요가 없고 도로담당관들이 분기당 한 번씩, 한 달에 한 번씩, 또는 하루에 여러 번 요율을 조절함으로써 실행될 수 있다.

자동차 기술의 발전에 상관없이 일정 금액을 징수할 수 있다는 점에서 이 두 가지 방식 다 전망이 있어 보인다. 기술 발전으로 인해 유류세가 줄어드는 것을 방지해 주기 때문이다. 석유 공급의 감소로 자동차 제조사들은 연료 효율성이 지금보다 몇 배나 뛰어난 차들을 가까운 미래에 줄줄이 내놓을 것이다. 머지않아, 휘발유를 완전히 대체할 무언가를 개발할 수밖에 없을 것이다.

그러기를 바란다, 대체연료가 개발되지 않는다면, 우리는 세계에서 가장 큰 고속도로 시스템이 세계에서 가장 큰 애물단지로 전락하는 모습을 목격하게 될 것이다.

자동차산업에 종사하는 사람들은 제1차 세계대전 이전부터 대체연료의 필요성을 언급했었다. 이때는 지구상의 원유가 고갈된다는 것은 터무니없이 먼 미래의 이야기였다. 휘발유의 대체품을 열망했던 이들 중, 미래의 수익을 정확히 꿰뚫어 보는 눈을 가진 칼 피셔Carl Fisher가 있었다는 것은 놀랄 일이 아니다.

1914년 6월, 칼 피셔가 딕시 고속도로Dixie Highway와 플로리다 주, 그리고 다른 부차적인 프로젝트로 한창 바빠 있던 때 펜실베이니아 주 맥키스포트McKeesport 출신의 존 앤드루스John Andrews라는 한 아마추어 발명가가 인디애나폴리스로 찾아왔다. 피셔는 처음에 그가 '가난하고 무식한 포르투갈인'이라 생각했다. 앤드루스는 피셔에게 자신이 물을 기반으로 한 연료를 개발했다면서 2센트보다 적은 비용으로 3.8리터를 생산하는 것이 가능하다고 했다. 피셔는 "우리는 그 연료를 차에 넣고 실험을 했습니다. 한번은 휘발유를 3.8리터 넣었을 때 보다 20퍼센트의 거리를 더 주행할 수 있었습니다."라는 글을 썼다.

피셔는 앤드루스에게 그 다음 주에 더 포괄적인 실험을 하자고 제안하는 한편 헨리 조이와 로이 채핀을 포함한 그의 동료들에게 이에 대해 알렸다. 그는 "이것이 사실이라면 내가 여태껏 본 것 중 가장 훌륭한 발명입니다. 오늘 했던 실험으로 봐서 이것은 진짜인 것 같습니다. 어마어마한 돈을 벌어들일 수 있는 기회입니다."라고 그들에게 편지를 썼다.

그 다음의 실험이 진행되었고 피셔는 이에 대해 "정말 믿을 수 없을 만큼 가장 놀라운 것입니다."라며 경탄을 금치 못했다. 재빠른 판단력을 보유한 여섯 사람이 그의 일거수일투족을 지켜보고 있는 가운데 앤드루스는 약 91리터의 물과 약 4센트 정도의 나프탈렌, 그리고 170그램의 정체를 알 수 없는 액체를 섞은 뒤 증류해 약 19리터의 대체 연료를 만들어냈다. 그들은 6기통의 콜Cole 차량에 이것을 넣었다. 자동차는 같은 양의 일반 휘발유를 넣었을 때 보다 더 먼 거리를 달렸다. 뿐만 아니라 최고 속도가 시속 80킬로미터이던 것이 96.5킬로미터로 더 빨라지기도 했다.

혼합물에 들어간 비밀 재료는 무엇이었나? 앤드루스는 식료품점에서 쉽게 구할 수 있는 것이라고만 말했을 뿐 그 이상은 입을 다물었다. '포르투갈인'이 특허를 내기 위해 워싱턴으로 갔을 때, 핵심 요소가 밝혀지는 것이 두려워 일부러 그 재료를 뺀 공식을 제출했고 그 결과 특허를 받지 못했었다고 피셔는 말했다.

피셔는 "그들은 불과 몇 년 전 라이트 형제에게 비행기에 대한 특허권 발행을 거부했었습니다."라고 말하며 그를 동정했다. 피셔는 자기 자신의 특허 변호사를 맥키스포트에 보냈고 그는 "나 만큼이나 그 연료에 매료되어 돌아왔습니다. 그는 분별력 있는 사람이고 어리석은 발명과 터무니없는 아이디어에 대한 경험도 풍부합니다."라고 채핀에게 편지를 썼다.

그러나 피셔는 최대한 신중하게 행동했다. 지갑을 열기 전에 그것을 대량생산할 수 있을 것이라는 점을 확실히 하고 싶었고 조이와 채핀에게 증류소를 짓기 위한 공동투자를 요청했다. 그는 "이것은 투기입니다. 큰돈을 벌수도 있고 사기를 당할 수도 있습니다."라고 그들에게 경고했다.

그해 가을, 자동차 제조사 사장인 하워드 마몬Howard C. Marmon이 인디애나폴리스에 증류소를 지었고 피셔는 이 대체연료에 졸린Zolene이라는 이름을 붙인 뒤 사업 모델을 구상했다. 회사는 다양한 크기의 증류소를 만들어 국내의 여러 에이전시에 증류 시설과 제조법에 대한 지역독점권을 팔 예정이었다. 피셔는 증류소와 판매되는 졸린의 양에 따른 로열티를 받으려 했다. "지금까지의 실험은 긍정적입니다. 졸린 3.8리터로 운행할 수 있는 거리는 다른 어떤 연료를 사용할 때보다 3.2킬로미터가 더 길어질 뿐만 아니라 11에서 16도 가량 열이 덜 발생합니다. 게다가 10에서 15퍼센트 더 많은 힘을 가지게 됩니다. 연기도 없고 탄소도 발생하지 않습니다. 더 이상 바랄게 없지 않습니까?"라고 그는 11월 중순 채핀에게 말했다.

그러나 이 사업은 끝내 이루어지지 못했다. 피셔의 입장에서는 부끄러운 일이고 국민들의 입장에서는 무척 실망스러운 일이었다. 그가 고용한 화학자들은 졸린의 비밀을 모두 해독하지 못했다. 그들은 졸린에 상당량의 벤젠이 함유되어 있다는 것을 밝혀냈고 이것은 평범한 연료에 비해 가격이 더 비쌌다. 그러나 일반 연료보다 큰 힘을 자랑하는 것은 명백했고 누구도 왜 그런 것인지는 설명할 수 없었다. 이것은 엔진에 아무런 때를 묻히지 않았다.

"앤드루스는 수지를 맞추기 위해 우리가 모르는 화학물질을 사용하고 있던가 아니면 우리가 알아채지 못한 어떤 다른 방법을 쓰고 있는 것 같습니다."라고 피셔는 채핀에게 말했다. 피셔는 추가로 사람을 고용해 앤드루스가 하는 일을 지켜보도록 했고 자신이 감시당하고 있다는 것을 눈치 챈 앤드루스는 일을 중단했다. 피셔는 "집으로 가든 지옥으로 가든 원하는 곳으로 가버려."라고 짜증 섞인 투로 말했다.

이렇게 그들의 실험은 막을 내렸다. 그는 이 일로 크게 동요했고 그해 겪은 심장질환을 앤드루스 탓으로 돌렸다. 피셔는 이 일로 돈과 시간을 낭비했을 뿐만 아니라 아쉬웠던 의문이 그의 머릿속에 맴돌게 되었다. 12월에 그가 쓴 편지에는 "그것은 완전히 가짜는 아닙니다, 조이씨."라고 적혀있었다. 후에 그는 앤드루스의 발명은 진짜였고 단지 가격이 조금 비쌌을 뿐이라고 채핀에게 다시 한 번 말했다.

피셔는 앤드루스가 그의 발명품을 다른 곳에 선보일 거라고 추측했다. 그의 예상대로 1917년 그는 모터보트에 졸린을 시연하기 위해 브룩클린 네이비 야드Brooklyn Navy Yard에 나타났다. 해군공창의 지휘관은 졸린의 성능에 깜짝 놀랐고 그 다음날 바닷물에서 한 번 더 보여 달라고 부탁했다. 배의 엔진은 힘차게 돌아갔다.

해군의 흥미를 돋궈놓고 앤드루스는 사라져 버렸다. 그를 따라 맥키스포트로 갔던 기자는 그의 빈 집이 어질러져 있는 것을 발견했다. 그를 찾으려는 모든 시도는 실패로 돌아갔다. 그 후 몇 년간 그의 행방에 대한 추측이 난무했다.

25년이 지나서야 한 기자가 그를 찾아냈다. 그는 정말로 물을 이용한 연료를 발명했다고 주장했다. 그것은 진짜였으며 어떤 속임수도 없었다고 했다. 그러나 그는 너무 오랜 세월이 지나 제조법을 잊었다고 말했다.

감사의 글

이 책은 모든 책들이 그러하듯 수많은 훌륭하신 부모님들의 자식과 같은 존재이며 제게는 그 무엇보다도 소중한 자식과 같습니다. 이 책은 제게 시간과 힘든 일, 전문지식 등을 아무런 조건 없이 흔쾌히 제공해준 수많은 사람들 덕분에 완성되었습니다.

우선 제게 수많은 정보와 지혜를 제공해주시고, 격려도 아끼지 않으셨던 미연방 도로관리국의 비공식 역사가인 리처드 와인그로프 씨께 감사드립니다. 리처드 씨는 지난 수년간 수많은 기자들과 역사가들이 미국 고속도로라는 퍼즐을 풀 수 있도록 도와주셨습니다. 그는 교통부 도서관에서 제 연구를 같이 계획해주셨고, 잘 알려지지 않았지만 중요한 서적들도 찾아서 같이 공유해주셨습니다. 또한 제 원고 초안을 읽고서는, 이 프로젝트를 자신의 것인 것처럼 성의껏 검토해 주셨고 결코 적지 않은 분량임에도 타이핑 용지 100장에 걸쳐 제게 피드백까지 해주셨습니다.

저는 제 이야기의 틀을 형성할 수 있는 사실들을 찾아내도록 도와주신 또 다른 분들께도 은혜를 입었습니다. 텍사스 A&M의 커싱 기념도서관에서 근무하는 발레리 콜먼과 그녀의 동료들은 고맙게도 제가 토머스 맥도널드와 프랭크 터너의 자료들을 뒤지느라 그들의 일을 방해하는 것을 참아줬습니다. 아이오와주립대학 기록보관소의 미셸 크리스티안은 제가 맥도널드 국장의 대학 시절을 찾는데 도움을 줬습니다.

드와이트 데이비드 아이젠하워 대통령 기념도서관에서 근무하는 케빈 베일리, 매릴랜드 컬리지 파크의 국립기록보관소 식구들과 메릴랜드 지역 일간지인《볼티모어 선》지의 폴 맥카델은 제 손에 아주 핵심적인 과거의 조각들을 쥐어준 사람들입니다. 미시건대학 벤틀리 역사도서관, 에임스역사협회, 포우쉬크 카운티 역사 및 계보학회, 포트워스 공립도서관도 과거의 자료들을 찾는데 많은 도움을 주셨습니다.

저는 지난 20여 년간 올드도미니언 대학에서 근무하는 로버트 보터위츠를 제 친구로 두었다는 게 행운이었습니다. 로버트는 멈퍼드의 생애를 연구하는데 도움을 줬고, 멈퍼드의 책을 주기도 했으며, 종종 점심값을 내주고 발로 차기도 했습니다.

위에서 서술한 개인적 친분이 있는 많은 사람들이 그들의 시간과 기억, 기념품 등을 저와 공유해줬습니다. 그들 중에는 맥도널드 국장의 증손녀인 린다 와이딩어도 있었습니다. 프랭크 터너의 딸인 벨버리 쿡과, 그녀의 두 아들 마빈 터너와 밀러드 짐 터너, 조 와일스의 미망인인 에드더 와일스와 딸 칼맨 아티스, 캐롤 깁슨, 와일스와 오랜 이웃이었던 마리 로스먼드, 볼티모어 시민인 아트 코헨, 스튜 웨슬러, 조지 타이슨, 짐 딜츠, 톰 와드, 그리고 터너의 측근이었던 케빈 휴너와 알란 피사르스키, 톰 딘, 피터 코트너, 프란시스 프랑소와에게 모두 감사드립니다. 마크 류터와 엔드류 지게어는 나에게 『볼티모어의 고속도로 전쟁』에 들어간 그들의 연구 자료를 제공해줬고, 그 덕분에 나는 그들의 업적에 편승할 수 있었습니다.

나는 이 연구를 위해 자동차를 많이 이용해야 했습니다. 지난 2년간 약 88,514킬로미터를 운행했습니다. 이는 놀포크에서의 주식회사 트리프티의 안나 에반스와 에이프릴 코브, 미셸 브레디의 도움이 없었다면 해내기 힘들었을 겁니다. 알버드 델라로사와 그레타 델라로사, 케니 로슨과 바바라 로슨, 마크 피터슨과 그레타 프랫은 내가 여행을 하는 동안 계속 내 딸을 돌봐줬죠. 내 오랜 친구인 마이크 세멜과 엘리자베스 세멜은 워싱턴DC로 가고 있던 내게 잠자리와 식사를 마련해 주었습니다.

텍사스 베드포드 출신이자 제 아버지이신 스위프트 씨께선 텍사스로 가는 여행을 지원해주셨을 뿐만 아니라 프랭크 터너의 어린 시절의 흔적을 찾기 위한 초기의 탐색도 같이 해주셨습니다.

22년간 저의 직업적 고향이라 할 수 있는《버지니아 파일럿》지에서, 데니스 파이낼리, 마리아 카릴로, 론 와그너는 제가 책을 조사할 시간이 필요해 휴직하는 것을 도와주었습니다. 그때의 일은 평생 잊지 못할 것입니다. 마리아는 이전《버지니아 파일럿》지 리포터였던 '핑크 오소리' 톰 홀든처럼, 상당한 분량의 초안들을 검토해주었습니다. 퍼레이드 사로부터 받은 2008년 연구과제 덕에 저는 수많은 후기들을 읽어볼 수 있었고, 이 점에 대해선 악마의 재능을 가진 레이머 그레이엄에 감사하고 있습니다. 세인트루이스에 사는 제 동생 케빈 스위프트는 멋지게 지도를 그려줬습니다. 거기에는 제 편집을 거쳐 꽤 괜찮은 유머들이 아직 많이 남아있습니다.

저는 제 편집자이신 데이비드 블랙 씨께도 감사드립니다. 언제나 저를 지원해주셨고, 저 대신 끊임없이 노력해주신 분입니다. 그 덕에 이 책이 탄생할 수 있었습니다. 최근까지 휴튼 미플린 사에서 근무하던 이몬 돌란 씨는 제게 처음 이 프로젝트를 제안하셨고 휴튼 미플린 하트코트 지부에서 근무하는 제 편집자, 안드레아 슐츠와 톰 보우만의 지도(指導)는 산처럼 거대한 정보들을 심플하면서 알찬 이야기로 다듬어 가는데 도움이 됐습니다. 마지막으로 이 괴물에 온 시간을 바치던 지난 3년간 정신을 놓지 않게끔 도와준 마크 모블리, 마이크 올소, 프레드 키르시, 레트 월튼, 저의 부모님, 릴리 마를렌 린덴베리 스위프트와 같은 친구들에게 갚지 못할 만큼 많은 빚을 졌습니다.

특히 두 번이나 대륙을 횡단하는 장대한 여정을 함께 했고, 더 많은 세부정보를 얻기 위해 여름방학과 봄방학에 제게 끌려와, 결과적으로 지구상의 어떤 십대보다 주간 고속도로에 대해 잘 알게 되었을, 즐거운 여행 동반자였던 제 딸 세일러에게 특별히 더 감사드립니다. 마찬가지로 매일 제게 자극과 영감을 주며, 앞으로도 함께 멋진 고속도로를 여행하길 기대하게 만드는 저의 현명하고, 인내심 깊으며 아름다운 피앙세 에이미 월튼에게도 특별한 감사의 인사를 전합니다.

찾아보기

AASHO(미국 주 도로 행정관협회) 64, 71, 72, 74, 77, 78, 89, 106, 109, 110, 119, 135, 140, 141, 256, 257, 287, 290, 292, 296, 377, 394, 428, 429, 450, 454, 470

AASHTO(미국 주 도로 및 교통행정관협회) 455, 470, 471,

FBI(미국 연방수사국) 215, 328,

(ㄱ)

개착공법 448

고속도로 기금 265, 275, 449, 451, 453, 472

고속도로의 반란 357, 400

고어, 앨버트(앨 고어, 아들)Gore, Albert Arnold Jr. 460

고어, 앨버트(앨 고어, 아버지)Gore, Albert Arnold Sr. 259, 261, 274~276, 460

관계부처합동회의 237

국가도로조사국Office of Road Inquiry 27

국가환경정책법 438, 450

국립공원관리청National Park Service 413

국립역사지구National Historic District 413

굿로드Good Road 26, 27

굿이어Good Year 53, 100, 115, 188

길크리스트, 깁Gilchrist Gibb 232, 295

(ㄴ)

《뉴욕 타임스New york Times》 39, 43~45, 49, 50, 110

닉슨, 리처드Nixon, Richard 234~236, 431, 438, 451

(ㄷ)

도시 고속화도로 13, 180, 190, 205, 206, 218, 280, 336, 338~341, 348, 349, 355, 356, 359, 362~365, 367, 370, 377, 391, 393, 394, 396~400, 406~409, 411, 412, 415, 416, 425, 427, 433~435, 441~443, 445~447, 451, 457, 459, 467

도시 없는 고속도로 157, 159, 163, 180, 188, 301, 304, 306, 377

도시계획가 152, 153, 158, 161, 187,

202, 209, 278, 348, 352, 356, 357, 390, 396
디자인 콘셉트 팀Design Concept Team 406, 409, 410, 412, 414, 425
디치The Ditch 458
딕시 고속도로 63, 68, 141, 475

(ㄹ)

래드번Radburn 156, 159, 304, 317
로만시멘트Roman Cement 124
로즈몬트Rosemont 304, 352, 392, 393, 408~410, 412~416, 435, 443, 458~460
로즈몬트지역개선협의회 346, 398
로키산맥 32, 55, 70, 315, 325, 371, 417, 457
루스벨트, 프랭클린Roosevelt, Franklin D. 14, 175, 179, 201, 206, 218
르 코르뷔지에Le Corbusier 187, 308
리버티 수송선Liberty Ships 316
리킨 공원 349, 393, 414, 441~443, 457, 460
리틀 라운드 파이Little Round Pies 371, 373, 384
링컨 고속도로 5~8, 14, 56, 58, 59, 64~66, 68~70, 74, 79, 90, 92, 93, 99, 100, 114, 116, 117, 134, 138, 139, 144~146, 150, 169, 174, 191, 289, 344
링컨, 에이브러햄Lincoln, Abraham 54, 59, 142, 145
링컨고속도로협회 54, 58, 66, 74, 100, 115, 118, 126, 138, 139, 144~146

(ㅁ)

마셜 플랜Marshall Plan 238
마스턴, 앤슨Marston, Anson 85~88, 90, 164
말쉬르, 프리츠Malcher, Fritz 159, 160, 166, 187
맥도널드, 토머스MacDonald, Thomas 14, 15, 59, 64, 71, 72, 78~93, 102, 104~117, 119, 126, 141, 158, 163~167, 169, 171, 172, 174~176, 182, 189, 190, 194, 196, 202, 204, 211, 212, 215~217, 229~233, 268, 241, 252, 277, 293~297, 336, 404, 450, 454, 460, 465, 481
맥도널드(햄버거)Mcdonald 383, 384, 466
맥도널드, 딕McDonald, Dick 382
맥도널드, 맥McDonald, Mac 382
맥아더, 더글러스Douglas MacArthur 218
맥케이 벤튼MacKaye, Benton 153~159, 162, 166, 180, 301, 320, 377
맥클린톡, 밀러McClintock, Miller 160, 161, 166, 182, 183, 187
머더 로드Mother Road 141

머캐덤, 존 루든 MacAdam, John Loudon 40
머캐덤Macadam 40, 41, 76, 122
멈포드, 루이스Mumford, Lewis 15, 162, 166, 180, 188, 189, 301~312, 318, 351, 357, 358, 360, 363, 364, 400, 401, 407, 460
메이슨-딕슨 라인Mason-Dixon Line 397
모르타르Mortar 123
모지즈, 로버트Moses, Robert 147, 174, 306~310, 337~339, 344, 349, 364
모터 슬럼Motor Slum 157, 158
모튼, 스털링Morton J. Sterling 27
모튼, 존Morton, O. John 428
무료도로 176, 182, 189, 195, 201, 203, 218
미국 교통부 404
미국교통연구위원회 461
미국노동총동맹 65
미국자동차협회 44, 45, 55, 62, 66, 379
미국지역계획협회(RPAA) 153, 155, 186
미국환경보호청 443
미국흑인지위향상협의회(NAACP) 397
미서전쟁Spanish-American War 53

(ㅂ)

바셋, 에드워드 Bassett, Edward M. 158, 159
박공지붕Gable Roofs 156
밴더빌트, 윌리엄Vanderbilt, William H.
버거킹Burger King 196, 383
버드, 헨리Byrd, Henry 253
버크너, 워커Buckner, Walker G. 227
베드룸 커뮤니티 320
벨 게디스, 노먼Bel Geddes, Norman 183, 185~190
보그스 헤일Boggs, T. Hale 265, 274, 275, 460
보이드 앨런Boyd Alan S. 405, 409, 410, 431
볼티모어Baltimore 12, 15, 76, 165, 179, 181, 215, 261, 289, 317, 319, 336~341, 343, 344, 348~352, 364, 385, 390~394, 396~399, 406~409, 411, 412, 414, 415, 417, 425, 434, 435, 441, 443, 457, 458, 467, 481, 482
볼프, 존Volpe, John A. 286, 431, 445, 451
부시, 조지Bush, George 471
『분노의 포도The Grapes of Wrath』 141
브래그던, 존Bragdon, John S. 233, 237, 256, 366, 367~370, 395
브릭로우하우스Brick Row Houses 336
블랫닉 위원회 329, 405
블랫닉, 존Blatnik, John 326, 327, 329, 423

(ㅅ)

사우스 오브 더 보더(국경의 남쪽) 384~388
산타페 철도 419
상충교통량Conflicting Traffic 181
서니사이드 가든Sunnyside Garden 155
세이벌링 컷오프Seiberling Cutoff 101, 115, 144
세이벌링, 프랭크Seiberling, Frank 53, 100
소로우, 헨리 데이비드Thoreau, Henry David 435
솔트레이크시티Salt Lke City 54, 55, 57, 58, 114~116, 144, 177, 227
쉐보레(자동차) 281~284, 309
쉐보레, 루이스Chevrolet, Louis 44
스미튼, 존Smeatonm John 124
스크립쇼Scrimshow 41
스타인벡, 존Steinbeck, John 141, 380
스터키, 윌리엄슨Stuckey, Williamson S., Sr. 199
스터키Stuckey's 199, 200, 382
스프롤Sprawl 357

(ㅇ)

아메바성적리 249
아스프딘, 조지프Aspdin, Joseph 124
아우토반Reichsautobahn 172~175, 190, 219, 275, 330, 365,
아이젠하워, 드와이트Eisenhower, Dwight D. 11, 12, 14, 21, 93, 97~99, 102, 115, 218~220, 225~228, 230, 231, 233, 234, 237, 238, 258, 259, 263, 265, 274, 276, 277, 281, 284~286318, 325, 365, 366, 368~370, 431, 460, 481
알래스카 고속도로 215, 417
애팔래치아 자연 산책로Appalachian Trail 153, 158
앤드루스, 존Andrews, John 475
앨리슨, 제임스Allison, James 35, 36, 42, 52, 67
언윈, 레이몬드Unwin, Raymond 158
에디스톤 등대Eddystone Lighthouse 124
엠바카데로 도로 361, 362, 391
역청Bituminous 40, 41
연방고속도로법 1921' 109
연방공공사업청 193
연방주택관리국 398
연방지원고속도로법 1944' 207
연방지원고속도로법 1956' 265, 276, 284
연방지원고속도로법 1962' 396
연방지원고속도로법 1968' 426
연방지원고속도로법 1970' 447
연방지원고속도로법 1973' 453
옐로우 북Yellow Book 278, 279, 348, 367~369, 409
올드필드, 바니Oldfield, Barney 24, 29,

33, 34, 43, 44
올리버, 리처드Oliver, Richard 290
와인그로프, 리처드Weingroff, Richard 293, 437, 480
와일즈, 조Wiles, Joe 15, 341~349, 398, 408~411, 415, 442, 459
우진각지붕Hipped-Roof 239
워싱턴 조지Washington, Goerge 300, 350
《워싱턴 포스트Washington Post》296, 447
원자력위원회 419
웨스트포인트 98
웬도버 도로 115~117, 135, 144, 177
위튼, 로버트Whitten, Robert 161
윅스, 싱클레어Weeks, Sinclair 229, 230, 237, 259
윌슨 우드로Wilson, Woodrow 72
유료도로 62, 71, 176, 178, 179, 182, 189, 195, 201, 203, 214, 215, 218
응집개발Nucleated Development 320
이너하버Inner Harbor 337, 338, 390~394, 412, 414, 457
인디애나폴리스 500 46
인종평등회의 408

(ㅈ)

재위치 찾기 행동운동(RAM) 398, 399, 408, 410, 411
저지 장벽Jersey Barrier 424
저항(마찰)이론Friction Theory 160

전미도로협의회 71
접근권 324
정상흐름 시스템Steady-Flow System 153, 160, 187
제1차 세계대전 21, 75, 164, 304, 360, 475
제2차 세계대전 14, 209, 219, 237, 316, 326, 382, 415, 439
제너럴 모터스(GM) 43, 183~187, 190, 322
제임스, 에드윈James, Edwin W. 112~114, 131, 136~140, 151, 287
존스폴즈 고속화도로 349, 414, 417
존슨, 하워드 디어링Johnson, Howard Deering 197
좋은 길 만들기 운동 99, 231
주간 고속도로 73, 77, 90, 102, 106, 135, 152, 153, 157, 177, 179, 190, 191, 196, 190, 191, 196, 202, 203, 208, 210, 213~215, 217, 218, 227, 228, 234, 239, 246, 253, 255~258, 261, 262, 265, 276~279, 281, 285~293, 299, 301, 311~313, 315, 316, 318~328, 330, 335, 336, 348, 350~352, 357, 361, 362, 365, 375~378, 384~386, 388~390, 392, 393, 396~398, 404~407, 409, 413, 417~425, 428~430, 433, 434, 439~443, 447, 458,

450~452, 454~458, 460~471, 473
주간 및 국가 방위 고속도로 시스템 11, 14, 261, 276
주립공원위원회 147
지역 간 고속도로 176, 202, 204~207, 367, 465
지역 간 고속도로연구위원회 218, 365

(ㅊ)

체서피크 만Chesapeake Bay 337
『침묵의 봄Silent Spring』 436

(ㅋ)

캠프 데이비드Camp David 365
커먼웰스Commonwealth 259
커티스, 찰스Curtiss, Charles D. 171, 172, 232, 277, 285, 286
콘크리트 마커Concrete Marker 144, 145
콜먼, 조지Coleman, George P. 63, 64, 77
크루즈 컨트롤Cruise Control 461
클레이 위원회 237, 239, 255, 258, 277, 299, 369
클레이, 루시우스Clay, Lucius D. 237, 238, 254~258, 260~262
킹, 마틴 루터King, Martin Ruther 409

(ㅌ)

《타임Time》 174, 189, 305
타운센드 법안 103, 111
타운센드, 찰스Townsend, Charles E. 105~108, 119
탈라미, 버트람Tallamy, Bertram D. 285, 286, 291, 298, 356, 357, 367~369
터너, 프랜시스(프랭크)Turner, Francis Cutler(Frank) 14, 238~255, 257, 258, 261, 263, 275, 277~279, 286, 288, 291, 292, 293, 295, 312, 313, 315, 322, 324, 326, 328~330, 377, 380, 381, 399, 402, 405, 410, 411, 421~425, 429, 431~434, 437, 438, 440, 445~455, 460, 461, 462, 472, 481, 482
턴파이크Turnpike 191~193
통행권 73, 326, 330, 375, 434
트루먼 해리Truman, Harry S. 211, 213, 215, 217, 229, 230, 320
트웨인, 마크Twain, Mark 65

(ㅍ)

파괴반대운동Movement against Destruction 411
팔론, 조지Fallon, George H. 261, 262, 264, 265, 274, 275
패스트푸드Past Food 153, 384, 458
패커드 사Packard 32, 35, 36, 53~55, 57, 76, 92, 144
패탭스코 강The Patapsco 337, 349,

412, 414
퍼싱맵Pershing Map 112
페어뱅크, 허버트 싱클레어Fairbank, Herbert Sinclair 165, 167, 171, 172, 175, 176, 179~182, 202, 205, 218, 233, 248, 277, 295, 296, 336, 338, 341, 454, 460, 465
페이지, 로건 왈러 Page, Logan Waller 60~64, 72, 73, 75~80, 114
포니 익스프레스Pony Express 54, 58, 100
포드(자동차) 48, 52, 53, 186, 241, 281
《포춘Fortune》 131, 132, 433
포틀랜드Portland 41, 108, 124
풀러, 캐롤라인Fuller, Caroline L. 172, 216, 230, 294
퓨처라마Futurama 183, 186, 189, 190, 218
프랭클린 도시 고속화도로(도로) 338, 339, 458
프랭클린-멀베리 회랑지대 338, 341, 348, 392, 393, 396, 398, 408, 409, 413, 415, 458
프레스트 오 라이트Prest-O-Lite 35, 36, 46, 51, 53, 67, 149
플랙서블 콘크리트(아스팔트 콘크리트) Flexible Concrete 41
플레밍 필립Fleming, Phillip B. 206, 211
피셔 패스Fisher Pass 100, 101
피셔, 칼 그레이엄 Fisher, Carl Graham 21~26, 28, 29, 31, 33~37, 41, 44, 46~48, 50~56, 58, 63, 281, 306, 422, 475~478

(ㅎ)

하딩, 워런Harding, Warren G 110, 118
하딩, 윌리엄Harding, William. L. 80
환경영향평가보고서 438, 441
환상노선Loops 212
후버 에드거Hoover, Edgar J. 215
흑인해방지원군 415
히틀러, 아돌프Hitler, Adolf 172, 174, 175, 219

빅로드 The Big Roads : 고속도로의 탄생
-고속도로는 인간의 삶을 어떻게 바꾸었는가

초판 1쇄 인쇄 2019년 3월 12일
초판 1쇄 발행 2019년 3월 21일

지은이 얼 스위프트
옮긴이 양영철 유미진
펴낸이 이은휘
기 획 백남휘
마케팅 이규민
편 집 박승규
디자인 김미숙

펴낸곳 글램북스
출판등록 제2014-000068호
주소 서울시 강서구 공항대로41길 15 (3층)
전화 02-3144-0117 **팩스** 02-3144-0277
홈페이지 www.glambooks.co.kr
이메일 glambooks@hanmail.net
페이스북 www.facebook.com/glambooks100

ISBN 979-11-85628-54-7 13530

✽ 이 책은 저작권법에 따라 보호받는 저작물이므로 무단 전재와 복제를 금하며,
   이 책의 내용 전부 또는 일부를 이용하려면 반드시 저작권자와 글램북스의 서면 동의를 받아야 합니다.
✽ 유통 중에 파손된 책은 구입하신 서점에서 바꾸어 드리며, 책값은 뒤표지에 있습니다.

이 도서의 국립중앙도서관 출판도서목록(CIP)은 서지정보유통지원시스템 홈페이지(http://seoji.nl.go.kr)와
국가자료공동목록시스템(http://www.nl.go.kr/kolisner)에서 이용하실 수 있습니다. (CIP제어번호: CIP2019003441)